高等教育学校系列教材·电工电子实验精品系列

Proteus 电工电子技术仿真实例

赵　明　金　浩　李　晖
陈得宇　李　云　华晓杰　编　著

U0223341

哈爾濱工業大學出版社

内容简介

本书共分5章，内容为：第1章Proteus电路设计仿真基础，详细介绍了软件中与电工电子技术基础课程相关部分的使用和操作知识；第2章电路分析仿真实例，开发了32个仿真实例；第3章模拟电子技术仿真实例，开发了17个仿真实例；第4章数字逻辑电路仿真实例，开发了23个仿真实例；第5章电子技术综合设计仿真实例，开发了4个综合仿真实例。实例的选择充分体现了电工电子技术基础课程的特点。

本书可作为普通高等学校学生进行电工电子技术基础课程线上实验、综合课程设计和实践创新研究的参考教材，也可作为职业技术学院相关线上实验和课程设计的辅助教材，并可作为相关专业的技术人员进行科学研究的参考书。

图书在版编目(CIP)数据

Proteus电工电子技术仿真实例/赵明等编著. —
哈尔滨：哈尔滨工业大学出版社，2022.7
ISBN 978－7－5767－0128－9

Ⅰ.①P… Ⅱ.①赵… Ⅲ.①电工技术－计算机辅助设计－仿真设计 ②电子技术－计算机辅助设计－仿真设计
Ⅳ.①TM－39 ②TN－39

中国版本图书馆CIP数据核字(2022)第109897号

策划编辑　王桂芝
责任编辑　李长波
出版发行　哈尔滨工业大学出版社
社　　址　哈尔滨市南岗区复华四道街10号　邮编150006
传　　真　0451－86414749
网　　址　http://hitpress.hit.edu.cn
印　　刷　哈尔滨市工大节能印刷厂
开　　本　787 mm×1 092 mm　1/16　印张15.25　字数390千字
版　　次　2022年7月第1版　2022年7月第1次印刷
书　　号　ISBN 978－7－5767－0128－9
定　　价　42.00元

前　言

《Proteus电工电子技术仿真实例》是Proteus仿真技术在电工电子技术基础课程实践教学中的应用指导书。本书是在总结电工电子技术基础应用实践的基础上，跟踪电工电子技术发展新趋势，适应新工科建设教育和线上教学的新形势而撰写的。本书参考了电工电子基础课程经典教材和Proteus电路设计相关书籍，旨在加强读者实践能力和创新能力的培养。本书侧重科学实验方法的学习和实践，加强实验探究能力的训练和培养，加深对电工电子技术基本原理的理解，强调实验过程的学习和探究。

全书共分5章，包括Proteus电路设计仿真基础和电工电子技术应用的76个仿真实例，内容丰富充实、系统全面。仿真实例的选择注重基础性和应用性，突出综合性和设计性，本书可作为高等院校电工电子技术基础课程的仿真实验教学用书和学生进行实验探究的参考书，也可供相关专业的职业技术学院学生和科技人员使用和参考。通过本书的学习，读者可以掌握Proteus的基本应用方法，为进一步提高电路仿真技术水平打下良好基础。

第1章Proteus电路设计仿真基础，针对Proteus 8版本，详细介绍了软件中与电工电子技术基础课程相关部分的使用和操作知识，可以帮助读者初步了解Proteus软件的功能和基本操作方法；第2章电路分析仿真实例，开发了32个仿真实例，涵盖了基尔霍夫定律、叠加定理、戴维宁定理、诺顿定理、受控源电路分析、最大功率传输定理、交流电路参数测试、功率因数提高方法、一阶电路响应、二阶电路响应、频率特性研究、电路谐振和三相电路等电路基本原理；第3章模拟电子技术仿真实例，开发了17个仿真实例，包括单晶体管基本放大电路的三种(共发射极、共集电极和共基极)连接方法、负反馈放大电路、集成运算放大器信号运算功能、电压比较器和集成稳压电源等模拟电子技术基本电路的性能仿真；第4章数字逻辑电路仿真实例，开发了小规模组合逻辑电路、中规模组合逻辑电路、触发器电路、计数器电路和寄存器电路等23个仿真实例；第5章电子技术综合设计仿真实例，开发了4个综合设计仿真实例，分别为函数信号发生器、串联稳压电源、出租车计价器和公园流量监控系统，其中，函数信号发生器采用了三种设计方法实现，体现了电子技术综合应用的特点，可为读者更深入掌握模拟电子技术和数字逻辑电路综合设计提供参考。

参加本书撰写的人员均为多年从事电工电子基础课程教学研究的一线教师和实验教师，具体编写分工如下：第1章由金浩撰写；第2章由赵明撰写；第3章由陈得宇撰写；第4章由李晖撰写；第5章和附录由李云和华晓杰撰写。本书由赵明教授统稿，苏晓东教授担任主审。

由于作者研究水平和资料查阅范围有限，书中疏漏及不足之处在所难免，敬请广大读者批评指正。

作　者

2022年4月

目　录

第 1 章　Proteus 电路设计仿真基础

近年来，电子技术得到了飞速发展，从分立元件电路到现在的超大规模集成电路，从由 8 位单片机执行单线程的简单应用程序到现在的 32 位处理器组成的复杂嵌入式系统软件等。电子技术的发展离不开电路设计方法和手段的不断更新，尤其是 EDA(Electronic Design Automation)技术的出现，更是促进了电子技术的不断创新和飞速发展。

Proteus 软件是英国 Labcenter Electronics 公司 1989 年开发的 EDA 工具软件，其具有电路设计、仿真运行和 PCB(Printed Circuit Board)电路制板设计等多种功能，是一款电子线路设计与仿真软件。本章首先介绍 Proteus 原理图模块的基本构成、基本操作、虚拟仪器和库元件的使用方法等内容，然后结合两个具体实例介绍 Proteus 原理图模块的仿真方法，为后续实例章节的仿真提供保障。

1.1　Proteus 安装和启动

Proteus 软件不仅能对模拟电路和数字电路进行设计和仿真，还能对常见的微控制器如 51 单片机、ARM 和 DSP 等进行设计和仿真。此外，Proteus 软件还具有 PCB 制作电路板的设计功能。

Proteus 软件主要由原理图模块和 PCB 模块两大部分应用软件组成。原理图模块是智能原理图输入和仿真模块，它可以展现出所设计电路逼真的仿真界面和动画效果，为后续的 PCB 制板提供可靠的保证。原理图模块支持两种仿真模式：交互式仿真和基于图表的仿真，此外，它还支持与第三方软件进行联调的功能，如利用与 Keil C51 软件联调机制实现对基于 51 单片机的电路进行设计和仿真。PCB 模块具有自动和手动布线的 PCB 设计功能。本书只对 Proteus 软件原理图模块的应用做详细介绍。

1.1.1　Proteus 软件的安装

Proteus 软件可运行在 Windows 2000/XP/7/8/10 操作系统的环境下。下面以在 Windows 10 操作系统下安装 Proteus 8.9 软件为例说明 Proteus 软件的安装过程，在其他操作系统下安装过程与此类似，这里不再赘述。

(1)双击 Proteus 8.9 软件安装包中的 P8.9.sp0 图标，进入如图 1.1 所示的安装欢迎界面；单击“Next”按钮。

(2)进入如图 1.2 所示的安装许可协议界面，在此界面中选择接受安装许可协议(I accept the terms of this agreement.)，单击“Next”按钮。

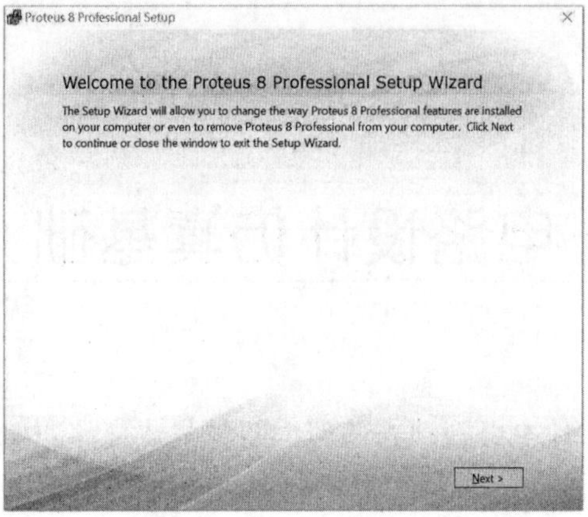
Proteus 8 Professional Setup
Welcome to the Proteus 8 Professional Setup Wizard
The Setup Wizard will allow you to change the way Proteus 8 Professional features are installed on your computer or even to remove Proteus 8 Professional from your computer. Click Next to continue or close the window to exit the Setup Wizard.
Next >

图 1.1　安装欢迎界面

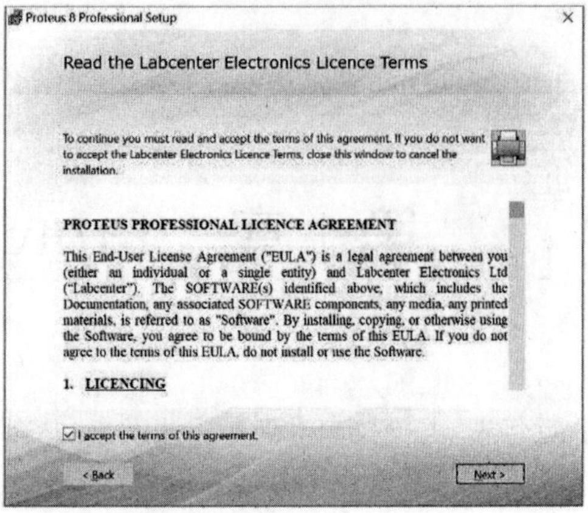
Proteus 8 Professional Setup
Read the Labcenter Electronics Licence Terms
To continue you must read and accept the terms of this agreement. If you do not want to accept the Labcenter Electronics Licence Terms, close this window to cancel the installation.
PROTEUS PROFESSIONAL LICENCE AGREEMENT
This End-User License Agreement ("EULA") is a legal agreement between you (either an individual or a single entity) and Labcenter Electronics Ltd ("Labcenter"). The SOFTWARE(s) identified above, which includes the Documentation, any associated SOFTWARE components, any media, any printed materials, is referred to as "Software". By installing, copying, or otherwise using the Software, you agree to be bound by the terms of this EULA. If you do not agree to the terms of this EULA, do not install or use the Software.
1. LICENCING
I accept the terms of this agreement.
< Back
Next >

图 1.2　安装许可协议界面

(3)进入如图 1.3 所示的安装方式选择界面。

在如图 1.3 所示的安装方式选择界面中提供两种安装方式,选择其一即可:

① Use a locally installed license key:单机版客户端安装选项。

② Use a cloud or server based license key:网络版客户端安装选项。

选择"Use a locally installed licence key"选项,并单击"Next"按钮。

(4)进入如图 1.4 所示的产品许可密钥界面。

①如果在此界面上已显示产品密钥的基本信息,单击"Next"按钮进入如图 1.5 所示的安装类型选择界面,否则进入如图 1.6 所示的加载产品密钥界面。

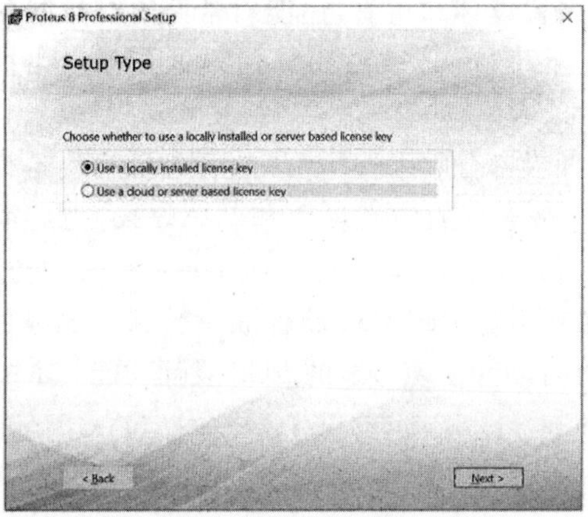
Proteus 8 Professional Setup
Setup Type
Choose whether to use a locally installed or server based license key
Use a locally installed license key
Use a cloud or server based license key
< Back
Next >

图 1.3　安装方式选择界面

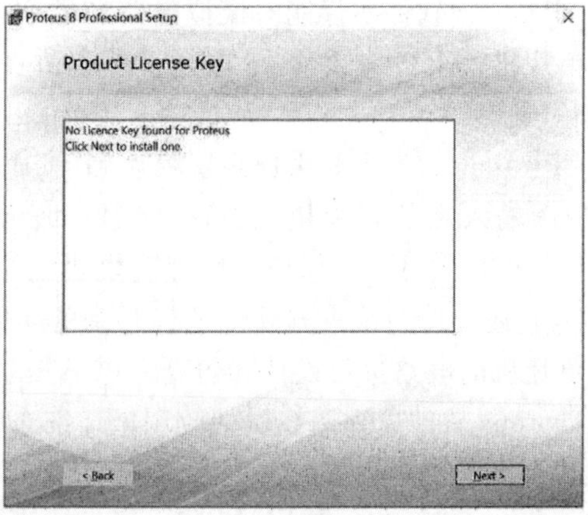
Proteus 8 Professional Setup
Product License Key
No Licence Key found for Proteus
Click Next to install one.
< Back
Next >

图 1.4　产品许可密钥界面

② 在如图 1.6 所示的加载产品密钥界面中,单击"Browse For Key File"按钮浏览 License 所在位置,选择文件并单击"Install"按钮。当加载成功后单击"Close"按钮,返回如图 1.5 所示的安装类型选择界面。

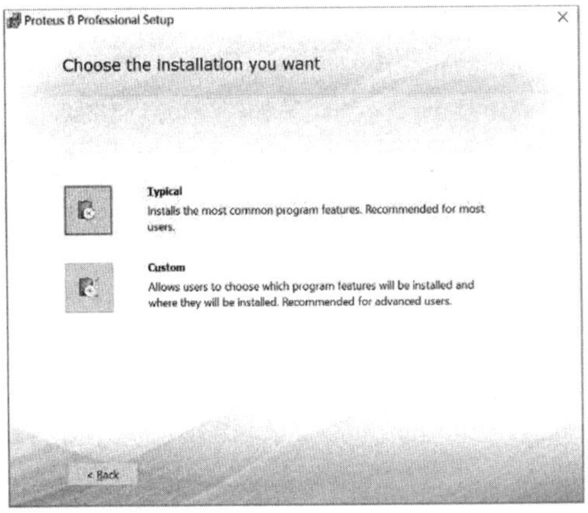
Proteus 8 Professional Setup
Choose the installation you want
Typical
Installs the most common program features. Recommended for most users.
Custom
Allows users to choose which program features will be installed and where they will be installed. Recommended for advanced users.
< Back

图 1.5　安装类型选择界面

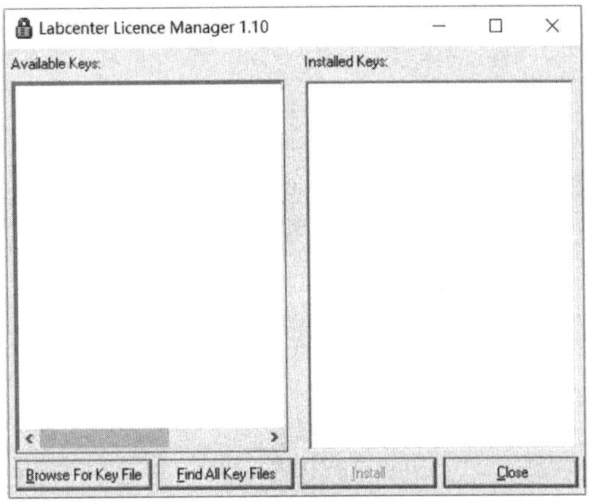
Labcenter Licence Manager 1.10
Available Keys:
Installed Keys:
Browse For Key File
Find All Key Files
Install
Close

图 1.6　加载产品密钥界面

(5)在如图 1.5 所示的安装类型选择界面中，有两种安装模式：

①Typical 模式。若单击“Typical”按钮则可将相关安装信息设置为缺省项，并直接进入如图 1.7 所示的开始安装界面，再次单击“Install”按钮进入如图 1.8 所示的安装进度界面。

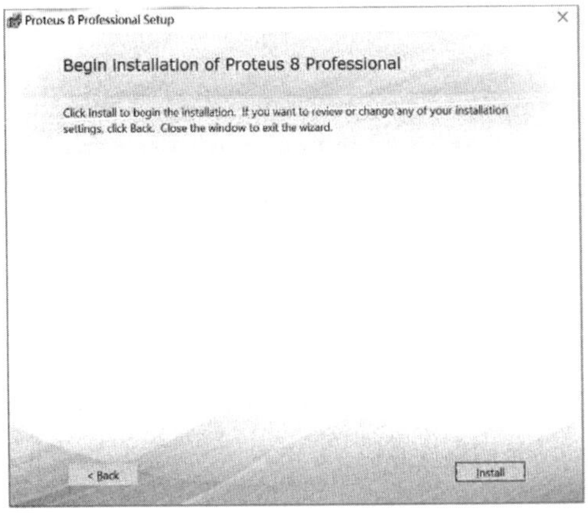
Proteus 8 Professional Setup
Begin Installation of Proteus 8 Professional
Click Install to begin the installation. If you want to review or change any of your installation settings, click Back. Close the window to exit the wizard.
< Back
Install

图 1.7　开始安装界面

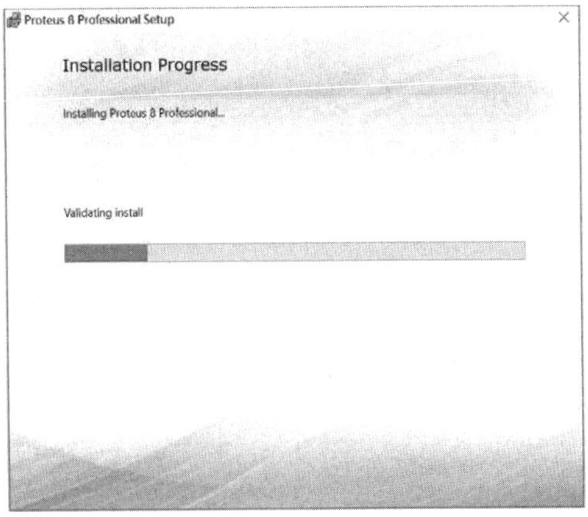
Proteus 8 Professional Setup
Installation Progress
Installing Proteus 8 Professional...
Validating install

图 1.8　安装进度界面

②Custom 模式。

a. 若单击“Custom”按钮则进入如图 1.9 所示的安装路径选择界面，如需修改安装路径，单击“Browse”按钮选择软件安装的位置。

b. 选择完成之后，单击“Next”按钮进入如图 1.10 所示的安装组件选择界面，该界面提供了 5 种功能组件的复选项，包括：Proteus 组件、PCB 设计组件、原理图设计组件、VSM 仿真组件和辅助工具组件。一般选择系统默认组件，单击“Next”按钮进入如图 1.11 所示的开始菜单中快捷文件夹设置界面，可以在对话框中输入或选择在开始菜单中快捷文件夹的名称。

c. 单击“Next”按钮进入如图 1.7 所示的开始安装界面，再次单击“Install”按钮进入如图 1.8 所示的安装进度界面。

(6)在如图 1.8 所示的安装进度界面中，可以通过观察进度条的速度来预测软件安装所需的时间。安装完成之后单击“Finish”按钮即完成软件的安装。

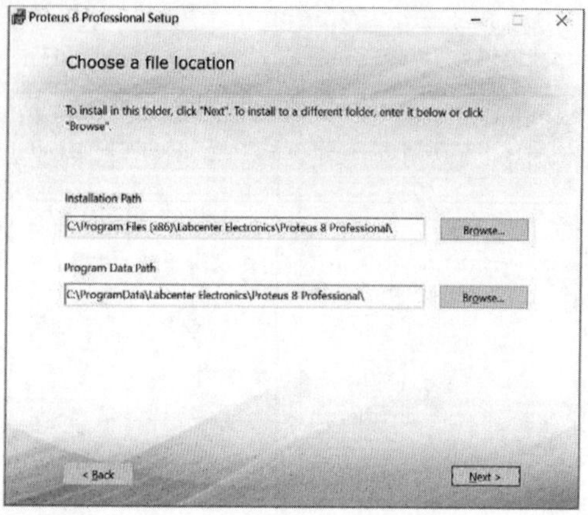
Proteus 8 Professional Setup
Choose a file location
To install in this folder, click "Next". To install to a different folder, enter it below or click "Browse".
Installation Path
C:\Program Files (x86)\Labcenter Electronics\Proteus 8 Professional\
Browse...
Program Data Path
C:\ProgramData\Labcenter Electronics\Proteus 8 Professional\
Browse...
< Back
Next >

图 1.9　安装路径选择界面

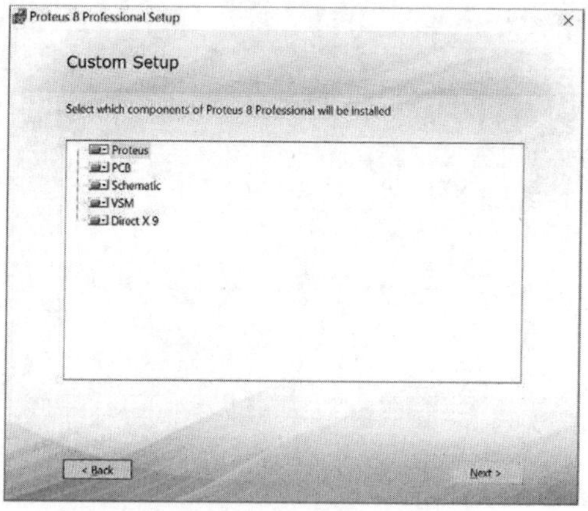
Proteus 8 Professional Setup
Custom Setup
Select which components of Proteus 8 Professional will be installed
Proteus
PCB
Schematic
VSM
Direct X 9
< Back
Next >

图 1.10　安装组件选择界面

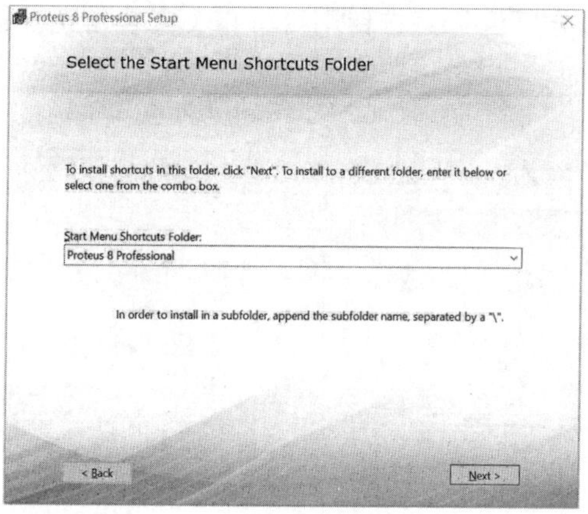
Proteus 8 Professional Setup
Select the Start Menu Shortcuts Folder
To install shortcuts in this folder, click "Next". To install to a different folder, enter it below or select one from the combo box.
Start Menu Shortcuts Folder:
Proteus 8 Professional
In order to install in a subfolder, append the subfolder name, separated by a "\".
< Back
Next >

图 1.11　开始菜单中快捷文件夹设置界面

1.1.2　Proteus 软件的启动

软件安装完成后，会在 Windows 10 开始菜单的所有应用中出现 Proteus 8 Professional 的菜单项，如图 1.12 所示。软件的启动有两种方式：

(1) 如果已经将“Proteus 8 Professional”安装为桌面快捷方式，可以双击图标直接启动 Proteus 软件，如图 1.12(a)所示。

(2)没有在桌面安装快捷图标的，可以在如图 1.12(b)所示的 Proteus 8 Professional 的菜单项中，单击“Proteus 8 Professional”选项即可启动 Proteus 软件。

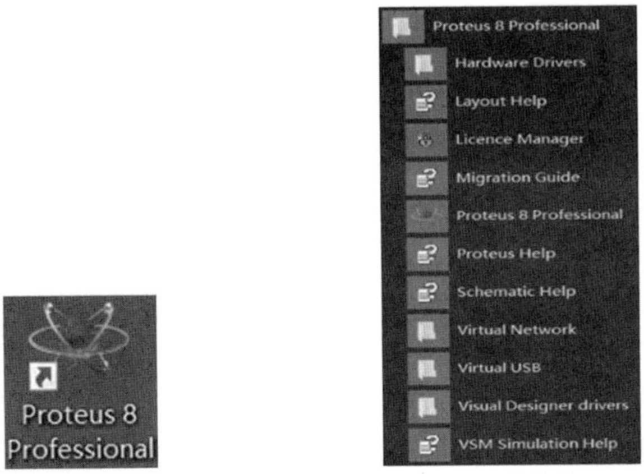

(a) 快捷方式　　(b) 菜单项

图 1.12　Proteus 8 Professional 的启动方式

1.2　Proteus 原理图模块的基本操作

1.2.1　原理图编辑界面简介

启动 Proteus 进入原理图编辑界面，如图 1.13 所示。该界面共分为 9 大区域，分别为标题栏、菜单栏与顶部快捷工具栏、图形编辑窗口、预览窗口、元器件预览方式按钮、对象选择器窗口、左侧快捷工具栏、仿真控制按钮和状态栏。

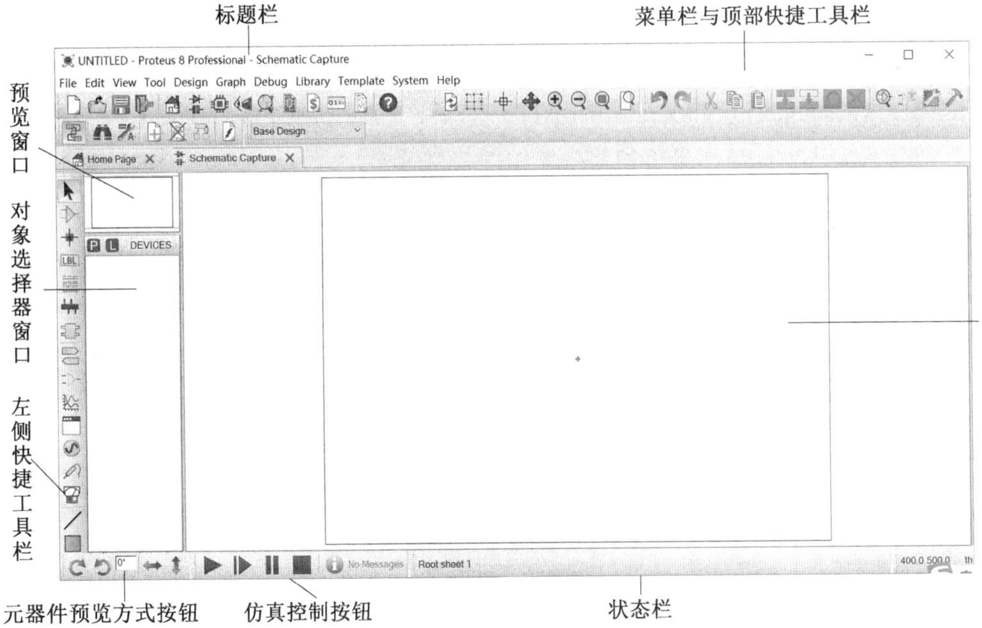

图 1.13　Proteus 原理图编辑界面

1. 标题栏

标题栏显示当前所设计原理图的工程文件名称(未命名显示 UNTITLED)和 Proteus 原

理图的名称(Proteus 8 Professional－Schematic Capture)。

2. 菜单栏与顶部快捷工具栏

(1)菜单栏。

菜单栏包括 11 个菜单子项,如图 1.14 所示,即 File(文件)、Edit(编辑)、View(视图)、Tool(工具)、Design(设计)、Graph(图形)、Debug(调试)、Library(库)、Template(模板)、System(系统)和 Help(帮助)。

(2)顶部快捷工具栏。

菜单栏下面是顶部快捷工具栏,如图 1.14 所示。它为用户提供相应操作的快捷按钮。顶部快捷工具栏主要由菜单中较为常用的功能组成,可分为 File Toolbar(文件工具)、View Toolbar(视图工具)、Edit Toolbar(编辑工具)和 Design Toolbar(设计工具)四个部分。

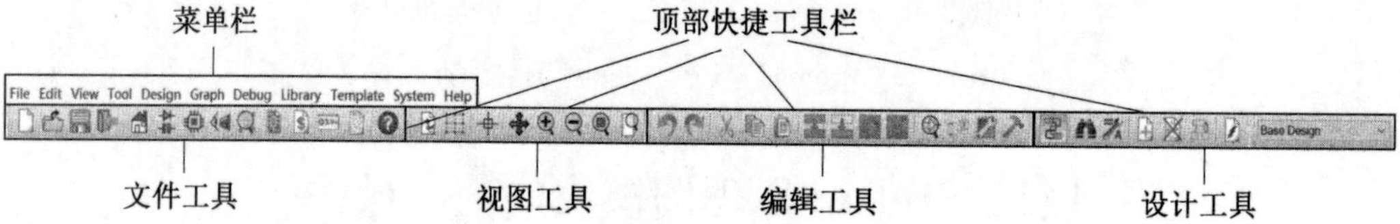

图 1.14　菜单栏与顶部快捷工具栏

3. 图形编辑窗口

图形编辑窗口是核心区域,用于实现放置元器件、连接导线及绘制原理图等功能,它能够非常直观地展现所设计电路的每个细节及仿真结果。

在如图 1.13 所示的图形编辑窗口中存在网格,网格的作用是使原理图中的元器件便于定位和摆放整齐。通过快捷工具栏中的图标,可以实现网格模式、点状格式或关闭功能的切换。当开启网格功能时,可以通过 View 子菜单中的选项来设置网格宽度,设置选项如图 1.15 所示的方框区域。通过 View 子菜单中的 Zoom In(缩小)、Zoom Out(放大)、Zoom To View Entire Sheet(显示整个图纸)和 Zoom To Area(区域放大)四个选项或者通过快捷工具栏中的图标来实现对原理图界面的缩放操作。

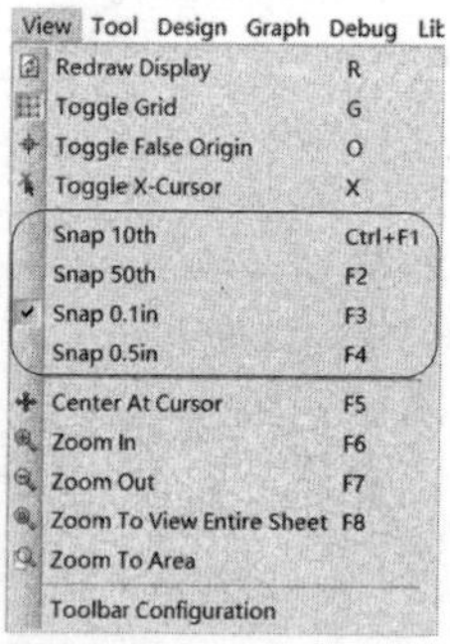

图 1.15　View 子菜单

4. 预览窗口

预览窗口用于显示当前原理图的缩略布局或者正在操作元器件的相关情况。预览窗口分为内框和外框,如图 1.16 所示。当对图形编辑窗口中的原理图进行缩放时,内框会随着缩放比例变大或变小,如果此时在预览窗口中拖拽内框并且移动,则会在图形编辑窗口中显示出内框中的内容,重复以上操作就可以细致地浏览原理图中的每个区域。

除了显示原理图的缩略布局功能外，预览窗口还可以对单一元器件进行预览，只要满足下列条件之一就可以实现预览：

(1)对元器件进行旋转或镜像操作时。

(2)当在对象选择器中选中某个元器件时。

(3)当为一个可以设定方向的对象选择类型图标时。

如非以上操作，将放弃对单一元器件的预览功能。

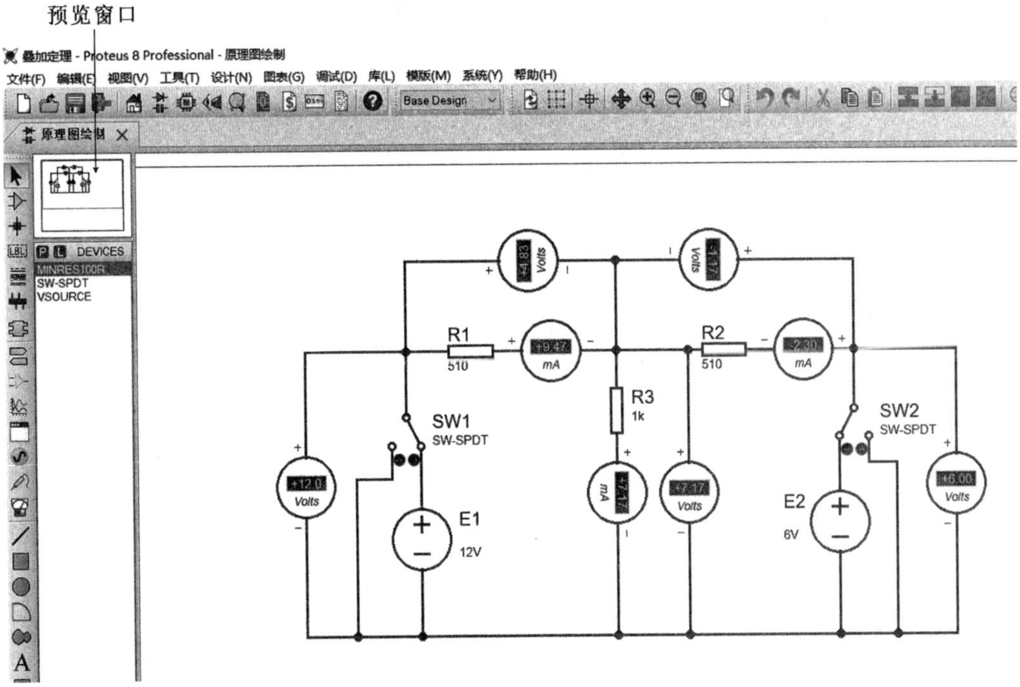

图 1.16 预览窗口

5. 元器件预览方式按钮

使用元器件预览方式按钮是为了便于元器件在图形编辑窗口中更合理地放置，尽可能地减少原理图的复杂度。通过如图 1.17 所示的按钮可以预先对所选中的元器件进行旋转或镜像操作，预先操作后的效果显示在预览窗口中。当达到期望效果后，在图形编辑窗口中单击鼠标左键完成预览后的元器件放置。此外，当元器件完成放置后，也可对元器件进行二次旋转或镜像操作，该操作是通过对元器件单击右键弹出如图 1.18 所示的下拉菜单完成的。

图 1.17 元器件预览方式按钮

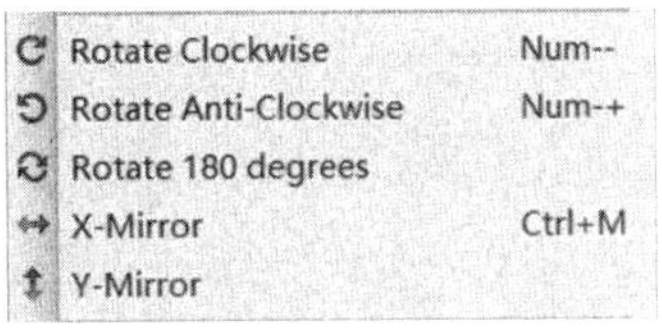

图 1.18 下拉菜单中的旋转和镜像选项

6. 对象选择器窗口

电路的原理图是由各种电子元器件组成的，元器件的选取通过对象选择器窗口来完成。具体元器件的选取操作方法见 1.4 节。

7. 左侧快捷工具栏

左侧快捷工具栏分为三部分：基本操作工具、仿真工具和 2D 图形工具。

(1)基本操作工具。

基本操作工具及注释如图 1.19 所示。

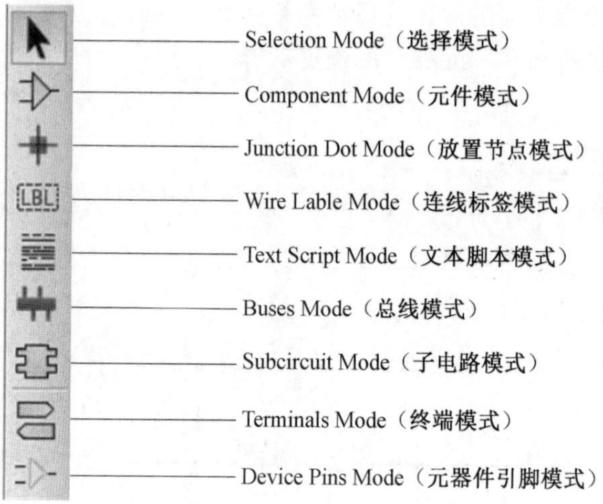

图 1.19　基本操作工具及注释

① Selection Mode(选择模式)按钮。单击此按钮实现退出其他工作模式，进入选择模式。在选择模式中可对图形编辑窗口进行一些基本操作，如连线、拖拽和删除等操作。

② Component Mode(元件模式)按钮。单击此按钮进入元器件模式，则可完成以下操作：在对象选择器中选取元器件；选取对象选择器窗口中已有元器件；从元器件库中提取元器件。

③ Junction Dot Mode(放置节点模式)按钮。当导线与导线间需要放置交叉节点时需要用到此模式。一般情况下，Proteus 原理图会自动完成节点的放置或删除，但也可以先放置节点，再从该节点处进行连线。

④ Wire Lable Mode(连线标签模式)按钮。单击此按钮进入连线标签模式。在此模式下可以为某些连线放置标签，Proteus 原理图会自动识别标签且认为标有相同标签的连线具有连接属性。使用该模式可以避免连线过多致使原理图繁杂，从而增加了原理图的可读性。

⑤ Text Script Mode(文本脚本模式)按钮。单击此按钮进入文本脚本模式，此模式可为原理图提供标注说明及各种信息的记录。

⑥ Buses Mode(总线模式)按钮。总线是连接各个部件的一组信号线，分为地址、数据、控制、扩展和局部总线。它既支持在层次模块间运行总线，还支持库元器件为总线型引脚。

⑦ Subcircuit Mode(子电路模式)按钮。子电路模式可将复杂的原理图模块化，使原理图的结构更加清晰，便于阅读。

⑧ Terminals Mode(终端模式)按钮。终端是指整个电路的输入输出接口，包括 DEFAULT(默认端口)、INPUT(输入端口)、OUTPUT(输出端口)、BIDIR(双向端口)、POWER(电源)、GROUND(地)、CHASISS(底座)、DYNAMIC(动态端口)、BUS(总线)和 NC

(空端口)。

⑨ Device Pins Mode(元器件引脚模式)按钮。元器件引脚模式可以选择各种期望的引脚且使用其进行元器件设计,包括 DEFAULT(普通引脚)、INVERT(反转引脚)、POSCLK(上升沿引脚)、NEGCLK(下降沿引脚)、SHORT(短接引脚)和 BUS(总线引脚)。

(2)仿真工具。

在原理图的仿真过程中需要借助多种仿真工具,如电压表、电流表、示波器和逻辑分析仪等进行仿真结果显示。仿真工具及注释如图 1.20 所示,具体的使用方法将在 1.3 节中详细介绍。

图 1.20　仿真工具及注释

(3) 2D 图形工具。

在 2D 工具箱中还提供了绘制 2D 图形的基本工具,如图 1.21 所示。使用这些工具可以创建新的元器件及元件库。2D 图形工具包括:Line Mode(直线模式)、Box Mode(方框模式)、Circle Mode(圆形模式)、Arc Mode(弧线模式)、Closed Path Mode(闭合线模式)、Text Mode(文本模式)、Symbols Mode(符号模式)和 Markers Mode(标注模式)。

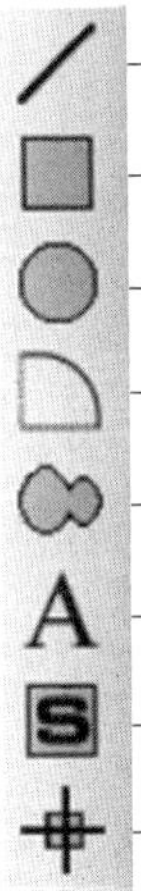

图 1.21　2D 图形工具及注释

8. 仿真控制按钮

使用如图 1.22 所示的仿真控制按钮可对原理图仿真进行控制,包括启动按钮、单步按钮、暂停按钮和停止按钮。单击启动按钮,Proteus 原理图会自动检查原理图的电气属性。如电气属性正确,单击如图 1.22 所示的“8 Message(s)”区域可以显示电气检查结果的基本情况,并且会自动进行仿真;如有错误,Proteus 原理图会停止仿真并在如图 1.22 所示的“8 Message(s)”区域中显示仿真结果信息,如果原理图有错误,会显示如图 1.23 所示的

“2 Error(s)”。单击错误的数量，弹出如图 1.24 所示的仿真错误提示界面，根据错误的提示原因进行修改，修改正确后可再次进行仿真。

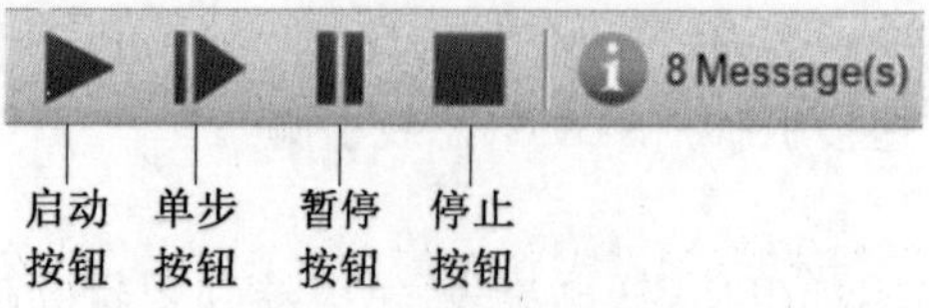

图 1.22　仿真控制按钮

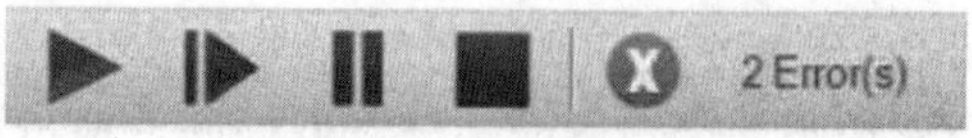

图 1.23　显示仿真错误

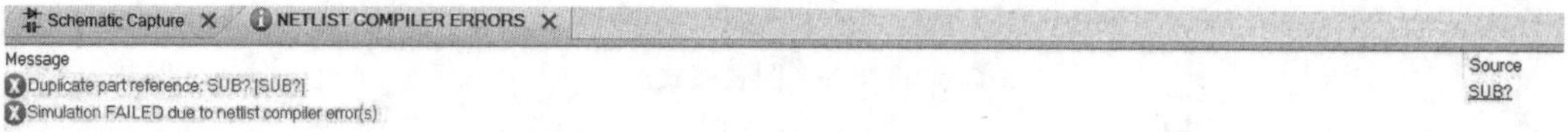

图 1.24　仿真错误提示界面

9. 状态栏

在绘制原理图时，状态栏显示当前光标停留位置的基本信息，包括元器件的名称、电气属性和元器件的坐标，如图 1.25 所示。当对原理图进行仿真运行时，状态栏显示实际仿真运行的时间和 CPU 负荷情况，如图 1.26 所示。

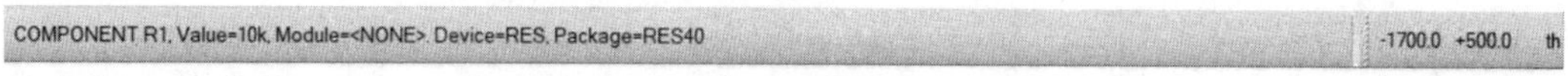

图 1.25　绘制原理图时的状态栏

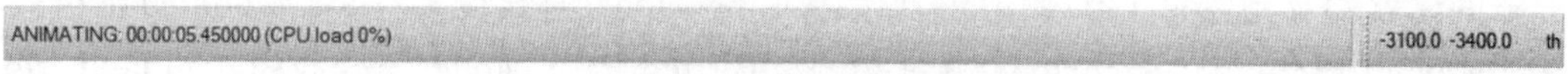

图 1.26　仿真运行时的状态栏

1.2.2　文件的建立、保存和加载

1. 新建工程

在需要对一个电路进行仿真时，首先要新建一个工程文件。

(1)参照 1.1.2 节启动 Proteus 软件。

(2)在菜单栏中，选择 File(文件)→New Project(新建工程)命令，弹出如图 1.27 所示的对话框，通过该对话框可以设置新建工程文件的名称和路径。

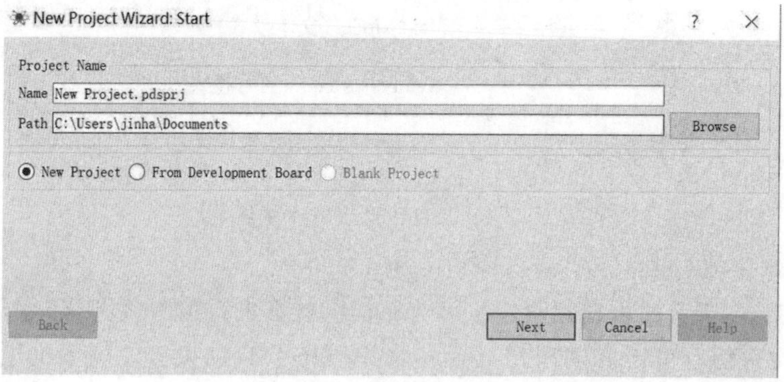

图 1.27　新建工程文件名称和路径对话框

(3)单击“Next”进入如图 1.28 所示的新建工程模板大小对话框。该对话框提供了不同

尺寸的模板，如 Landscape A4 表示 A4 大小的模板等。通常选择 DEFAULT(默认)模板。

(4)单击“Next”进入接下来的其他信息对话框，如果不需要制作 PCB 版，没有固件项目则选择默认，然后点击“Finish”，即完成工程的创建。

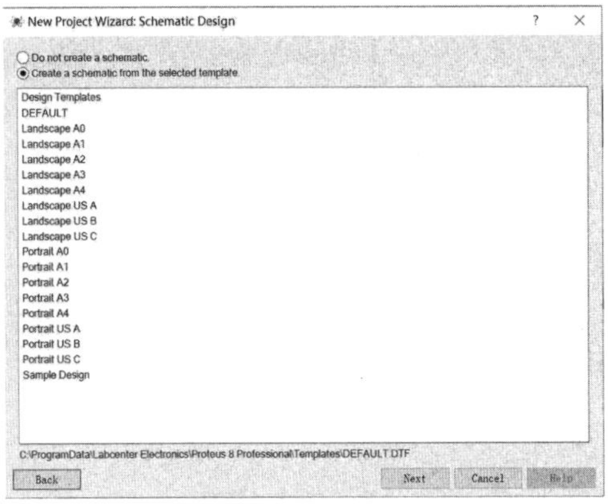

图 1.28　新建工程模板大小对话框

2. 保存工程

在原理图界面完成电路图的绘制后建议先将工程保存，并在每次修改电路图之后及时保存工程文件。选择 File(文件)→Save Project(保存工程)命令可对当前工程文件进行保存。

3. 打开已经保存的工程

打开已经保存的工程有两种方法：

(1)找到工程存储的文件夹，双击工程的图标直接打开工程。

(2)先启动 Proteus 软件，然后选择 File(文件)→Open Project(打开工程)，在弹出的界面选择已有存储工程的路径和文件夹，双击工程的图标。

4. 工程另存

如果需要对已有工程进行复制或者修改，并保持原工程不变，有两种方法：

(1)找到工程存储的文件夹，右键单击工程的图标，在下拉菜单中选择“复制”，然后将工程的副本“粘贴”到要保存的文件夹中。

(2)在原理图界面打开工程，选择 File(文件)→Save Project as(工程另存为)，在弹出的界面选择工程将要存储的路径和文件夹，输入文件名后单击“保存”，原理图界面显示新保存的工程文件，然后进行原理图修改等操作，修改完成后，要及时保存工程。

1.2.3　设置 Proteus 原理图界面参数

通过设置合适的编辑环境参数，使原理图编辑界面满足不同工程的设计需求，能够高效地完成各种电路的设计和仿真。

1. 设置编辑环境

通过菜单栏中的 Template(模板)子菜单对新建的工程文件进行编辑环境的设置，如模板风格、图表颜色和图形文字格式等。下面介绍一些编辑环境参数的设置方法。

(1)设置模板形式。

选择 Template(模板)→Set Design Colours(设置设计默认值)命令弹出设置模板形式对话框，如图 1.29 所示。设置内容包括四个部分：Colours(模板中各个区域的颜色设置)、

Animation(电路仿真时所涉及的符号颜色设置)、Hidden Objects(隐藏内容设置)和 Font Face for Default Font(默认字体设置)。

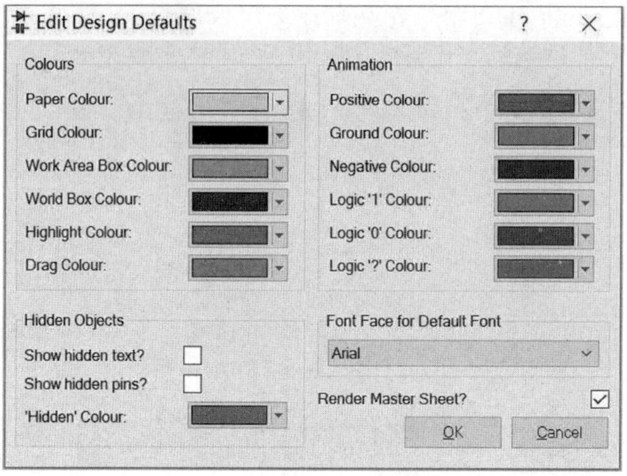

图 1.29　设置模板形式对话框

(2)设置模板及图表颜色。

选择 Template(模板)→Set Graph & Trace Colours(设置图表和曲线颜色)命令,可对模板及分析图中所涉及的颜色进行设置。设置模板及图表颜色对话框如图 1.30 所示,包括 General Appearance(模板外观颜色设置,如背景颜色、外轮廓线颜色和标题颜色等)、Analogue Traces(模拟分析图的曲线颜色设置)和 Digital Traces(数字分析图的曲线颜色设置)三部分。

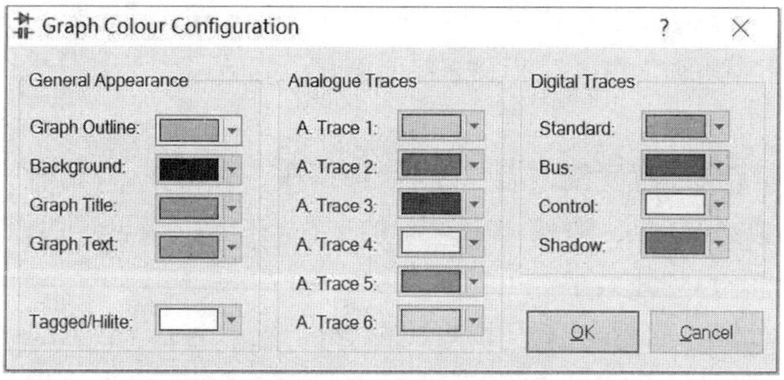

图 1.30　设置模板及图表颜色对话框

(3)设置图形样式。

图形样式工具中提供了各种图形样式。选择 Template(模板)→Set Graphics Styles(设置图形样式)命令弹出设置图形样式对话框,如图 1.31 所示。首先在对话框中的"Style"选项中选择需要进行属性设置的图形风格,然后对选中的图形样式进行属性设置,设置内容包括 Line Attributes(线属性设置)和 Fill Attributes(填充属性设置),且在对话框中的"Sample"区域中显示设置之后的效果图。此外,也可以通过对话框中的"New"选项自定义图形样式,并对新的图形样式进行相关属性的设置。

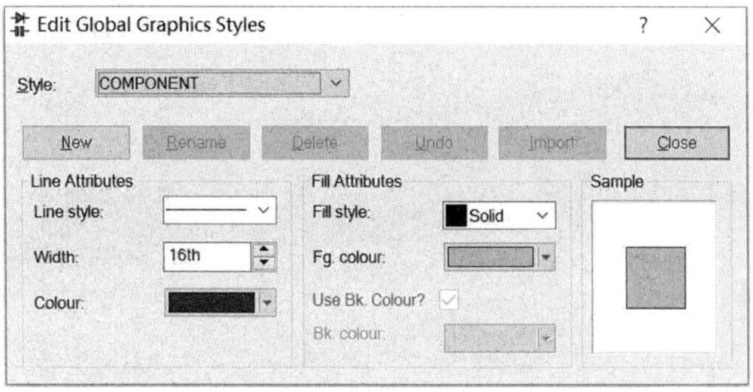

图 1.31 设置图形样式对话框

(4)设置文本样式的属性。

选择 Template(模板)→Set Text Styles(设置文本样式)命令弹出设置文本样式对话框，如图 1.32 所示。在对话框中的“Style”选项中选择需要进行属性设置的文本样式，在对话框中可对该文本的 Font face(字体)、Height(高)、Width(宽)、Colour(颜色)和 Effects(显示效果)进行设置，同时在“Sample”区域可以预览设置后的效果图。此外，也可以自定义文本样式并对该样式进行属性设置。

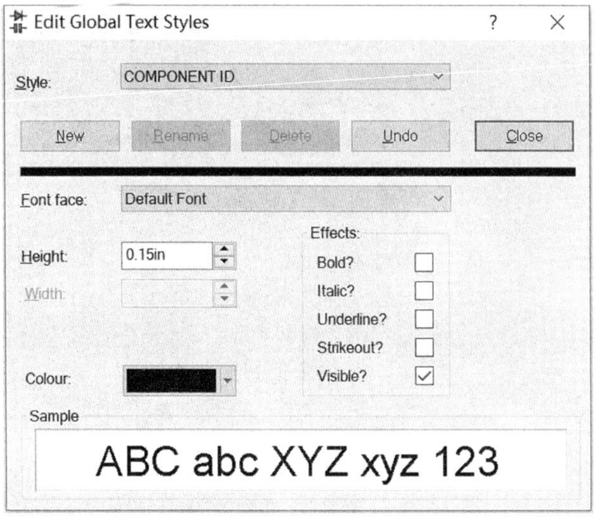

图 1.32 设置文本样式对话框

(5)设置 2D 图形默认值。

选择 Template(模板)→Set 2D Graphics Defaults(设置 2D 图形默认值)命令弹出对话框，如图 1.33 所示。通过此对话框可设置 2D 图形中的文本属性，包括 Font face(字体)、Text Justification(文本方位)、Character Sizes(字体大小)及 Effects(显示效果)。

(6)设置节点属性。

选择 Template(模板)→Set Junction Dots Style(设置节点样式)命令弹出对话框，如图 1.34所示。通过此对话框可对节点的 Size(大小)和 Shape(形状)进行设置。

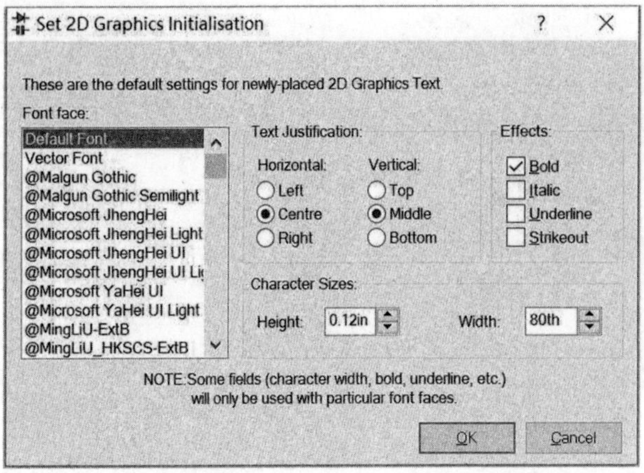

图 1.33　设置 2D 图形的文本属性对话框

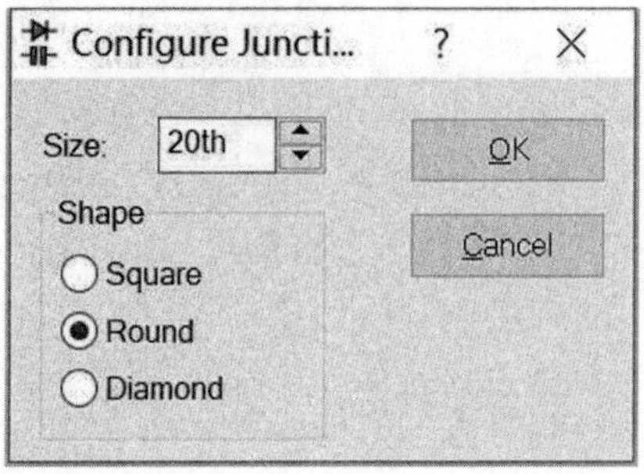

图 1.34　设置节点属性对话框

2. 设置系统参数

System(系统)菜单主要用于对系统参数进行设置,主要包括系统环境、系统路径和图纸大小等参数的设置。System(系统)下拉菜单如图 1.35 所示。

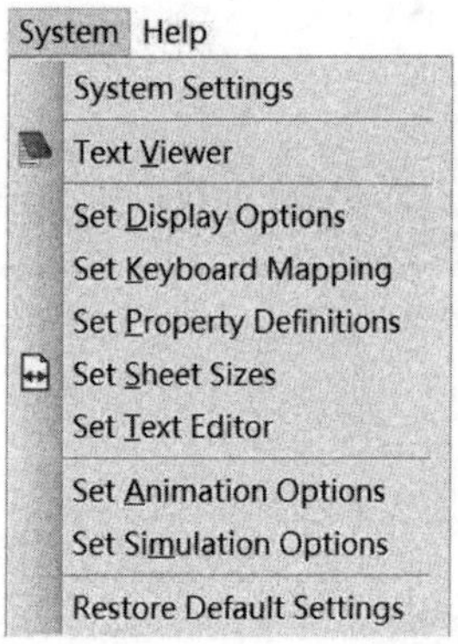

图 1.35　System(系统)下拉菜单

(1) System Settings(系统设置)。

选择 System→System Settings 命令弹出对话框如图 1.36 所示,包括以下几部分设置:

① Initial Folder For Projects:工程文件打开和保存的路径。对话框中提供了三个可选项,分别为 Initial folder is My Documents(将我的文档设置为默认路径)、Initial folder is always the same one that was used last(在上一次使用过的路径中)和 Initial folder is always the following(在下面文本框所显示的路径中),可以任选其一。

② Template folders:模板的保存路径。

③ Library folders:库文件的保存路径。

④ Project Clips (Snippets) folder:工程剪辑(片断)保存路径。

⑤ Datasheet folder:数据表的保存路径。

(2) Set Display Options(设置显示选项)。

选择 System→Set Display Options 命令可以设置与显示有关的参数。

(3) Set Keyboard Mapping(设置快捷键)。

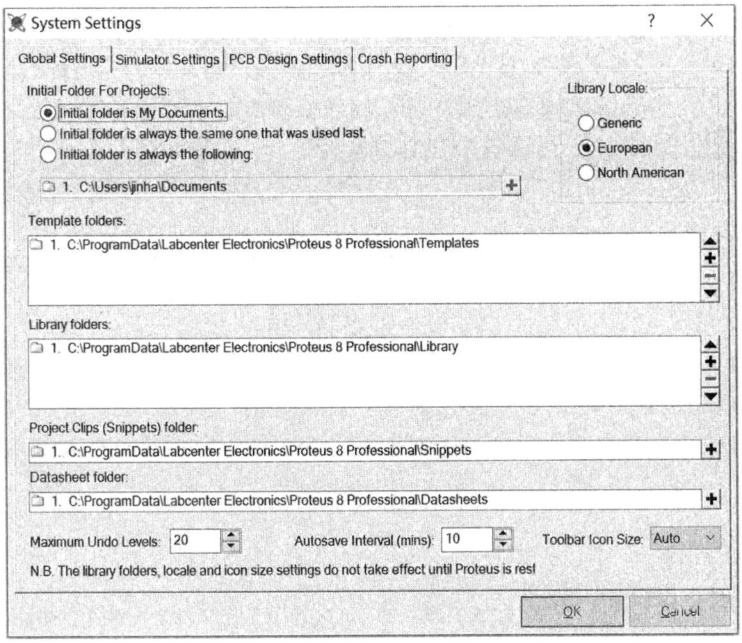

图 1.36　系统设置路径对话框

选择 System→Set Keyboard Mapping 命令可以设置相应操作的快捷键。

(4) Set Property Definitions(设置属性定义)。

选择 System→Set Property Definitions 命令后可以看出定义的一些属性，这些属性包括 PCB 封装、仿真模型及其他一些基本信息。另外，也可以通过该命令创建新的属性并设置相关参数。

(5) Set Sheet Sizes(设置图纸大小)。

选择 System→Set Sheet Sizes 命令可设置当前设计的图纸大小，主要提供了 A0、A1、A2、A3、A4 和 User(自定义)6 种型号大小的图纸。用户可以通过勾选复选框选中相应型号的图纸，手动修改默认图纸的大小。

(6) Set Text Editor(设置文本编辑器)。

选择 System→Set Text Editor 命令，通过该命令可以对文本进行字体、字形、大小、效果和颜色等参数的设置。

(7)Set Animation Options(设置动画选项)。

选择 System→Set Animation Options 命令可以对动画仿真参数进行设置，其包括：

① Simulation Speed：仿真速度。设置参数包括 Frames per Second(每秒帧数)、Timestep per Frame(每帧间隔时间)、Single Step Time(单步时间)、Max. SPICE Timestep(最大 SPICE 间隔)和 Step Animation Rate(单步仿真速度)。

② Voltage/Current Ranges：电压/电流范围。设置参数包括 Maximum Voltage(最大电压)和 Current Threshold(电流阈值)。

③ Animation Options：动画参数设置。设置参数包括 Show Voltage & Current on Probes? (是否在探针上显示电压和电流值?)、Show Logic State of Pins? (是否显示管脚逻辑状态?)、Show Wire Voltage by Colour? (是否用颜色标注等电位的连线?)和 Show Wire

Current with Arrows?（是否用箭头在连线上标注电流方向?）。

④ SPICE Options：仿真器参数设置。设置内容包括 Tolerances（容差）、MOSFET（MOS 管）、Iteration（迭代）、Temperature（温度）、Transient（暂态）和 DSIM（随机数）等。

（8）Set Simulation Options（设置仿真器参数）。

选择 System→Set Simulation Options 命令与上文提到的“SPICE Options”的设置内容相同，这里不再赘述。

1.3 虚拟仪器

Proteus 软件中的虚拟仪器主要由激励源、虚拟测量仪表、探针和分析图四个部分组成。利用虚拟仪器进行电路仿真可以较为真实地模拟实际工作环境，并且能够直观地反映出当前电路的运行状态，因此正确使用 Proteus 原理图的虚拟仪器是电路仿真的基础。

1.3.1 激励源

Proteus 原理图提供了直流激励源、正弦波激励源和数字激励源等 14 种激励源，可用于在电路中产生相应的激励信号以驱动电路工作。单击左侧快捷工具栏中的按钮进入激励源模式，该模式提供的激励源详见表 1.1。

表 1.1 激励源模式列表

名 称	符 号	说 明	名 称	符 号	说 明
DC		直流信号发生器	AUDIO		音频信号发生器
SINE		正弦波信号发生器	DSTATE	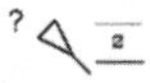	数字单稳态逻辑电平信号发生器
PULSE		脉冲信号发生器	DEDGE		数字单边沿信号发生器
EXP		指数脉冲信号发生器	DPULSE		单脉冲信号发生器
SFFM		单频调频信号发生器	DCLOCK		数字时钟信号发生器
PWLIN		分段线性信号发生器	DPATTERN		数字模式信号发生器
FILE	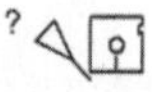	文件信号发生器	SCRIPTABLE		脚本化信号发生器

下面仅介绍 6 种与电工电子技术基础课程相关的激励源的使用方法。

1. DC（直流信号发生器）

单击左侧快捷工具栏的激励源模式图标后，在信号发生器选择窗口中选择第一项“DC”，在图形编辑窗口中放置直流信号发生器，出现符号。双击该符号弹出对话框如图 1.37 所示。该对话框涉及以下 8 个属性的设置：

(1)Generator Name：信号发生器名称。一般改为电路图中信号源的名称。

(2)Analogue Types：模拟信号发生器类型选择。有 9 种模拟类型可供选择，选择 DC(直流信号发生器)。

(3)Digital Types：数字信号发生器类型选择。有 6 种数字类型可供选择，此处不勾选。

(4)Current Source?：是否为电流源？如果是，勾选电流源前面的方框，只有模拟信号可以选择此项。

(5)Isolate Before?：是否与其他电路隔离？

(6)Manual Edits?：是否手动编辑信号发生器的相关属性？

(7)Hide Properties?：是否隐藏信号发生器的相关属性？

以上属性是所有激励源属性设置对话框中共有的选项，在后续的激励源中将不再赘述。针对直流信号发生器，还有另外一个属性设置。

(8)Voltage(Volts)：信号发生器的电压值，单位为 V(伏特)。如果选择电流源信号发生器(Current Source)有效，则此属性变为 Current(Amps)信号发生器的电流值，单位为 A(安培)。

本例中的直流信号发生器的参数设置如图 1.37 所示，为了更加直观地观察到直流信号发生器的输出效果，将直流信号发生器的终端连接到模拟分析图(分析图的使用方法详见 1.3.4 节)，仿真后的输出效果如图 1.38 所示。

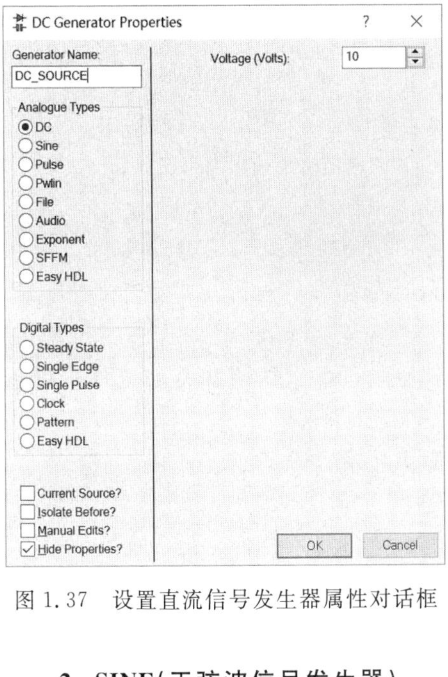

图 1.37 设置直流信号发生器属性对话框

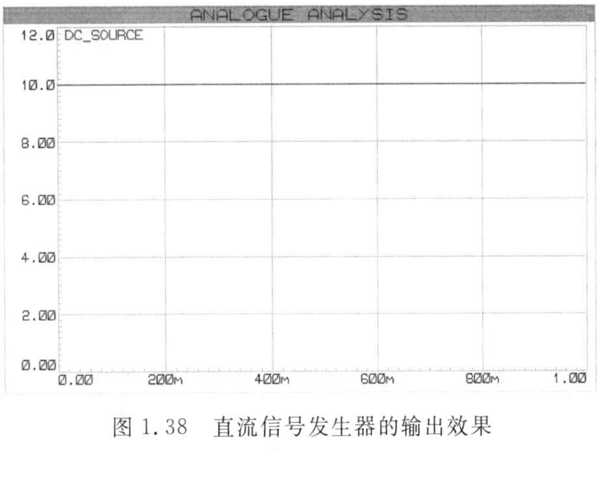

图 1.38 直流信号发生器的输出效果

2. SINE(正弦波信号发生器)

在图形编辑窗口中放置正弦波信号发生器，出现符号。双击该符号弹出对话框如图 1.39所示。除激励源共有属性选项外，还包括另外的 5 个选项：

(1)Offset(Volts)：正弦波振荡中心电压，即正弦波振荡的直流基数，单位为 V(伏特)。如果是在横轴上下振荡，选择默认值“0”。

(2)Amplitude(Volts):电压幅值,单位为V(伏特)。该属性可以选择的设置方式有3种:Amplitude(幅值)、Peak(峰峰值)和RMS(有效值),任选其一设置即可。

(3)Timing:时间。该属性包含Frequency(Hz)(频率,单位为赫兹)、Period(Secs)(周期,单位为秒)和Cycles/Graph(占空比)3个选项,频率和周期选项默认占空比为50%,任选其一进行设置即可。

(4)Delay:延迟。该属性包含Time Delay(Secs)(延迟时间,单位为秒)和Phase(Degrees)(相位,单位为度)2个选项,根据电路中电源的初相位进行设置即可。

(5)Damping Factor(1/s):阻尼因子。默认值为“0”,即等幅振荡。

本例中的正弦波信号发生器的参数设置为电压幅值2 V、频率1 Hz。正弦波信号发生器的终端连接到模拟分析图,仿真后的输出波形如图1.40所示。

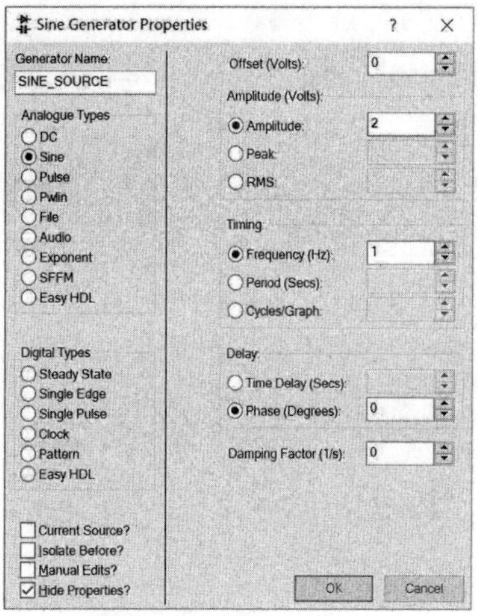

图1.39 设置正弦波信号发生器对话框

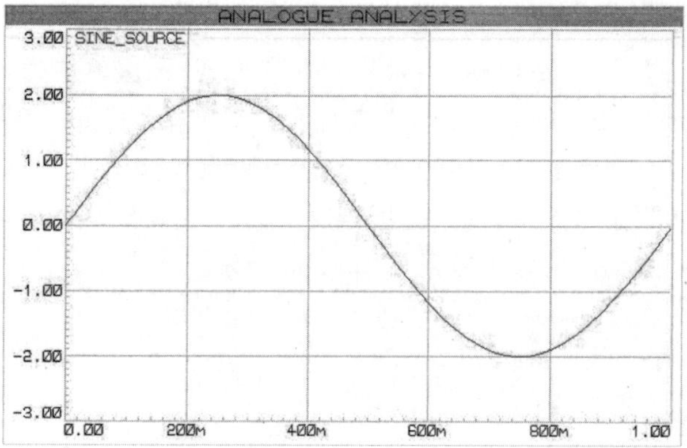

图1.40 正弦波信号的输出波形图

3. PULSE(脉冲信号发生器)

在图形编辑窗口中放置脉冲信号发生器,出现符号。双击该符号弹出对话框如图1.41所示。除激励源共有属性选项外,还包括以下7项属性:

(1)Initial(Low) Voltage:初始低电压。如果是零正脉冲,选择默认值“0”,如果是正负脉冲,则需要输入负的电压值。

(2)Pulsed(High) Voltage:脉冲高电压。脉冲的上限电压值。

(3)Start(Secs):信号起始时间,单位为秒(s)。默认为“0”。

(4)Rise Time(Secs):信号上升时间,单位为秒(s)。标准方波或矩形波,设为默认值“0”。

(5)Fall Time(Secs):信号下降时间,单位为秒(s)。标准方波或矩形波,设为默认值“0”。

(6)Pulse Width:脉冲宽度。该属性包含Pulse Width(Secs)(单位为秒)和Pulse Width(%)(占空比)2个选项,任选其一设置即可。

(7)Frequency/Period:频率/周期。该属性包含Frequency(Hz)(频率,单位为赫兹)、Period(Secs)(周期,单位为秒)和Cycles/Graph(占空比)3个选项,任选其一设置即可。

本例中的脉冲信号发生器的参数设置如图1.41所示,设初始低电压为0 V,脉冲高电压(电压幅值)为1 V,上升时间和下降时间均为0.1 ms,频率为1 kHz,脉宽占空比为50%的脉冲信号。将发生器的终端连接到模拟分析图,仿真后的输出波形如图 1.42 所示。

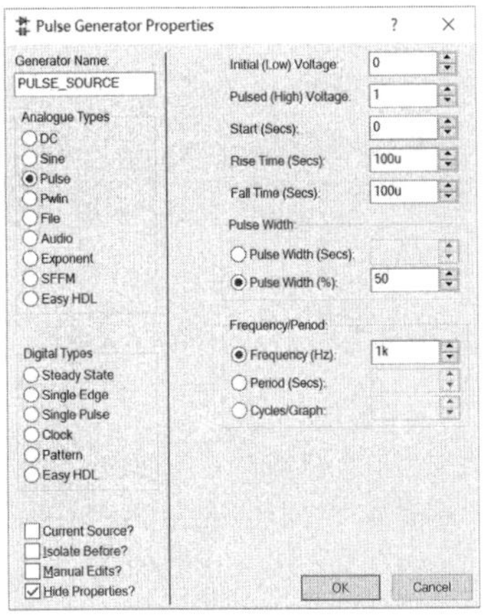

图 1.41 设置脉冲信号发生器对话框

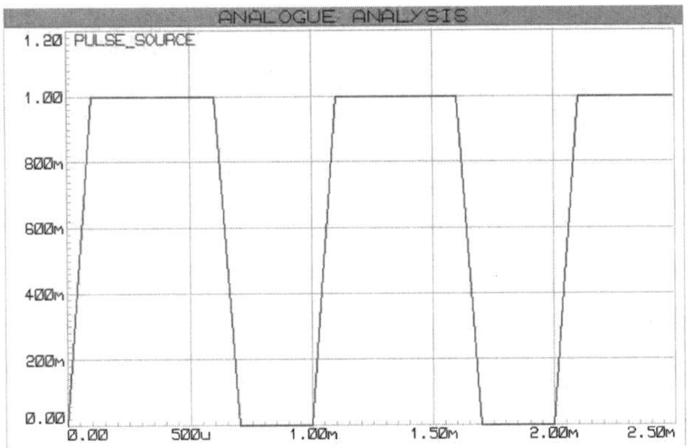

图 1.42 脉冲信号的输出波形图

4. PWLIN(分段线性信号发生器)

在图形编辑窗口中放置分段线性信号发生器,出现∿符号。双击该符号弹出对话框如图 1.43 所示。除激励源共有属性选项外,还包括以下 2 项属性:

(1)Time/Voltages:PWLIN 的预览区。在该区域内单击鼠标左键放置电压拐点,则自动在原点与该点之间形成一条直线,然后依次向右移动鼠标并在期望区域再次单击鼠标左键放置拐点,该拐点与上次相邻拐点形成直线,直至完成绘制分段激励源曲线。若修改预览区域中已存在的曲线,则可在期望位置上单击鼠标左键添加新拐点,并形成新的曲线。也可以将鼠标放置拐点处,此时鼠标光标变成十字花形,单击鼠标右键删除该拐点。另外,单击预览区域右上方的▲按键,可将该预览区域放大,进而便于详细浏览曲线的结构。

(2)Scaling:X Min(横坐标的最小值设置),X Max(横坐标的最大值设置),Y Min(纵坐标的最小值设置),Y Max(纵坐标的最大值设置)和 Minimum rise/fall time(Secs)(最小上升/下降时间,单位秒)。

本例中的分段线性信号发生器的参数设置如图 1.43 所示,将分段线性信号发生器的终端连接到模拟分析图,仿真后的输出波形如图 1.44 所示。

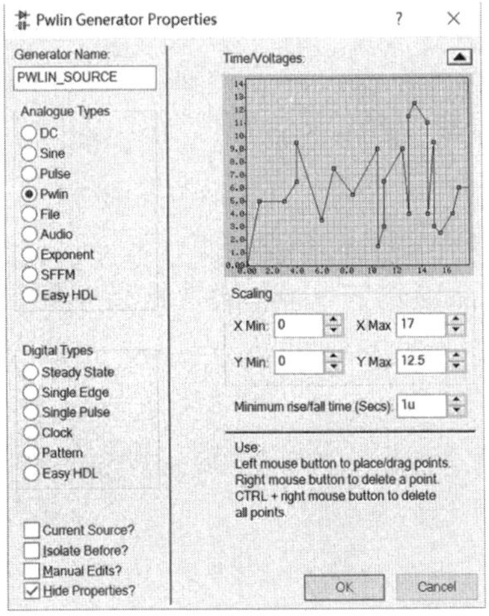

图 1.43 设置分段线性信号发生器对话框

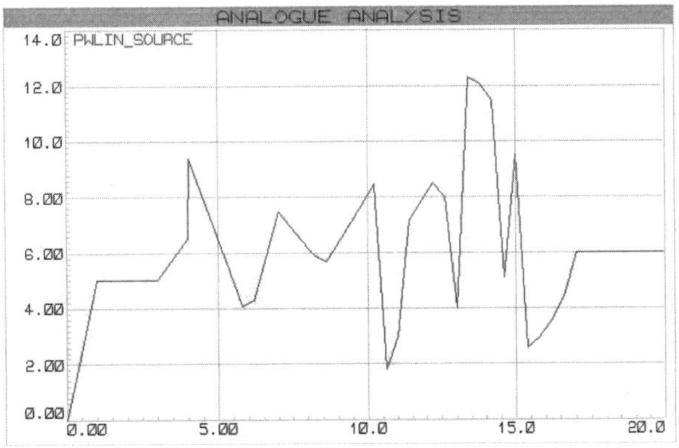

图 1.44 分段线性信号的输出波形图

5. DPULSE(单脉冲信号发生器)

在图形编辑窗口中放置单脉冲信号发生器，出现符号。双击该符号弹出对话框如图 1.45 所示。在 Digital Types(数字类型)下面选择 Single Pulse(单脉冲)，然后完成以下 2 项属性设置：

(1)Pulse Polarity：脉冲极性。该属性包含 Positive(Low-High-Low) Pulse(正脉冲)和 Negative(High-Low-High) Pulse(负脉冲)2 个选项，任选其一设置即可。

(2)Pulse Timing：脉冲时间。该属性包含 Start Time(Secs)(开始时间，单位为秒)；然后在 Pulse Width(Secs)(脉冲宽度，单位为秒)或 Stop Time(Secs)(停止时间，单位为秒)2 个选项中任选其一设置即可。

本例中的单脉冲信号发生器的参数设置如图 1.45 所示，将单脉冲信号发生器的终端连接到模拟分析图，仿真后的输出波形如图 1.46 所示。

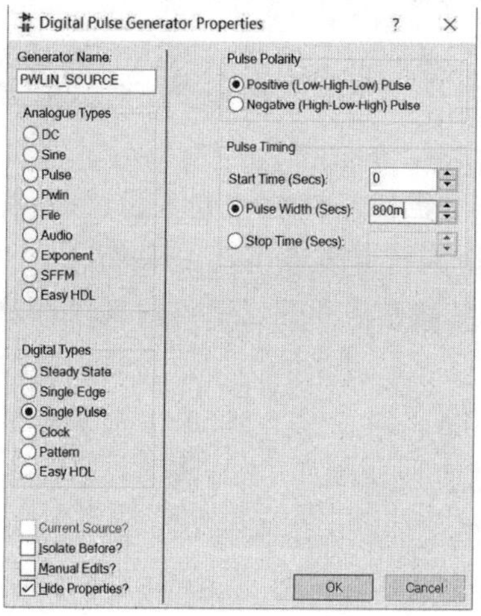

图 1.45 设置单脉冲信号发生器对话框

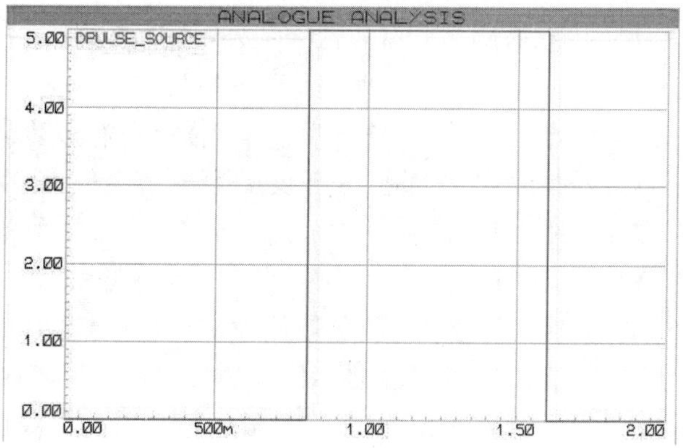

图 1.46 单脉冲信号输出波形图

6. DCLOCK(数字时钟信号发生器)

在图形编辑窗口中放置数字时钟信号发生器，出现符号。双击该符号弹出对话框如图 1.47 所示。在 Digital Types(数字类型)下面选择 Clock(时钟)，然后完成以下 2 项属性设置：

(1)Clock Type：时钟类型。该属性包含 Low-High-Low Clock(低－高－低时钟)和 High-Low-High Clock(高－低－高时钟)2 个选项，任选其一设置即可。

(2)Timing：时间。该属性包含 First Edge At(第一个沿出现时间，单位为秒)，一般选择默认值“0”；然后在 Frequency(Hz)(频率，单位为赫兹)和 Period(Secs)(周期，单位为秒)2 个选项中任选其一设置即可。

本例中的数字时钟信号发生器的参数设置如图 1.47 所示，将频率为 1 kHz 的数字时钟信号发生器的终端连接到模拟分析图，仿真后的输出波形如图 1.48 所示。

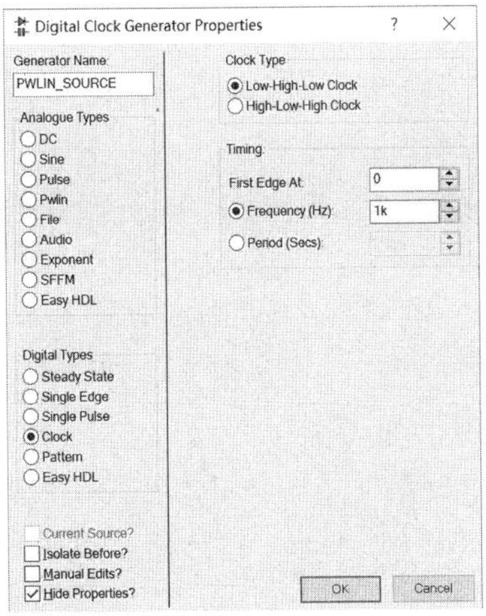

图 1.47　设置数字时钟信号发生器对话框

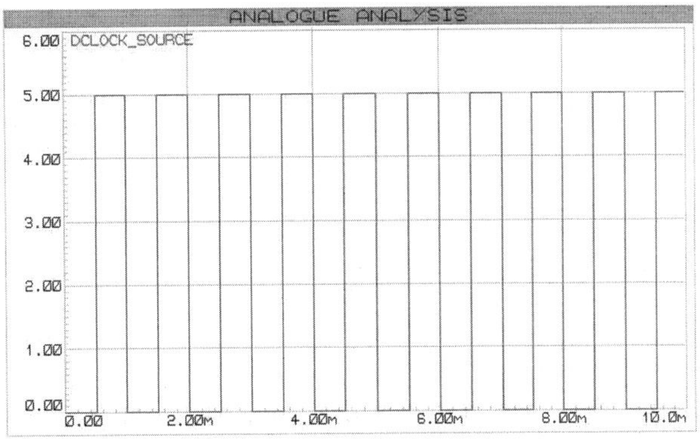

图 1.48　数字时钟信号的输出波形图

1.3.2　虚拟测量仪表

虚拟测量仪表包括示波器、逻辑分析仪、交直流电压电流表和功率表等 13 种虚拟测量仪表，将其放置在原理图中可实时地仿真测量电路的运行状态。单击工具箱中的按钮进入虚拟测量仪表模式，该模式提供的虚拟测量仪表详见表 1.2，下面介绍 7 种与本书相关的虚拟测量仪表的使用方法。

表 1.2　虚拟测量仪表种类

名　称	说　明	名　称	说　明
OSCILLOSCOPE	示波器	SIGNAL GENERATOR	信号发生器
LOGIC ANALYSER	逻辑分析仪	PATTERN GENERATOR	模式发生器
COUNTER TIMER	计数/定时器	DC VOLTMETER	直流电压表
VIRTUAL TERMINAL	虚拟终端	DC AMMETER	直流电流表
SPI DEBUGGER	SPI 总线调试器	AC VOLTMETER	交流电压表
I2C DEBUGGER	I^2C 总线调试器	AC AMMETER	交流电流表
WATTMETER	功率表		

1. OSCILLOSCOPE(示波器)

虚拟示波器是用来观察当前电路中某个点波形变化情况的仪器，是电路仿真中最常用的虚拟仪器。下面通过一个具体实例说明虚拟示波器的使用方法。

(1)在虚拟测量仪表模式下，单击对象选择器中的 OSCILLOSCOPE，则在预览窗口中出现示波器符号，在图形编辑窗口中的期望区域单击鼠标左键，出现示波器符号如图 1.49 所示。

(2)从如图 1.49 所示的示波器符号中可知示波器共有四个通道(Channel)，分别为 A、B、C 和 D。本例在通道 A 连接频率为 1 Hz、幅值为 2 V 的正弦波激励源，而在通道 B 连接频率为 1 Hz、脉冲电压为 1 V 的脉冲激励源。

(3)单击屏幕左下方的仿真运行按钮弹出如图 1.50 所示的运行调试界面。如果没有

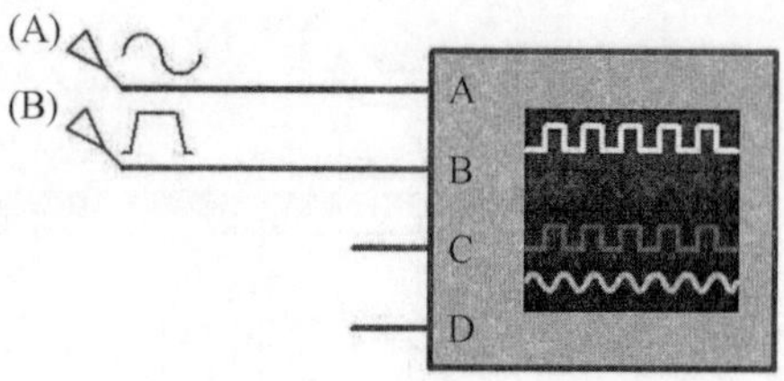

图 1.49　示波器符号

弹出该界面，则在运行状态下，单击菜单栏中的 Debug（调试）菜单栏，在下拉菜单栏中选择最下面的“Digital Oscilloscope”选项，如图 1.51 所示，也可以弹出如图 1.50 所示的运行调试界面。由图 1.50 可见，正弦波最低测试点幅值为－2.00 V，时间为 0.74 s，最高测试点幅值为 2.00 V，时间为 1.24 s。计算可得正弦波的周期 $T=(1.24-0.74)\times 2=1(\mathrm{s})$，即频率为 1 Hz。

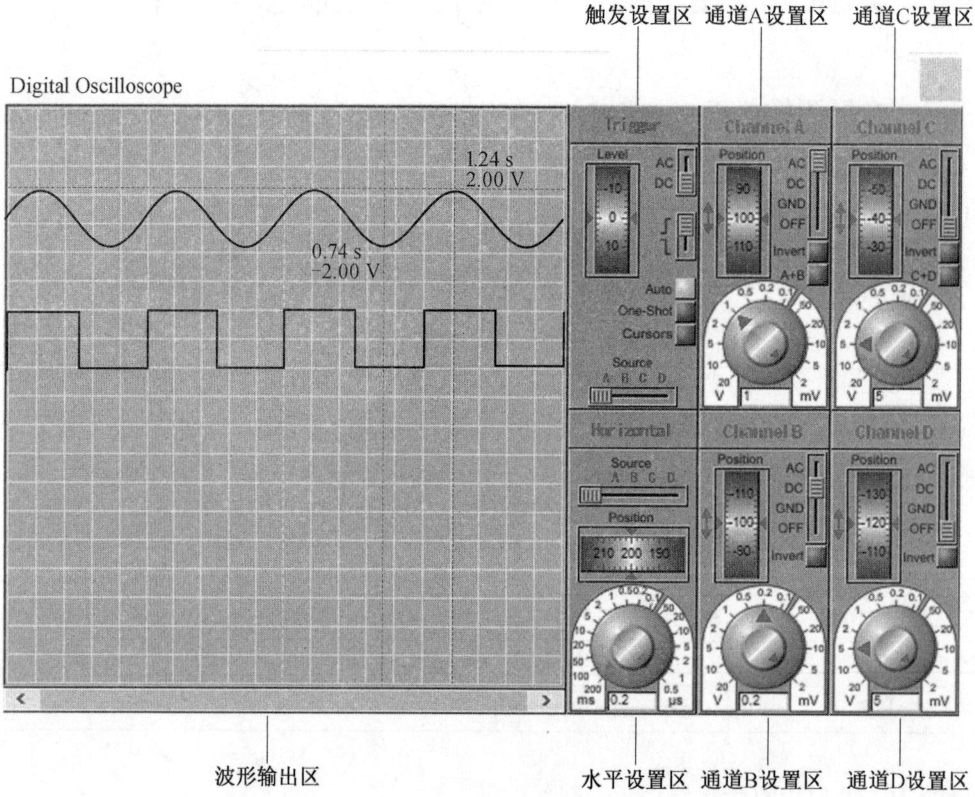

图 1.50　示波器运行调试界面

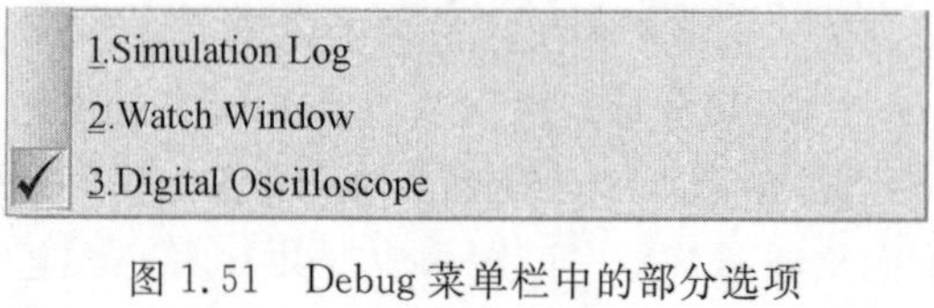

图 1.51　Debug 菜单栏中的部分选项

（4）如图 1.50 所示的界面由 7 个区域组成，分别为：Trigger（触发设置区）、Horizontal（水平设置区）、Channel A（通道 A 设置区）、Channel B（通道 B 设置区）、Channel C（通道 C 设置区)、Channel D(通道 D 设置区)和 Waveform Output(波形输出区)。各设置区域的详细介绍如下:

① Trigger(触发设置区)。

"Level"(水平)拨轮——用于调节水平参考线的位置。

"Auto"按钮——在未满足触发条件下,就由内部自动发出触发信号及波形。

"One-Shot"按钮——单次触发模式。

触发方式涉及两个互斥的按钮,分别为"Auto"(输出波形自动刷新)和"One-Shot"(单次捕捉后保持)。

"Cursors"按钮——用于测量输出波形上的任意位置距离原点的横纵坐标值。具体测量方法如下:选中"Cursors"按钮,在所测波形的期望位置上单击鼠标左键,此时显示出该位置的横纵坐标值,通过坐标值可以计算出波形的周期和幅值的大小,如图 1.50 所示。

设置"Source"(触发源)选项——可将触发源设置在 Channel A～Channel D 中的任意一通道上。

此外,该设置区还包括触发信号及触发沿的设置选项,分别如图 1.52(a)和图 1.52(b)所示。

(a) 触发信号的设置 (b) 触发沿的设置

图 1.52 触发信号及触发沿的设置

② Horizontal(水平设置区)。

设置"Source"(参考源)选项——用于设置在输出区域中显示波形的相对参考位置,包括水平及 A～D 五个不同的选项,通常默认为水平选项即可。

"Position"(位置)旋钮——用于调节所有在波形输出区域波形的水平位置。

时间轴拨轮——位于"Position"旋钮下边,用于调整波形输出区域每一横轴格子所代表的时间值,调整范围为 0.5 μs～200 ms。拨轮分为外拨轮和内拨轮,外拨轮为粗调拨轮,内拨轮为微调拨轮(如需关闭内拨轮,需将内拨轮的刻度指向右下侧 μs 区域"0.5"的位置)。

③ Channel A～Channel D 设置区。

四个通道设置区的功能界面相同,以 Channel A 为例进行说明。

"Position"(位置)旋钮——用于调节该通道波形在波形输出区域的垂直位置。

耦合开关——位于"Position"旋钮右边。其中,"AC"为交流耦合,"DC"为直流耦合,"GND"为接地,"OFF"为关闭耦合。

"Invert"按钮——实现将该通道的波形进行反转后输出的功能。

电压轴拨轮——位于"Position"旋钮下边,用于调整波形输出区域每一纵轴格子所代表的电压值,调整范围为 2 mV～20 V。拨轮分为外拨轮和内拨轮,外拨轮为粗调拨轮,内拨轮为微调拨轮(如需关闭内拨轮,需将内拨轮的刻度指向右下侧 mV 区域"2"的位置)。

"A+B"和"C+D"按钮——分别位于 Channel A 和 Channel C 中,用于实现将 Channel A 和 Channel B 或将 Channel C 和 Channel D 的波形进行叠加之后显示在输出区域的功能。

④波形输出区可以显现 Channel A～Channel D 中的其中一路或者多路的输入波形。也可以在输出区域内单击鼠标右键弹出下拉菜单,通过该菜单中的选项实现清除光标及打印等

功能。本例中所涉及示波器的参数设置如图 1.50 所示，故在 Channel A 中显示出正弦波形，在 Channel B 中显示出脉冲波形。

2. SIGNAL GENERATOR(信号发生器)

信号发生器可以产生方波、锯齿波、三角波和正弦波 4 种激励源波形，并且提供幅值和频率的调制输入输出。下面通过一个实例说明信号发生器的使用方法。

(1)在虚拟测量仪表模式下，单击对象选择器中的 SIGNAL GENERATOR，在预览窗口出现信号发生器的符号，在图形编辑窗口中的期望位置单击鼠标左键，放置信号发生器，如图 1.53 所示。信号发生器包括 4 个管脚，分别为："＋"和"－"是信号输出端，AM 和 FM 管脚接不同的电路分别可以实现调幅波和调频波功能。如果不需调幅和调频功能，只需将两个管脚悬空即可。本例将信号发生器的"＋"端接到示波器的 Channel A，"－"端接地，AM 和 FM 两管脚悬空，如图 1.53 所示。

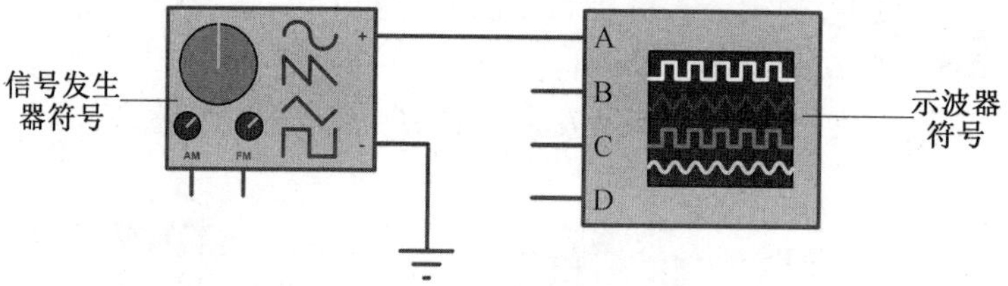

图 1.53　信号发生器与示波器连接图

(2)单击屏幕左下方仿真运行按钮 ▶，弹出如图 1.54 所示的信号发生器控制面板，它由频率控制、幅值控制、波形控制和极性控制 4 部分组成。如果没有弹出图 1.54 所示的面板，则在运行状态下，单击菜单栏中的 Debug(调试)菜单栏，在下拉菜单栏中选择"VSM Singal Generator"选项，也可以弹出如图 1.54 所示的运行界面。

①频率控制——由"Centre"微调旋钮和"Range"粗调旋钮两个旋钮组成。实际输出频率应为微调与粗调的数值乘积，并将输出频率值显示在"Centre"下方的数字显示区域。在如图 1.54 所示的界面中，"Centre"为 10，"Range"为 1 kHz，故当前输出信号的频率为 10 kHz。

②幅值控制——由"Level"微调旋钮和"Range"粗调旋钮两个旋钮组成。实际输出的峰峰值应为微调与粗调的数值乘积，并将峰峰值显示在"Level"下方的数字显示区域。在如图1.54 所示的界面中，"Level"为 1，"Range"为 1 V，故当前输出信号的峰峰值为 1 V。

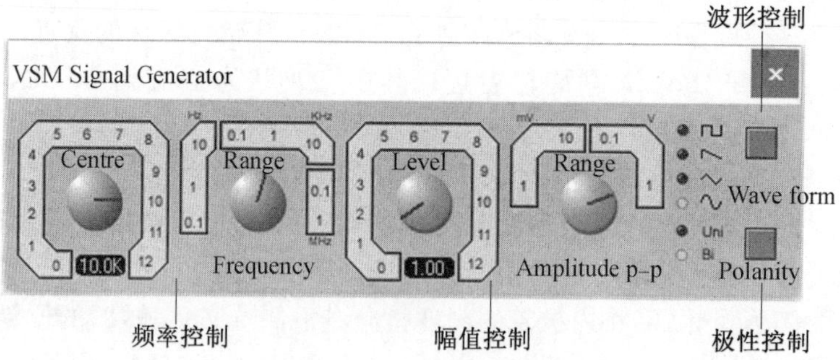

图 1.54　信号发生器控制面板

③波形控制——单击"Waveform"按钮实现对输出波形的切换。信号发生器共有方波、锯齿波、三角波和正弦波 4 种波形的输出形式。

④极性控制——单击“Polanity”按钮实现 Uni(单极型)电路和 Bi(双极型)电路的切换。本例选择正弦波输出且双极型电路。

设置完成之后在示波器的波形显示区域即可观察到信号发生器的波形，如图 1.55 所示。

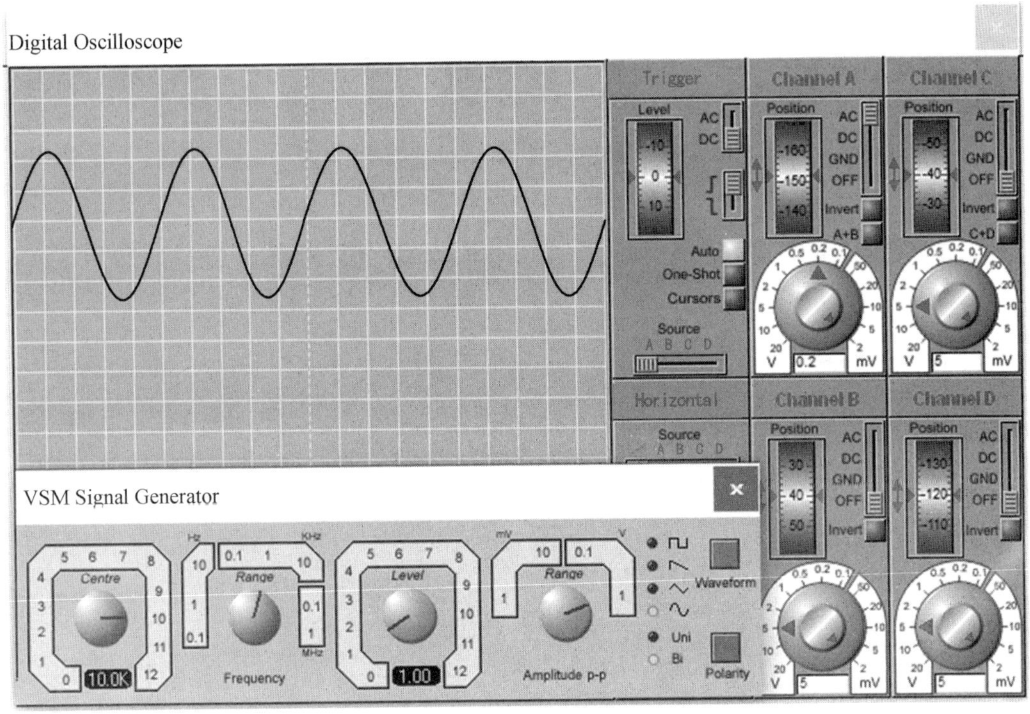

图 1.55　信号发生器的输出波形

3. VOLTMETER and AMMETER(电压表和电流表)

Proteus 提供了 DC VOLTMETER(直流电压表)、DC AMMETER(直流电流表)、AC VOLTMETER(交流电压表)和 AC AMMETER(交流电流表)，符号如图 1.56 所示。下面以直流电压表和直流电流表为例说明电压表和电流表的使用方法，交流电压表和交流电流表的使用方法分别与直流电压表和直流电流表的使用方法类似，可参照直流电表的使用方法。

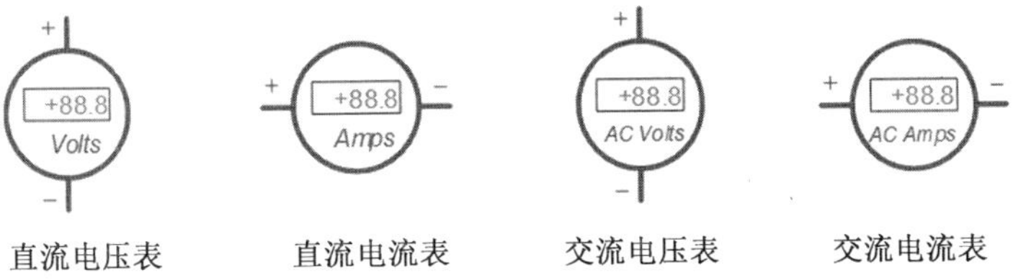

图 1.56　电压表和电流表符号

(1)直流电压表。

在虚拟测量仪表模式下，选中对象选择器中的 DC Voltmeter(直流电压表)，且在图形编辑窗口中的期望位置单击鼠标左键，放置直流电压表。双击直流电压表符号，弹出如图 1.57(a)所示的设置属性对话框。在对话框中主要涉及以下 2 个参数的设置：

① Display Range(显示范围)——设置挡位，下拉选项由 kV(千伏)、Volts(伏特)、Millivolts(毫伏)和 Microvolts(微伏)构成，如图 1.57(b)所示。

② Load Resistance(内阻)——设置电表内阻,默认为 100 MΩ。

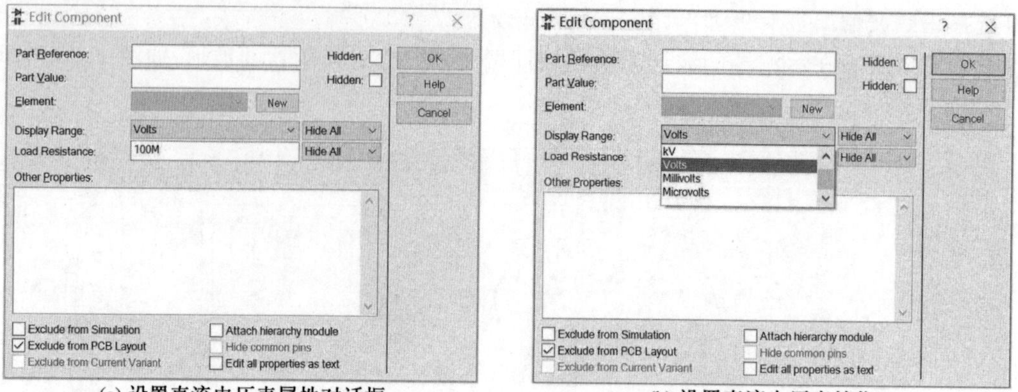

(a) 设置直流电压表属性对话框　　(b) 设置直流电压表挡位

图 1.57　直流电压表

(2)直流电流表。

在虚拟测量仪表模式下,选中对象选择器中的 DC Ammeter(直流电流表),且在图形编辑窗口中的期望位置单击鼠标左键,放置直流电流表。双击直流电流表符号,弹出如图 1.58(a)所示的设置属性对话框。在对话框中主要是 Display Range(显示范围)的设置,下拉选项由 kA(千安)、Amps(安培)、Milliamps(毫安)和 Microamps(微安)构成,如图 1.58(b)所示。

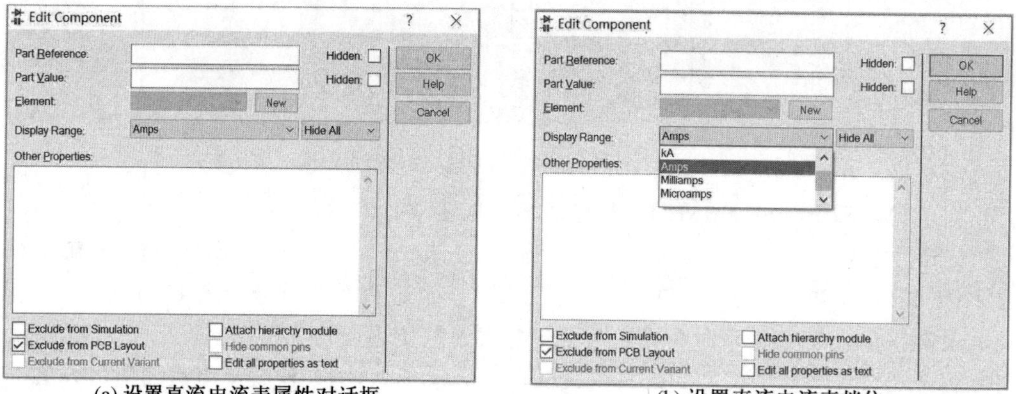

(a) 设置直流电流表属性对话框　　(b) 设置直流电流表挡位

图 1.58　直流电流表

需要注意的是,在直流电表中读出的数值是直流值,有正负之分。如果出现负值,则说明该表的极性接反了。在交流电表中读出的数值是有效值,无正负之分。

4. WATTMETER(功率表)

功率表的符号及接线端说明如图 1.59(a)所示。

在虚拟测量仪表模式下,选中对象选择器中的 Wattmeter(功率表),在图形编辑窗口中的期望位置单击鼠标左键,放置功率表。双击功率表符号,弹出如图 1.59(b)所示的设置属性对话框。功率表可以测量视在功率、有功功率和无功功率,可以在对话框中的 Display Range 的下拉菜单中设置需要测量功率的类型及量程,功率表可测量的种类见表 1.3。

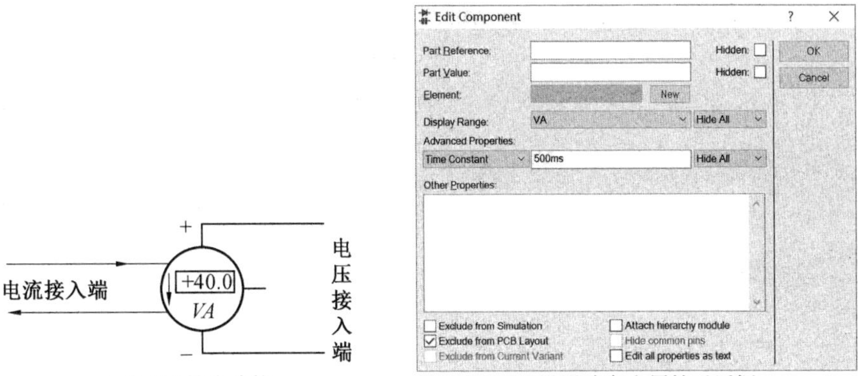

(a) 符号及管脚连接　　(b) 设置功率表属性对话框

图 1.59　功率表符号、管脚连接示意图及属性设置对话框

表 1.3　功率表测量设置对照表

仪表类型	选项	测量挡位
视在功率	mVA	毫伏安
	VA	伏安
	kVA	千伏安
有功功率	mW	毫瓦
	W	瓦
	kW	千瓦
无功功率	mvar	毫乏
	var	乏
	kvar	千乏

电压表、电流表和功率表的连接方法在接下来的仿真实例中具体介绍。

1.3.3 Probe(探针)

为了方便测量电路中某点的电位或者某条支路的电流，Proteus 提供了电压探针和电流探针。下面通过一个具体实例说明探针的使用方法。

图 1.60 所示是由一个直流电源(Battery)、一个电阻(Resistor)和一个小灯泡(Lamp)组成的串联电路，元器件选取方法参见 1.4 节；电路中串联了一个直流电流表，同时在小灯泡的两端并联了直流电压表，电压探针放置在小灯泡的上端，电流探针放置在灯泡与电源负极的连线上，实际上电压探针测量的是某一点的电位，所以必须在电路中接上接地符号，如图 1.60 所示，接地符号接在小灯泡的下端。

1. 放置电压和电流探针

(1)单击左侧快捷工具栏中的 Probe Mode(探针模式)，选择 Voltage Probe Mode(电压探针模式)或 Current Probe Mode(电流探针模式)，若将鼠标移至图形编辑窗口中会变成笔的形状，说明已处于放置探针状态。

(2)将鼠标移至电路中连接线的期望位置(注意，不要将鼠标放置在元器件的管脚上)，当鼠标变成十字花形时，单击鼠标左键完成探针的放置，同时系统会自动为该探针命名，如图1.60所示。

(3)单击探针符号弹出属性设置对话框，通过对话框也可设置探针的属性，例如修改命名等。

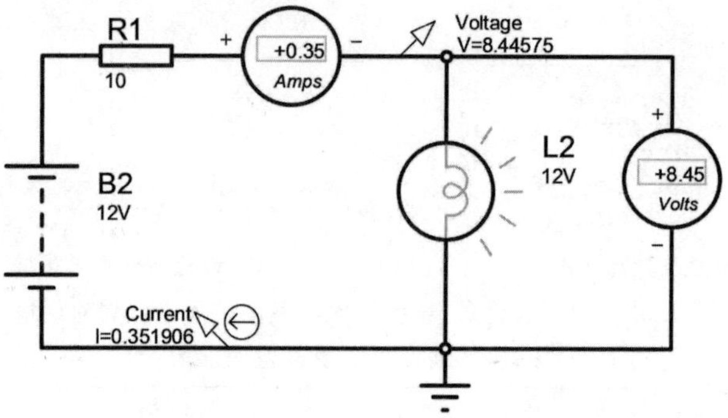

图 1.60　使用探针的仿真电路①

2. 仿真结果显示

单击仿真运行按钮，电压探针的电位显示为 8.445 75 V，电流探针的电流显示为 0.351 906 A，这些数值与电压表和电流表所显示的数值是一样的(数值可保留小数点后两位有效数字)。如果发现电流的数值为负值，说明实际方向与参考方向相反，可通过在编辑状态下水平镜像旋转电流探针进而改变电流的参考方向，再次进行仿真则可使电流探针的数值变为正值。

1.3.4　分析图

使用虚拟测量仪表和探针显示电路仿真运行结果时，停止仿真运行后仿真结果也随之消失，无法进行数据保存及打印等操作。因此 Proteus 原理图又提供一种基于分析图的仿真方法，这种方法可以根据电路中的参数生成各种波形，并可以将波形数据保存，便于后期的分析和打印。

单击左侧快捷工具栏中的图表模式按钮，在对象选择器中列出 13 种分析图类型，见表1.4。本书中的仿真实例涉及 ANALOGUE(模拟)、DIGITAL(数字)和 FREQUENCY(频率) 3 种分析图。

表 1.4　分析图类型列表

分析图名称	说　明	分析图名称	说　明
ANALOGUE	模拟分析图	FOURIER	傅里叶分析图
DIGITAL	数字分析图	AUDIO	音频分析图
MIXED	模数混合分析图	INTERACTIVE	交互式分析图

① 全书仿真电路图均尊重软件中原始显示，正斜体、元器件画法以软件中为准，与理论电路图有不同之处。

续表 1.4

分析图名称	说　明	分析图名称	说　明
FREQUENCY	频率分析图	CONFORMANCE	一致性分析图
TRANSFER	传输分析图	DC SWEEP	直流扫描分析图
NOISE	噪声分析图	AC SWEEP	交流扫描分析图
DISTORTION	失真分析图		

1. ANALOGUE(模拟分析图)

下面通过一个具体实例说明模拟分析图的使用方法。

(1)在图形编辑窗口中放置两个正弦信号源,SOURCE1 设置为频率 1 Hz、幅值 1 V,SOURCE2 设置为频率 2 Hz、幅值 2 V,如图 1.61 所示。

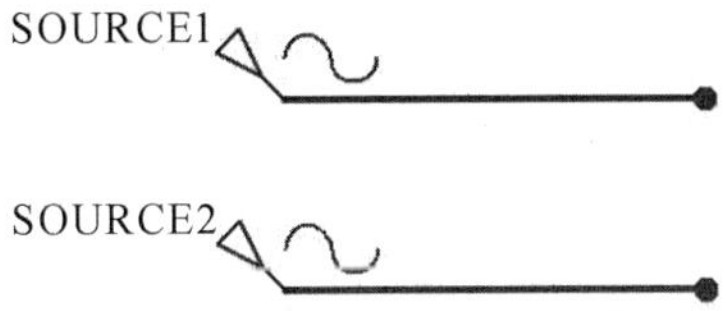

图 1.61　两个正弦信号源

(2)单击左侧快捷工具栏中的图表模式按钮 ,在对象选择器中选择模拟分析图。然后将鼠标移至图形编辑窗口中并在期望位置单击鼠标左键,然后拖动鼠标,最后在期望终止位置再次单击鼠标左键完成模拟分析图的放置,如图 1.62 所示。

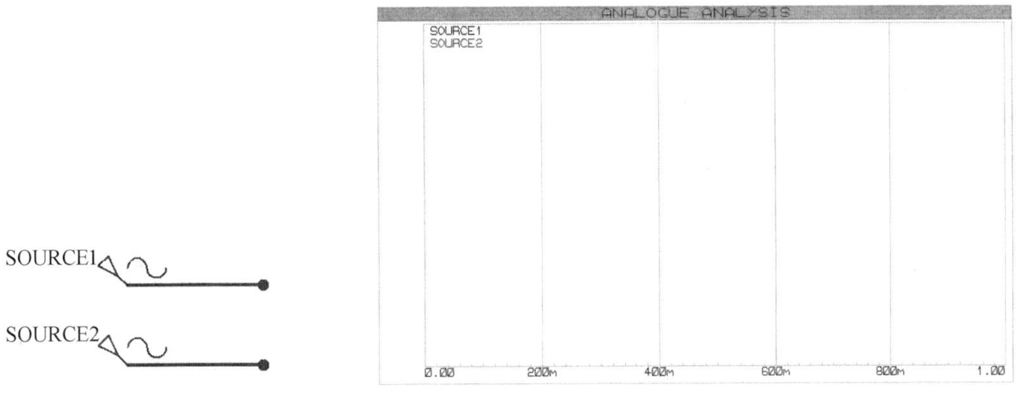

图 1.62　正弦信号源及模拟分析图界面

(3)在模拟分析图中单击鼠标右键弹出下拉菜单,如图 1.63 所示。选择“Add Traces(添加曲线)”选项,弹出对话框如图 1.64 所示。单击对话框中的“Probe P1”选项选择要显示的轨迹名称,在下拉选项中出现电路中已有电压观测点的名称 SOURCE1 和 SOURCE2,选择其一即可(每次只能添加一条跟踪轨迹,如需再添加一条跟踪轨迹,需重新选择“Add Traces”选项),所添加的电压观测点会在如图 1.62 所示的模拟分析图左上角区域显示。如图 1.64 所示的对话框右方 Trace Type(轨迹类型)区域用于选择观测信号的波形,波形包括 Analog(模拟)、Digital(数字)、Phasor(相位)和 Noise(噪声),本例默认为模拟波形选项。Axis(指示轴)用于选择被观测信号对应的指示轴位于分析图的左边还是右边,本例采用默认选项位于左侧。

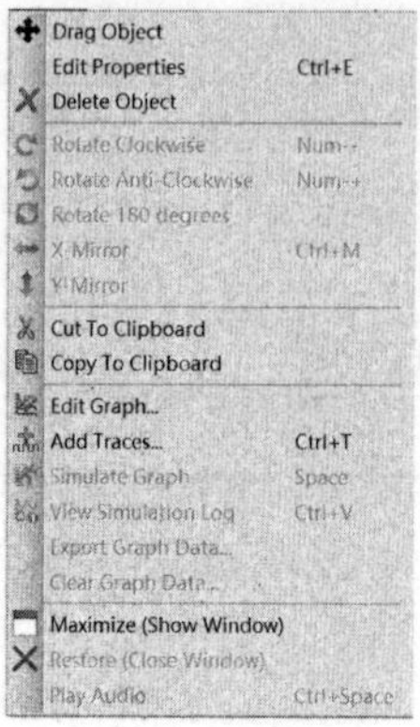

图 1.63　模拟分析图的下拉菜单

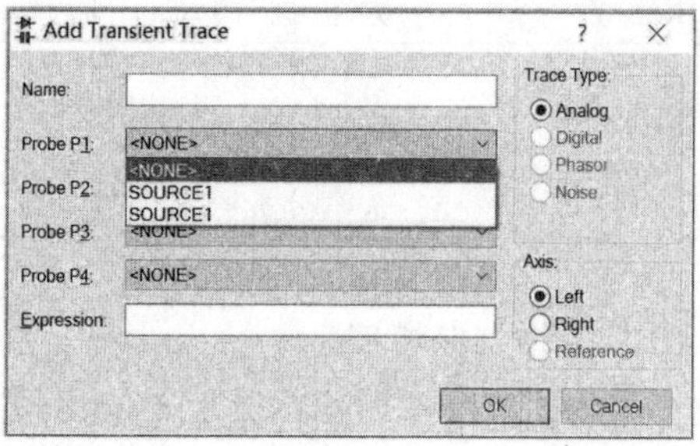

图 1.64　模拟分析图添加跟踪轨迹的对话框

(4)右键点击模拟分析图，在模拟分析图的下拉菜单中选择“Edit Graph(编辑属性)”选项，弹出对话框如图 1.65 所示。通过对话框可设置 Graph title(分析图命名)、Start time(仿真开始时间)和 Stop time(仿真停止时间)等参数。本例设置仿真开始时间为 0，停止时间为 1 s，其他参数采用默认值。单击“OK”按钮完成参数设置。

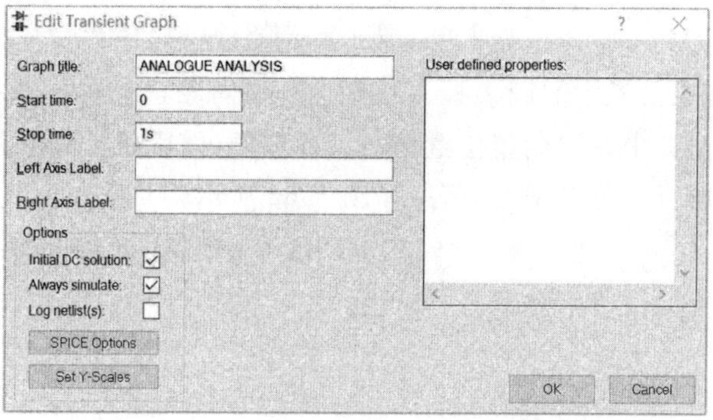

图 1.65　设置模拟分析图属性对话框

(5)右键点击模拟分析图，此时模拟分析图下拉菜单中的选项“Simulate Graph(仿真图表)”已由灰色变为亮黑状态，选择该项实现模拟分析图的仿真，本例仿真结果如图 1.66(a)所示。

如需放大分析图观察，则在模拟分析图的下拉菜单中选择“Maxinmize(最大化)”选项即可，放大后的效果如图 1.66(b)所示。在图 1.66(b)所示的界面中包括“File”“View”“Graph”“Options”“System”和“Help”6 个菜单选项，通过这些选项可以完成打印、缩放、分析图属性和背景及图形颜色的设置等功能。

(6)仿真完成之后，右键点击模拟分析图，此时模拟分析图下拉菜单中的选项“Export Graph Data(输出图表数据)”已由灰色变为亮黑状态，选择该项实现对当前仿真结果以文本数据的形式进行保存。选项“Clear Graph Data(清除图表数据)”也已由灰色变为亮黑状态，选择该项实现对当前仿真结果进行清除处理。

需要说明的是，停止时间要根据输入信号的频率合理选择，本例中输入信号 SOURCE2 的频率为 2 Hz，即周期为 0.5 s，选择停止时间为 1 s，输出波形图中显示两个周期的信号。

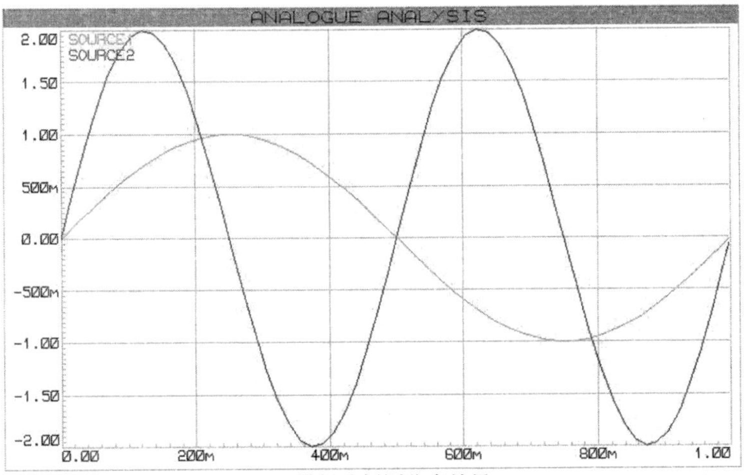

(a) 模拟分析图仿真结果

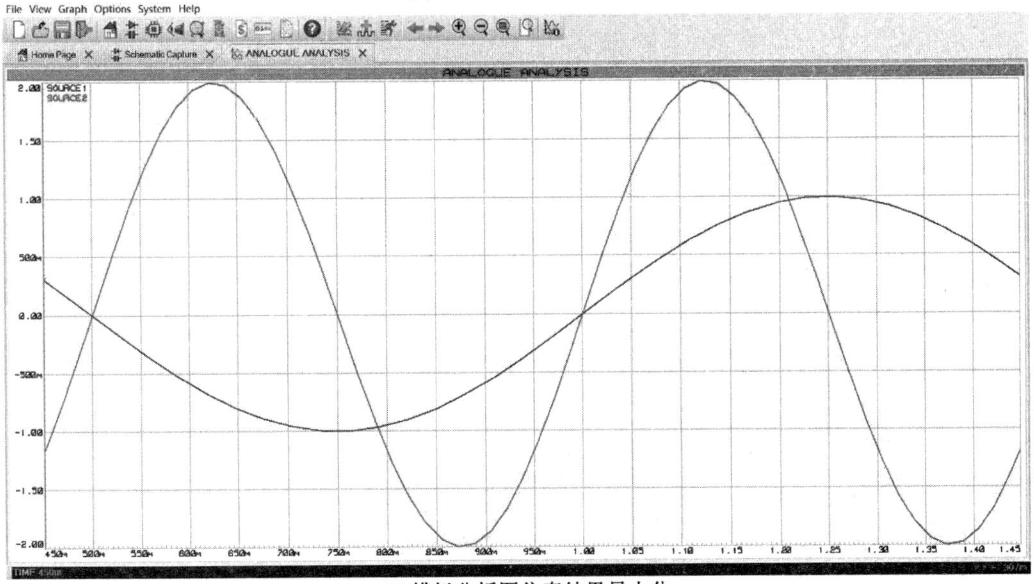

(b) 模拟分析图仿真结果最大化

图 1.66　模拟分析图仿真

2. DIGITAL(数字分析图)

下面通过一个具体实例说明数字分析图的使用方法。

(1)在图形编辑窗口中放置两个数字时钟信号发生器 DCLOCK,频率分别为 1 kHz(命名为 A)和 500 Hz(命名为 B),如图 1.67 所示。

(2)单击左侧快捷工具栏中的图表模式按钮 ,并选择对象选择器中的数字分析图,在图形编辑窗口中放置数字分析图(放置方法与模拟分析图的方法相同),效果如图 1.67 所示。

(3)在数字分析图界面中单击鼠标右键,弹出下拉菜单如图 1.68 所示。选择“Add Traces(添加曲线)”选项,弹出对话框如图 1.69 所示。在对话框中添加观测点名称,单击对话框中的“Probe P1”选项,在下拉选项中出现电路中的电平观测点名称 A 和 B 两个选项,选择其一即可(每次只能添加一条跟踪轨迹,如需再添加一条跟踪轨迹,要重新选择“Add Traces”选项),所添加的曲线名称会在如图 1.67 所示的数字分析图左侧区域显示。

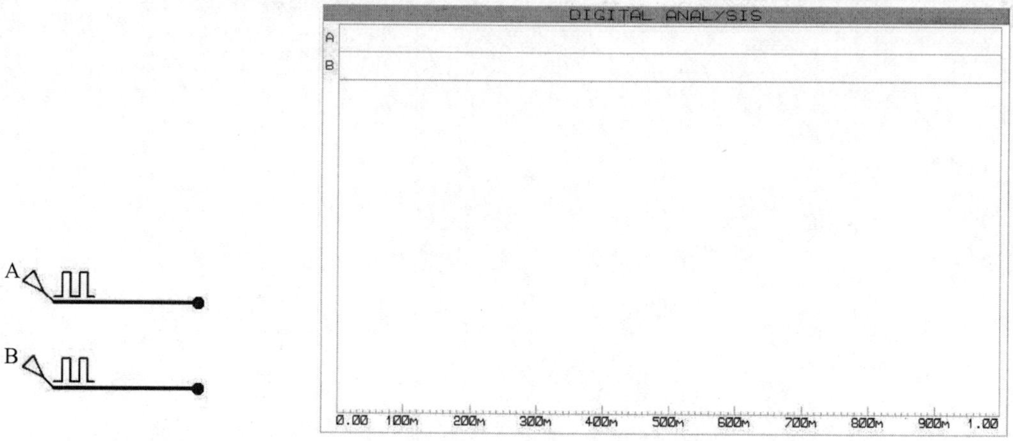

图 1.67　数字时钟信号发生器及数字分析图界面

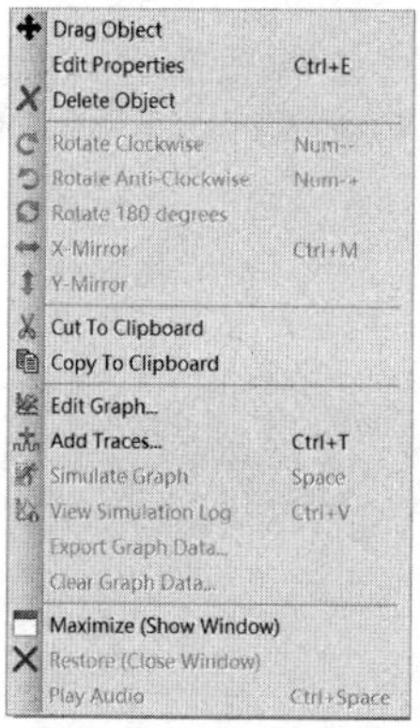

图 1.68　数字分析图下拉菜单

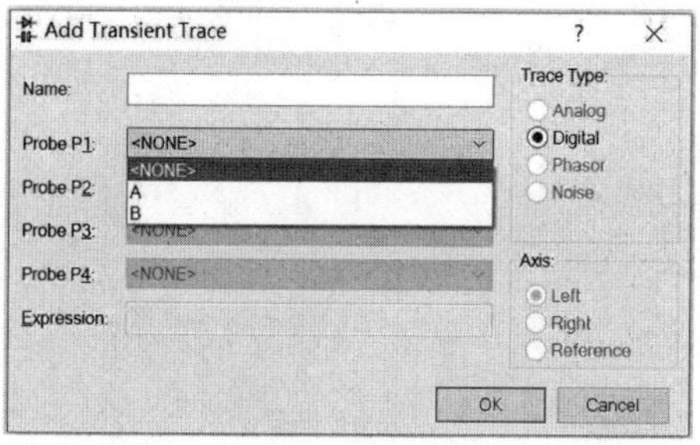

图 1.69　数字分析图添加轨迹对话框

(4)在数字分析图的下拉菜单中选择“Edit Graph(编辑属性)”选项，弹出对话框如图 1.70 所示。通过对话框可设置 Graph title(图名称)、Start time(开始仿真时间)、Stop time(停止时间)和仿真选择设置等。本例设置开始时间为 0，停止时间为 5 ms，其他参数采用默认值。单击“OK”按钮完成参数设置。

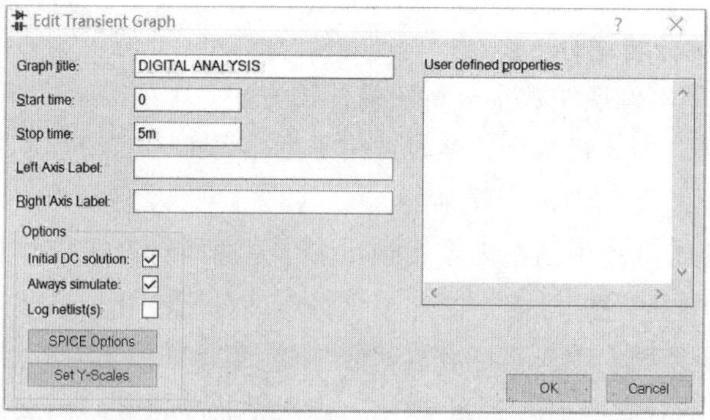

图 1.70　设置数字分析图属性对话框

(5)此时数字分析图下拉菜单中的选项“Simulate Graph(仿真曲线)”已由灰色变为亮黑状态，选择该项实现数字分析图的仿真。仿真效果如图 1.71 所示。数字分析图的其他功能的使用与模拟分析图类似，这里不再赘述。

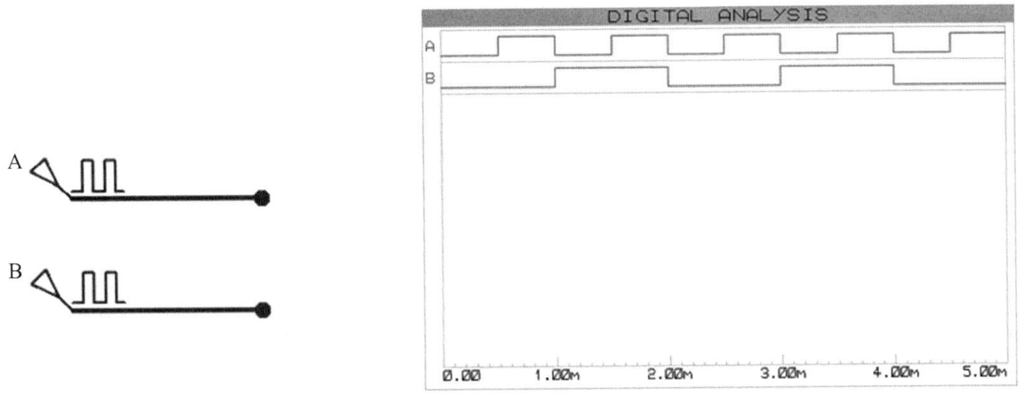

图 1.71　应用数字分析图的仿真结果

3. FREQUENCY(频率分析图)

下面通过一个具体实例说明频率分析图的使用方法。

(1)在图形编辑窗口绘制由 *RC* 串联组成的低通滤波器电路。其中，正弦交流电源 VSIN 的属性设置为幅值 1 V，频率 50 Hz 和 Offset 为 0；100 kΩ 电阻和 0.1 μF 电容的选取方法参见 1.5 节；在电容与电阻之间的连线上添加探针，并命名为 C1(1)；在终端模式下选择添加接地符号。仿真电路如图 1.72(a)所示。

(2)单击左侧快捷工具栏中的图表模式按钮，并选择对象选择器中的频率分析图，在图形编辑窗口中放置频率分析图(放置方法与模拟分析图的方法相同)，效果如图 1.72(b)所示。

(3)在频率分析图界面中单击鼠标右键，弹出下拉菜单如图 1.73 所示。选择“Add Traces”选项，弹出对话框如图 1.74 所示。在对话框中添加观测点名称，单击对话框中的“Probe P1”选项，在下拉选项中出现电路中的电平观测点名称 VSIN 和 C1(1)两个选项，选择 C1(1)，该观测点名称会在如图 1.72(b)所示的频率分析图左上角区域显示。

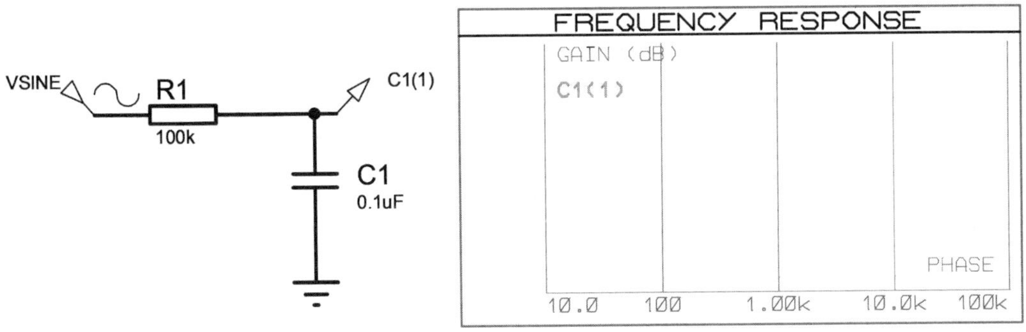

(a) 仿真电路图　　(b) 频率分析图

图 1.72　*RC* 低通滤波仿真电路及频率分析图界面

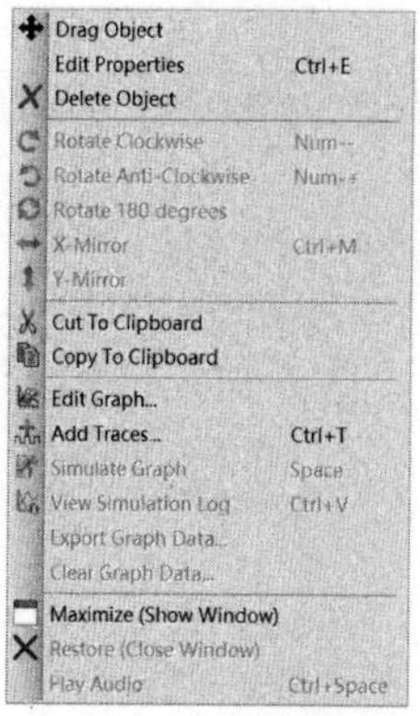

图 1.73　频率分析图下拉菜单

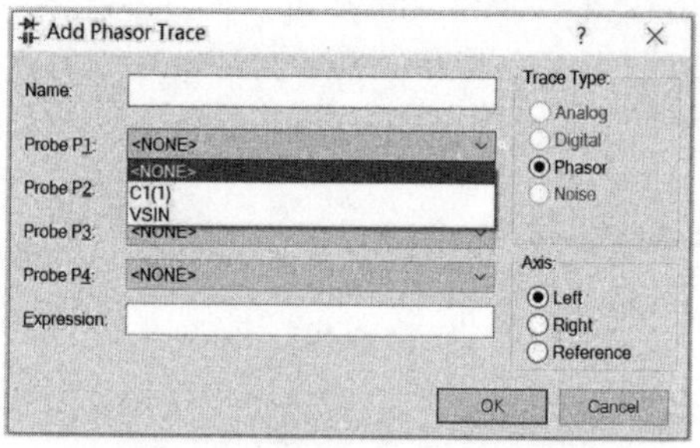

图 1.74　频率分析图添加轨迹对话框

(4)在频率分析图的下拉菜单中选择“Edit Graph”选项，弹出对话框如图 1.75 所示。通过对话框可设置以下几项参数：Reference(参考信号源——此项必须选择，否则没有输出波形)、Start frequency(仿真分析的起始频率)、Stop frequency(仿真分析的终止频率)、Interval(分析频率区间的间隔方法)和 No. Steps/Interval(分析频率区间的间隔大小/步长)。本例所设置参数如图 1.75 所示，参考信号源选择输入的正弦信号“VSIN”，频率范围设置为 1 Hz～10 kHz。单击“OK”按钮完成设置。

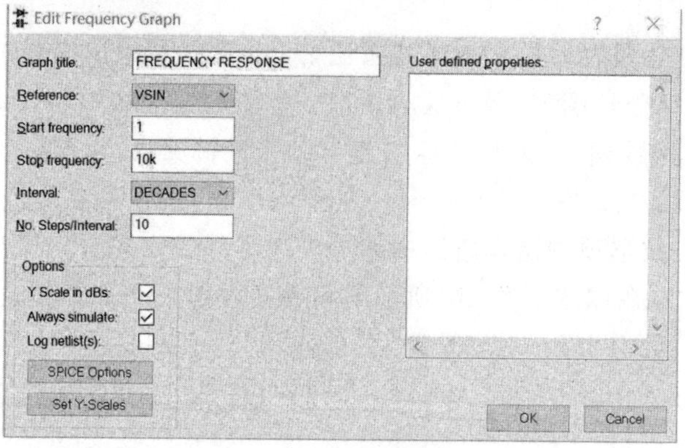

图 1.75　设置频率分析图属性对话框

(5)此时频率分析图下拉菜单中的选项“Simulate Graph”已由灰色变为亮黑状态，选择该项实现频率分析图的仿真。仿真效果如图 1.76 所示。频率分析图的其他功能的使用与模拟分析图类似，这里不再赘述。

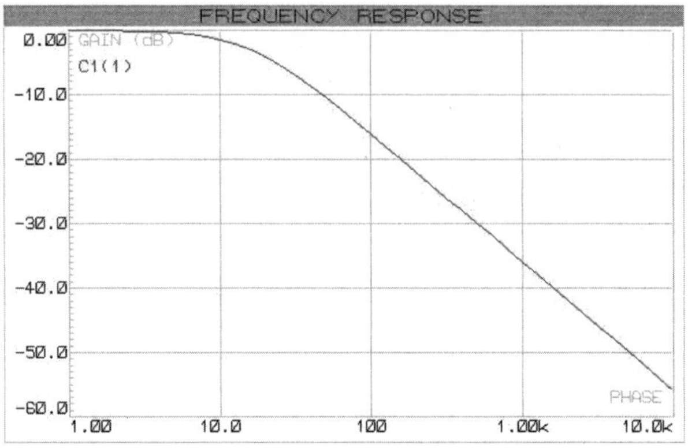

图 1.76　应用频率分析图仿真结果

1.4　Proteus 原理图的元器件库

1.4.1　元器件库

元器件库是使用 Proteus 进行电路设计和仿真的基础。通常，元器件库是按照 Category（主类）、Sub-Category（子类）、Manufacturer（生产厂商）和 Component（元器件）四级结构构成的。其中，主类是表示元器件的主要分类属性，子类是按照元器件特性和具体用途等进一步对元器件进行细分。

元器件库提供了 38 种主类，见表 1.5。

表 1.5　元器件库的主类

主类名称	含义	主类名称	含义
Analog ICs	模拟集成器件	PLDs and FPGAs	可编程逻辑器件和现场可编程门阵列
Capacitors	电容	Resistors	电阻
CMOS 4000 series	CMOS 4000 系列器件	Simulator Primitives	仿真源
Connectors	接插件	Speakers and Sounders	扬声器和音响
Data Converters	数据转换器件	Switches and Relays	开关和继电器
Debugging Tools	调试工具	Switching Devices	开关器件
Diodes	二极管	Thermionic Valves	热离子真空管
ECL 10000 series	发射极耦合逻辑器件	Transducers	传感器
Electromechanical	机电	Transistors	晶体管
Inductors	电感	TTL 74 Series	TTL 74 系列标准芯片

续表 1.5

主类名称	含义	主类名称	含义
Laplace Primitives	拉普拉斯模型	TTL 74ALS Series	TTL 74 系列先进低功耗肖特基芯片
Mechanics	动力学机械	TTL 74AS Series	TTL 74 系列先进肖特基芯片
Memory ICs	存储器芯片	TTL 74CBT Series	TTL 74 系列复合/解复合器
Microprocessor ICs	微处理器芯片	TTL 74F Series	TTL 74 系列快速芯片
Miscellaneous	未分类器件	TTL 74HC Series	TTL 74 系列高速 CMOS 芯片
Modelling Primitives	建模源	TTL 74HCT Series	与 TTL 兼容的 74 系列高速 CMOS 芯片
Operational Amplifiers	运算放大器	TTL 74LS Series	TTL 74 系列低功耗肖特基芯片
Optoelectronics	光电器件	TTL 74LV Series	TTL 74 系列计数器
PICAXE	PICAXE 器件	TTL 74S Series	TTL 74 系列肖特基芯片

在表 1.5 中的每项主类还包含若干子类，下面简单介绍一些与电工电子技术基础课程内容相关的子类。

(1)Analog ICs(模拟集成器件库)共有 9 个子类，主要包括了对模拟信号进行处理的元器件，如滤波器、放大器和 555 定时器等，见表 1.6。

表 1.6　模拟集成器件主类库中的子类

子类名称	含义	子类名称	含义
Amplifier	放大器	Multiplexers	多路开关器件
Comparators	比较器	Regulators	三端稳压器
Display Drivers	显示驱动器	Timers	555 定时器
Filters	滤波器	Voltage References	电压参考芯片
Miscellaneous	未分类器件		

(2)Capacitors(电容库)共有 34 个子类，主要包括可变电容、无极性电容和铝电解电容等多种电容。在原理图的设计过程中，常用 Generic(通用电容)子类、Variable(可变电容)子类和 Electrolytic Aluminum(电解电容)。

(3)Diodes(二极管库)共有 9 个子类，主要包括了多种二极管，如整流桥、普通二极管和稳压二极管等，见表 1.7。

表 1.7 二极管主类库中的子类

子类名称	含义	子类名称	含义
Bridge Rectifiers	整流桥	Transient Suppressors	瞬态电压抑制二极管
Generic	普通二极管	Tunnel	隧道二极管
Rectifiers	整流二极管	Varicap	变电容二极管
Schottky	肖特基二极管	Zener	稳压二极管
Switching	开关二极管		

(4)Inductors(电感库)共有 8 个子类，主要包括了固定电感、变压器电感和普通电感等多种电感，见表 1.8。

表 1.8 电感主类库中的子类

子类名称	含义	子类名称	含义
Ferrite Beads	铁氧体磁珠电感	SMT Inductors	表面安装技术电感
Fixed Inductors	固定电感	Surface Mount Inductors	表面安装电感
Generic	普通电感	Tight Tolerance RF Inductor	紧密度容限射频电感
Multilayer Chip Inductors	多层芯片电感	Transformers	变压器电感

(5)Miscellaneous(未分类器件库)主要包括了 BATTERY(电池)和 FUSE(熔断器)等零散器件。

(6)Operationl Amplifiers(运算放大器库)共有 7 个子类，包含了大量的运算放大器模型，见表 1.9。

表 1.9 运算放大器主类库中的子类

子类名称	含义	子类名称	含义
Dual	双运算放大器	Quad	四运算放大器
Ideal	理想运算放大器	Singe	单运算放大器
Macromodel	多种运算放大器	Triple	三运算放大器
Octal	八运算放大器		

(7)Optoelectronics(光电器件库)共有 14 个子类，常用的有 Lamps(灯)子类和 7－Segment Displays(7 段显示数码管)子类。

(8)Resistors(电阻库)共有 32 个子类，包括各种常用的电阻，其中 Generic(普通电阻)子类、Resistors(排阻)子类和 Variable(滑动变阻器)子类是比较常用的子类。

(9)Switches and Relays(开关和继电器库)共有 4 个子类，包括开关、键盘和继电器等元器件，见表 1.10。

表 1.10 开关和继电器主类库中的子类

子类名称	含义	子类名称	含义
Keypads	键盘	Relays(Specific)	专用继电器
Relays(Generic)	普通继电器	Switches	普通开关等

(10)Transistors(晶体管库)共有 8 个子类,其中最常用的是 Bipolar(双极型晶体管)子类和 Generic(普通晶体管)子类。

1.4.2 元器件选取方法

选取元器件是通过对象选择器窗口来完成的。单击左侧快捷菜单栏的图标,然后单击左侧对象选择器窗口中的P图标,弹出如图 1.77 所示的 Pick Devices(选取元器件)对话框。该对话框提供了两种方法查找元器件:一种是按照类别查找;另一种是按照关键字查找。下面以选取固定电阻为例,分别介绍两种方法。

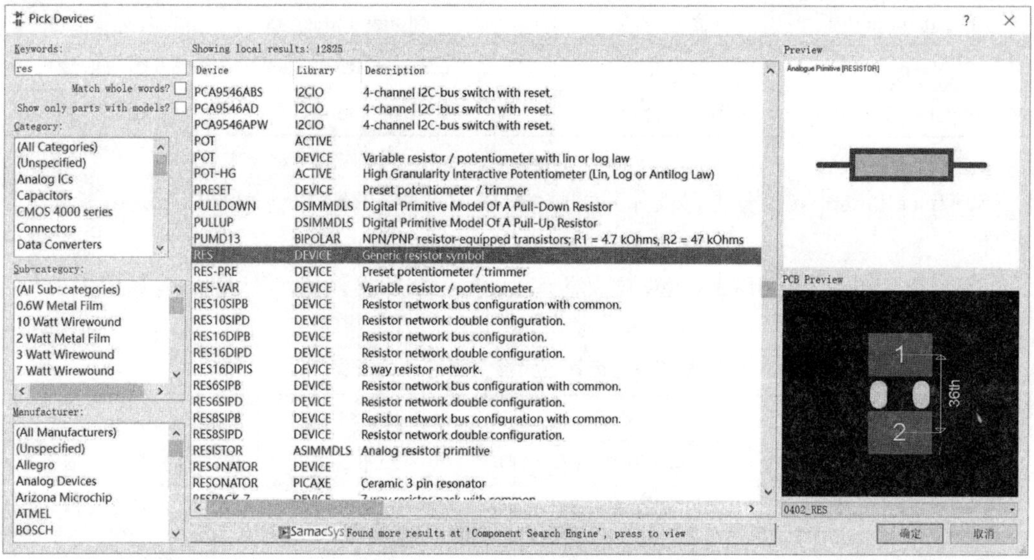

图 1.77 选取元器件对话框

(1)按照类别查找。

查找步骤是:

①确定元器件所属的主类:在 Category(主类)中拉动滑动条找到并选择 Resistors(电阻),主类和子类中类别均按照英文字母排序。

②在已选定的主类中确定该元器件所属的子类:在 Sub-Category(子类)中选择 Generic(普通电阻)子类。

③在已选定的子类中选择生产厂商,最终可查找到元器件。在 Manufacturer(生产厂商)中,选择 All Manufacturers(所有生产厂商)。

④在选取元器件对话框的 Results(结果)区域显示所有查找电阻的基本信息,包括 Device(名称)、Library(库名)和 Description(描述)。同时,在对话框的右方区域分别显示出电阻的

预览图形及其 PCB 封装形式。

这种查找方法实质就是按照元器件库的组织形式依次缩小搜索范围，直至查找到元器件。按照类别查找固定阻值电阻的方法如图 1.77 所示。

(2)按照关键字查找。

按照类别查找方法的优点是当对元器件不了解的情况下能够查找到很多可选择的元器件，但是却牺牲了搜索速度。当对元器件名称熟悉之后，可以采用按关键字查找，进而提高搜索速度。如图 1.77 所示，在选取元器件对话框的"Keywords(关键字)"中输入电阻的英文全称或部分名称，就可以快速地查找到电阻。如输入关键字"res"，查找到的电阻与用按类别方法查找到的电阻是完全一样的。

无论使用哪种方法查找到电阻，单击选取元器件对话框中的"OK"按钮，光标处于放置电阻的状态，在图形编辑窗口中的期望位置单击鼠标左键，即可放置一个电阻。如多次单击左键可放置多个电阻，效果如图 1.78 所示。同时，在对象选择器中的"DEVICES(元器件)"一栏中，显示出所放置电阻的名称。如果还需要再放置相同的器件，可以直接单击此器件多次放置在图形编辑窗口即可。

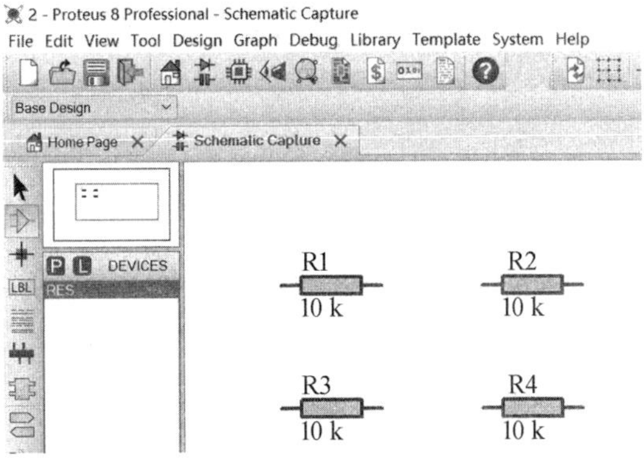

图 1.78　在图形编辑窗口中放置电阻

注意，Proteus 对放置的元器件是自动编号的，可以手动修改元器件名称，但是在一个原理图界面，任何元器件的名称都不可以重复，否则会出现仿真无法运行的错误。

1.4.3　本书涉及的元器件

按照元器件库的构成形式，将本书所涉及元器件的选取方法列出表格，便于查询，见表 1.11。其中，由于当对某个元器件进行选取时，在元器件选取对话框的"Results(结果)"中会出现若干个相关的元器件，因此在表 1.11 的"Results(结果)"列中标出所要选取元器件的关键字。

另外，若在元器件选取对话框"Results(结果)"中出现具有相近关键字的元器件，要根据选取对话框的预览区域中的提示，来确定所选元器件是否存在仿真模型(若要实现对某电路的仿真，则必须选择具有仿真功能的元器件)。例如选择 FUSE(熔断器)时，会有 No Simulator Model(不可仿真模型)和 Schematic Model(可仿真的图解模型)两种类型的熔断器，分别如图 1.79(a)和图 1.79(b)所示。

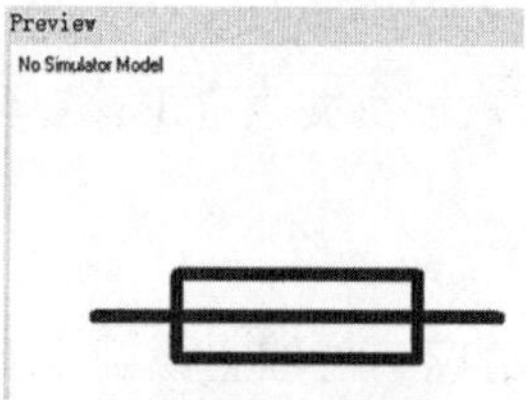

(a) 不可仿真模型

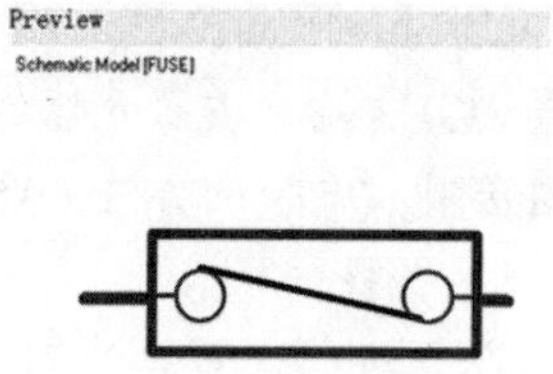

(b) 可仿真模型

图 1.79　FUSE(熔断器)元器件模型

表 1.11　本书涉及元器件类别及选取方法列表

元器件库	名称	规格	选取过程				Keywords（关键字）
			Category（主类）	Sub-Category（子类）	Results（结果）		
模拟器件库	三端稳压器	12 V	Analog ICs	Regulators	7812		7812
电容库	电容	普通	Capacitors	Generic	CAP		CAP
	电容	普通	Capacitors	Generic	REALCAP		REALCAP
	电容	普通	Capacitors	Animated	CAPACITOR		CAPACITOR
	电解电容	—	Capacitors	Electrolytic Aluminum	根据电容值选择		根据电容值选择
二极管库	二极管	普通	Diodes	Generic	DIODE		DIODE
	二极管	50 V、1 A	Diodes	Rectifiers	1N4001		1N4001
	稳压二极管	—	Diodes	Zener	根据稳定电压、工作电流选择		根据稳定电压、工作电流选择
		5.1 V、49 mA	Diodes	Zener	1N4733A		1N4733A
	整流桥	单向 50 V、2 A	Diodes	Bridge Rectifiers	2W005G		2W005G
机电库	电机	直流	Electromechanical	—	MOTOR		MOTOR
电感库	变压器	单向	Inductors	Transformers	TRAN－2P2S		TRAN－2P2S
	电感	普通	Inductors	Generic	REALIND		REALIND

续表 1.11

元器件库	名称	规格	选取过程				Keywords（关键字）
			Category（主类）	Sub-Category（子类）	Results（结果）		
显示器库	LED 灯	双色	Optoelectronics	LEDs	LED－BIBY		LED－BIBY
	LED 灯	蓝色	Optoelectronics	LEDs	LED－BLUE		LED－BLUE
	LED 灯	黄色	Optoelectronics	LEDs	LED－YELLOW		LED－YELLOW
	LED 灯	绿色	Optoelectronics	LEDs	LED－GREEN		LED－GREEN
	LED 灯	红色	Optoelectronics	LEDs	LED－RED		LED－RED
	灯泡	普通	Optoelectronics	Lamps	Lamp		Lamp
	数码管	7 段 BCD 码	Optoelectronics	7－Segment Displays	7SEG－BCD		7SEG－BCD
	数码管	共阳极 7 段 BCD 码	Optoelectronics	7－Segment Displays	7SEG－MPX1－CA		7SEG－MPX1－CA
	数码管	共阴极 7 段 BCD 码	Optoelectronics	7－Segment Displays	7SEG－MPX1－CC		7SEG－MPX1－CC
电阻库	可变电阻	—	Resistors	Variable	POT－HG		POT－HG
	电阻	0.6 W	Resistors	0.6W Metal Film	根据阻值选择		根据阻值选择
	电阻	普通	Resistors	Generic	RES		RES
开关和继电器库	开关	—	Switches & Relays	Switches	SWITCH		SWITCH
	单刀双掷开关	—	Switches & Relays	Switches	SW－SPDT		SW－SPDT
	拨码开关	10 状态、4 输出	Switches & Relays	Switches	THUMBSWITCH－BCD		THUMBSWITCH－BCD
	继电器	直流 12 V	Switches & Relays	Relays	G2RL－1A－CF－DC12		G2RL－1A－CF－DC12

续表 1.11

元器件库	名称	规格	选取过程			Keywords（关键字）
			Category（主类）	Sub-Category（子类）	Results（结果）	
调试工具库	逻辑状态	—	Debugging Tools	Logic Stimuli	LOGICSTATE	LOGICSTATE
运算放大器库	集成运放	μA741	Operational Amplifiers	Single	741	741
仿真源库	电池	DC	Simulator Primitives	Sources	BATTERY	BATTERY
	正弦信号源	AC	Simulator Primitives	Sources	VSIN	VSIN
	脉冲信号源	—	Simulator Primitives	Sources	VPULSE	VPULSE
扬声器库	扬声器	直流	Speaker& Sounders	—	BUZZER	BUZZER
晶体管库	低功耗高频晶体管	NPN	Transistors	Bipolar	2N2222	2N2222
	低功耗晶体管	NPN	Transistors	Bipolar	PN2369A	PN2369A
TTL 74系列逻辑器件库	与非门	7400	TTL 74 series	Gates & Inverters	7400	7400
	与门	7408	TTL 74 series	Gates & Inverters	7408	7408
	或门	7432	TTL 74 series	Gates & Inverters	7432	7432
	非门	7404	TTL 74 series	Gates & Inverters	7404	7404
	三输入与门	7411	TTL 74 series	Gates & Inverters	7411	7411
	三输入或门	4075	CMOS 4000 series	Gates & Inverters	4075	4075
	7段BCD码解码器	4511	CMOS 4000 series	Decoders	4511	4511

续表 1.11

元器件库	名称	规格	选取过程			Keywords（关键字）
			Category（主类）	Sub-Category（子类）	Results（结果）	
TTL 74 系列逻辑器件库	8 选 1 数据选择器	74151	TTL 74 series	Multiplexers	74151	74151
	4 选 1 数据选择器	74153	TTL 74 series	Multiplexers	74153	74153
	三输入与非门	7410	TTL 74 series	Gates & Inverters	7410	7410
	4 位移位寄存器	74194	TTL 74 series	Registers	74194	74194
	4 位二进制计数器	74161	TTL HC 74 series	Counters	74161	74161
	十进制加减计数器	74192	TTL HC 74 series	Counters	74192	74192
	异或门	74HC86	TTL HC 74 series	Gates & Inverters	74HC86	74HC86
	4 输入与门	74HC4072	TTL HC 74 series	Gates & Inverters	74HC4072	74HC4072
	D 触发器	74HC74	TTL HC 74 series	Flip—Flops & Lathces	74HC74	74HC74
	4 输入与门	74HC21	TTL HC 74 series	Gates & Inverters	74HC21	74HC21
	38 译码器	74HC138	TTL HC 74 series	Decoders	74HC138	74HC138
	7 段 BCD 码解码器	7448	TTL 74 series	Decoders	7448	7448
	JK 触发器	74HC112	TTL HC 74 series	Flip—Flops & Lathces	74HC112	74HC112

在 TTL74 库中存在各种子系列。表 1.12 中列出了各子系列的传输时间、功耗和扇出系数等参数。

表 1.12　TTL74 系列的各子系列参数对比

各子系列	名称	传输延迟 /(ns·门$^{-1}$)	功耗 /(mW·门$^{-1}$)	扇出系数
74 ××	标准系列	10	10	10
74L ××	低功耗系列	33	1	10
74H ××	高速系列	6	22	10
74S ××	肖特基系列	3	19	10
74LS ××	低功耗肖特基系列	9	2	10
74AS ××	先进肖特基系列	1.5	8	40
74ALS ××	低功耗先进肖特基系列	4	1	20
74F ××	快速 TTL 系列	3	4	15

1.5　一般电路的仿真过程

应用 Proteus 原理图对电路进行仿真，可以实时地观察电路的运行状态，设计者可以根据仿真结果调节电路参数或修改设计，以满足系统的设计要求。

1.5.1　电路仿真的流程

电路仿真流程如图 1.80 所示。

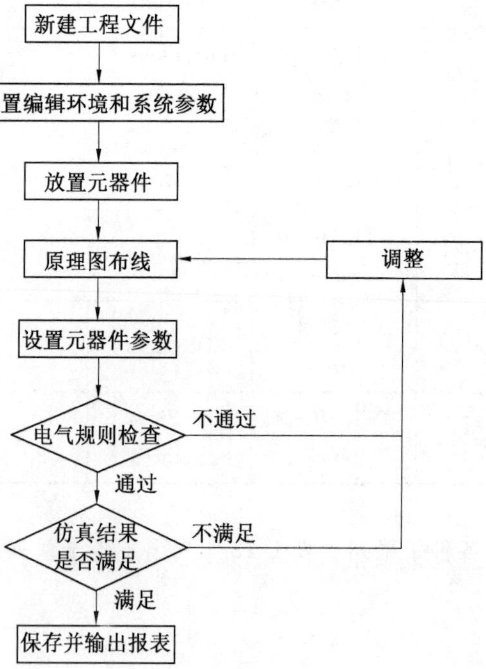

图 1.80　电路仿真流程图

(1)新建工程文件。预先对仿真电路进行构思,确定绘制该电路所使用图纸的大小。通过 Proteus 软件中的 File→New Project 命令建立工程文件。

(2)设置编辑环境和系统参数。对步骤(1)中所选择模板的一些基本属性进行设置,包括模板的颜色、仿真器的参数和图纸的大小等。通过这些参数的设置,可以满足仿真电路的设计要求,同时也可以满足不同使用者的设计风格。

(3)放置元器件。从对象选择器窗口中选取要添加的元器件,将其放置在图形编辑窗口中的期望位置。待所有元器件选取并放置完成后,再根据元器件之间的关系,重新调整元器件在图形编辑窗口中的位置和方向,达到所绘制原理图美观和易懂的目的。

(4)原理图布线。根据实际电路的要求,使用连线将原理图中的元器件连接起来,进而构成一幅完整的电路原理图。

(5)设置元器件参数。结合仿真电路的设计要求,调整元器件参数,包括名称、数值大小和封装形式等。

(6)电气规则检查。利用菜单中的 Tools(工具)→Electrical Rule Check(电气规则检查)命令对所绘制电路原理图进行电气规则检查。

(7)调整。若电气规则检查没有通过,系统会提示错误,此时根据错误报告修改原理图。对于较复杂的电路,通常需要对电路进行多次修改才能通过电气规则检查。

(8)仿真。若电气规则检查通过,通过仿真控制按钮可以对原理图进行仿真。设计者可以实时地观察电路的运行状态,也可以将仿真结果以图表的形式保存下来。若仿真结果不满足电路的设计要求,重新调整元器件参数或修改设计,再次仿真直至满足要求为止。

(9)保存并输出报表。若达到电路的设计要求,通过保存命令对设计完成的原理图进行保存和打印。此外,Proteus 原理图还提供了多种报表数据输出格式。

1.5.2 灯泡点亮仿真实例

如图 1.81 所示的电路是由直流电源、滑动变电阻器、灯泡、开关和熔断丝组成的简单直流电路。下面以该电路为例,直观地介绍基于 Proteus 原理图的电路仿真步骤及方法。

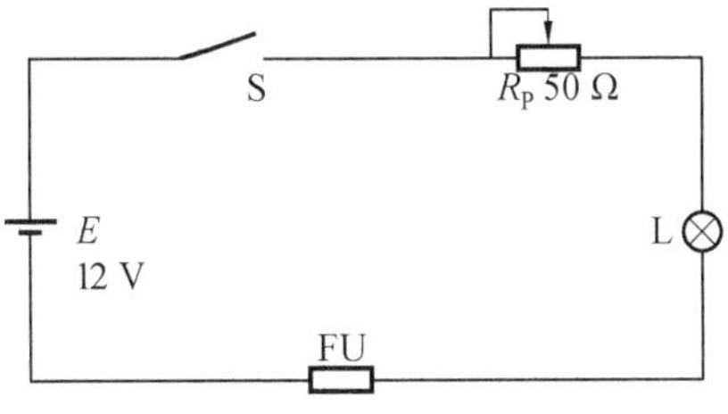

图 1.81 灯泡点亮电路图

1. 新建工程文件

打开 Proteus 软件,选择 File→New Project 命令,建立新的工程文件。

2. 设置编辑环境和系统参数

通过菜单中的"Template"选项可对新建工程文件进行编辑环境的设置,通过"System"选项可对系统参数进行设置。本例均采用系统默认的参数。

3. 放置元器件

(1)放置灯泡器件。

① 单击工具箱中的图标，然后单击对象选择器窗口中的图标，弹出如图 1.82 所示的灯泡器件选择界面。在对话框中的 Category 主类下找到“Optoelectronics”选项，在 Sub-Category 子类中选择灯泡“Lamps”选项，Manufacturer（生产厂商）选项可以忽略。此时在“Results”窗口中会显示出所有灯泡的型号，根据需要选择所用灯泡。本例中选择可仿真的“LAMP”，单击“OK”按钮，或在“Results”窗口中双击元器件名称，即可完成对该元器件的添加，如图 1.82 所示。同时，所添加的元器件也将出现在对象选择器的列表中，如图 1.83 所示的预览窗口下方区域。也可以在 Keywords 窗口直接输入 LAMP 快速查找器件。

② 若此时将光标移至图形编辑窗口的任意区域，光标将处于放置灯泡的状态。单击鼠标左键，将元器件 LAMP 的图标放置在图形编辑窗口中。若要移动元器件 LAMP，则对元器件 LAMP 单击左键使其高亮显示，并且按住鼠标左键拖动 LAMP 图标到期望位置，松开鼠标左键完成放置。元器件 LAMP 的放置效果如图 1.83 所示。

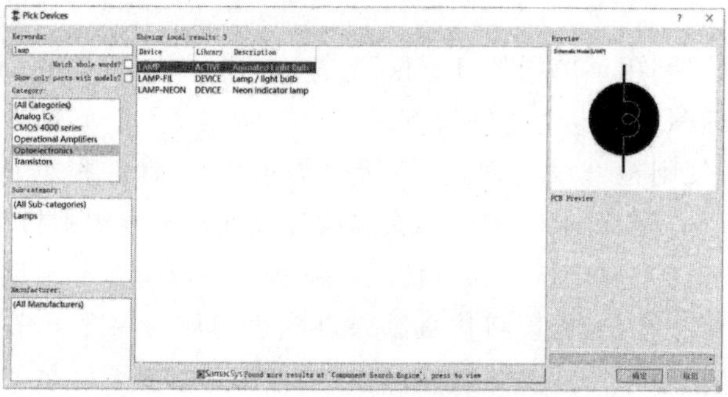

图 1.82　灯泡器件选择界面

图 1.83　放置灯泡后的效果图

③ 如需对元器件进行旋转操作，只需对元器件单击右键，弹出如图 1.84 所示的下拉菜单，选择相应的选项完成旋转操作。

(2)放置其他元器件。

其他元器件的放置方法与元器件 LAMP 类似，区别在于存放在不同的主类和子类当中，具体选取方法参见 1.4 节。

(3)放置电压表和电流表。

单击虚拟仪器模块按钮，进入虚拟测量仪表模式，分别选择直流电压表(DC VOLTMETER)和直流电流表(DC AMMETER)，放置在图形编辑窗口的合适位置。

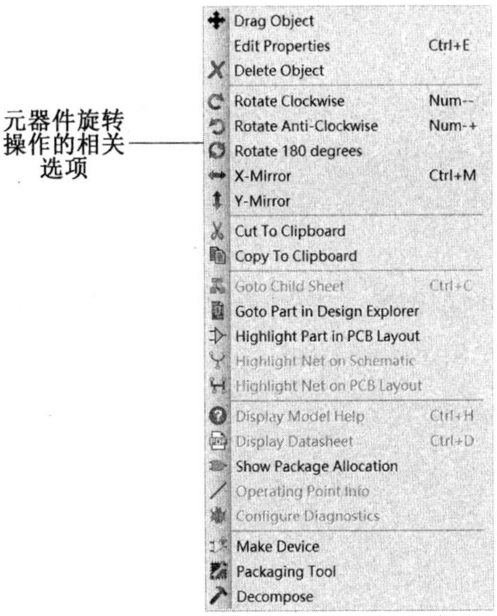

图 1.84　右键单击元器件下拉菜单

最终放置好所有元器件的效果如图 1.85 所示。

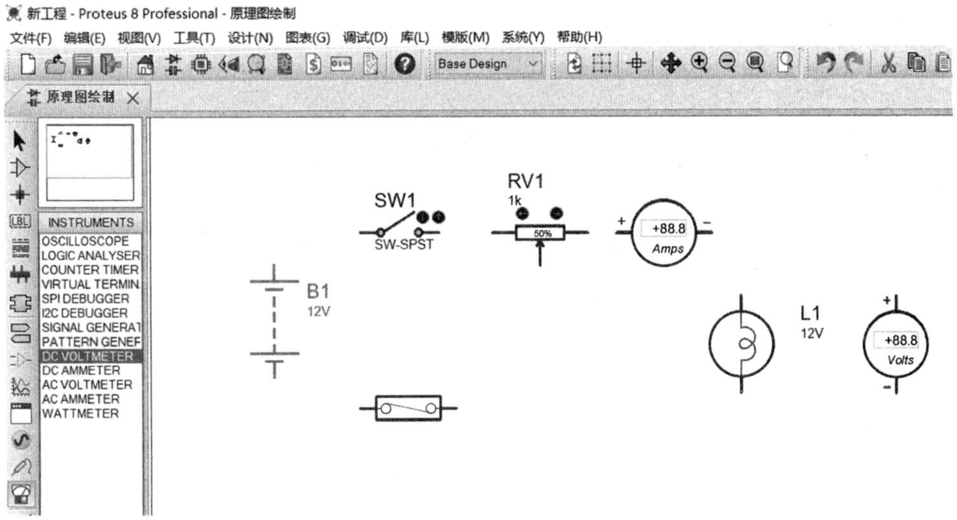

图 1.85　放置元器件后的效果图

4. 原理图布线

布线可分为普通布线、设置连线标签和总线布线三种方法。本例用到前两种方法，总线布线在本书中不做介绍。

(1)普通布线。

将鼠标放置在元器件的管脚终端，即可看到鼠标变成绿色笔的形状，此时单击鼠标左键且移动鼠标即可画出一条连线(若想取消连线状态，只需单击鼠标右键或者按下键盘的“ESC”键)，当鼠标带着连线移动到其他器件的管脚时，鼠标再次变成绿色笔的形状，此时单击鼠标左键即完成元器件之间的一条连线，重复以上操作即可完成原理图的布线。

在完成原理图布线之后，可在任意连线上单击右键弹出下拉菜单，如图 1.86 所示，通过菜单选项可对连线进行操作，如移动、编辑和删除等。

(2)设置连线标签。

单击左侧快捷工具箱的图标LBL，进入连线标签模式。具体操作步骤如下：

① 将鼠标放置在需要放置标签的连线上，即出现“×”符号。此时单击鼠标左键弹出编辑连线标签对话框，如图 1.87 所示。

② 通过如图 1.87 所示的对话框可以设置标签名称及标签的显示方向等属性，然后单击“OK”按钮，完成一个连线标签的设置。若想对标签进行其他操作，则可以对标签名称单击鼠标右键弹出下拉菜单，如图 1.88 所示。通过下拉菜单中的选项完成相应的操作，如删除和编辑标签等。

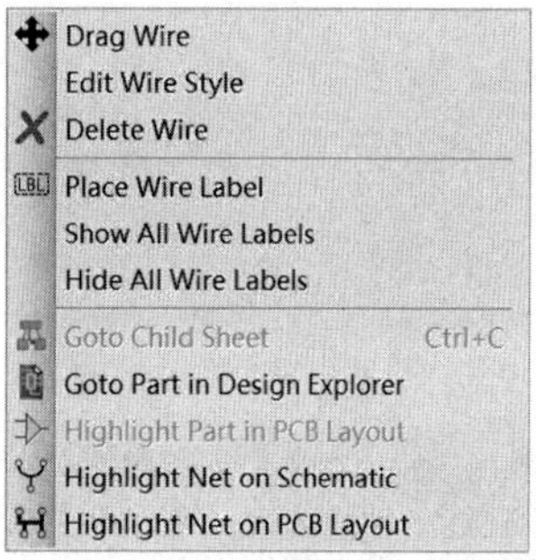

图 1.86　连线修改下拉菜单

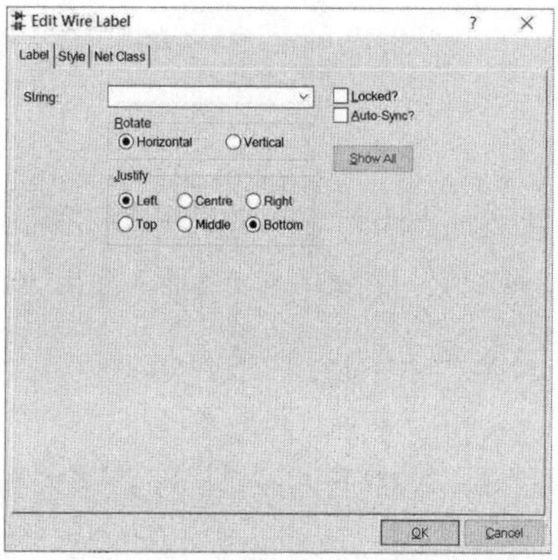

图 1.87　编辑连线标签对话框

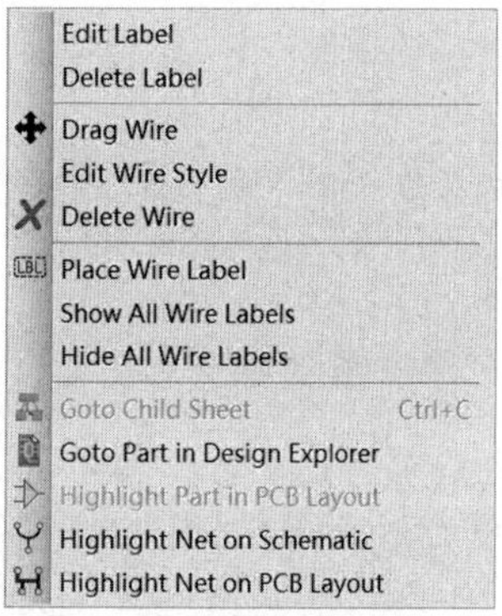

图 1.88　连线标签下拉菜单

③ 重复步骤①和步骤②，设置多个连线标签。注意，有相同标签名称的连线标签具有连接属性。

因此，应用以上两种方式对本例进行原理图布线，完成电路连接的效果如图 1.89 所示。直流电压表通过连线标签设置，视为并联到灯泡 L1 两端。

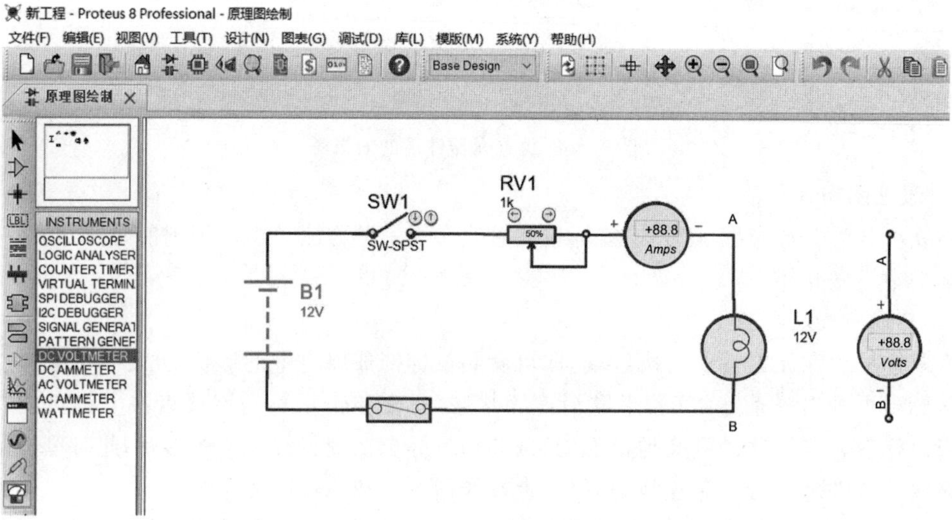

图 1.89　灯泡电路布线效果图

5. 设置元器件参数

在图形编辑界面中右键单击 LAMP(灯泡)弹出快捷菜单，选择"Edit Properties"选项，弹出设置灯泡参数的对话框，如图 1.90 所示。其中，"Nominal Voltage(额定电压)"设置为 12 V，"Resistance(内阻)"设置为 6 Ohms(6 欧姆)，其他参数采用默认设置。

右键单击 FUSE(熔断器)弹出快捷菜单，选择"Edit Properties"选项，弹出设置熔断器参数的对话框，如图 1.91 所示。其中，"Rated Current(熔断电流)"设置为 1 A，其他参数采用默认设置。

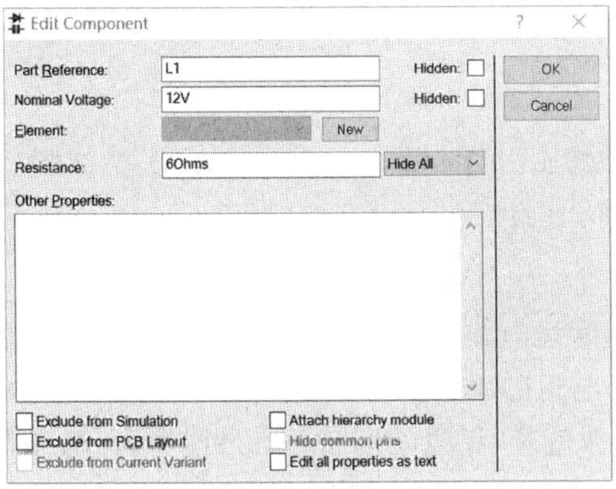

图 1.90　设置灯泡参数对话框

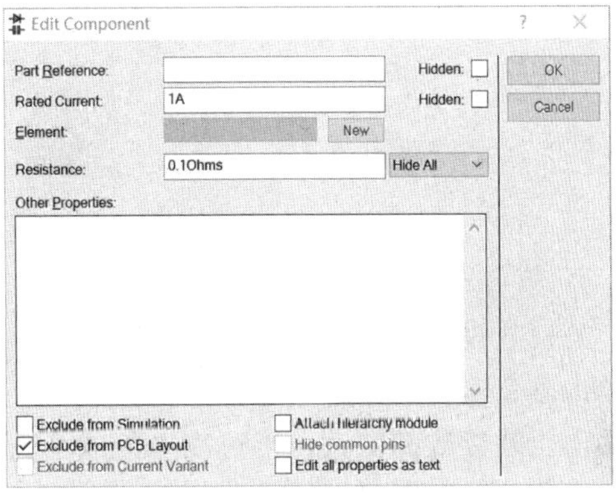

图 1.91　设置熔断器参数对话框

右键单击 BATTERY(电池)弹出快捷菜单，在快捷菜单中选择"Edit Properties"选项，弹出设置电池参数的对话框，如图 1.92 所示。本例电池参数采用默认设置，电压为 12 V。

右键单击 POT－HG(滑动变阻器)弹出快捷菜单，在快捷菜单中选择"Edit Properties"选项，弹出设置滑动变阻器参数的对话框，如图 1.93 所示。其中，"Resistance(电阻值)"设置为 50 Ω，其他参数采用默认设置。

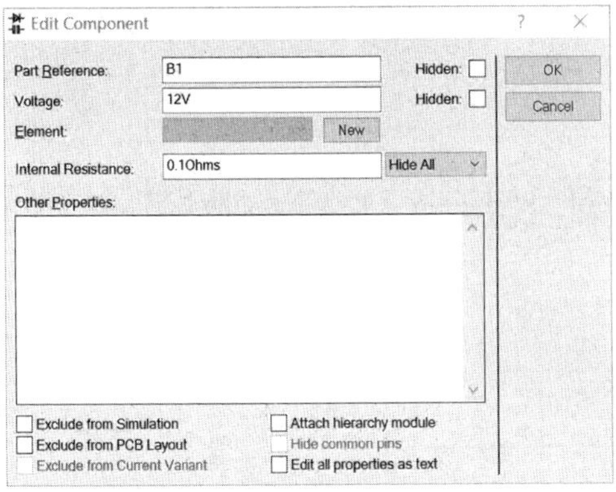

图 1.92　设置电池参数对话框

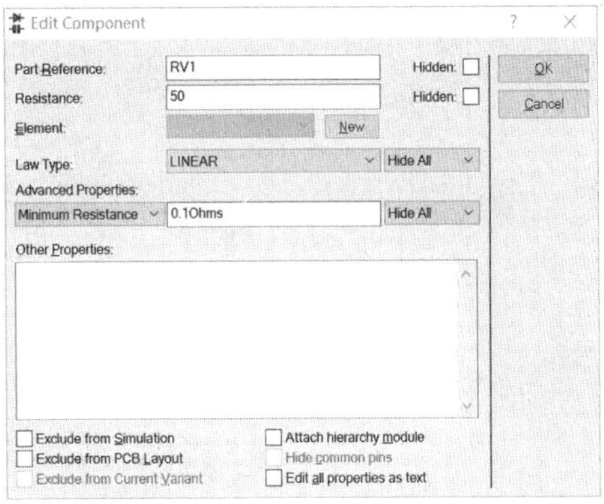

图 1.93　设置滑动变阻器参数对话框

6. 电气规则检查

选择菜单中的 Tools→Electrical Rule Check 命令，弹出电气规则检测报告单，如图 1.94 所示。

7. 调整

若在如图 1.94 的报告中提示错误，按照提示的错误原因重新进行步骤 4～6 的操作，直至正确为止。

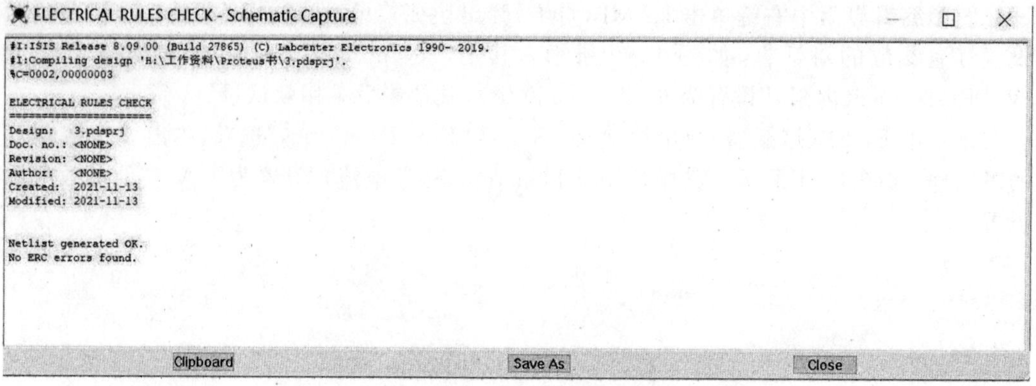

ELECTRICAL RULES CHECK - Schematic Capture

```
#I:ISIS Release 8.09.00 (Build 27865) (C) Labcenter Electronics 1990- 2019.
#I:Compiling design 'H:\工作资料\Proteus书\3.pdsprj'.
%C=0002,00000003

ELECTRICAL RULES CHECK
======================

Design:    3.pdsprj
Doc. no.:  <NONE>
Revision:  <NONE>
Author:    <NONE>
Created:   2021-11-13
Modified:  2021-11-13


Netlist generated OK.
No ERC errors found.
```

Clipboard　Save As　Close

图 1.94　电气规则检测报告单

8. 仿真

若检查没有错误，单击屏幕下方的仿真按钮▶运行电路，灯泡被点亮，如图 1.95 所示。若单击可变电阻上面的左右移动箭头可调整可变电阻的阻值大小。当可变电阻减小时，电流表和电压表读数都变大。当可变电阻减小到一定数值时，保险丝熔断并且灯泡熄灭，电压表和电流表的读数归零，如图 1.96 所示。

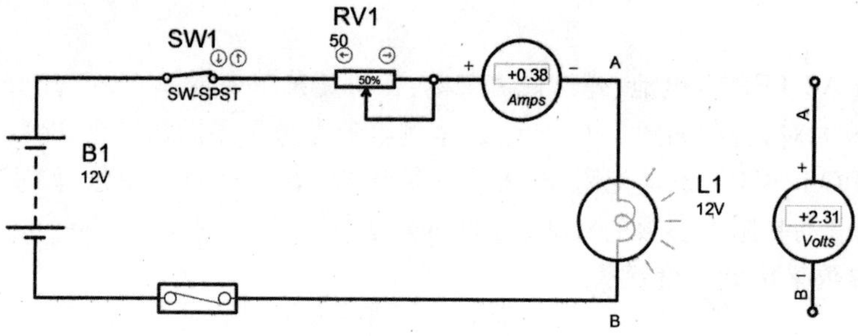

图 1.95　灯泡被点亮的仿真结果

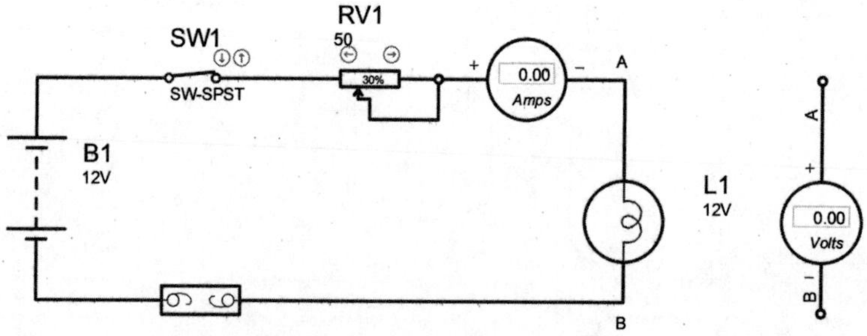

图 1.96　熔断丝被熔断的仿真结果

同时，也可以在电路图上显示电流方向和等电位的情况。单击菜单栏 System→Set Animation Options 命令弹出设置对话框，如图 1.97 所示。将"Animation Options"选择框中的四个选项全部选中，单击"OK"按钮。然后再次进行仿真，仿真结果如图 1.98 所示。在图 1.98 所示的电路中用箭头表示电流的流动方向，用同一颜色的连线表示相同的电位点。

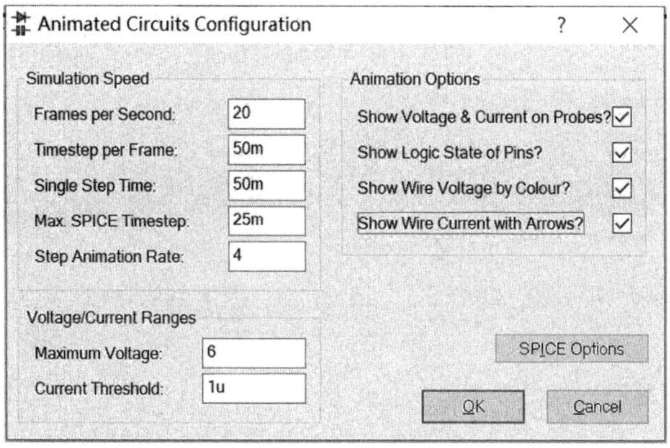

图 1.97　设置电流方向及等电位对话框

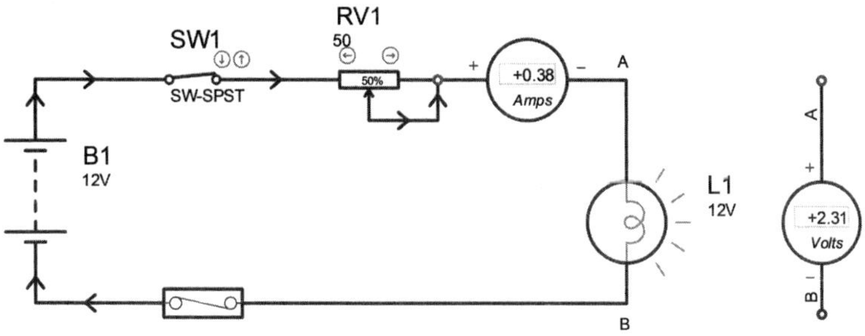

图 1.98　设置电流方向及等电位情况的仿真结果

9. 保存

选择 File→Save Project 命令可对当前设计的工程文件进行保存。

1.5.3　测量 *RC* 电路的时间常数 τ 仿真实例

如图 1.99 所示的电路是由 5 V(1 kHz)矩形波脉冲电压作为输入电压 u_i，与 10 kΩ 电阻、0.01 μF 电容和接地符号组成测量 *RC* 时间常数的实验电路。由于在 1.5.2 节的示例中已对电路仿真步骤做过详细的介绍，因此本例只是针对虚拟示波器在 *RC* 电路中的应用进行说明。

通过新建工程文件、放置元器件、原理图布线和设置元器件参数等操作步骤，完成 *RC* 电路的原理图绘制，效果如图 1.100 所示。其中，电源选择脉冲信号源 VPULSE，单击信号源 VPULSE 图标弹出如图 1.101 所示的对话框。设置脉冲幅值为 5 V、周期为 1 ms(频率为 1 kHz，即脉冲宽度 $\tau_P = 0.5$ ms)的脉冲信号作为电路输入，将其接入示波器的通道 A；电容 C_1 两端的电压作为电路的输出，将其上端与示波器的通道 B 相连。

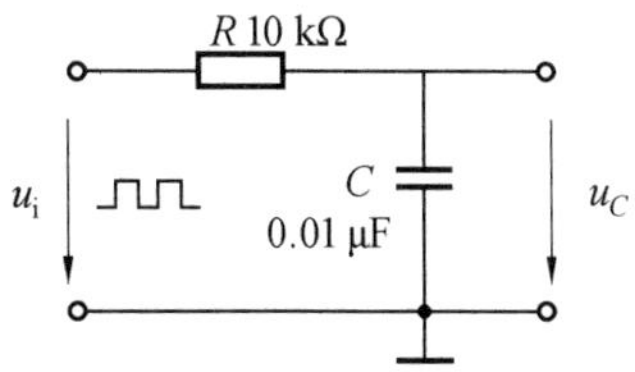

图 1.99　测量 *RC* 电路时间常数的实验电路图

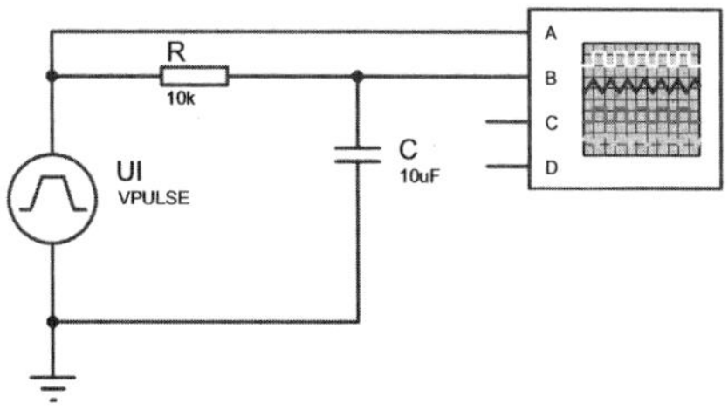

图 1.100　测量 *RC* 电路时间常数的原理图

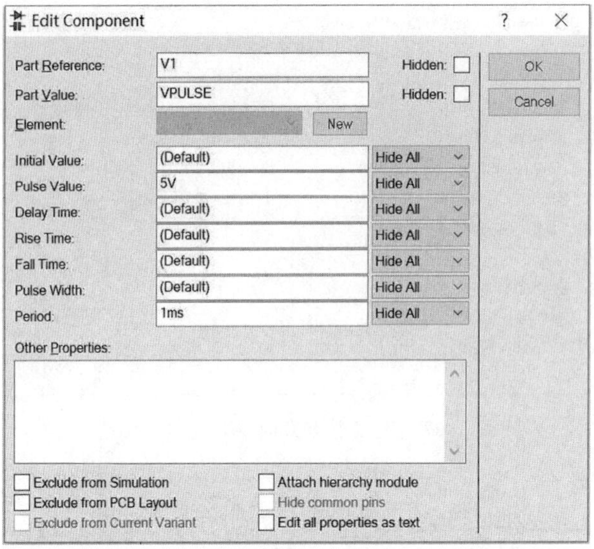

图 1.101　设置脉冲信号源参数对话框

单击仿真运行按钮▶,若没有电气规则错误,则弹出如图 1.102 所示的示波器运行界面。如果没有弹出该界面,参见 1.3.2 节的方法打开示波器界面。

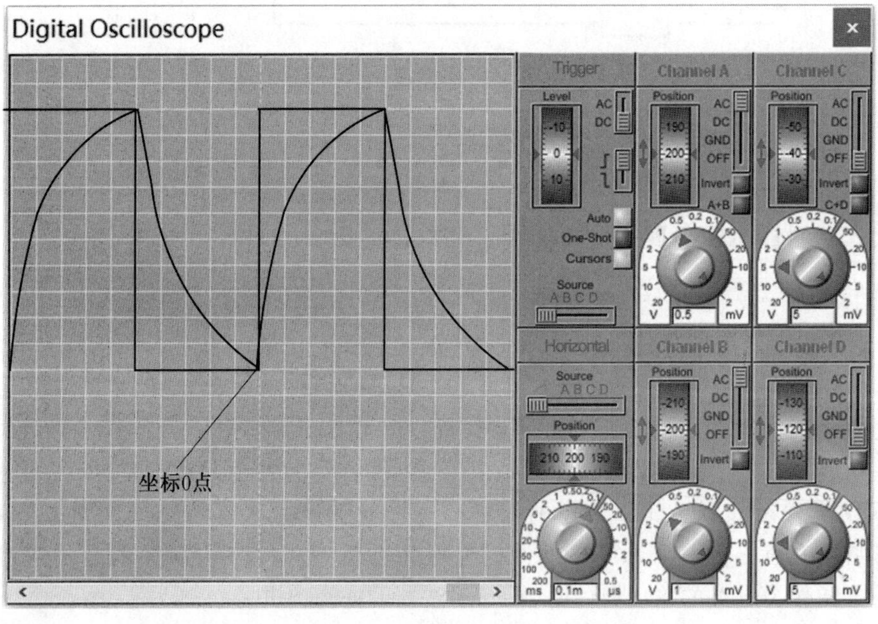

图 1.102　*RC* 电路中的示波器运行界面

测量电路的时间常数 τ 可依据以下几个步骤:

(1)将示波器中两个不使用的通道(Channel C 和 Channel D)的耦合开关拨置"OFF"位置。

(2)分别将示波器中的 Channel A 和 Channel B 中的电压轴内拨轮指向右边 mV 区域内刻度"2"的位置(关闭电压微调功能),将 Horizontal(水平设置区)的时间轴内拨轮指向右边 μs 区域内刻度"0.5"的位置(关闭时间微调功能)。同时,将两个通道的电压轴外拨轮以及时间轴外拨轮旋至适当位置，如图1.102所示。观察 u_i 和 u_C 的波形。

(3)调节Channel A和Channel B的Position(位置设置)旋钮使两个通道的波形重叠，并且都与示波器中的某条横向实线重合。调节Horizontal(水平设置区)的Position(位置设置)旋钮使示波器中的纵向虚线与示波器中的某条纵向实线重合。通过上面两个步骤最终可以确定波形的坐标零点位置，如图1.102所示。

(4)应用Trigger(触发设置区)的Cursors按钮测定 τ 值。

①测量方法。测量方法示意图如图1.103所示。

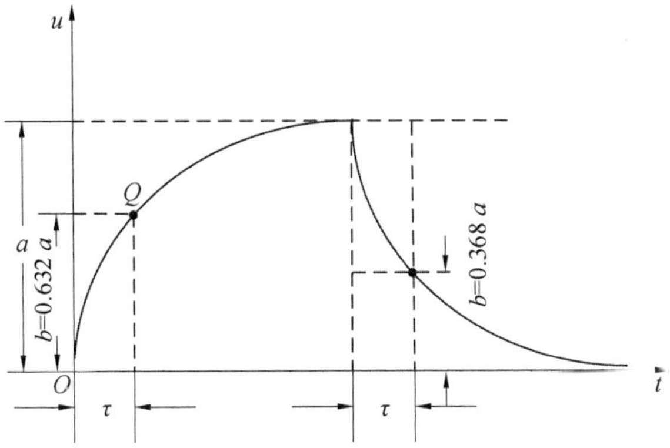

图1.103 *RC* 电路时间常数测量方法示意图

a. 测量输出波形最大值 a。

b. 计算 $0.632a$ 的值，在输出波形上找到纵坐标为 $0.632a$ 的点，其横坐标的值即为时间常数 τ 的值。

② 仿真测试方法。

a. 单击示波器中的Cursors(标尺)按钮，将鼠标移到示波器的输出区域，此时鼠标变成十字花形，并且在十字交点处显示距离原点的横纵坐标的数值(即波形的周期和幅值的大小)，如图1.104所示。其中，图中显示3个坐标数值，从上到下分别是此时两个信号的周期输入、信号 u_i 的幅值和输入信号 u_C 的幅值。

b. 从图1.104所示的波形中可知 τ 表示的是电压 u_C 增长到稳态值 U 的63.2%时所需的时间。因此，鼠标应沿着Channel B的 u_C 曲线向上移动，当移动到 $u_C=(U\times0.632)\text{V}=(5\times0.632)\text{V}=3.16\ \text{V}$ 时，单击鼠标左键放置标尺，这时从图中可以读出时间常数 $\tau=100\ \mu\text{s}=0.1\ \text{ms}$。理论计算值为 $\tau=RC=(10\times10^3\times0.01\times10^{-6})\text{s}=0.1\ \text{ms}$，其与实际测量 τ 的值相同。

c. 如需删除已放置标尺，则在示波器输出区域单击鼠标右键，在弹出的下拉菜单中选择“Clear All Cursors”选项进行删除。如需关闭标尺状态，则再次单击示波器中的Cursors(标尺)按钮即可实现。

通过对以上两个示例的仿真分析，可以领会电路仿真的设计方法和技巧。

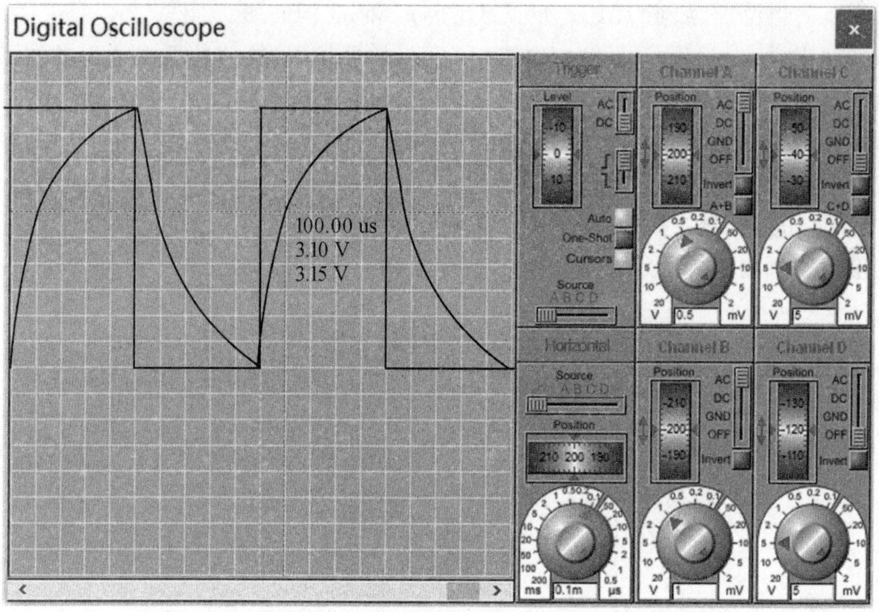

图 1.104　应用示波器测量 *RC* 电路时间常数

第 2 章　电路分析仿真实例

2.1　基尔霍夫定律和叠加定理仿真实例

2.1.1　基尔霍夫定律仿真实例

1. 基尔霍夫定律理论描述

(1)基尔霍夫电流定律。

在任一瞬时，流入某一节点的电流之和等于由该节点流出的电流之和。或者说在任一瞬时，一个节点上流过电流的代数和恒等于零。

(2)基尔霍夫电压定律。

在任一瞬时，以顺时针方向或逆时针方向沿回路循环一周，则在这个方向上的电压升之和等于电压降之和。或者说在任一瞬时，沿任一回路循环方向(顺时针方向或逆时针方向)，回路中各段电压的代数和恒等于零。

2. 基尔霍夫定律仿真实例

(1)实例一。

基尔霍夫定律实例一电路如图 2.1 所示。电路中的电源及元器件参数为：$E_1=12$ V，$E_2=6$ V，$R_1=510\ \Omega$，$R_2=510\ \Omega$，$R_3=1$ kΩ。仿真验证基尔霍夫电流定律和电压定律。

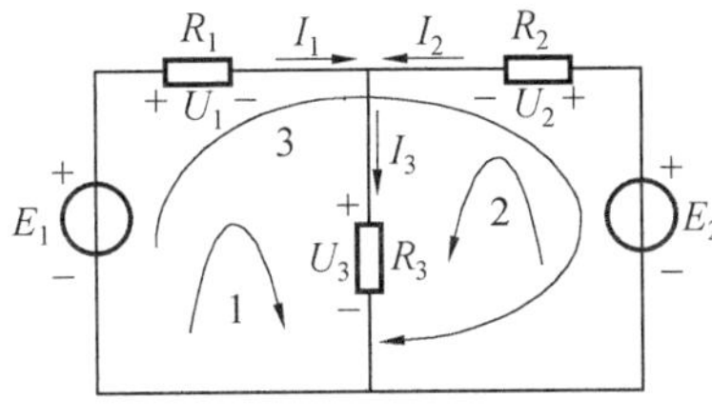

图 2.1　基尔霍夫定律实例一电路图

①理论计算。根据电路图采用支路电流法求解电路中各支路电流，方程组为

$$\begin{cases} I_1+I_2=I_3 \\ E_1=R_1I_1+R_3I_3 \\ E_2=R_2I_2+R_3I_3 \end{cases} \tag{2.1}$$

代入元器件参数，解得：$I_1\approx 9.47$ mA，$I_2\approx -2.30$ mA，$I_3\approx 7.17$ mA。进而求得三个电阻两端的电压：$U_1\approx 4.83$ V，$U_2\approx -1.17$ V，$U_3\approx 7.17$ V。

电路中有 3 个回路，根据基尔霍夫电压定律对各回路电压进行计算。

回路 1：$R_1I_1+R_3I_3=510\times9.47\times10^{-3}+1\,000\times7.17\times10^{-3}\approx12\ (\text{V})=E_1$

回路 2：$R_2I_2+R_3I_3=-510\times2.3\times10^{-3}+1\,000\times7.17\times10^{-3}\approx6\ (\text{V})=E_2$

回路 3：$E_1-U_1+U_2-E_2=12-510\times9.47\times10^{-3}-510\times2.3\times10^{-3}-6=0\ (\text{V})$

②仿真验证。由图 2.1 可知，电路中需要 3 个电阻和 2 个直流电压源。仿真需要的元器件及仪表见表 2.1。

表 2.1　基尔霍夫定律仿真实例一元器件及仪表列表

名称	仿真元器件及仪表名称	参数及功能要求	备注
电阻	Resistors	0.6 W	参数可修改
直流电压源	VSOURCE	+12 V，+6 V	参数可修改
直流电流表	DC AMMETER	选择微安(Milliamps)挡	虚拟仪器
直流电压表	DC VOLTMETER	选择伏特(Volts)挡	虚拟仪器

仿真结果如图 2.2 所示。

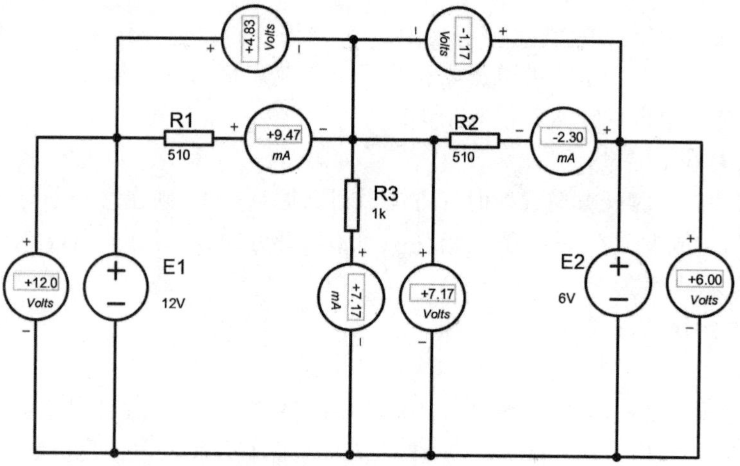

图 2.2　基尔霍夫定律实例一仿真电路图

(2)实例二。

基尔霍夫定律实例二电路如图 2.3 所示。电路中的电源及元器件参数为：$E_1=42$ V，$I_S=7$ A，$R_1=12\ \Omega$，$R_2=6\ \Omega$，$R_L=3\ \Omega$。求负载电阻 R_L 两端电压 U_L 和流过 R_L 的电流 I_L。

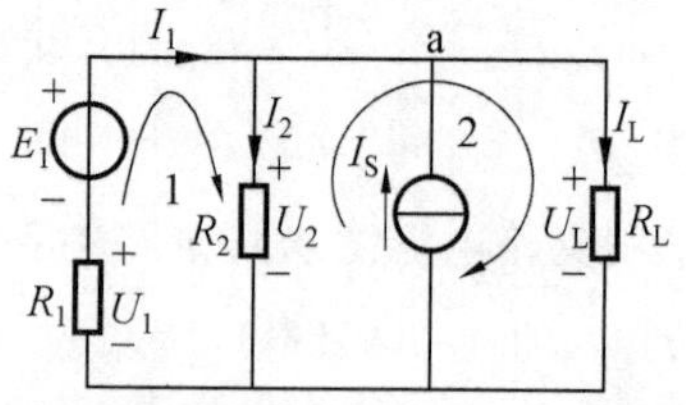

图 2.3　基尔霍夫定律实例二电路图

①理论计算。采用支路电流法列方程，如图 2.3 所示选择节点 a 列写基尔霍夫电流定律方程，选择回路 1 和回路 2 列写基尔霍夫电压定律方程，得到方程组

$$\begin{cases} I_1+I_S=I_2+I_L \\ E_1=R_1I_1+R_2I_2 \\ R_2I_2-R_LI_L=0 \end{cases} \tag{2.2}$$

代入元器件参数，解得：$I_1=2$ A，$I_2=3$ A，$I_L=6$ A。进而求得三个电阻两端的电压：$U_1=-24$ V，$U_2=18$ V，$U_L=18$ V。

基尔霍夫电流定律和电压定律的验证计算请读者自行进行。

②仿真验证。由图 2.3 可知，电路中需要 3 个电阻、1 个直流电压源和 1 个直流电流源，选用电阻、直流电压源和测量仪表见表 2.1。直流电流源选择 CSOURCE，电路中的电流表选择安培(Amps)挡。仿真电路如图 2.4 所示，由图 2.4 可见电阻 R_1 两端电压读数为 -24 V，测量结果均与计算结果一致。

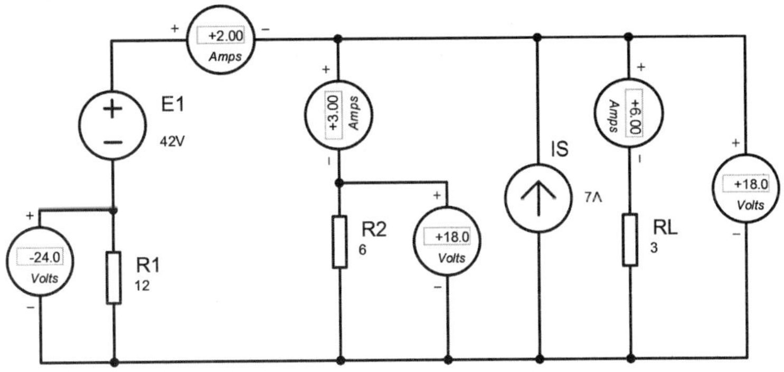

图 2.4　基尔霍夫定律实例二仿真电路图

(3)实例三。电路如图 2.5 所示，求电路中的电流 I 和受控源两端的电压 U_S。

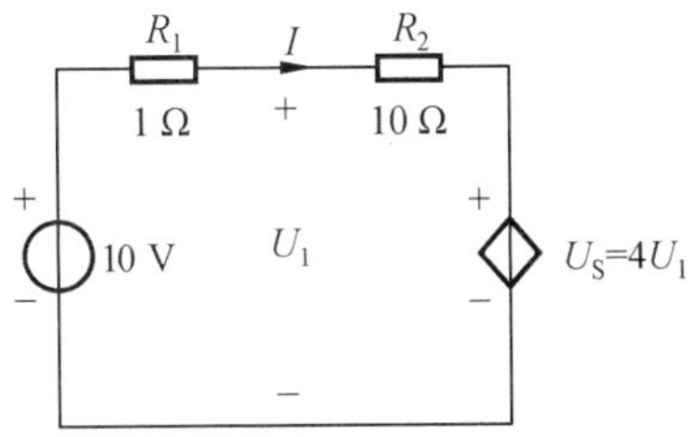

图 2.5　基尔霍夫定律实例三电路图

①理论计算。列方程组

$$\begin{cases} R_1I+R_2I+U_S=10 \\ U_S=4U_1 \\ U_1=10-R_1I \end{cases} \tag{2.3}$$

解得

$$\begin{cases} I\approx-4.29\ \text{A} \\ U_S=57.16\ \text{V} \end{cases}$$

②仿真验证。参照图 2.5 连接仿真电路，表 2.1 未列出的元器件见表 2.2。

表 2.2　基尔霍夫定律仿真实例三元器件列表

名称	仿真元器件名称	参数及功能要求	备注
电池	BATTERY	+10 V	参数可修改
电压控制电压源	VCVS	$4U_1$	参数可修改

仿真结果如图 2.6 所示。对照计算结果和仿真结果，存在误差，原因是电路中的电阻阻值较小，理论计算时未考虑电流表和电压表的内阻，而实际仿真时，其内阻对电路有影响。如果电阻 R_1 和 R_2 的阻值大一些，误差就会小很多，请读者自行尝试。

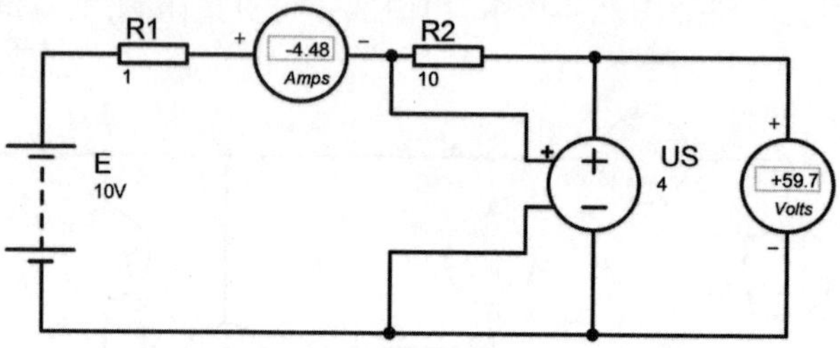

图 2.6　基尔霍夫定律实例三仿真电路图

2.1.2　叠加定理仿真实例

1. 叠加定理理论描述

对于线性电路，任何一条支路的电流（或任一负载元件两端的电压），都可以看成是由电路中各个电源分别作用时，在此支路中所产生的电流（或在此元件两端所产生的电压）的代数和。

2. 叠加定理仿真实例

(1)实例一。

叠加定理实例一参考电路仍旧采用如图 2.1 所示的电路。根据叠加定理，分别画出电源 E_1 和 E_2 单独作用的电路图，如图 2.7(b)和图 2.7(c)所示。

①理论计算。对 3 个电阻两端的电压和电阻 R_1 的支路电流进行理论值计算。

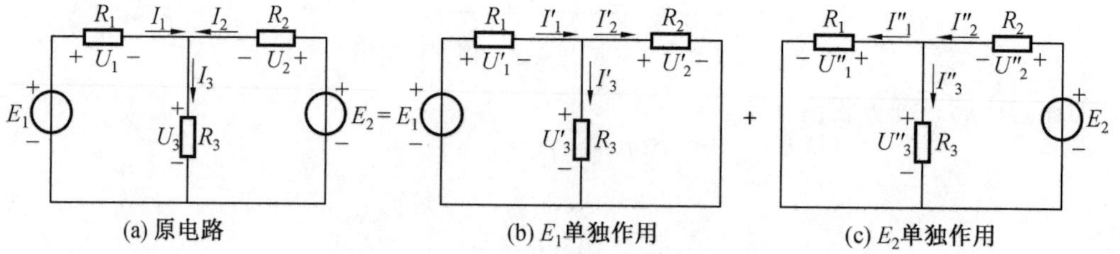

图 2.7　叠加定理实例一分解电路图

由图 2.7(b)可得

$$\begin{cases} I_1'=\dfrac{E_1}{R_1+R_2/\!/R_3}=14.16\ \text{mA} \\ U_1'=R_1I_1'=510\times14.16\times10^{-3}=7.22\ (\text{V}) \\ U_2'=E_1-U_1'=4.78\ \text{V} \\ U_3'=E_1-U_1'=4.78\ \text{V} \end{cases} \tag{2.4}$$

由图 2.7(c)可得

$$\begin{cases} I_1''=\dfrac{E_2}{R_2+R_1/\!/R_3}\cdot\dfrac{R_3}{R_1+R_3}=4.69\ \text{mA} \\ U_1''=R_1 I_1''=510\times4.69\times10^{-3}=2.39\ (\text{V}) \\ U_2''=\dfrac{E_2}{R_2+R_2/\!/R_3}\cdot R_2=3.61\ \text{V} \\ U_3''=U_1''=2.39\ \text{V} \end{cases} \tag{2.5}$$

根据叠加计算后得

$$\begin{cases} I_1=I_1'-I_1''=14.16-4.69=9.47\ (\text{mA}) \\ U_1=U_1'-U_1''=7.22-2.39=4.83\ (\text{V}) \\ U_2=-U_2'+U_2''=-4.78+3.61=-1.17\ (\text{V}) \\ U_3=U_3'+U_3''=4.78+2.39=7.17\ (\text{V}) \end{cases} \tag{2.6}$$

② 仿真验证。E_1和 E_2共同作用时仿真电路如图 2.2 所示。E_1和 E_2单独作用的仿真电路如图 2.8(a)和图 2.8(b)所示。图 2.8 采用单刀双掷开关(SW－SPDT)进行电源单独作用的切换。图 2.8(a)中测量电阻 R_2 两端的电压和图 2.8(b)中电阻 R_1 流过的电流的表读数与理论计算的结果符号不同,是因为电压表和电流表接入的方向(“＋”端连接方向)与理论计算时设置的参考方向相反所致。可以将电压表和电流表的“＋”“－”端对调后再接入电路,仿真结果就和理论计算结果完全相同了。

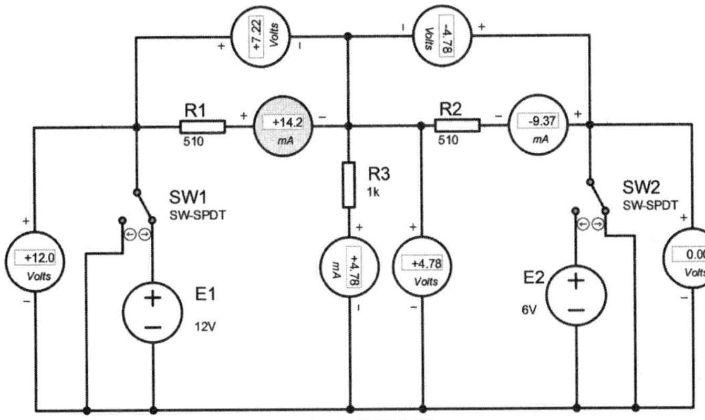

(a) E_1单独作用

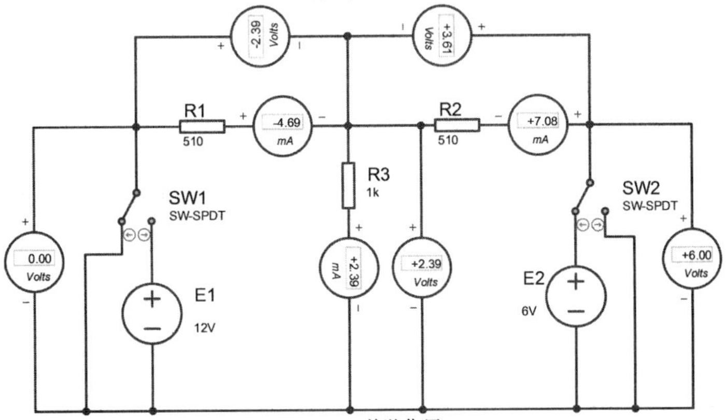

(b) E_2单独作用

图 2.8　叠加定理实例一 E_1和 E_2单独作用仿真电路图

对照理论计算和仿真结果，验证叠加定理的正确性。

(2)实例二。

叠加定理实例二电路如图2.9所示。$E=10$ V，$I_S=1$ A，$R_1=10$ Ω，$R_2=R_3=5$ Ω。用叠加定理求电流源两端的电压U_{IS}和电压源流过的电流I_E。

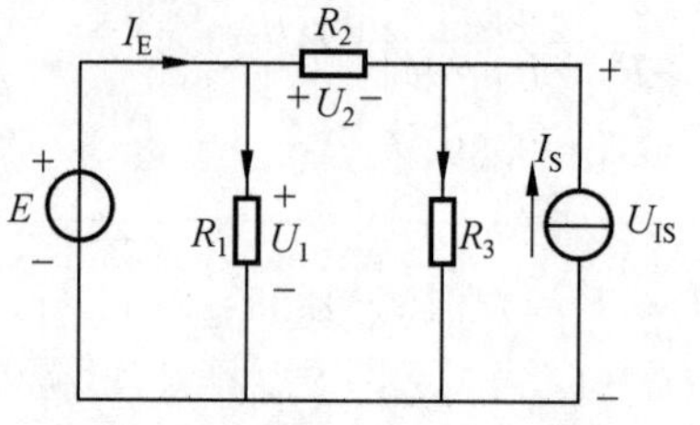

图2.9　叠加定理实例二电路图

①理论计算。根据叠加定理，分别画出电压源E和电流源I_S单独作用的电路图，如图2.10(b)和图2.10(c)所示。

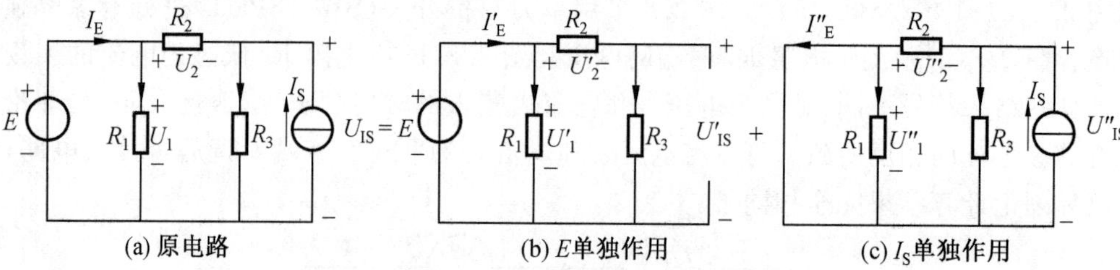

图2.10　叠加定理实例二分解电路图

由图2.10(b)可得

$$\begin{cases} I'_E=\dfrac{E}{R_1/\!/(R_2+R_3)}=2\ \text{A} \\ U'_{IS}=\dfrac{E}{2}=5\ \text{V} \end{cases} \tag{2.7}$$

由图2.10(c)可得

$$\begin{cases} I''_E=\dfrac{R_3}{R_2+R_3}\cdot I_S=0.5\ \text{A} \\ U''_{IS}=(R_2/\!/R_3)I_S=2.5\ \text{V} \end{cases} \tag{2.8}$$

根据叠加计算后得

$$\begin{cases} I_E=I'_E-I''_E=2-0.5=1.5\ (\text{A}) \\ U_{IS}=U'_{IS}+U''_{IS}=5+2.5=7.5\ (\text{V}) \end{cases} \tag{2.9}$$

②仿真验证。E和I_S共同作用及分别作用时电路的仿真结果如图2.11所示。

仿真结果和理论计算结果一致。

(3)实例三。

叠加定理实例三电路如图2.12所示。$E=10$ V，$I_S=5$ A，$R_1=2$ Ω，$R_2=1$ Ω。用叠加定理求电流源两端的电压U_{IS}和电压源流过的电流I。

① 理论计算。根据叠加定理，分别画出电压源E和电流源I_S单独作用的电路图，如图2.13所示。注意电压源和电流源单独作用时，受控源都要保留。

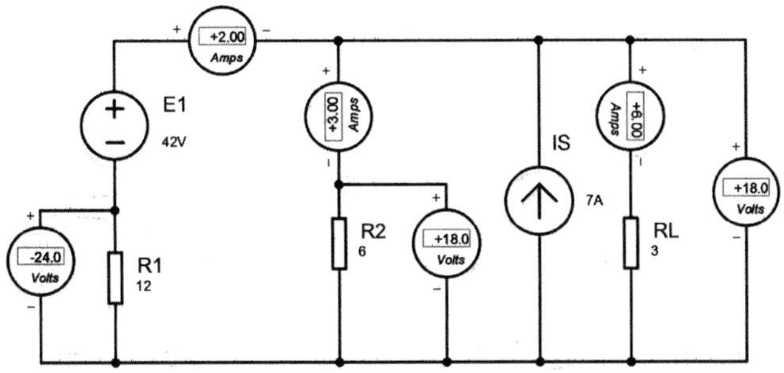

(a) E和I_S共同作用

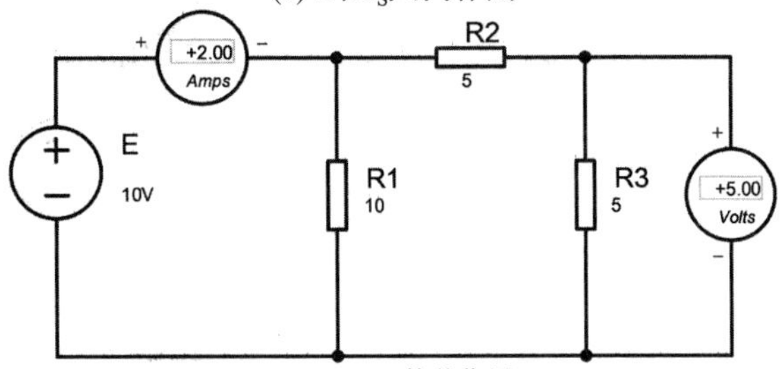

(b) E单独作用

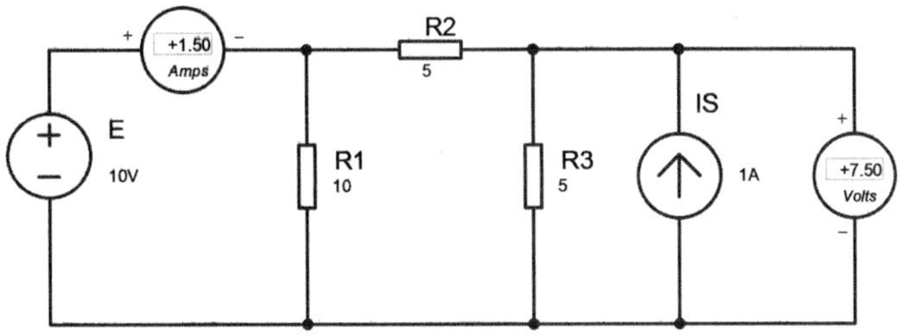

(c) I_S单独作用

图 2.11　叠加定理实例二仿真电路图

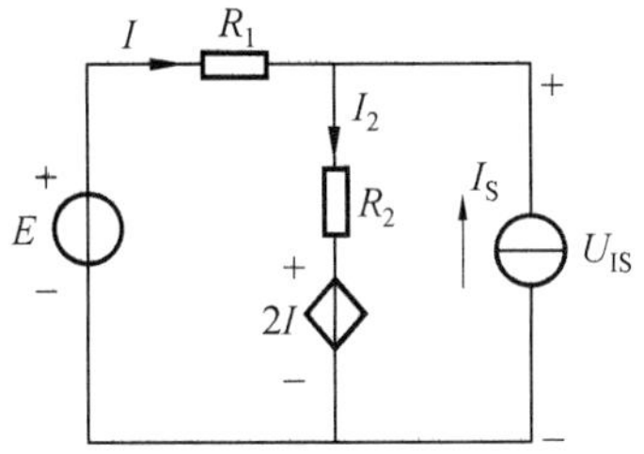

图 2.12　叠加定理实例三电路图

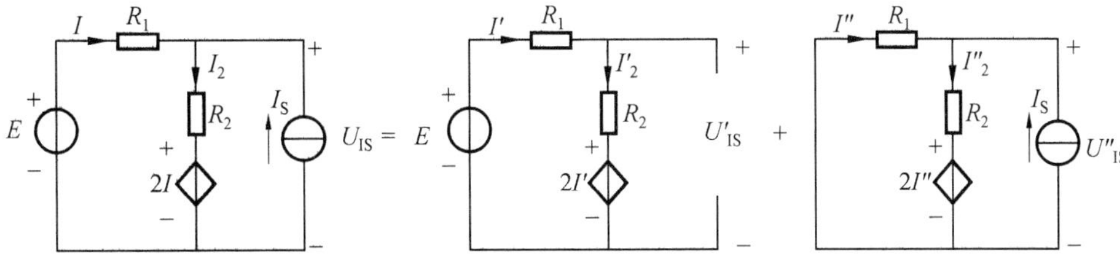

(a) 原电路　　(b) E单独作用　　(c) I_S单独作用

图 2.13　叠加定理实例三分解电路图

由图 2.13(b)可得

$$\begin{cases} I'=\dfrac{E}{R_1+R_2+2}=\dfrac{10}{5}=2\ (\mathrm{A}) \\ U'_{\mathrm{IS}}=3\ I'=6\ \mathrm{V} \end{cases} \tag{2.10}$$

由图 2.13(c)可得

$$\begin{cases} I''=-\dfrac{1}{5}\cdot I_{\mathrm{S}}=-1\ \mathrm{A} \\ U''_{\mathrm{IS}}=-R_1 I''=2\ \mathrm{V} \end{cases} \tag{2.11}$$

根据叠加计算后得

$$\begin{cases} I=I'+I''=2-1=1\ (\mathrm{A}) \\ U_{\mathrm{IS}}=U'_{\mathrm{IS}}+U''_{\mathrm{IS}}=6+2=8\ (\mathrm{V}) \end{cases} \tag{2.12}$$

② 仿真验证。E 和 I_{S} 共同作用和分别作用时电路的仿真结果如图 2.14 所示，其中 H1 为电流控制电压源(CCVS)。

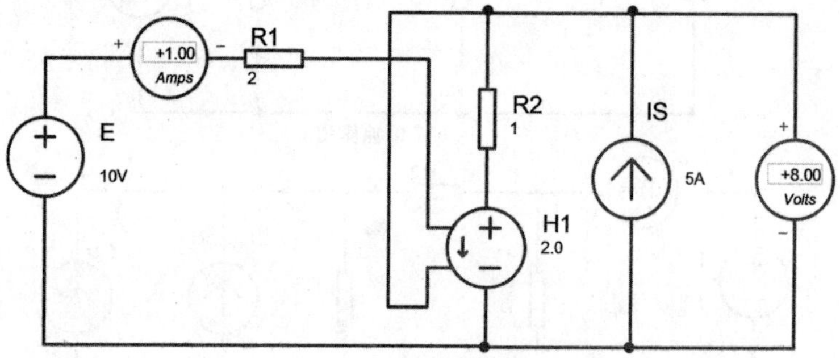

(a) E和I_{S}共同作用

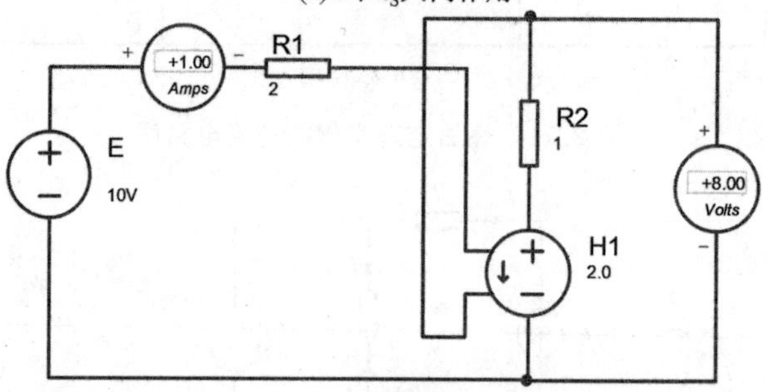

(b) E单独作用

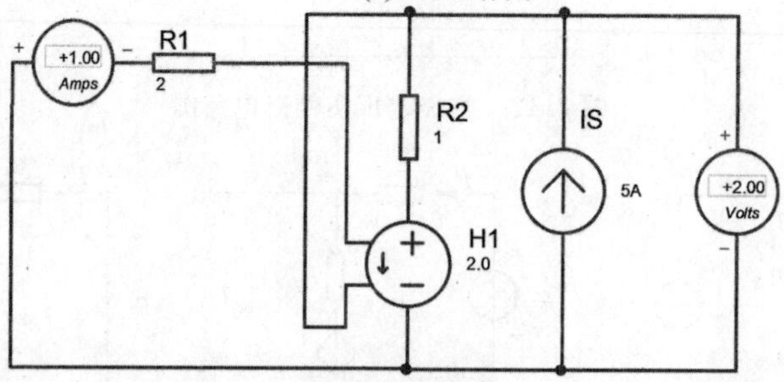

(c) I_{S}单独作用

图 2.14　叠加定理实例三仿真电路图

仿真结果和理论计算结果一致。

2.2　戴维宁定理、诺顿定理和最大功率传输定理仿真实例

2.2.1　戴维宁定理仿真实例

1. 戴维宁定理理论描述

任何一个有源二端线性网络都可以用一个电动势为 E 的理想电压源和一个电阻 R_{eq} 串联来等效代替，其中等效电压源的电动势 E 等于有源二端网络的开路电压 U_{oc}，等效电源的内阻 R_{eq} 等于有源二端网络去除全部电源（理想电压源短路，理想电流源开路）后从开路处看进去的等效电阻。

2. 戴维宁定理仿真实例

(1)实例一。

戴维宁定理实例一电路如图 2.15 所示，电路中的元器件参数为：$U_S=12\ \text{V}$，$R_0=10\ \Omega$，$R_1=300\ \Omega$，$R_2=510\ \Omega$，$R_3=510\ \Omega$，$R_4=200\ \Omega$。求负载电阻 R_L 两端的电压和负载电流。

① 理论计算。戴维宁定理等效电路如图 2.16 所示。

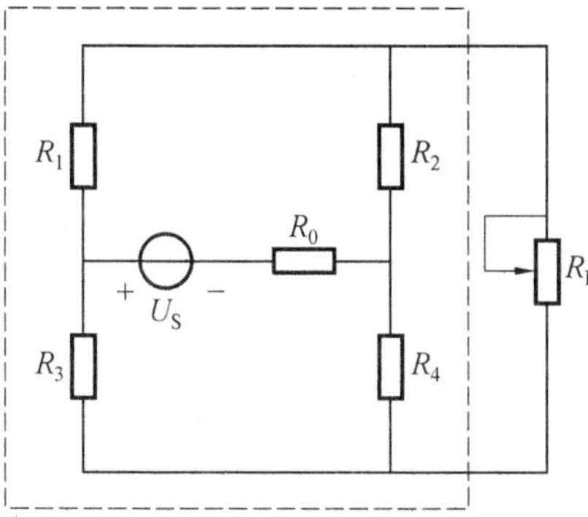

图 2.15　戴维宁定理仿真实例一电路图

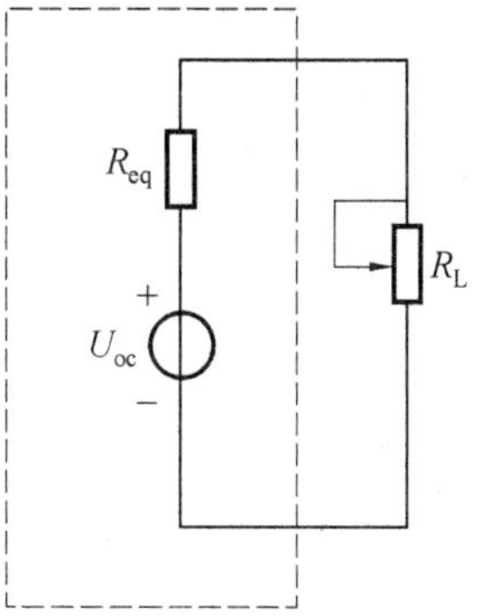

图 2.16　戴维宁定理等效电路图

a. 开路电压、短路电流和等效电阻计算。计算开路电压和短路电流的电路图如图 2.17(a)和图 2.17(b)所示。等效电阻采用开路短路法计算。

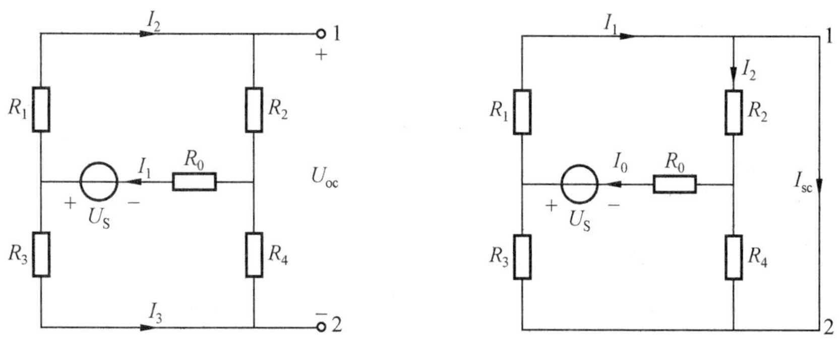

(a) 开路电压理论计算电路图　　(b) 短路电流理论计算电路图

图 2.17　戴维宁定理实例一开路短路法理论计算电路图

由图 2.17(a)计算得

$$\begin{cases} I_1=\dfrac{U_S}{R_0+(R_1+R_2)/\!/(R_3+R_4)}=31\ \text{mA} \\ I_2=\dfrac{U_S-R_0I_1}{R_1+R_2}=14.5\ \text{mA} \\ I_3=\dfrac{U_S-R_0I_1}{R_3+R_4}=16.5\ \text{mA} \\ U_{oc}=R_2I_2-R_4I_3=4.04\ \text{V} \end{cases} \tag{2.13}$$

由图 2.17(b)计算得

$$\begin{cases} I_0=\dfrac{U_S}{R_0+(R_1/\!/R_3)+(R_2/\!/R_4)}=35\ \text{mA} \\ I_1=\dfrac{I_0R_3}{R_1+R_3}=22.04\ \text{mA} \\ I_2=\dfrac{I_0R_4}{R_2+R_4}=9.86\ \text{mA} \\ I_{sc}=I_1-I_2=12.18\ \text{mA} \end{cases} \tag{2.14}$$

利用开路短路法计算等效电阻得

$$R_{eq}=\frac{U_{oc}}{I_{sc}}=331.7\ \Omega \tag{2.15}$$

也可以采用去除电源法和外加电源法计算等效电阻,请读者自行计算。

b.外特性计算。接入负载后,计算有源二端网络的外特性。

如图 2.16 所示的等效电路中,如果取 $R_L=1\ \text{k}\Omega$,计算负载中流过的电流和负载两端的电压得

$$\begin{cases} I_L=\dfrac{U_{oc}}{R_L+R_{eq}}=3.03\ \text{mA} \\ U_L=I_LR_L=3.03\ \text{V} \end{cases} \tag{2.16}$$

以同样的方法,分别取 R_L 为 2 kΩ、750 Ω、510 Ω、200 Ω、100 Ω 等不同参数值计算负载中流过的电流和负载两端的电压。请读者自行计算。

②仿真验证。参照图 2.15,连接戴维宁定理的 Proteus 仿真电路,如图 2.18 所示。本例中新出现的元器件见表 2.3。

表 2.3 戴维宁定理新出现的仿真元器件列表

名称	仿真元器件名称	参数及功能要求	备注
可变电阻 R_L	POT－HG	1 kΩ	参数可修改
单刀单掷开关	SW－SPST	—	—

图 2.18(a)为测量开路电压的状态,即将图中的开关 SW1 置于左侧,接入电压表,由电压表读数可见,开路电压的仿真结果为 4.07 V。测量短路电流的电路如图 2.18(b)所示,将开关 SW1 置于右侧,同时将开关 SW2 置于闭合状态,将负载电阻 R_L 短路,短路电流的仿真结果为 12.2 mA。

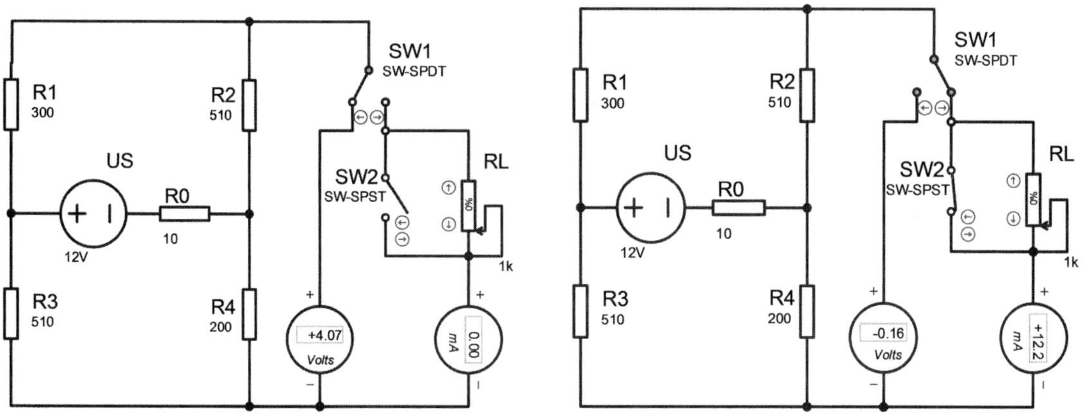

(a) 测量开路电压　　　　(b) 测量短路电流

图 2.18　戴维宁定理实例一开路短路法仿真电路图

将测量结果代入式(2.15)中，由仿真结果计算等效电阻为 $R_{eq}=\dfrac{U_{oc}}{I_{sc}}=\dfrac{4.07}{12.2}=333.6\ (\Omega)$。

由图 2.18 的仿真结果可见，仿真结果与计算结果存在误差。主要原因是理论计算忽略了导线电阻、电源及仪表内阻和开关接触电阻等因素，而仿真过程将这些因素均考虑进去。

得到等效参数后，接下来搭建等效电路，接入负载，验证戴维宁定理的正确性。将电路 2.18(a)中的开关 SW1 置于右端，将电压表与开关 SW1 断开，直接接到负载的上端，开关 SW2 置于断开状态，将可变电阻调到最大，即接入的 $R_L=1\ k\Omega$，如图 2.19(a)所示。然后新建一个仿真文件绘制等效电路，如图 2.19(b)所示。

图 2.19(a)和图 2.19(b)是两个工程文件仿真运行的结果。也可以在原电路的同一个原理图界面绘制等效电路，但是等效电路中的元器件名称和原电路不能相同。比如负载 R_L，读者可以将原电路中的 R_L 改为 R_{L1}，将等效电路中的 R_L 改为 R_{L2}。

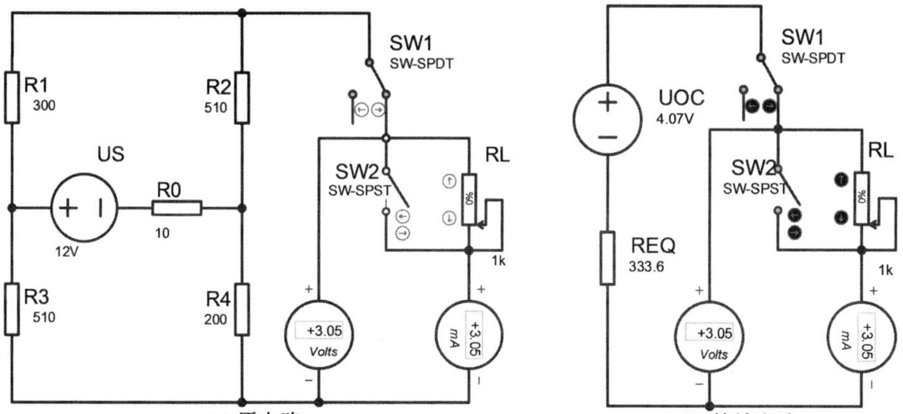

(a) 原电路　　　　(b) 等效电路

图 2.19　戴维宁定理仿真实例一仿真电路图

由图 2.19 可见，原电路和等效电路负载中流过的电流和负载两端的电压仿真结果完全相同，可以改变负载的阻值观察负载电压和电流的变化。

(2)实例二。

戴维宁定理实例二电路如图 2.20 所示，电路中的元器件参数为：$E=10\ V$，$I_S=10\ A$，$R_1=2\ \Omega$，$R_2=1\ \Omega$，$R_3=5\ \Omega$，$R_4=4\ \Omega$。求负载R_2流过的电流 I_2和消耗的功率P_{R2}。

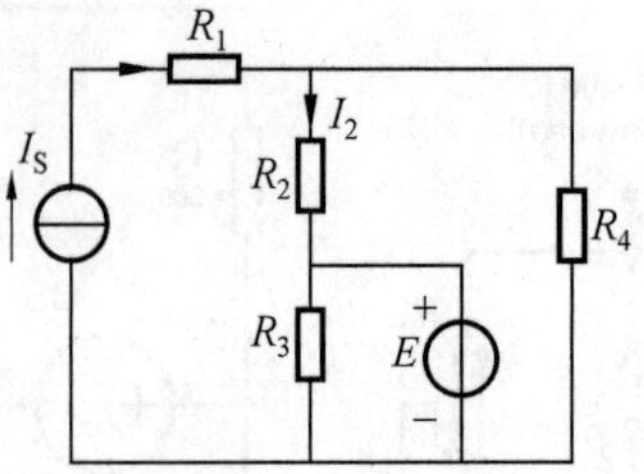

图 2.20　戴维宁定理实例二电路图

①理论计算。

a. 开路电压、短路电流和等效电阻的计算。电路图如图 2.21 所示。

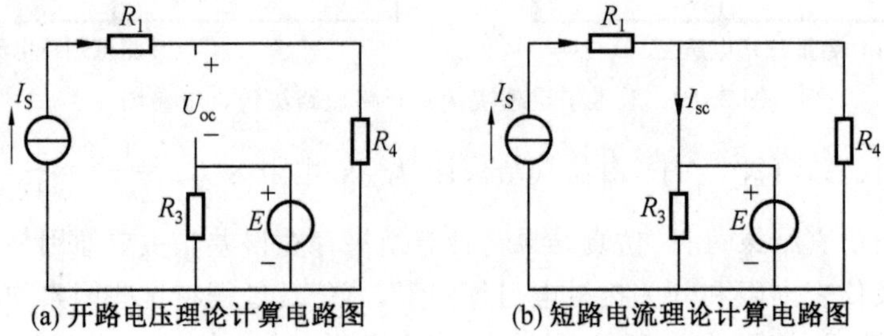

图 2.21　戴维宁定理仿真实例二开路短路法理论计算电路图

由图 2.21(a)可得

$$U_{oc}=I_S R_4-E=10\times4-10=30\ (\mathrm{V}) \tag{2.17}$$

由图 2.21(b)可得

$$I_{sc}=I_S-\frac{E}{R_4}=10-\frac{10}{4}=7.5\ (\mathrm{A}) \tag{2.18}$$

利用式(2.15)计算等效电阻得$R_{eq}=\frac{U_{oc}}{I_{sc}}=4\ \Omega$。

b. 外特性计算。接入负载 R_2，计算负载R_2流过的电流和功率。

等效电路参考图 2.16，负载 R_2 中流过的电流和负载消耗的功率为

$$\begin{cases} I_2=\dfrac{U_{oc}}{R_2+R_{eq}}=\dfrac{30}{4+1}=6\ (\mathrm{A}) \\ P_{R2}=I_2^2R_2=6\times6\times1=36\ (\mathrm{W}) \end{cases} \tag{2.19}$$

②仿真验证。开路电压和短路电流测试仿真电路如图 2.22(a)和图 2.22(b)所示。

由仿真结果计算等效电阻为 $R_{eq}=\frac{U_{oc}}{I_{sc}}=\frac{30}{7.46}\approx4.02\ (\Omega)$，仿真结果有误差。

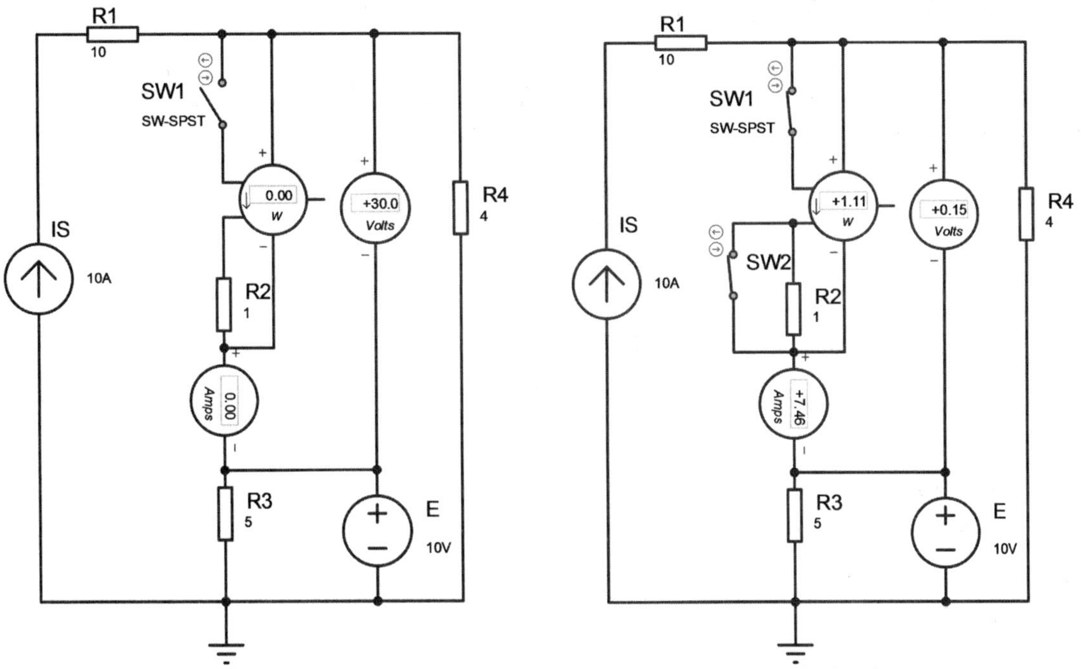

(a) 测量开路电压　　(b) 测量短路电流

图 2.22　戴维宁定理示例二开路短路法仿真电路图

将开关 SW2 删除，然后将 Proteus 中的虚拟功率表（WATTMETER）接入电路中，功率表的电流端串联接入 R_2 所在的电路中，电压端并联在 R_2 的两端。将功率表测量方式（Display Range）选择为有功功率测量方式（W）。原电路仿真结果如图 2.23(a)所示，等效电路仿真结果如图 2.23(b)所示。

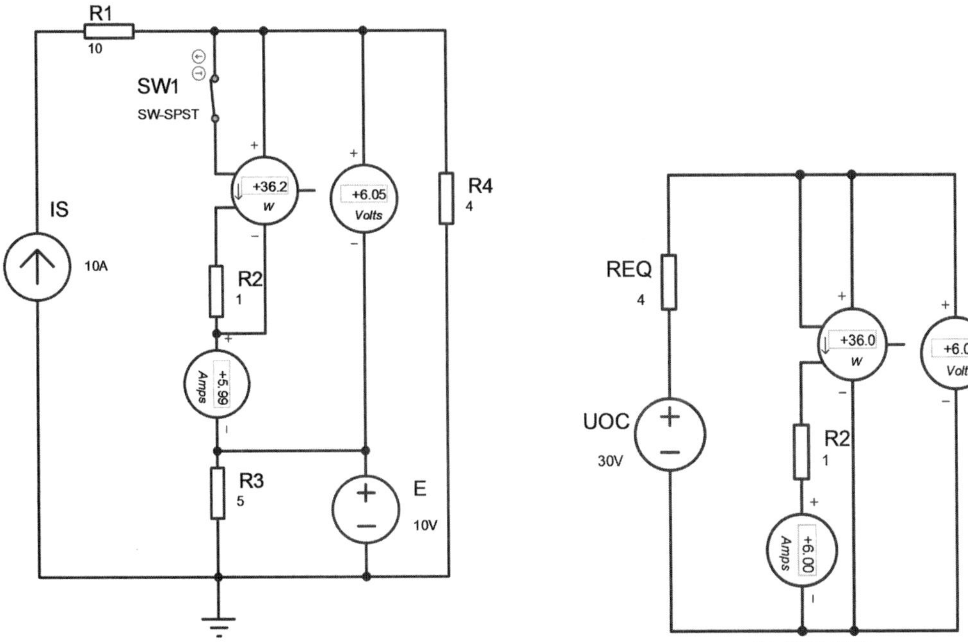

(a) 原电路　　(b) 等效电路

图 2.23　戴维宁定理仿真实例二仿真电路图

由仿真结果可见，原电路中由于接入较多导线、开关和仪表等原因，测量结果有误差。

(3)实例三。

戴维宁定理实例三电路如图 2.24 所示，电路中的元器件参数为：$E_1=40\ \text{V}$，$E_2=50\ \text{V}$，$R_1=R_2=50\ \Omega$，$R_3=100\ \Omega$，$R_L=5\ \Omega$。求负载R_L消耗的功率。

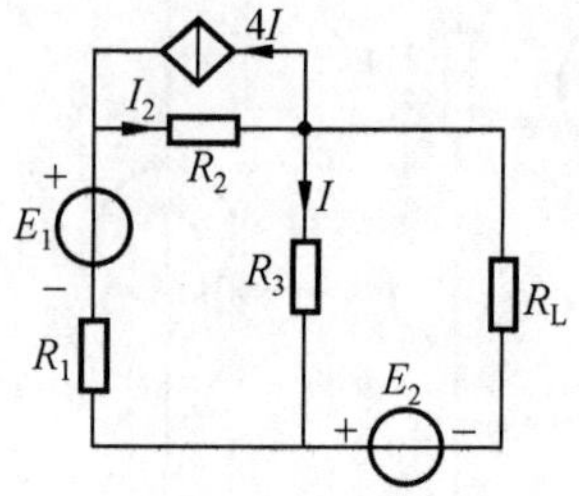

图 2.24　戴维宁定理实例三电路图

①理论计算。

a. 开路电压、短路电流和等效电阻的计算。将负载 R_L 去除，采用开路短路法计算等效电阻电路图如图 2.25(a)和图 2.25(b)所示。

在图 2.25(a)中，根据 KVL 可得 $I_2=5I$，然后对图 2.25(a)中的回路 1 列 KVL 方程，得

$$5IR_2+(R_1+R_3)I=E_1 \tag{2.20}$$

将电路参数代入式(2.20)中，求得 $I=0.1\ \text{A}$。

计算得到开路电压

$$U_{oc}=IR_3+E_2=60\ \text{V} \tag{2.21}$$

由图 2.25(b)可得 $I=-0.5\ \text{A}$，注意 I 的计算结果与图示电流方向相反，计算得到短路电流

$$I_{sc}=\frac{E_1+E_2-200I}{R_1+R_2}+\frac{E_2}{R_3}=2.4\ \text{A} \tag{2.22}$$

利用式(2.15)计算等效电阻得$R_{eq}=\dfrac{U_{oc}}{I_{sc}}=25\ \Omega$。

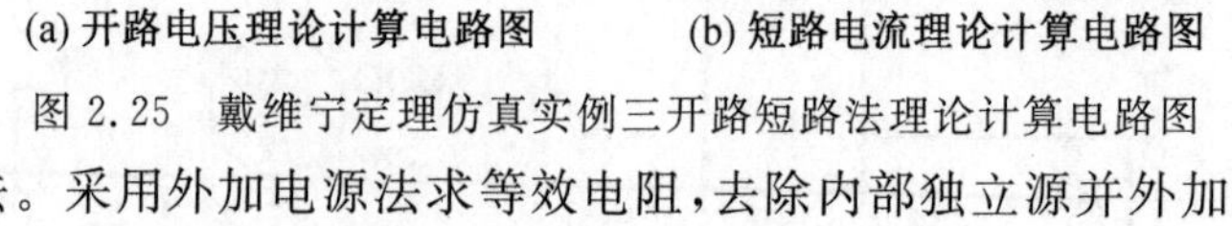

图 2.25　戴维宁定理仿真实例三开路短路法理论计算电路图

b. 外加电源法。采用外加电源法求等效电阻，去除内部独立源并外加电压源 U_w，电路图如图 2.26 所示。

由图 2.26 得到方程组

$$\begin{cases}U_w=R_3I=100I\\R_3I=R_2(I_w-5I)+R_1(I_w-I)\end{cases} \tag{2.23}$$

解得

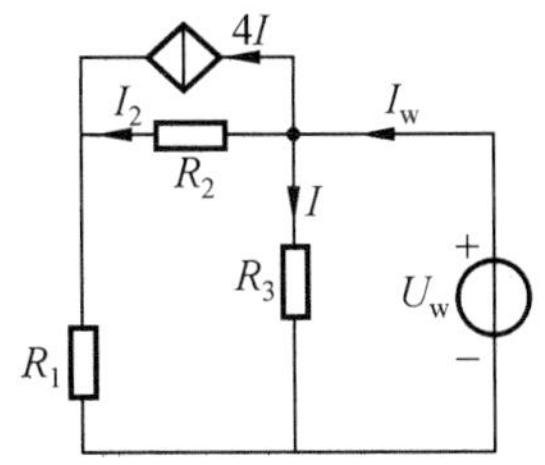

图 2.26　戴维宁定理仿真实例三外加电源法理论计算电路图

$$\begin{cases} U_w = R_3 I = 100I \\ I_w = 4I \end{cases}$$

等效电阻为

$$R_{eq} = \frac{U_w}{I_w} = 25\ \Omega$$

c. 计算负载R_L消耗的功率。得到戴维宁等效模型值后，等效电路参考前面实例的图 2.16，根据式(2.19)计算负载R_L消耗的功率为

$$\begin{cases} I_L - \dfrac{U_{oc}}{R_L + R_{eq}} = \dfrac{60}{25+5} = 2\ (\mathrm{A}) \\ P_{R_L} = I_L^2 R_L = 2\times 2\times 5 = 20\ (\mathrm{W}) \end{cases}$$

②仿真验证。

a. 开路电压和短路电流测试仿真电路如图 2.27(a)和图 2.27(b)所示，F1 为电流控制电流源(CCCS)。仿真结果开路电压$U_{oc}=60$ V，短路电流$I_{sc}=2.4$ A，由仿真结果计算等效电阻为 25 Ω。

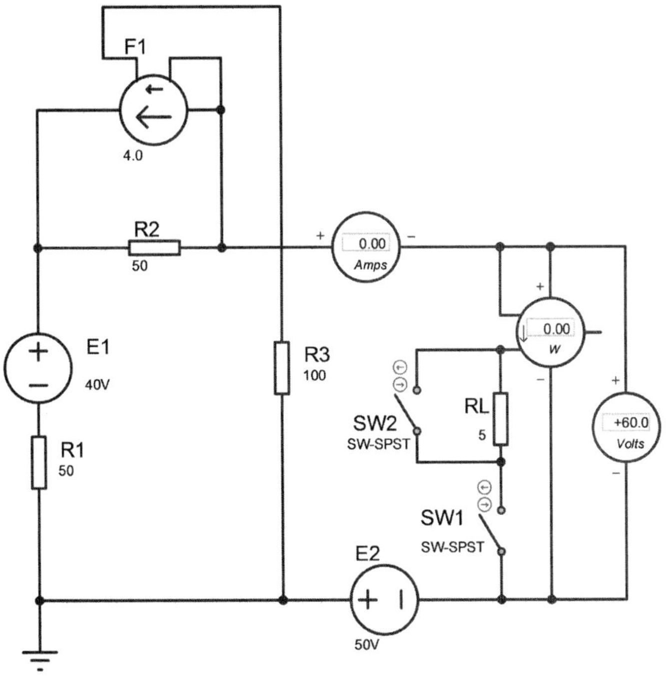

(a) 测量开路电压

图 2.27　戴维宁定理仿真实例三开路短路法仿真电路图

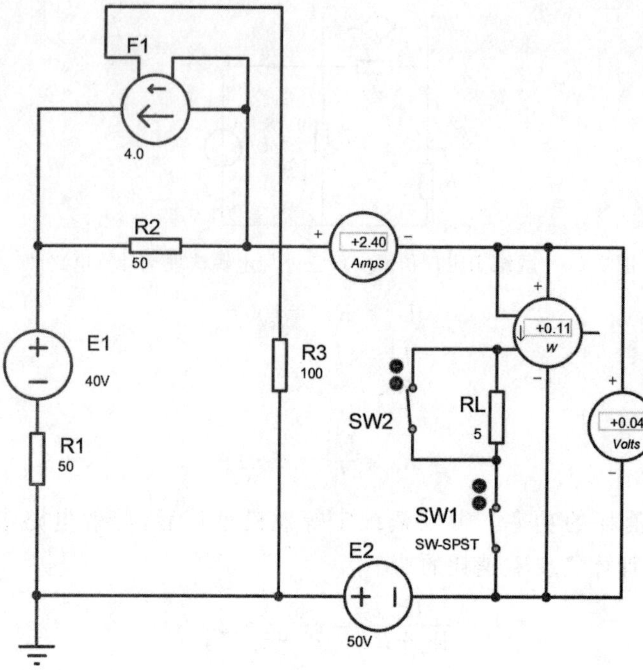

(b) 测量短路电流

续图 2.27

b. 采用外加电源法求等效电阻。采用外加电源法仿真计算等效电阻时，外加电源需要赋具体数值，本例中取U_w=60 V。仿真电路如图 2.28 所示，此时电流表读数为 2.4 A，由仿真结果计算等效电阻为 25 Ω。

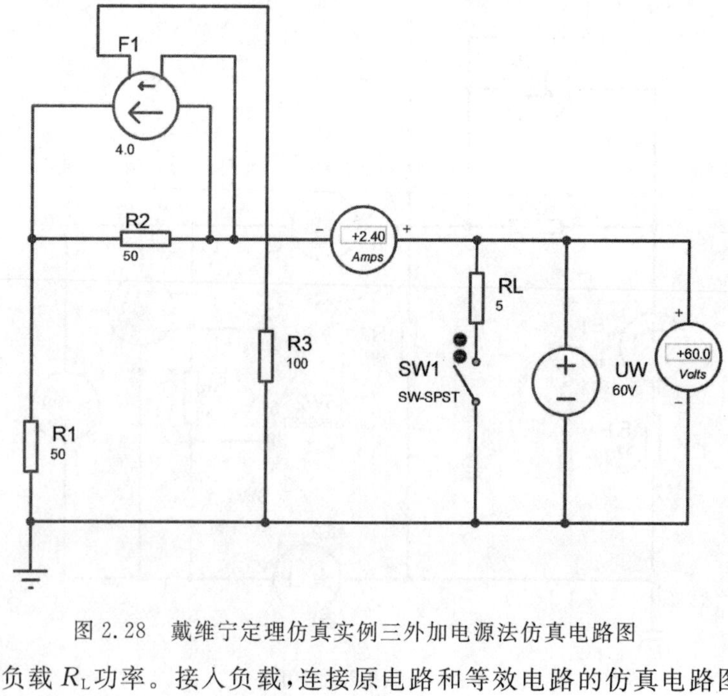

图 2.28　戴维宁定理仿真实例三外加电源法仿真电路图

c. 仿真验证负载 R_L功率。接入负载，连接原电路和等效电路的仿真电路图，运行结果如图 2.29(a)和图 2.29(b)所示，负载 R_L的功率均为 20 W。

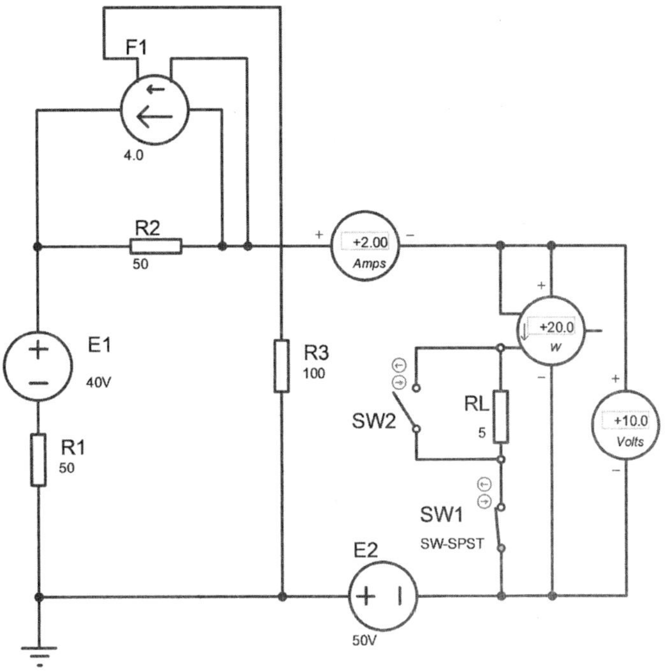

(a) 原电路

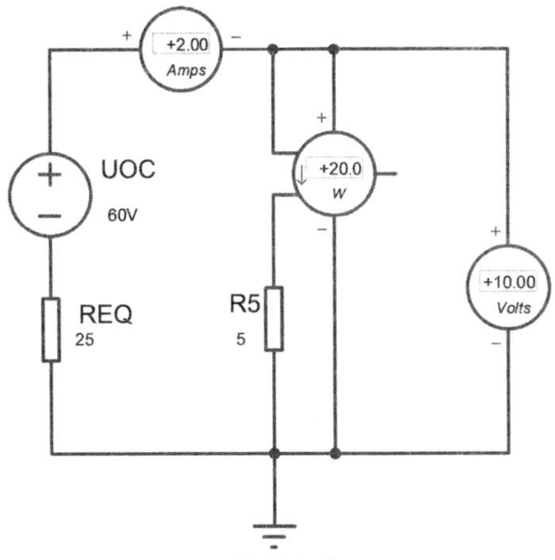

(b) 等效电路

图 2.29　戴维宁定理仿真实例三仿真电路图

由仿真结果可见，原电路和等效电路测量结果完全相同。

2.2.2　诺顿定理仿真实例

1. 诺顿定理理论描述

任何一个有源二端线性网络都可以用一个电流值为 I_{sc} 的理想电流源和内阻为 R_{eq} 的电阻并联来等效代替，其中等效电流源的电流值 I_{sc} 等于二端网络去除负载后的短路电流，内阻 R_{eq} 等于二端网络去除全部电源（理想电压源短路，理想电流源开路）后从去除负载后的端口看进去的等效电阻。

2. 诺顿定理仿真实例

(1)实例一。

诺顿定理实例一电路如图 2.30 所示，电路中的元器件参数为：$E=12$ V，$R_1=5$ Ω，$R_2=5$ Ω，$R_3=10$ Ω，$R_4=5$ Ω，$R_G=10$ Ω。试用诺顿定理求检流计R_G中流过的电流I_G。

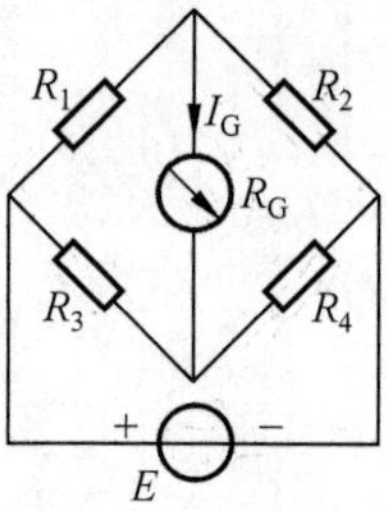

图 2.30 诺顿定理实例一电路图

①理论计算。诺顿定理开路电压和短路电流计算电路如图 2.31(a)和图 2.31(b)所示。

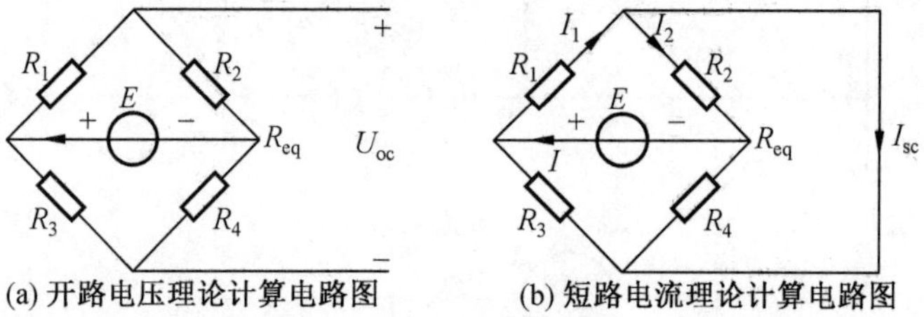

图 2.31 诺顿定理仿真实例一开路短路法理论计算电路图

在图 2.31(a)中，计算开路电压为

$$U_{oc}=E\left(\frac{R_2}{R_1+R_2}-\frac{R_4}{R_3+R_4}\right)=12\left(\frac{5}{10}-\frac{5}{15}\right)=2\ (\text{V}) \tag{2.24}$$

在图 2.31(b)中，计算短路电流为

$$I=\frac{E}{\dfrac{R_1R_3}{R_1+R_3}+\dfrac{R_2R_4}{R_2+R_4}}=\frac{12}{5.83}=2.06\ (\text{A}) \tag{2.25}$$

$$\begin{cases} I_1=\dfrac{R_3}{R_1+R_3}I=\dfrac{10}{10+5}\times 2.07=1.37\ (\text{A}) \\ I_2=\dfrac{R_4}{R_2+R_4}I=\dfrac{5}{5+5}\times 2.07=1.03\ (\text{A}) \\ I_{sc}=I_1-I_2=0.34\ (\text{A}) \end{cases} \tag{2.26}$$

利用式(2.15)计算等效电阻得$R_{eq}=\dfrac{U_{oc}}{I_{sc}}=\dfrac{2}{0.345}\approx 5.88\ (\Omega)$。

画出诺顿等效电路如图 2.32 所示。求得检流计R_G中流过的电流为

$$I_G=\frac{R_{eq}}{R_{eq}+R_G}I_{sc}=\frac{5.88}{10+5.88}\times 0.34\approx 0.126\ (\text{A}) \tag{2.27}$$

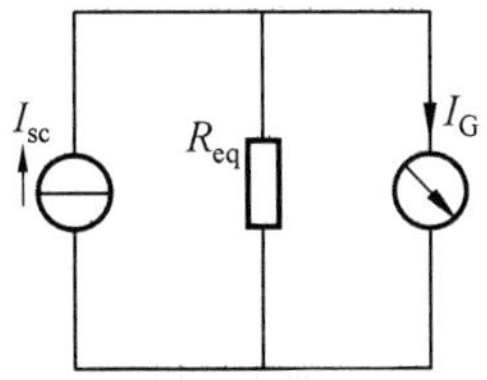

图 2.32　诺顿定理实例一等效电路图

②仿真验证。诺顿定理实例一的开路电压和短路电流仿真电路如图 2.33(a)和图 2.33(b)所示。

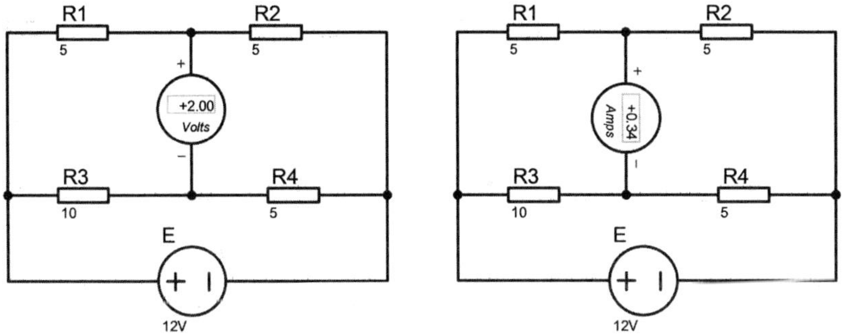

(a) 测量开路电压　　(b) 测量短路电流

图 2.33　诺顿定理实例一开路短路法仿真电路图

由仿真结果计算等效电阻为$R_{eq}=\frac{U_{oc}}{I_{sc}}=\frac{2}{0.34}=5.88\ (\Omega)$,仿真结果有误差。

原电路和等效电路中检流计电流 I_G测量结果如图 2.34(a)和图 2.34(b)所示。计算结果的误差来自于仿真软件的电流表位数不够,仿真软件中的电流表只能显示三位有效数字,结果四舍五入。

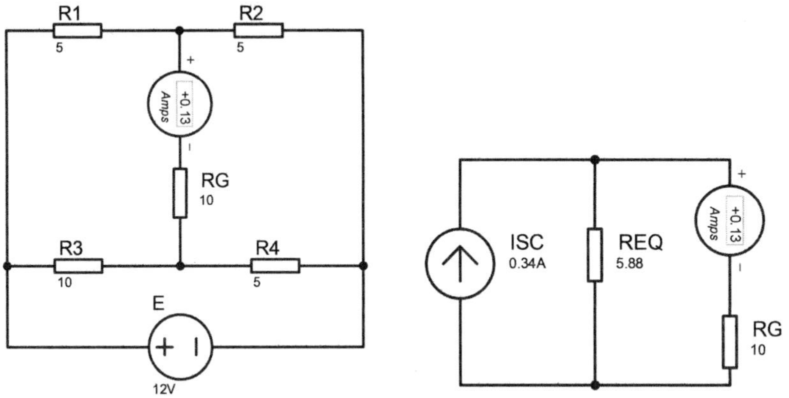

(a) 原电路　　(b) 等效电路

图 2.34　诺顿定理实例一仿真电路图

(2)实例二。

诺顿定理实例二电路如图 2.35 所示,电路中的元器件参数为:$E=24$ V, $I_S=1$ A,$R_1=R_3=R_5=R_6=6\ \Omega$,$R_2=R_4=3\ \Omega$。试用诺顿定理求电流源两端的电压 U。

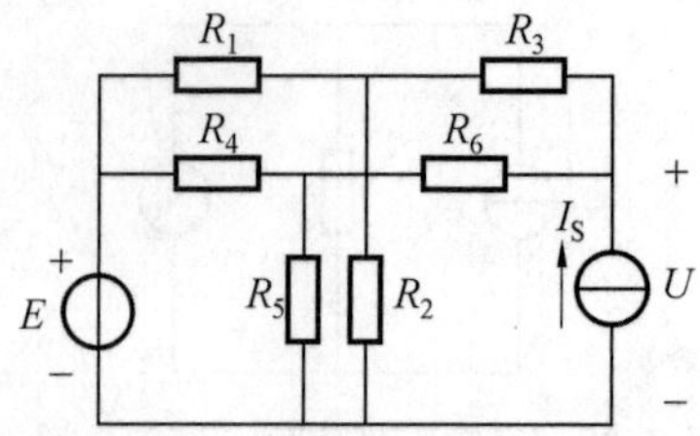

图 2.35　诺顿定理实例二电路图

①理论计算。计算开路电压和短路电流电路如图 2.36(a)和图 2.36(b)所示。

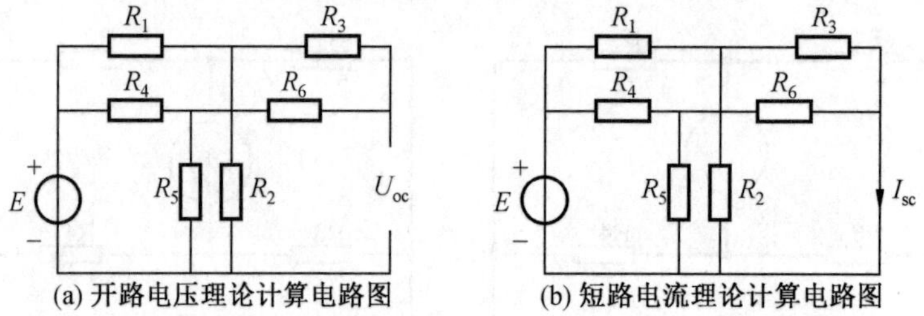

图 2.36　诺顿定理仿真实例二开路短路法理论计算电路图

在图 2.36(a)中，计算开路电压为

$$U_{oc}=\frac{1}{2}E\left(\frac{R_2}{R_2+R_1}+\frac{R_5}{R_5+R_4}\right)=24\left(\frac{3}{9}+\frac{6}{9}\right)\times\frac{1}{2}=12\ (\text{V}) \tag{2.28}$$

在图 2.36(b)中，计算短路电流为

$$I_{sc}=\frac{R_2}{R_2+R_3}\times\frac{E}{R_1+R_2/\!/R_3}+\frac{R_5}{R_5+R_6}\times\frac{E}{R_4+R_5/\!/R_6}=3\ \text{A} \tag{2.29}$$

利用式(2.15)计算等效电阻为

$$R_{eq}=\frac{U_{oc}}{I_{sc}}=\frac{12}{3}=4\ (\Omega)$$

诺顿等效电路如图 2.37 所示。求得电流源两端的电压为

$$U=R_{eq}(I_{sc}+I_S)=4\times(3+1)=16\ (\text{V}) \tag{2.30}$$

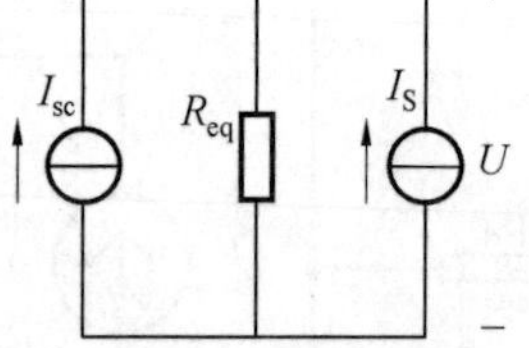

图 2.37　诺顿定理实例二等效电路图

②仿真验证。诺顿定理实例二的开路电压和短路电流仿真结果如图 2.38(a)和图 2.38(b)所示。在图 2.38 仿真电路中接入了接地符号。在直流电路仿真中，不使用探针测量电位时，接地符号可加可不加，但是交流电路仿真中必须接入接地符号，即确定交流零电位点。接地符号可以在原理图界面的 Keywords 中直接输入 GROUND，或者在左面快捷工具栏的“终端模式”中选择 GROUND。

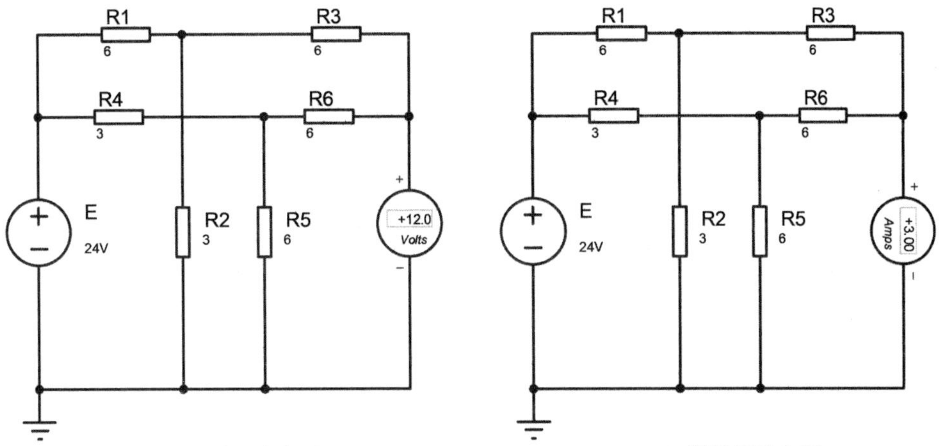

(a) 测量开路电压　　(b) 测量短路电流

图 2.38　诺顿定理实例二开路短路法仿真电路图

由仿真结果计算等效电阻为 4 Ω。

原电路和等效电路仿真结果如图 2.39(a)和图 2.39(b)所示。

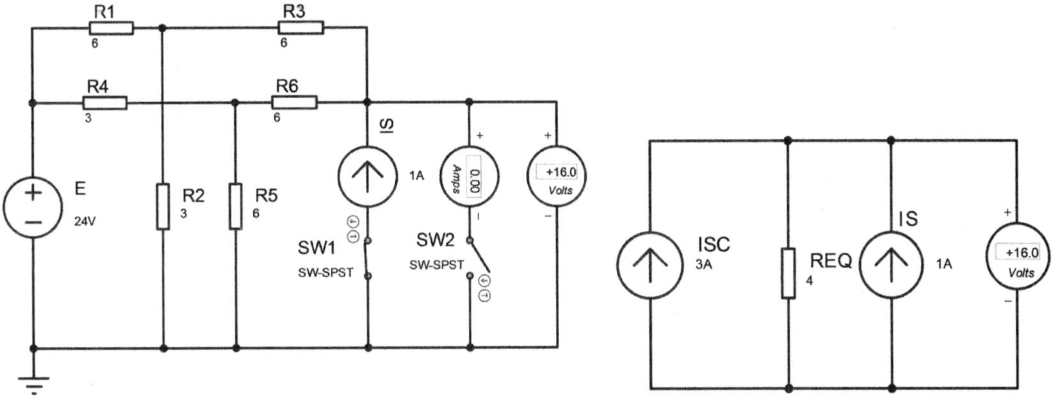

(a) 原电路　　(b) 等效电路

图 2.39　诺顿定理实例二仿真电路图

2.2.3　最大功率传输定理仿真实例

1. 最大功率传输定理理论描述

一个有源二端线性网络，当负载电阻等于有源二端网络的等效内阻时，负载可以得到最大功率。即当 $R_L = R_{eq}$ 时，负载得到的最大功率为

$$P_{Lmax} = \frac{U_{oc}^2}{4R_{eq}} \tag{2.31}$$

其中等效电压源的电压 U_{oc} 等于二端网络的开路电压，等效内阻 R_{eq} 等于二端网络去除全部独立电源(理想电压源短路，理想电流源开路)后从开路处看进去的等效电阻。

2. 最大功率传输定理仿真实例

最大功率传输定理实例电路如图 2.40 所示，电路中的元器件参数为：$E = 20$ V，$R_1 = 10$ Ω，$R_2 = 20$ Ω，$I_S = 2$ A。求 R_L 为何值时获得最大功率，并求最大功率。

(1)理论计算。

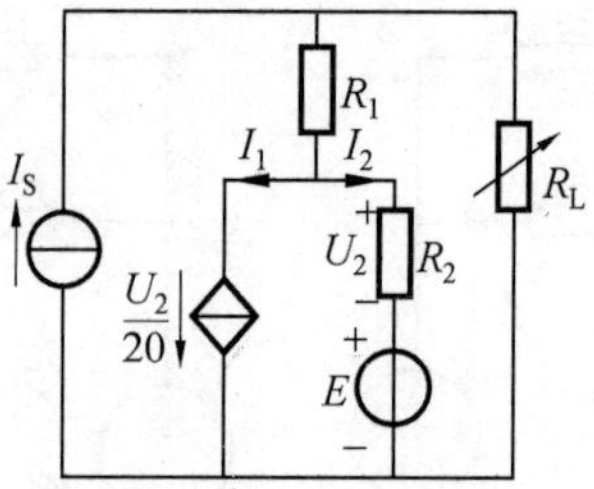

图 2.40　最大功率传输定理实例电路图

计算开路电压和短路电流电路如图 2.41(a)和图 2.41(b)所示。

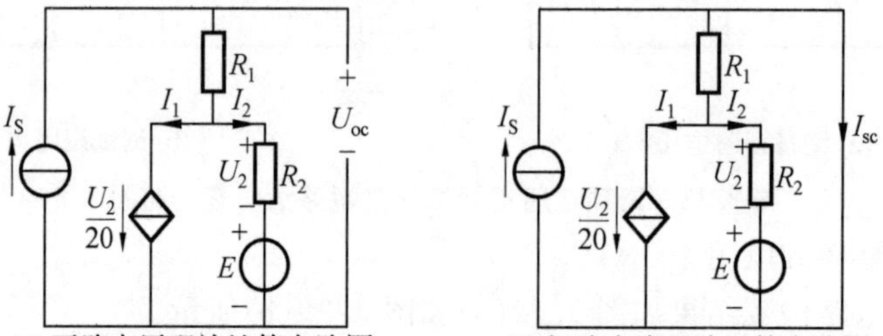

(a) 开路电压理论计算电路图　(b) 短路电流理论计算电路图

图 2.41　最大功率传输定理实例开路短路法理论计算电路图

在图 2.41(a)中，得到方程组

$$\begin{cases} I_2=\dfrac{U_2}{R_2} \\ I_2=I_S-\dfrac{U_2}{20} \\ U_{oc}=I_SR_1+U_2+E \end{cases} \tag{2.32}$$

解得

$$U_{oc}=60\ \text{V}$$

在图 2.41(b)中，得到方程组

$$\begin{cases} I_2=\dfrac{U_2}{R_2}=\dfrac{U_2}{20} \\ I_1=\dfrac{U_2}{20} \\ R_1(I_1+I_2)+U_2+E=0 \end{cases} \tag{2.33}$$

解得$I_1=I_2=-0.5$ A，进而求得

$$I_{sc}=I_S-I_1-I_2=3\ \text{A} \tag{2.34}$$

利用式(2.15)计算等效电阻为

$$R_{eq}=\frac{U_{oc}}{I_{sc}}=\frac{60}{3}=20\ (\Omega)$$

戴维宁等效电路参照图 2.16。当$R_L=R_{eq}=20\ \Omega$时，得到最大功率为

$$P_{L\max}=\frac{U_{oc}^2}{4\,R_{eq}}=\frac{60^2}{4\times 20}=45\ (\text{W})$$

(2) 仿真验证。

开路电压和短路电流仿真结果如图 2.42(a)和图 2.42(b)所示。电路中新出现的元器件

G1 为电压控制电流源(VCCS)。

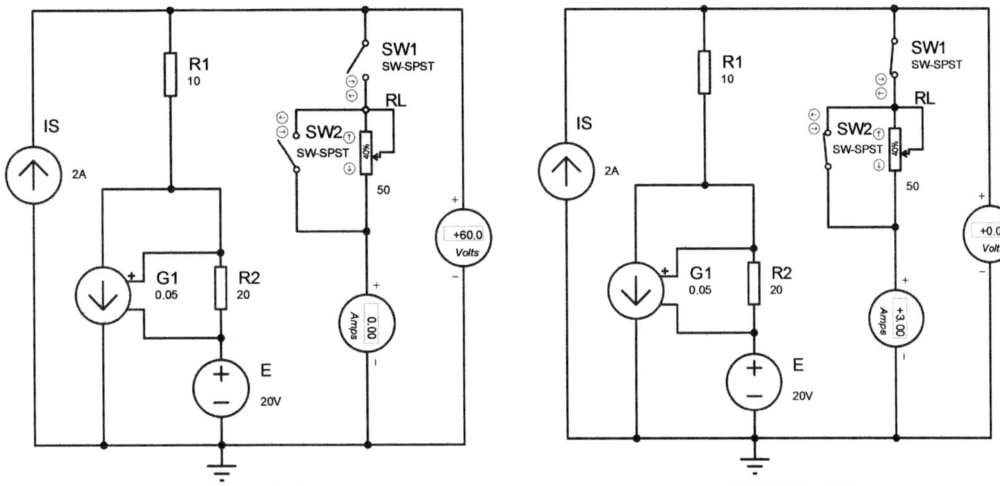

(a) 测量开路电压　　(b) 测量短路电流

图 2.42　最大功率传输定理实例开路短路法仿真电路图

由仿真结果计算等效电阻为$R_{eq}=\dfrac{U_{oc}}{I_{sc}}=\dfrac{60}{3}=20\ (\Omega)$。

最大功率传输定理仿真结果如图 2.43～2.45 所示。其中图 2.43 为$R_L<R_{eq}$时的情况，图 2.44 为$R_L=R_{eq}$时的情况，图 2.45 为$R_L>R_{eq}$时的情况。

由图 2.43～2.45 可见，最大功率点出现在$R_L\approx R_{eq}$时，由于实际电路和理论计算有误差，所以原电路和等效电路的测量结果也有误差，但是最大误差点出现的负载电阻是相同的，等效电路由于只有一个电源和一个电阻，测量结果更准确。

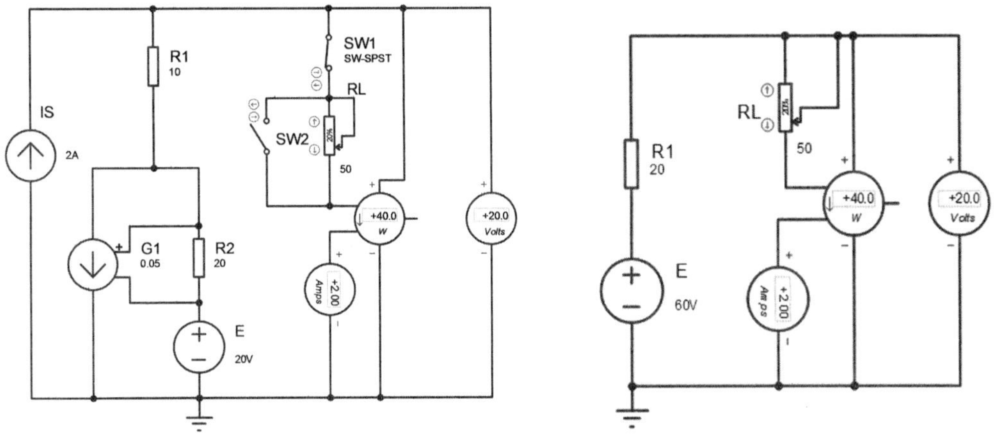

(a) 原电路　　(b) 等效电路

图 2.43　最大功率传输定理实例$R_L<R_{eq}$时仿真电路图

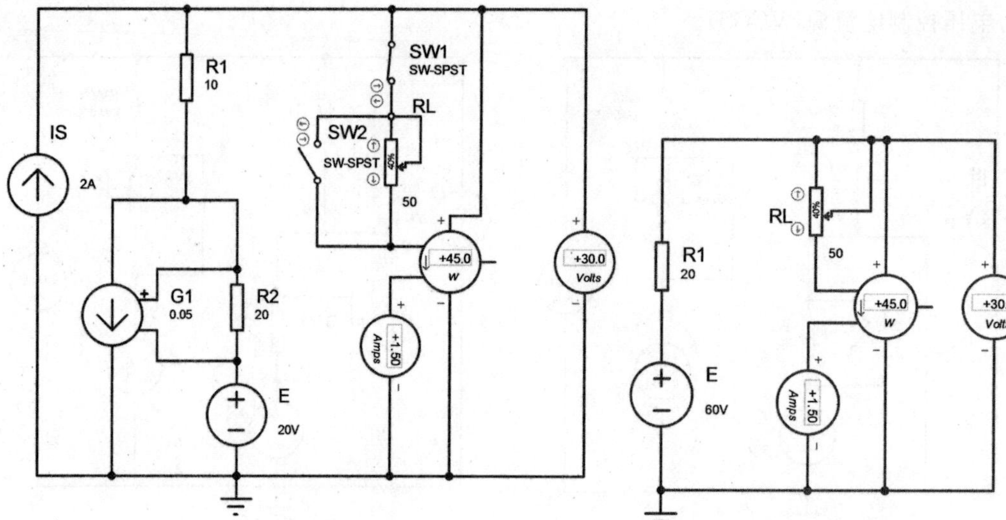

(a) 原电路　　　　(b) 等效电路

图 2.44　最大功率传输定理实例$R_L = R_{eq}$时仿真电路图

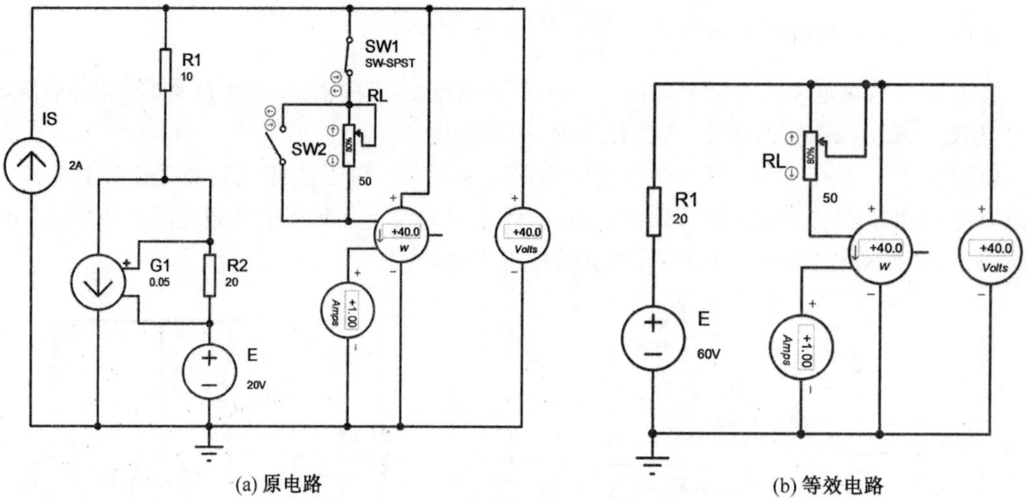

(a) 原电路　　　　(b) 等效电路

图 2.45　最大功率传输定理实例$R_L > R_{eq}$时仿真电路图

2.3　正弦交流电路仿真实例

2.3.1　单一元件正弦交流电路基本参数测试仿真实例

1. 正弦交流电路欧姆定律

在正弦交流信号作用下，电路阻抗 Z 两端电压与流过的电流关系为

$$\dot{U} = Z\dot{I} \tag{2.35}$$

电路阻抗可以表示为

$$Z = R + \mathrm{j}X = |Z|\angle\varphi \tag{2.36}$$

利用交流电压表、交流电流表和功率表，分别测量出元件两端电压 U、流经元件的电流 I 和元件所消耗功率 P，计算求得元件的等效参数 R、X、Z 和 $\cos\varphi$，相应的公式为

$$R=P/I^2 \tag{2.37}$$

$$|Z|=U/I \tag{2.38}$$

$$X=\sqrt{|Z|^2-R^2} \tag{2.39}$$

$$\cos\varphi=\frac{P}{UI} \tag{2.40}$$

单一元件(R、Lr、C)交流参数测试电路如图 2.46 所示。

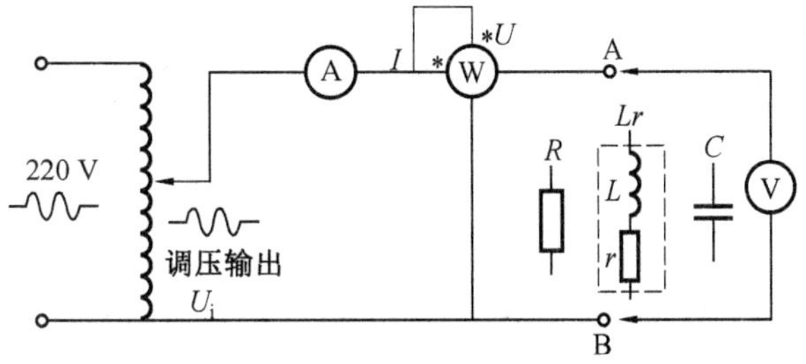

图 2.46　单一元件交流参数测试电路图

单一元件(R、Lr、C)参数计算公式见表 2.4。

表 2.4　单一元件参数计算公式表

元件		R	* Lr	C
电流	有效值形式	$I=\frac{U}{R}$	$I=\frac{U}{\sqrt{r^2+(\omega L)^2}}$	$I=\omega CU$
	相量式	$\dot{I}=\frac{\dot{U}}{R}$	$\dot{I}=\frac{\dot{U}}{r+j\omega L}$	$\dot{I}=\frac{\dot{U}}{-j\frac{1}{\omega C}}$
有功功率		$P=UI=I^2R=\frac{U^2}{R}$	$P=UI\cos\varphi=I^2r$	$P=0$
$\cos\varphi$		1	$\cos\varphi=\frac{r}{\sqrt{r^2+(\omega L)^2}}=\frac{P}{UI}$	0

* 注：Lr 表示电感线圈是由电感和电阻串联构成。

2. 仿真实例

在图 2.45 中，设 $\dot{U}_{AB}=30\angle 0°$ V，元器件参数为 $R=51\ \Omega$，$r=3\ \Omega$，$L=61$ mH，$C=25\ \mu$F。代入表 2.4 中的相关公式可以计算出电流、功率和功率因数。

(1)理论计算。

$$\begin{cases}\dot{I}_R=\dfrac{\dot{U}_{AB}}{R}=\dfrac{30\angle 0^\circ}{51}=588.2\angle 0^\circ\ (\text{mA})\\ \dot{I}_{Lr}=\dfrac{\dot{U}_{AB}}{r+j\omega L}=\dfrac{30\angle 0^\circ}{3+j314\times 61\times 10^{-3}}=\dfrac{30\angle 0^\circ}{19.39\angle 81.1^\circ}=1.55\angle -81.1^\circ(\text{A})\\ \dot{I}_C=\dfrac{\dot{U}_{AB}}{-j\dfrac{1}{\omega C}}=\dfrac{30\angle 0^\circ}{\dfrac{1}{314\times 25\times 10^{-6}}\angle -90^\circ}=\dfrac{30\angle 0^\circ}{127.39\angle -90^\circ}=235.5\angle 90^\circ\ (\text{mA})\end{cases}$$

$$\begin{cases}P_R=\dfrac{U_{AB}^2}{R}=\dfrac{30\times 30}{51}=17.65\ (\text{W})\\ P_{Lr}=I_{Lr}^2\cdot r=7.21\ \text{W}\\ P_C=0\ \text{W}\end{cases}$$

$$\cos\varphi_{Lr}=\frac{P}{UI}=\frac{r}{\sqrt{r^2+(\omega L)^2}}=0.155$$

(2)仿真验证。

参照图 2.45 绘制仿真电路图,需要的元器件见表 2.5。

表 2.5　单一元件正弦交流参数测试仿真元器件及仪表列表

名称	仿真元器件名称	参数及功能要求	备注
电阻	Resistors	0.6 W 51 Ω 1 个,0.6 W 3 Ω 1 个	参数可修改
电感	Inductors	空气电感(IND－AIR)60 mH	参数可修改
电容	Capacitors	电解电容(Electrolytic Aluminum)25 μF	参数可修改
交流电压源	VSINE	幅值:42.24 V ,频率:50 Hz	参数可修改
交流电流表	AC AMMETER	选择安培(Milliamps)挡	虚拟仪器中
交流电压表	AC VOLTMETER	选择伏特(Volts)挡	虚拟仪器中
功率表	WATTMETER	分别测量有功功率、无功功率和视在功率	虚拟仪器中
单刀单掷开关	SW－SPST	—	3 个

单一元件电阻、电感和电容的正弦交流参数测试仿真电路如图 2.47～2.49 所示,其中图(a)中功率表测量有功功率,图(b)中功率表测量无功功率,图(c)中功率表测量视在功率。电源电压有效值为 30 V,属性设置中设置幅值为 42.42 V,频率为 50 Hz。

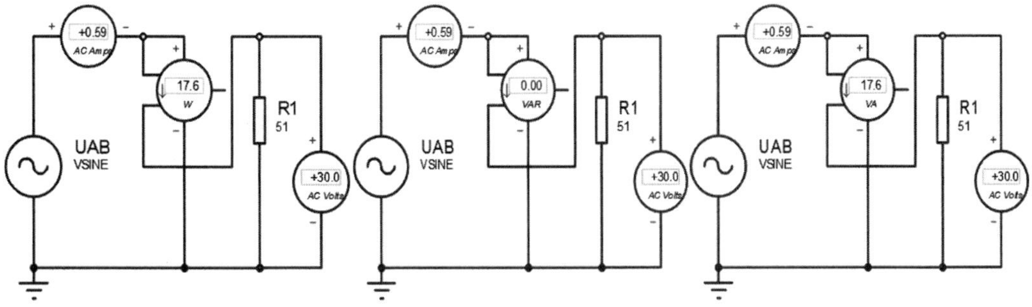

(a) 有功功率　(b) 无功功率　(c) 视在功率

图 2.47　电阻电路交流参数测试仿真电路图

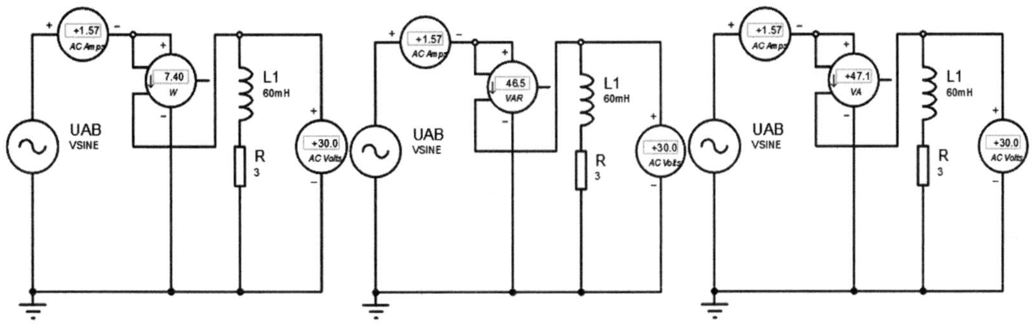

(a) 有功功率　(b) 无功功率　(c) 视在功率

图 2.48　电感电路交流参数测试仿真电路图

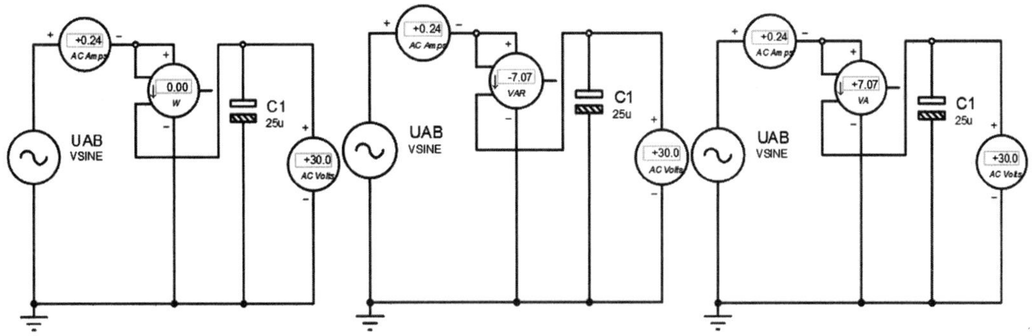

(a) 有功功率　(b) 无功功率　(c) 视在功率

图 2.49　电容电路交流参数测试仿真电路图

图 2.47～2.49 的仿真结果和理论计算完全一致，由测量结果计算电感线圈的功率因数为 $\cos\varphi_{Lr}=\dfrac{P}{UI}=\dfrac{7.40}{47.5}\approx 0.1558$，与理论计算也相等。

2.3.2　*RLC* 串联电路基尔霍夫电压定律仿真实例

1. *RLC* 串联电路的相量形式基尔霍夫电压定律理论描述

RLC 串联电路如图 2.50 所示。

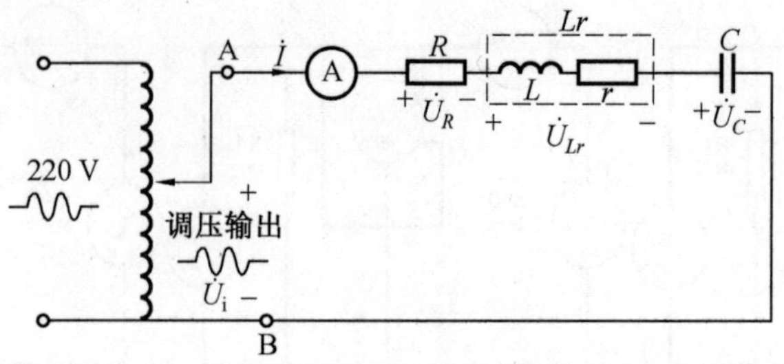

图 2.50　*RLC* 串联电路图

在正弦交流电路中，任意瞬时沿任意回路的电压升的相量和等于电压降的相量和，需要说明的是，电压升或者电压降取决于选择的参考方向。或者说任意瞬时沿任意回路所有元器件电压的相量和为零。

图 2.50 中，相量形式的基尔霍夫电压定律表示为

$$\dot{U}_i=\dot{U}_R+\dot{U}_{Lr}+\dot{U}_C \tag{2.41}$$

设电路阻抗 Z 表示为

$$Z=R'+jX \tag{2.42}$$

其中

$$\begin{cases}R'=R+r\\X=X_L-X_C\end{cases} \tag{2.43}$$

式中，R 为电阻；r 为电感线圈 L 的内阻；X_L 为电感线圈 L 的感抗；X_C 为电容 C 的容抗。电路中的电压电流关系满足相量形式的欧姆定律，即

$$\dot{U}_i=\dot{I}Z=\dot{I}\left[(R+r)+j\left(\omega L-\frac{1}{\omega C}\right)\right] \tag{2.44}$$

2. *RLC* 串联电路的基尔霍夫定律仿真实例

(1)理论计算。

设 $\dot{U}_i=50\angle 0°$ V，元器件参数为 $R=51\ \Omega$，$r=3\ \Omega$，$L=61$ mH，$C=25\ \mu$F。则根据式(2.44)可得

$$\dot{I}=\frac{\dot{U}_i}{Z}=\frac{50\angle 0°}{(51+3)+j(19.15-127.39)}=\frac{50\angle 0°}{162.04\angle -63.5°}=414.0\angle 63.5°\ (\text{mA})$$

由表 2.4 中的公式得三个元件两端的电压分别为

$$\begin{cases}\dot{U}_R=\dot{I}R=414.0\times 10^{-3}\angle 63.5°\times 51=21.11\angle 63.5°\ (\text{V})\\\dot{U}_{Lr}=\dot{I}(r+j\omega L)=414.0\times 10^{-3}\angle 63.5°\times 19.39\angle 81.1°=8.03\angle 144.6°\ (\text{V})\\\dot{U}_C=\dot{I}\left(-j\dfrac{1}{\omega C}\right)=414.0\times 10^{-3}\angle 63.5°\times 129.39\angle -90°=53.57\angle -26.5°\ (\text{V})\end{cases}$$

相量合成计算得

$\dot{U}_R+\dot{U}_{Lr}+\dot{U}_C=21.11\angle 63.5°\text{ V}+8.03\angle 144.6°\text{ V}+53.57\angle -26.5°\text{ V}\approx 50\angle 0°\text{ V}$

画出相量图如图 2.51 所示。

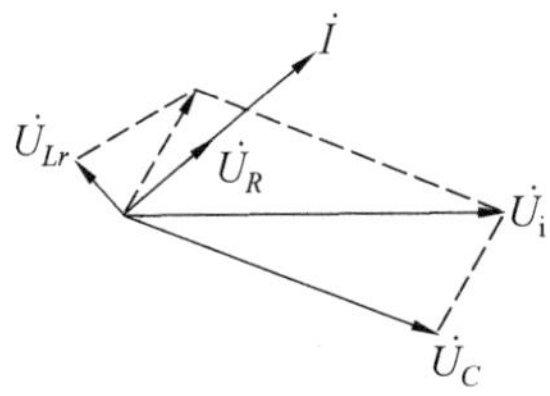

图 2.51 *RLC* 串联电路相量图

(2)仿真验证。

参照图 2.50 连接仿真电路，仿真结果如图 2.52 所示。电源电压有效值为 50 V，则属性设置中设置幅值为 70.7 V，频率为 50 Hz。

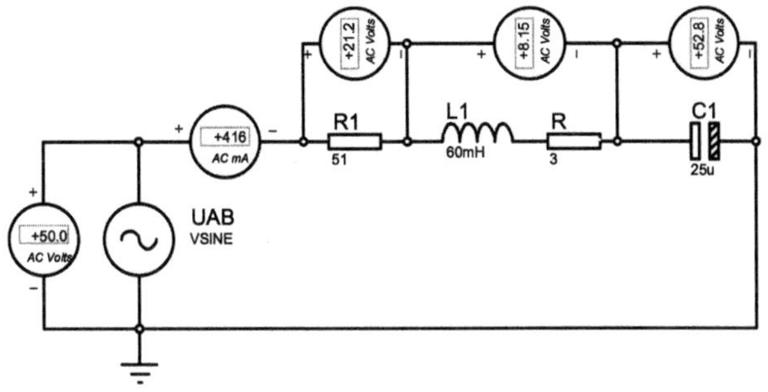

图 2.52 *RLC* 串联电路仿真电路图

仿真结果有误差。

2.3.3 功率因数提高仿真实例

1. 功率因素提高的方法

对于感性负载，其功率因数一般很低。因此为提高电源的利用率和减少供电线路的损耗，必须进行无功补偿，以提高线路的功率因数。

提高功率因数的方法，除改善负载本身的工作状态和设计合理外，由于工业负载基本都是感性负载，因此常用的方法是在负载两端并联电容器，补偿无功功率，以提高线路的功率因数。功率因数提高电路图如图 2.53(a)所示。

并联电容前，电路的电流$\dot{I}$和负载 Z 中流过的电流$\dot{I}_{Lr}$相等，此时通过测量电路的电压 U、电流 I 和功率 P，参照表 2.4 计算功率因数。

并联电容后，电压$\dot{U}$不变但是线路电流$\dot{I}$变为负载电流$\dot{I}_{Lr}$和电容中流过的电流$\dot{I}_C$的相量和。根据电路参数和特性画出相量图，如图 2.53(b)所示。如果电容值选择合适，相量合成后线路中的电流$\dot{I}$减小了，电压$\dot{U}$和电流$\dot{I}$之间的相位差 φ 减小，$\cos\varphi$ 增大，电源或电网的功率因数得到提高。

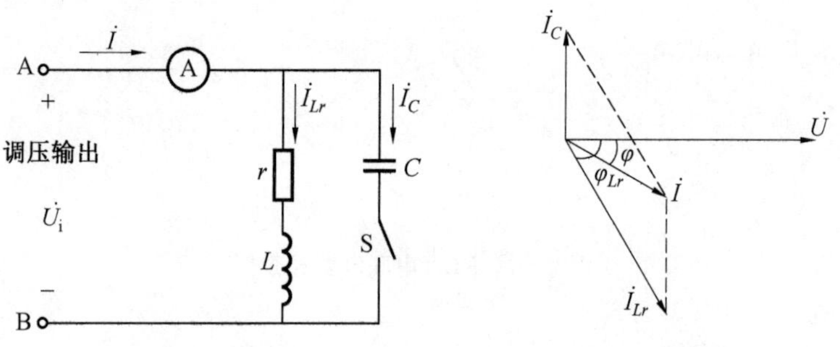

(a) 电路图　　(b) 相量图

图 2.53　功率因数提高电路图及相量图

2. 功率因数提高仿真实例

图 2.53 所示电路中选择电阻 $r=300\ \Omega$，电感 $L=2.22$ H。交流电源设置为工频电压，电压有效值为 220 V，则幅值设置为 311 V，频率为 50 Hz。分别并联不同参数的电容，观察实验现象。

(1)理论计算。

根据表 2.4 中感性负载电流和功率因数的计算公式可得仿真电路并联电容前的电流、功率和功率因数分别为

$$I_{Lr}=\frac{U}{\sqrt{r^2+(\omega L)^2}}=\frac{220}{\sqrt{300^2+(314\times 2.22)^2}}\approx 290\ (\text{mA})$$

$$P=UI\cos\varphi=I^2r=0.29^2\times 300\approx 25.2\ (\text{W})$$

$$\cos\varphi_{Lr}=\frac{r}{\sqrt{r^2+(\omega L)^2}}=\frac{300}{\sqrt{300^2+(314\times 2.22)^2}}\approx 0.4$$

并联 1 μF 电容后，感性负载中的电流不变，电容中流过的电流为

$$I_C=U\cdot\omega C=220\times 314\times 10^{-6}\approx 69.1\ (\text{mA})$$

线路电流为

$$\dot{I}=\dot{I}_{Lr}+\dot{I}_C=290\times(0.4+0.92\text{j})-69.1\text{j}\approx 228.4\angle 59.5^\circ\ (\text{mA}) \tag{2.45}$$

并联电容后电路的功率因数为

$$\cos\varphi=\cos 59.5^\circ\approx 0.51$$

并联其他电容值请读者自行计算。

(2)仿真验证。

功率因数提高仿真电路如图 2.54 所示。其中图 2.54(a)为并联电容前的仿真结果，图 2.54(b)、(c)和(d)分别为并联 1 μF、2.2 μF 和 4.7 μF 电容后的仿真结果。

由图 2.54 的几个仿真电路图可见，未并联电容时，线路电流和感性负载中流过的电流一致。分别并联 1 μF、2.2 μF 和 4.7 μF 电容后感性负载电流不变，线路电流持续减小，有功功率保持不变，视在功率持续减小，即功率因数持续增加。但是随着并联电容的增大，电容支路的电流也将随着增大，且功率因数提高幅度减小，实际应用中选择电容值应该遵循经济合理的原则。

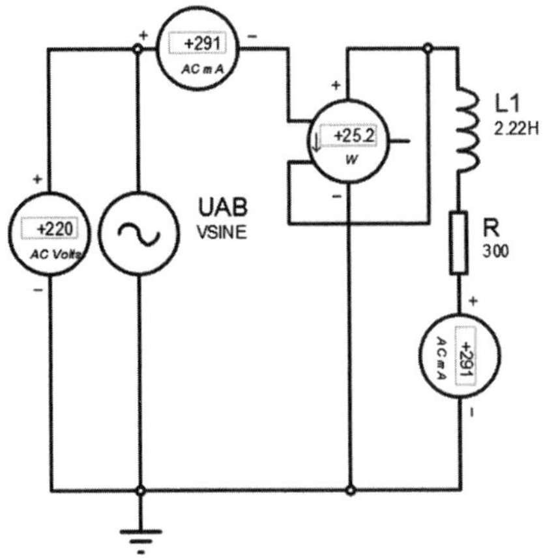

(a) 未并联电容

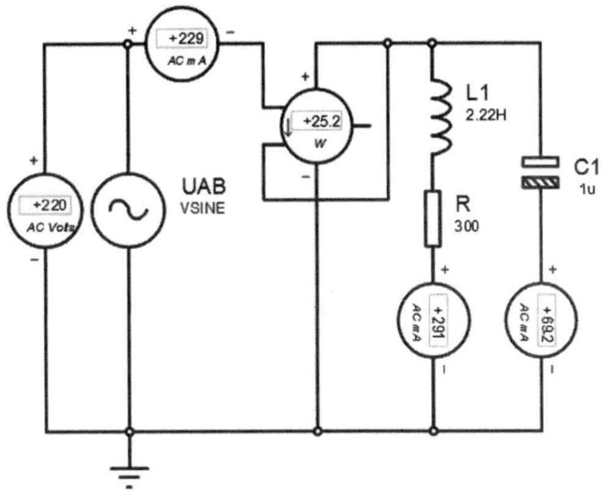

(b) 并联1 μF电容

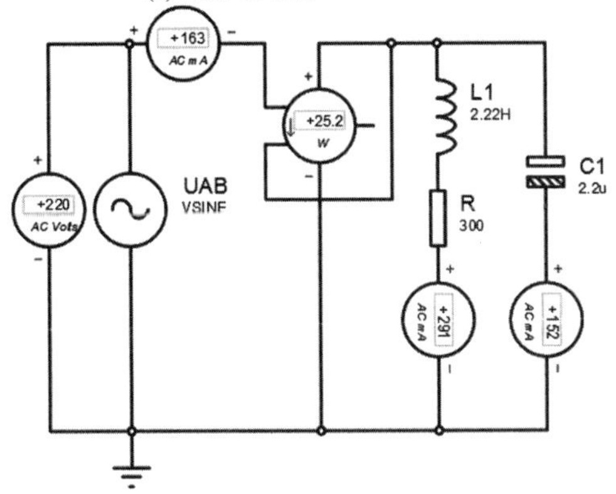

(c) 并联2.2 μF电容

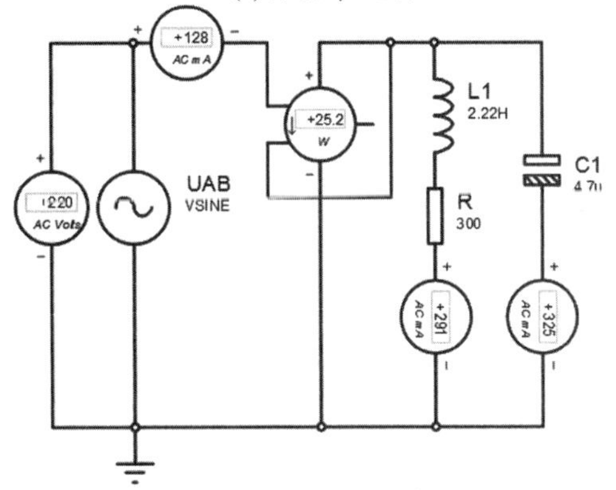

(d) 并联4.7 μF电容

图 2.54　功率因数提高仿真电路图

2.3.4　复杂正弦交流电路仿真实例

直流电路的电路分析原理和计算方法同样适用于复杂正弦交流电路的计算，只是计算过程复杂一些，本节选择两个实例进行分析和仿真。

1. 实例一

电路如图 2.55 所示，已知 $R_1=R_2=R_3=10\ \Omega$，$L=31.8\ \mathrm{mH}$，$C=318\ \mu\mathrm{F}$，$f=50\ \mathrm{Hz}$，$U=10\ \mathrm{V}$，试求各支路电流、并联支路端电压 U_{ab} 以及电路的有功功率 P 和无功功率 Q。

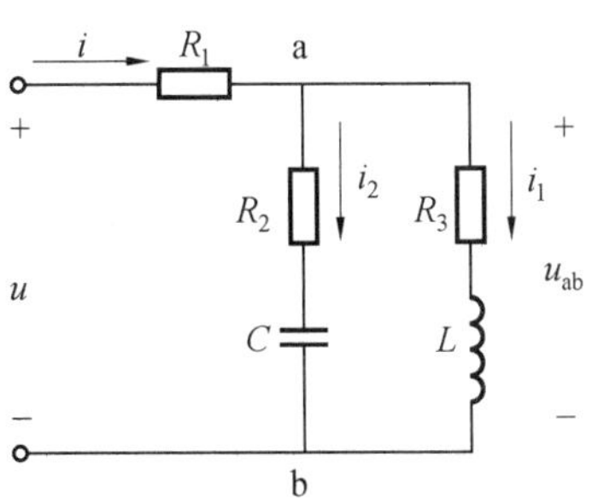

图 2.55　复杂正弦交流电路实例一电路图

(1)理论计算。

由题设知 $\omega=2\pi f=2\pi\times 50=314$ rad/s,则感抗为

$$X_L=\omega L=314\times 31.8\times 10^{-3}\,\Omega=10\ \Omega \tag{2.46}$$

容抗为

$$X_C=\frac{1}{\omega C}=\frac{1}{314\times 318\times 10^{-6}}\Omega=10\ \Omega \tag{2.47}$$

则两并联支路的等效阻抗为

$$Z_{ab}=\frac{(R_1+\mathrm{j}\,X_L)(R_2-\mathrm{j}\,X_C)}{(R_1+\mathrm{j}\,X_L)+(R_2-\mathrm{j}\,X_C)}=\frac{(10+\mathrm{j}10)(10-\mathrm{j}10)}{(10+\mathrm{j}10)+(10-\mathrm{j}10)}=10\angle 0^\circ\ (\Omega) \tag{2.48}$$

设 $\dot{U}=U\angle 0^\circ=10\angle 0^\circ\mathrm{V}$,则

$$\begin{cases}\dot{I}=\dfrac{\dot{U}}{Z_{ab}+R_1}=\dfrac{10\angle 0^\circ}{20\angle 0^\circ}=0.5\angle 0^\circ(\mathrm{A})\\ U_{ab}=|Z_{ab}|\cdot I=10\times 0.5=5\ (\mathrm{V})\\ I_1=\dfrac{U_{ab}}{10\sqrt{2}}=\dfrac{5}{14.14}\approx 0.35\ (\mathrm{A})\\ I_2=\dfrac{U_{ab}}{10\sqrt{2}}=\dfrac{5}{14.14}\approx 0.35\ (\mathrm{A})\end{cases} \tag{2.49}$$

电路的有功功率为三个电阻消耗的功率

$$P=I^2R_1+I_1^2R_3+I_2^2R_2=10\times(0.35^2+0.35^2+0.5^2)=4.95\ (\mathrm{W}) \tag{2.50}$$

由于电路中$\dot{U}$和$\dot{I}$同相,所以 $Q=0$。

(2)仿真验证。

参照图 2.55 连接仿真电路,仿真结果如图 2.56 所示。电路中的电源选用 Proteus 软件中的正弦交流电源 VSINE。图 2.56(a)为测量有功功率时电路运行情况,图 2.56(b)为测量无功功率时电路运行情况。

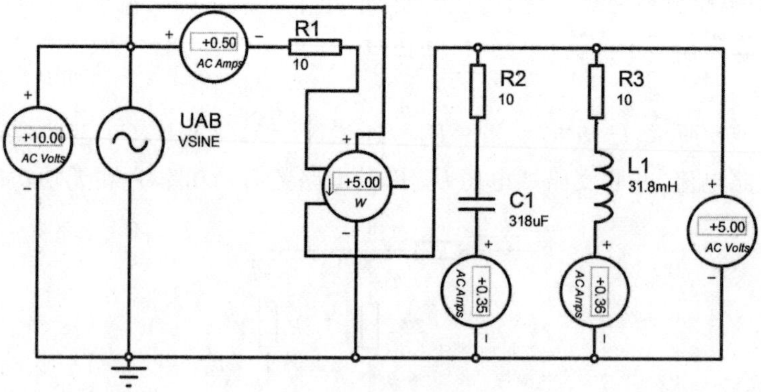

(a) 测量有功功率时

图 2.56 复杂正弦交流电路实例一仿真电路图

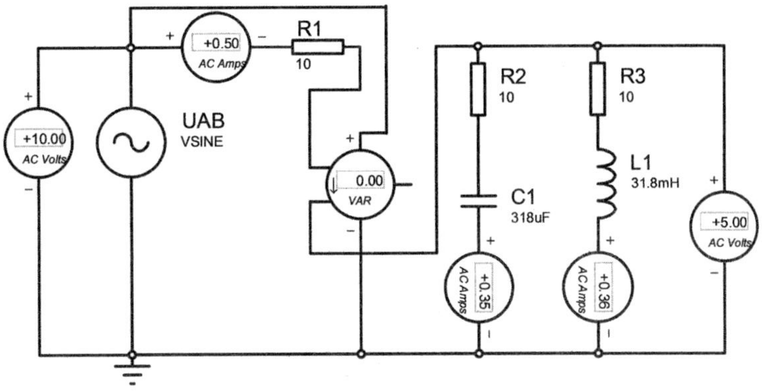

(b) 测量无功功率时

续图 2.56

测量结果存在误差，原因是仿真电路中接入的仪器仪表、开关和导线等在理论计算时未考虑其内阻，而且理论计算过程中存在计算结果的四舍五入。

2. 实例二

电路如图 2.57(a)所示，已知$u_s(t)=120\sqrt{2}\sin(10^3 t)$ V，求I_{ab}和U_{cd}。

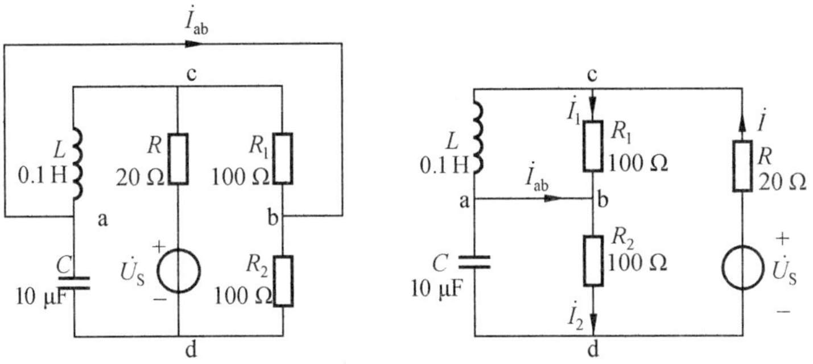

(a) 原电路　　(b) 变换电路

图 2.57　复杂正弦交流电路实例二电路图

(1)理论计算。

将图 2.57(a)所示电路变换一下，并标注相应的器件名称及电流参考方向，如图 2.57(b)所示。

由题设知$\omega=10^3$，则感抗$X_L=\omega L=100$ Ω；容抗$X_C=\dfrac{1}{\omega C}=100$ Ω；则两并联支路的等效阻抗为

$$Z_{cd}=\frac{R_1\cdot \mathrm{j}X_L}{R_1+\mathrm{j}X_L}+\frac{R_2\cdot(-\mathrm{j}X_C)}{R_2-\mathrm{j}X_C}=\frac{100\cdot 100\mathrm{j}}{100+100\mathrm{j}}+\frac{100\cdot(-100\mathrm{j})}{100-100\mathrm{j}}=100\ (\Omega) \tag{2.51}$$

电路的总阻抗为

$$Z=Z_{cd}+R=100+20=120\ (\Omega) \tag{2.52}$$

根据题意将电压源写成相量形式，$\dot{U}_S=120\angle 0^\circ$ V，则

$$\begin{cases} \dot{I}=\dfrac{\dot{U}}{Z}=\dfrac{120\angle 0^\circ}{120\angle 0^\circ}=1\angle 0^\circ(\text{A}) \\ \dot{U}_{\text{cd}}=\dot{U}_{\text{S}}-20\,\dot{I}=100\angle 0^\circ\ \text{V} \\ \dot{I}_1=\dfrac{100\text{j}}{100+100\text{j}}\cdot\dot{I}=\dfrac{\sqrt{2}}{2}\angle 45^\circ\text{A} \\ \dot{I}_2=\dfrac{-100\text{j}}{100-100\text{j}}\cdot\dot{I}=\dfrac{\sqrt{2}}{2}\angle -45^\circ\text{A} \\ \dot{I}_{\text{ab}}=\dot{I}_2-\dot{I}_1=1\angle -90^\circ\text{A} \end{cases} \tag{2.53}$$

计算后可得

$$\begin{cases} U_{\text{cd}}=100\ \text{V} \\ I_{\text{ab}}=1\ \text{A} \end{cases}$$

(2)仿真验证。

参照图 2.57(a)连接仿真电路,仿真结果如图 2.58 所示。

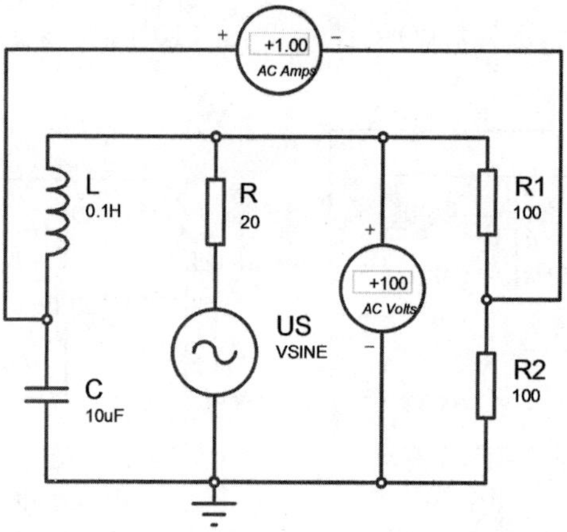

图 2.58 复杂正弦交流电路实例二仿真电路图

2.4 电路的暂态过程仿真实例

2.4.1 一阶电路的暂态过程仿真实例

一阶 RC 电路的暂态过程实质上就是电容器的充、放电过程,理论上需持续无穷长的时间,但从工程应用角度考虑,可以认为经过 $t_p=(3\sim5)\tau$ 的时间即已基本结束,其实际持续的时间很短暂,因而称为暂态过程。暂态过程所需时间取决于 RC 电路的时间常数。

1.一阶 *RC* 积分电路暂态过程仿真实例

(1)理论描述。

一阶 RC 积分电路如图 2.59(a)所示。电路输入端加矩形脉冲电压,电容 C 两端作为输出端,若时间常数 $\tau=5t_p$,则输出电压 u_C 近似正比于输入电压 u_i 对时间的积分,故此电路被称为积分电路。充、放电过程中电容两端电压 u_C 的波形如图 2.59(b)所示。

若矩形脉冲电压脉宽 $t_p=(3\sim5)\tau$ 或 RC 电路取时间常数 $\tau=(1/5\sim1/3)t_p$，RC 积分电路输出电压变化过程由零输入响应和零状态响应构成，充电过程 u_C 按照零状态响应计算：

$$u_C(t)=U_o(1-e^{-\frac{t}{\tau}}) \tag{2.54}$$

式中，U_o 为输入矩形波的幅值；$\tau=RC$ 为时间常数。

放电过程 u_C 按照零输入响应计算：

$$u_C(t)=U_o e^{-\frac{t}{\tau}} \tag{2.55}$$

式中，U_o 为电容电压最大值(近似为输入矩形波的幅值)。

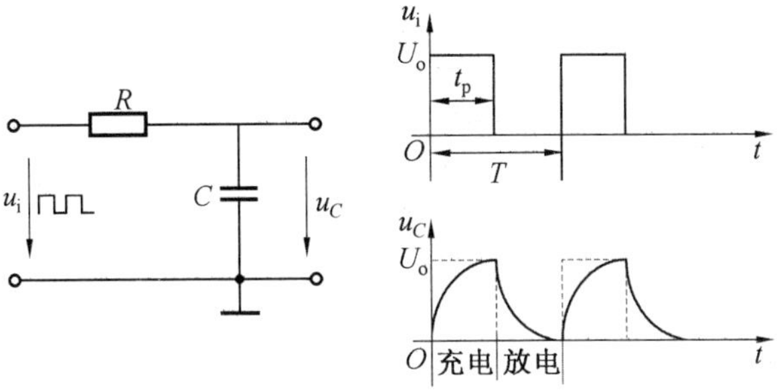

(a) 电路图　　(b) 充放电波形图

图 2.59　一阶 RC 积分电路及充放电波形图

(2)标尺法测定 RC 电路时间常数 τ 值的原理。

标尺法测定 RC 电路时间常数的电路图如图 2.60 所示。设置或测得输入矩形波的幅值 U_o，确保矩形波幅值输出的持续时间 $t_p\geqslant(3\sim5)\tau$。

由于从 $t=0$ 经过一个 τ 的时间 u_C 增长到稳态值的 63.2%，当 $t=\tau$ 时，由式(2.54)可得

$$u_C(t)=U_o(1-e^{-1})=U_o\left(1-\frac{1}{2.718}\right)=63.2\%U_o$$

此时测得电容电压(Q 点)$u_C=0.632U_o$ 时所对应的时间即为电路时间常数 $t=\tau$。这个时间常数的值应该近似等于电路的 RC 值。

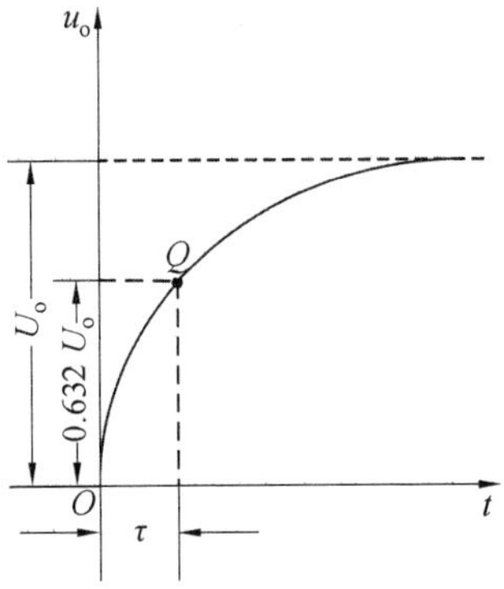

图 2.60　时间常数测定方法示意图

(3)参数变化对积分电路输出波形的影响。

若时间常数 $\tau\gg t_p$(例如 $\tau=10t_p$)，则输出电压 u_C 近似为时间的线性函数，输出波形为三角波；

若时间常数 $\tau\ll t_p$(例如 $\tau=0.1t_p$)，则输出电压 u_C 的上升时间和下降时间均很小，输出电

压 u_C 近似输入电压 u_i。

参数变化对积分电路输出波形的影响如图 2.61(a)和图 2.61(b)所示。

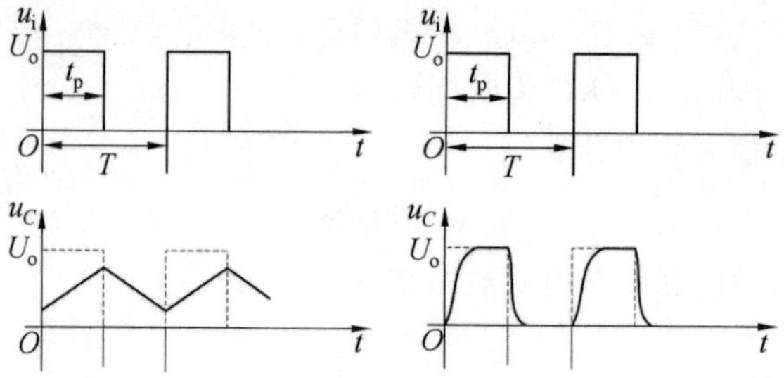

(a) $\tau \gg t_p$　　(b) $\tau \ll t_p$

图 2.61　参数变化时积分电路输出波形曲线图

(4)仿真验证。

一阶 *RC* 积分电路仿真电路如图 2.62 所示。图中输入信号采用 Proteus 虚拟仪器中的函数信号发生器(Signal Generator),设置输入信号峰峰值为 10 V,频率为 1 kHz,即脉宽为 0.5 ms。输出用分析图表中的模拟分析图表(ANALOGUE ANALYSIS)。将模拟曲线最大化后测量时间常数测量结果显示在曲线图的下方。U_o=6.31 V,TIME=100 μs=0.1 ms,计算时间常数 $\tau = 30\times10^3\times3\ 300\times10^{-9} \approx 0.1$ (ms)。输出显示也可以采用示波器,请读者参照 1.5.3 节相关内容自行仿真。

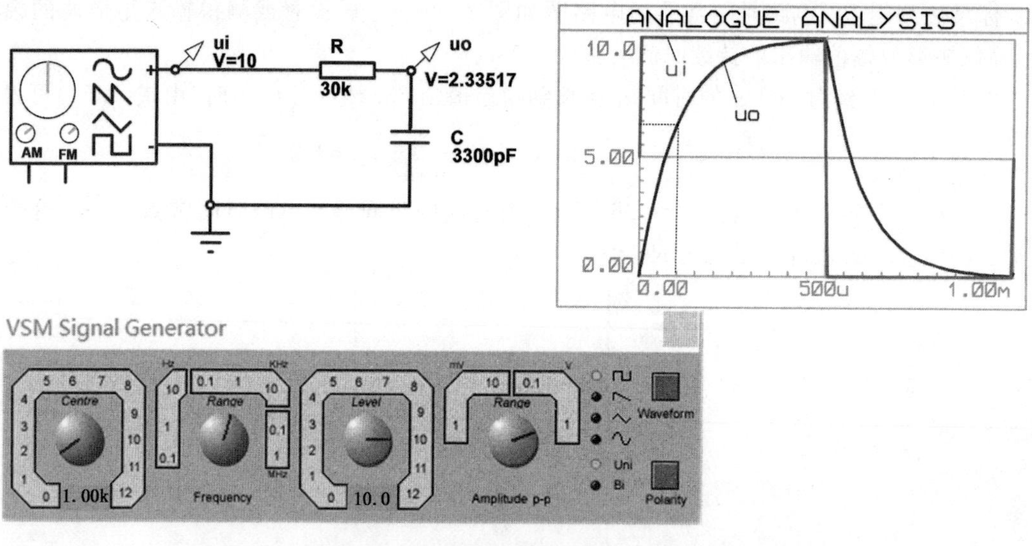

图 2.62　一阶 *RC* 积分电路时间常数测量仿真电路及输出波形图

改变电容值观察输出波形的变化,结果如图 2.63 所示。其中图 2.63(a)为 $\tau \gg t_p$ 时的测量结果,图 2.63(b)为 $\tau \ll t_p$ 时的测量结果。

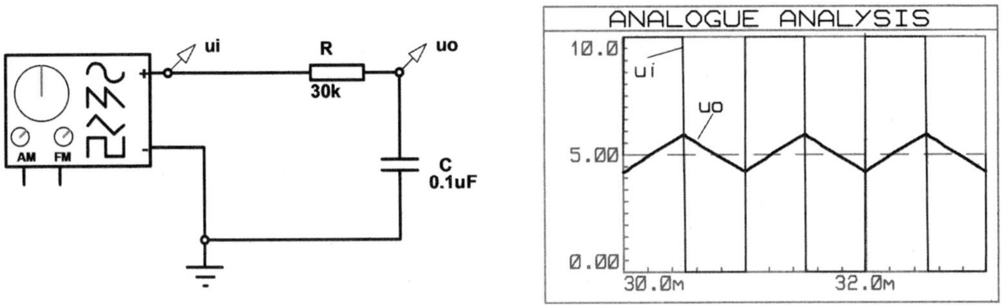

(a) $\tau \gg t_p$

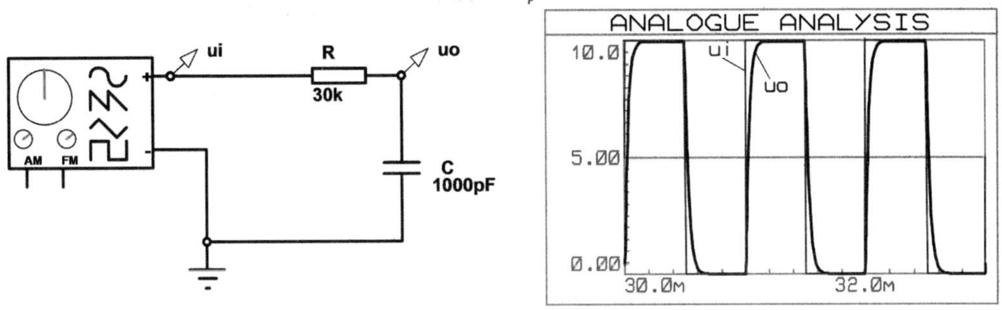

(b) $\tau \ll t_p$

图 2.63　参数变化的一阶 RC 积分电路仿真电路及输出波形图

2. 一阶 *RC* 微分电路暂态过程仿真实例

(1)一阶 RC 微分电路理论描述。

一阶 RC 微分电路如图 2.64(a)所示。电路输入端加矩形脉冲电压，电阻 R 两端作为输出端，若时间常数满足 $\tau \ll t_p$，输出电压 u_R 近似地与输入电压 u_i 对时间的微分成正比，故此电路被称为微分电路，微分电路 u_R 的波形如图 2.64(b)所示。

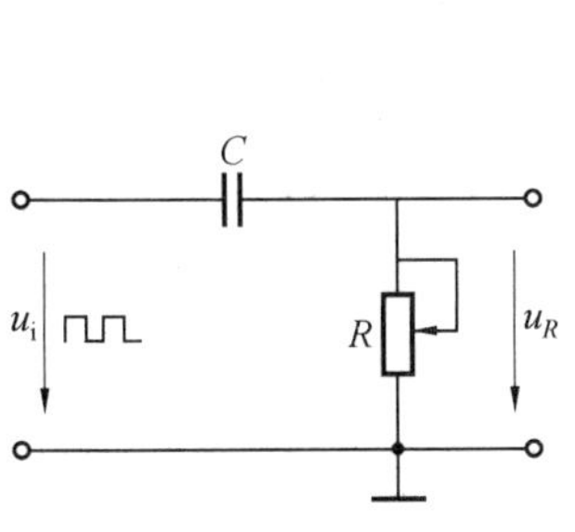

(a) 电路图

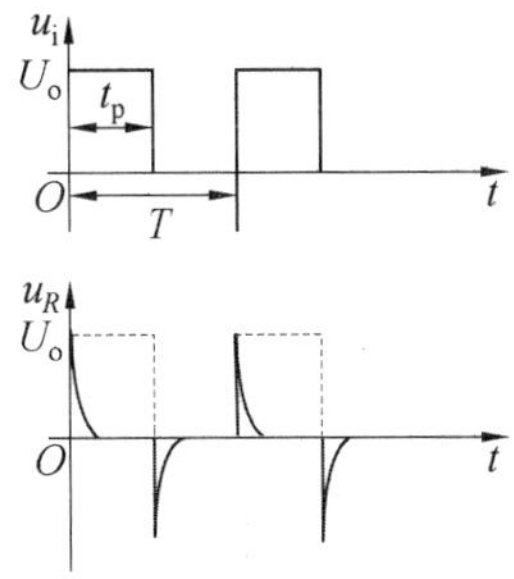

(b) 波形图

图 2.64　一阶 RC 微分电路及响应波形图

(2)参数变化对微分电路波形的影响。

若时间常数 $\tau \gg t_p$，则输出电压 u_R 与输入电压 u_i 波形近似，此种微分电路转变为放大电路中所采用的级间阻容耦合电路，输出波形 u_R 如图 2.65(a)所示。如果时间常数 $\tau = \left(\frac{1}{3} \sim \frac{1}{5}\right) t_p$，输出波形 u_R 如图 2.65(b)所示。

(3)仿真验证。

一阶 RC 微分电路仿真电路如图 2.66 所示。输入信号和积分电路的输入信号相同。其

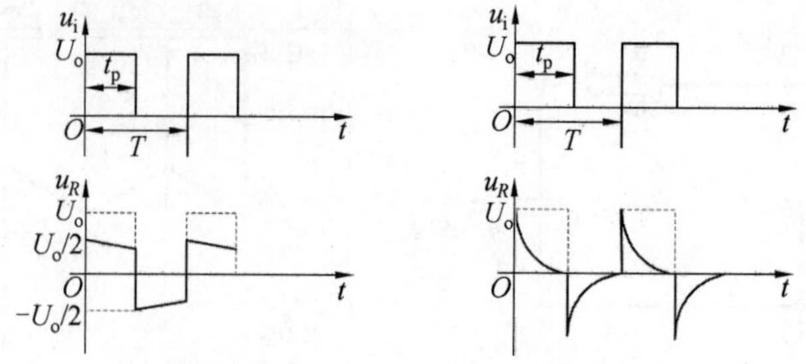

(a) $\tau \gg t_p$　　(b) $\tau \ll t_p$

图 2.65　参数变化时微分电路输出波形曲线图

中图 2.66(a)为 $\tau=1\,400\times0.1\times10^{-6}=0.14$ (ms)时的测量结果，图 2.66(b)为 $\tau \gg t_p$时的测量结果，图 2.66(c)为 $\tau \ll t_p$时的测量结果。

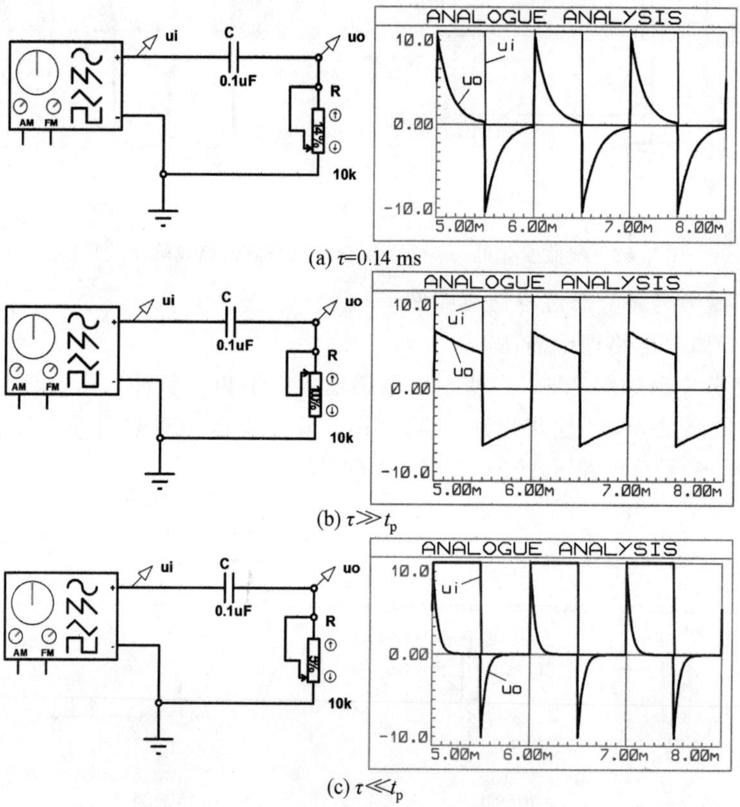

(a) τ=0.14 ms

(b) $\tau \gg t_p$

(c) $\tau \ll t_p$

图 2.66　一阶 *RC* 微分仿真电路及输出波形图

2.4.2　二阶 *RLC* 电路暂态过程仿真实例

1. 理论分析

二阶 *RLC* 串联电路如图 2.67 所示。

列写图 2.67 所示电路的二阶微分方程

$$LC\frac{d^2u_o}{dt}+RC\frac{du_o}{dt}+u_o=u_i \tag{2.56}$$

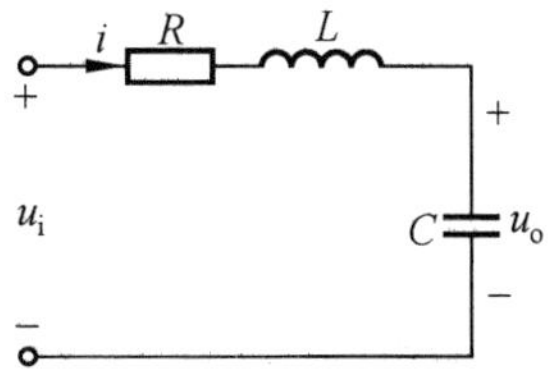

图 2.67　二阶 *RLC* 串联电路图

特征方程为

$$LCp^2+RCp+1=0 \tag{2.57}$$

特征方程的解为

$$p=-\frac{R}{2L}\pm\sqrt{\left(\frac{R}{2L}\right)^2-\frac{1}{LC}} \tag{2.58}$$

①当 $R<2\sqrt{\frac{L}{C}}$ 时，电路的输出响应是振荡性的，称为欠阻尼情况；

②当 $R>2\sqrt{\frac{L}{C}}$ 时，电路的输出响应是非振荡性的，称为过阻尼情况；

③当 $R=2\sqrt{\frac{L}{C}}$ 时，电路的输出响应处于临界状态，称为临界阻尼情况。

2. 仿真验证

二阶 *RLC* 串联仿真电路及输出波形图如图 2.68～2.70 所示。输入采用脉冲激励信号 VPLUSE，设置输入信号幅值为 5 V，周期为 1 ms，脉宽为 0.5 ms，则频率为 1 kHz。输出用模拟分析图表显示。图 2.68 为欠阻尼状态，图 2.69 为过阻尼状态，图 2.70 为临界阻尼状态。

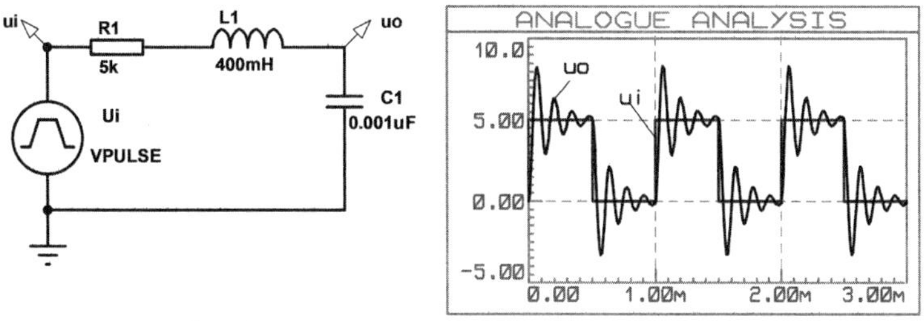

(a) 仿真电路图　　(b) 波形图

图 2.68　二阶 *RLC* 串联电路欠阻尼状态仿真电路及输出波形图

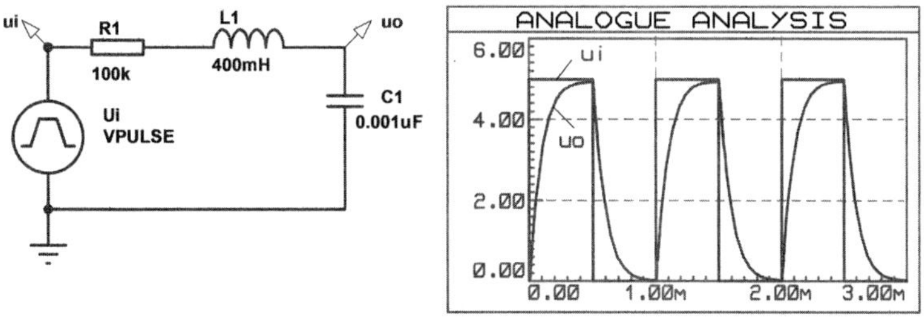

(a) 仿真电路图　　(b) 波形图

图 2.69　二阶 *RLC* 串联电路过阻尼状态仿真电路及输出波形图

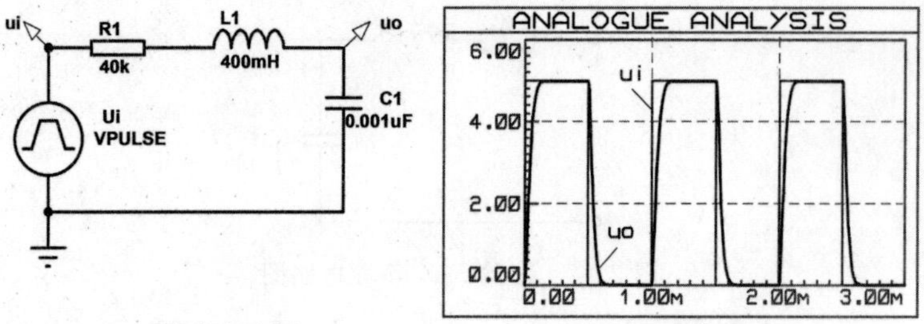

(a) 仿真电路图　　(b) 波形图

图 2.70　二阶 *RLC* 串联电路临界阻尼状态仿真电路及输出波形图

2.5　交流电路频率特性仿真实例

2.5.1　*RC* 滤波电路频率特性仿真实例

1. *RC* 低通滤波器电路仿真实例

(1)理论分析。

RC 低通滤波器电路如图 2.71 所示。

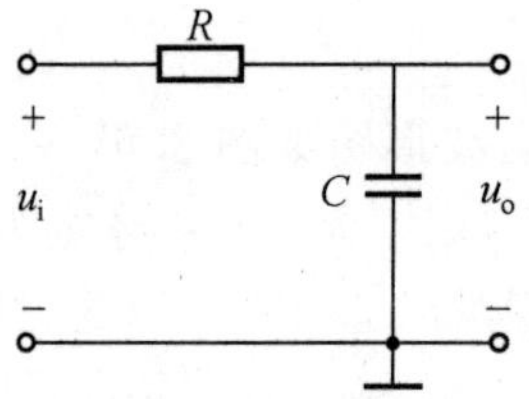

图 2.71　*RC* 低通滤波器电路图

电路的传递函数为

$$H(j\omega)=\frac{\dot{U}_o(j\omega)}{\dot{U}_i(j\omega)}=\frac{\frac{1}{j\omega C}}{R+\frac{1}{j\omega C}}=\frac{1}{1+j\omega RC} \tag{2.59}$$

幅频特性为

$$|H(j\omega)|=\left|\frac{\dot{U}_o(j\omega)}{\dot{U}_i(j\omega)}\right|=\frac{1}{\sqrt{1+(\omega RC)^2}} \tag{2.60}$$

当 $\omega=0$ 时，$|H(j\omega)|=1$；当 $\omega\to\infty$ 时，$|H(j\omega)|\to 0$；当 $\omega=\frac{1}{RC}$ 时，$|H(j\omega)|=\frac{1}{\sqrt{2}}\approx 0.707$。

如果取 $R=1\ \text{k}\Omega$，$C=0.1\ \mu\text{F}$，则可得

$$f=f_0=\frac{1}{2\pi RC}=\frac{1}{2\times 3.14\times 10^3\times 0.1\times 10^{-6}}=1\ 592\ (\text{Hz}) \tag{2.61}$$

RC 低通滤波器的幅频特性和相频特性如图 2.72 所示。

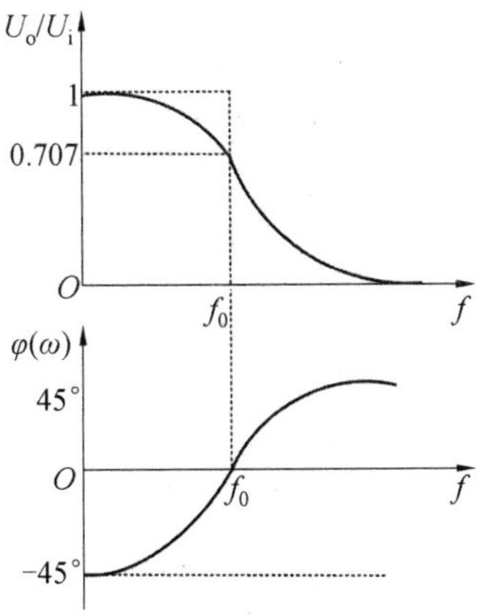

图 2.72　*RC* 低通滤波器频率特性图

(2)仿真验证。

RC 低通滤波器仿真电路及幅频特性如图 2.73 所示。电路中用到的元器件和信号源在前面的实例中均使用过,此处不再赘述。输入的正弦波信号(已改名称为 uid)设置幅值为 5 V,频率为 50 Hz。

频率特性显示选用 Proteus 界面左侧图表模式中的频率(FREQUENCY)分析图表。注意在频率分析图表编辑属性时,参考源(Reference)选项中一定要选中输入信号 uid,否则界面无显示结果。

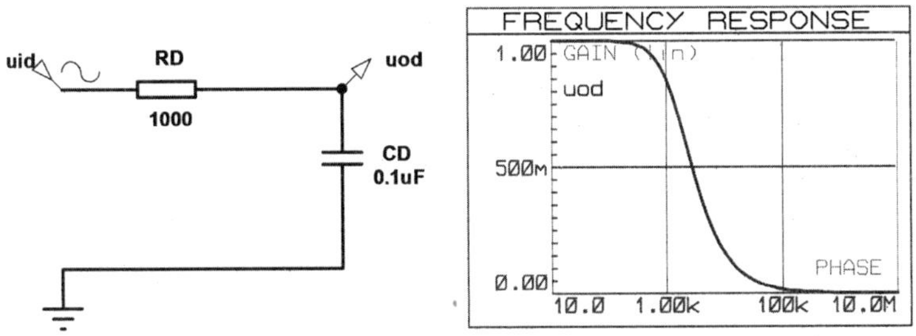

图 2.73　*RC* 低通滤波器仿真电路及幅频特性图

2. *RC* 高通滤波器电路仿真实例

(1)理论分析。

RC 高通滤波器电路如图 2.74 所示。

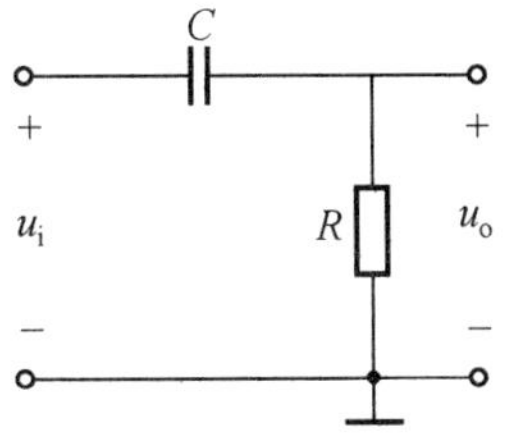

图 2.74　*RC* 高通滤波器电路图

电路的传递函数为

$$H(j\omega)=\frac{\dot{U}_o(j\omega)}{\dot{U}_i(j\omega)}=\frac{R}{R+\frac{1}{j\omega C}}=\frac{1}{1+\frac{1}{j\omega RC}} \tag{2.62}$$

幅频特性为

$$|H(j\omega)|=\left|\frac{\dot{U}_o(j\omega)}{\dot{U}_i(j\omega)}\right|=\frac{1}{\sqrt{1+\left(\frac{1}{\omega RC}\right)^2}} \tag{2.63}$$

当 $\omega=0$ 时，$|H(j\omega)|\to 0$；当 $\omega\to\infty$ 时，$|H(j\omega)|=1$；当 $\omega=\frac{1}{RC}$ 时，$|H(j\omega)|=\frac{1}{\sqrt{2}}\approx 0.707$。

取 $R=1\ \text{k}\Omega$，$C=0.1\ \mu\text{F}$，截止频率与低通滤波器相同。

RC 高通滤波器的幅频特性和相频特性如图 2.75 所示。

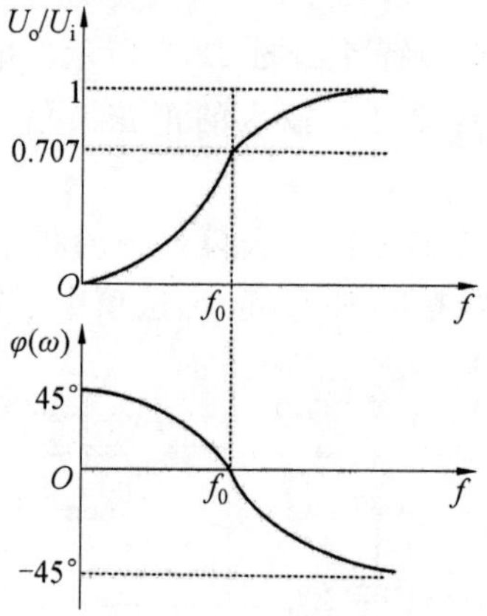

图 2.75　RC 高通滤波器频率特性图

(2)仿真验证。

RC 高通滤波器仿真电路及幅频特性如图 2.76 所示。输入信号设置与低通滤波器相同。

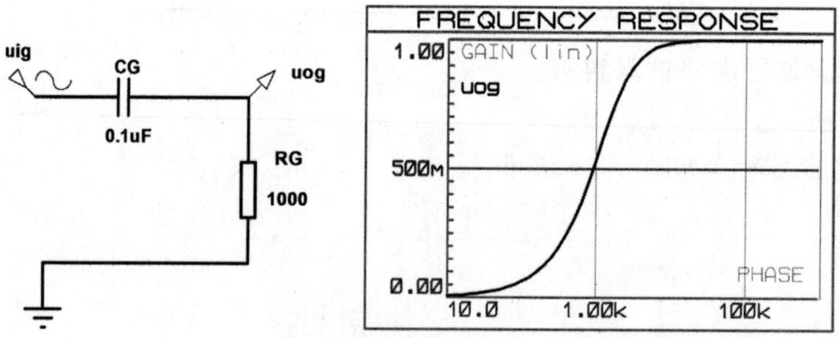

图 2.76　RC 高通滤波器幅频特性仿真电路及幅频特性图

3. *RC* 带通滤波器电路仿真实例

(1)理论分析。

带通滤波器电路如图 2.77 所示。由文氏电桥构成,电路中的元器件参数为:$R=1\ \text{k}\Omega$,$C=0.1\ \mu\text{F}$。

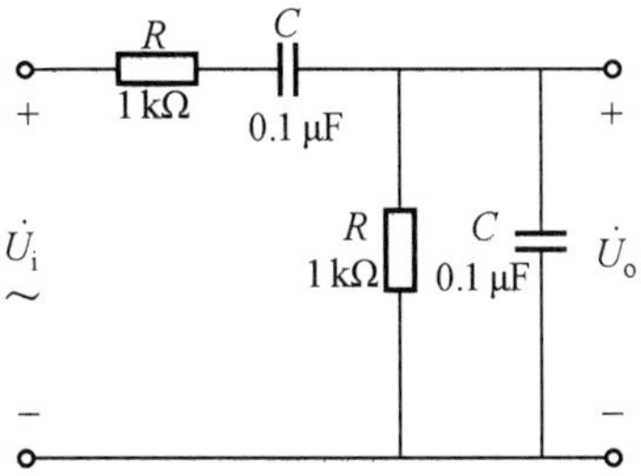

图 2.77　*RC* 带通滤波器电路图

电路的传递函数为

$$H(\mathrm{j}\omega)=\frac{\dot{U}_{\mathrm{o}}(\mathrm{j}\omega)}{\dot{U}_{\mathrm{i}}(\mathrm{j}\omega)}=\frac{\dfrac{\dfrac{R}{\mathrm{j}\omega C}}{R+\dfrac{1}{\mathrm{j}\omega C}}}{R+\dfrac{1}{\mathrm{j}\omega C}+\dfrac{\dfrac{R}{\mathrm{j}\omega C}}{R+\dfrac{1}{\mathrm{j}\omega C}}}=\frac{\dfrac{R}{1+\mathrm{j}\omega RC}}{\dfrac{1+\mathrm{j}\omega RC}{\mathrm{j}\omega C}+\dfrac{R}{1+\mathrm{j}\omega RC}}$$

$$=\frac{\mathrm{j}\omega RC}{(1+\mathrm{j}\omega RC)^2+\mathrm{j}\omega RC}=\frac{1}{3+\mathrm{j}\left(\omega RC-\dfrac{1}{\omega RC}\right)} \tag{2.64}$$

幅频特性为

$$|H(\mathrm{j}\omega)|=\left|\frac{\dot{U}_{\mathrm{o}}(\mathrm{j}\omega)}{\dot{U}_{\mathrm{i}}(\mathrm{j}\omega)}\right|=\frac{1}{\sqrt{3^2+\left(\omega RC-\dfrac{1}{\omega RC}\right)^2}} \tag{2.65}$$

当 $\omega=0$ 时,$|H(\mathrm{j}\omega)|=0$;当 $\omega\to\infty$ 时,$|H(\mathrm{j}\omega)|\to 0$;当 $\omega=\dfrac{1}{RC}$ 时,$|H(\mathrm{j}\omega)|=\dfrac{1}{3}$。取 $R=1\ \text{k}\Omega$,$C=0.1\ \mu\text{F}$,中心频率为

$$f=f_0=\frac{1}{2\pi RC}=\frac{1}{2\times 3.14\times 10^3\times 0.1\times 10^{-6}}=1\ 592\ (\text{Hz})$$

$|H(\mathrm{j}\omega)|$ 等于最大值$\left(即\dfrac{1}{3}\right)$的 70.7%处的两个频率之差称为通频带宽度,简称通频带,设两个频率分别为 f_1 和 f_2,则

$$\begin{cases} f_1=0.3f_0\approx 531\ \text{Hz} \\ f_2=3.3f_0\approx 5\ 254\ \text{Hz} \\ \Delta f=f_2-f_1=4\ 723\ \text{Hz} \end{cases} \tag{2.66}$$

RC 带通滤波器的幅频特性和相频特性如图 2.78 所示。

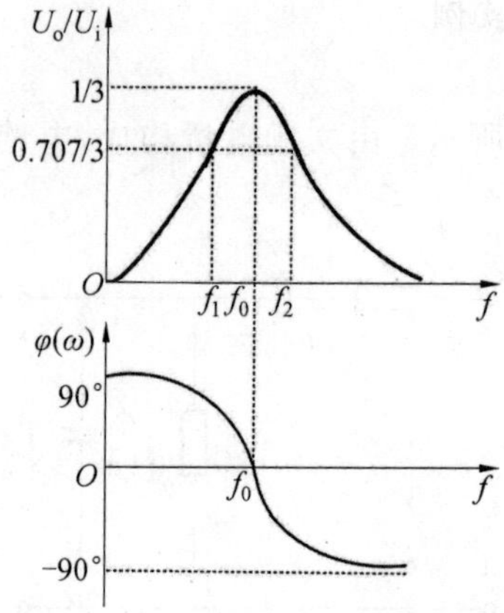

图 2.78　*RC* 带通滤波器频率特性图

(2)仿真验证。

RC 带通滤波器仿真电路及幅频特性如图 2.79 所示。输入信号设置与低通滤波器相同。

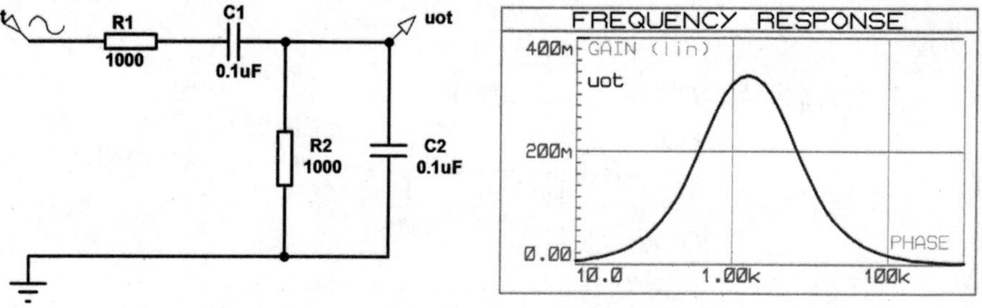

图 2.79　*RC* 带通滤波器仿真电路及幅频特性图

4. *RC* 带阻滤波器电路仿真实例

(1)理论分析。

带阻滤波器电路如图 2.80 所示。电路结构为双 T 型。电路中的元器件参数为:$R=1\ \text{k}\Omega$, $C=0.1\ \mu\text{F}$。

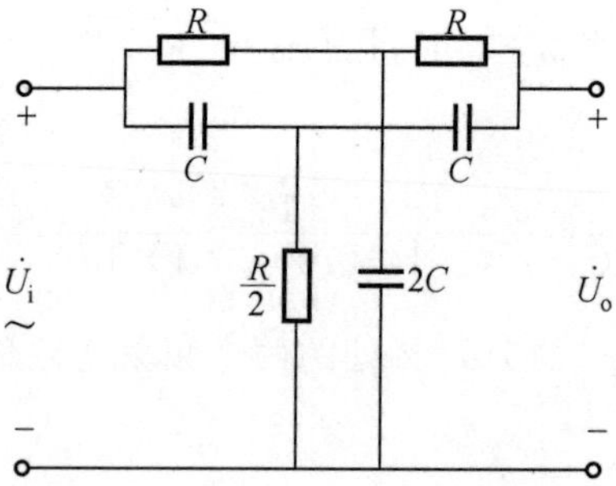

图 2.80　*RC* 带阻滤波器电路图

电路的传递函数为

$$H(\mathrm{j}\omega)=\frac{U_o(\mathrm{j}\omega)}{U_i(\mathrm{j}\omega)}=\frac{1}{1+\dfrac{4}{\mathrm{j}\left(\omega RC-\dfrac{1}{\omega RC}\right)}} \tag{2.67}$$

幅频特性为

$$|H(j\omega)| = \left|\frac{\dot{U}_o(j\omega)}{\dot{U}_i(j\omega)}\right| = \frac{1}{\sqrt{1+\dfrac{4^2}{\left(\omega RC-\dfrac{1}{\omega RC}\right)^2}}} \tag{2.68}$$

当 $\omega=0$ 时，$|H(j\omega)|=1$；当 $\omega\to\infty$ 时，$|H(j\omega)|=1$；当 $\omega=\dfrac{1}{RC}$ 时，$|H(j\omega)|=0$。

取 $R=1\ \text{k}\Omega$，$C=0.1\ \mu\text{F}$，中心频率为 $f=f_0=\dfrac{1}{2\pi RC}=\dfrac{1}{2\times 3.14\times 10^3\times 0.1\times 10^{-6}}=$ 1 592(Hz)。

$|H(j\omega)|$ 等于最大值的 70.7%处的两个频率之差称为通频带宽度，简称通频带，其数值见式(2.66)。

RC 带阻滤波器的幅频特性和相频特性如图 2.81 所示。

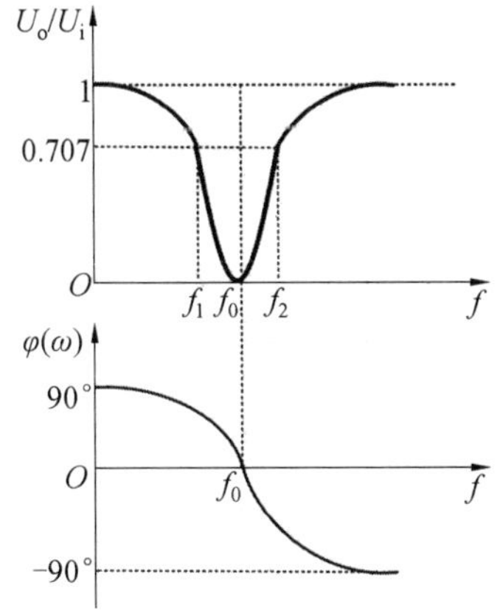

图 2.81 RC 带阻滤波器频率特性图

(2)仿真验证。

RC 带阻滤波器仿真电路及幅频特性如图 2.82 所示。输入信号设置与低通滤波器相同。

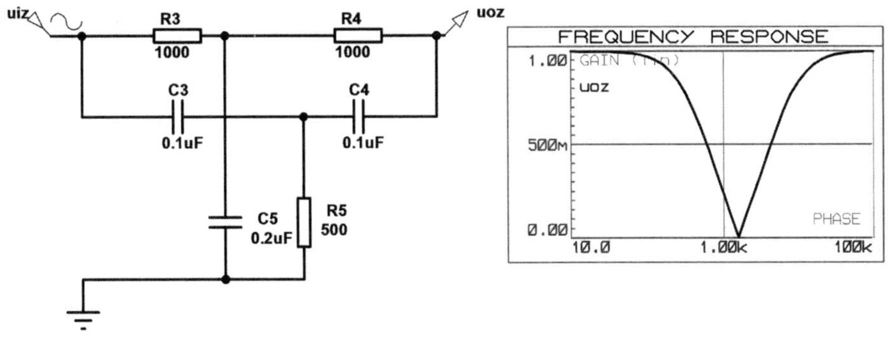

图 2.82 RC 带阻滤波器仿真电路及幅频特性图

2.5.2 谐振电路仿真实例

在含有电感元件和电容元件的交流电路中，电路两端的电压与电路中的电流一般是不同相的。如果调节电路的元器件参数或电源的频率而使它们同相，这时电路中就会发生谐振现象。

研究谐振的目的就是要认识这种客观现象，并在生产上充分利用谐振的特征，同时又要预防它所产生的危害。

按照发生谐振的电路不同，谐振现象可分为串联谐振和并联谐振。下面分别讨论两种谐振现象的特征。

1. 串联谐振电路仿真实例

(1)串联谐振电路理论分析。

RLC 串联谐振电路如图 2.83 所示。选择电路中的元器件参数为：$R=1\ \text{k}\Omega$，$C=0.01\ \mu\text{F}$，$L=30\ \text{mH}$(内阻忽略不计)。

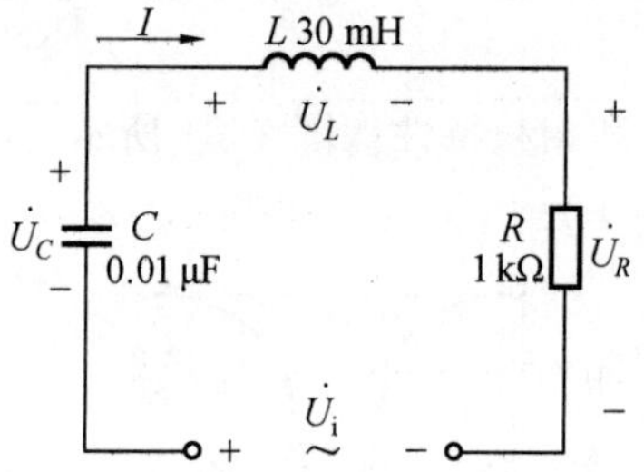

图 2.83 *RLC* 串联谐振电路图

RLC 串联的电路中，当$X_L=X_C$时，相位条件满足

$$\varphi=\arctan\frac{X_L-X_C}{R}=0 \tag{2.69}$$

即电源电压 u 与电路中的电流 i 同相。这时电路中发生串联谐振。

由发生串联谐振的条件可以得出谐振频率为

$$f=f_0=\frac{1}{2\pi\sqrt{LC}} \tag{2.70}$$

如果参照图 2.83 的电路参数，可得谐振频率为

$$f=f_0=\frac{1}{2\times3.14\times\sqrt{30\times10^{-3}\times0.01\times10^{-6}}}=9\ 193\ (\text{Hz})$$

发生谐振时

$$\dot{U}_L+\dot{U}_C=0\ ,\ \dot{U}_R\approx\dot{U}_\text{i} \tag{2.71}$$

(2)串联谐振电路特征。

①阻抗最小，电流最大。电路的阻抗模$|Z|=\sqrt{R^2+(X_L-X_C)^2}=R$，其值最小。因此，在电源电压$\dot{U}_\text{i}$不变的情况下，电路中的电流将在谐振时达到最大值，即

$$I=I_0=\frac{U_\text{i}}{R} \tag{2.72}$$

如果电源电压有效值为 700 mV，则串联电路谐振时电路的电流值为$I_0=\frac{U_\text{i}}{R}=\frac{0.7}{1\times10^3}=0.7\ (\text{mA})$。

其中，阻抗模和电流等随频率变化关系曲线如图 2.84 所示。

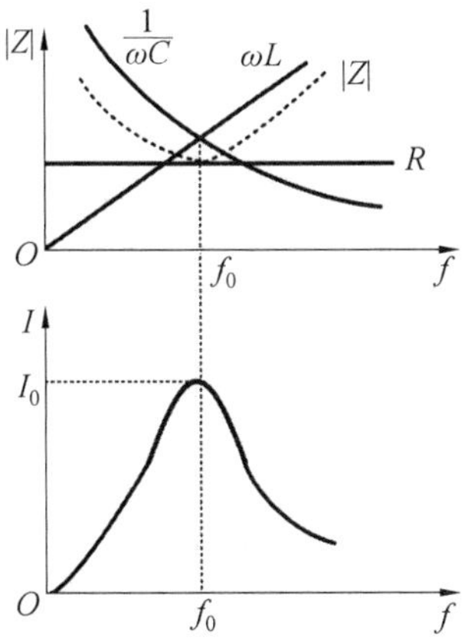

图 2.84　阻抗模和电流等随频率变化关系曲线

②由于$X_L=X_C$，于是$U_L=U_C$。而$\dot{U}_L$与$\dot{U}_C$在相位上相反，互相抵消，因此电源电压$\dot{U}_i=\dot{U}_R$，串联谐振时的相量图如图 2.85 所示。

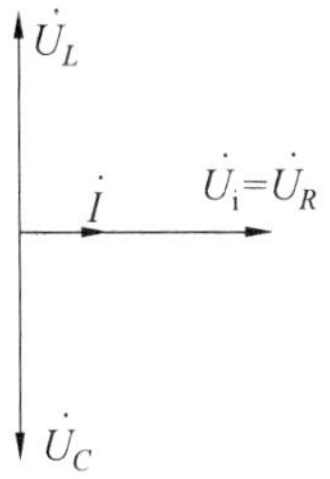

图 2.85　串联谐振时的相量图

③由于电源电压与电路中电流同相($\varphi=0$)，因此电路对电源呈现电阻性。电源供给电路的能量全被电阻所消耗，电源与电路之间不发生能量的互换。能量的互换只发生在电感线圈与电容器之间。

④品质因数 Q。品质因数定义为电路发生谐振时电容器 C 两端电压U_C或电感线圈 L 两端电压U_L与输入电压 U 的比值，通常用 Q 来表示

$$Q=\frac{U_C}{U}=\frac{U_L}{U}=\frac{1}{\omega_0 CR}=\frac{\omega_0 L}{R} \tag{2.73}$$

式中，ω_0为谐振角频率。Q 值越大，曲线越尖锐。

(3)仿真验证。

串联谐振仿真电路如图 2.86 所示。设置输入信号为幅值 1 V、频率 9 193 Hz 的正弦波。图 2.86(a)中 RLC 参数与图 2.83 相同，图 2.86(b)和图 2.86(c)分别为改变了阻值，即改变了品质因数后的输出波形。采用频率特性分析图表观察谐振状态，找到谐振点。采用模拟分析图表观察输入信号与输出信号的幅值和相位关系。

由图 2.86(b)和图 2.86(c)可见，改变阻值后，品质因数发生变化，谐振频率曲线的陡度也发生变化；谐振的速度也不一样。读者可以尝试改变电容值，观察谐振现象，但是需要注意的是，改变电容值后谐振角频率ω_0也随之发生变化。

分析图表的数据可以导出保存。具体操作步骤为：

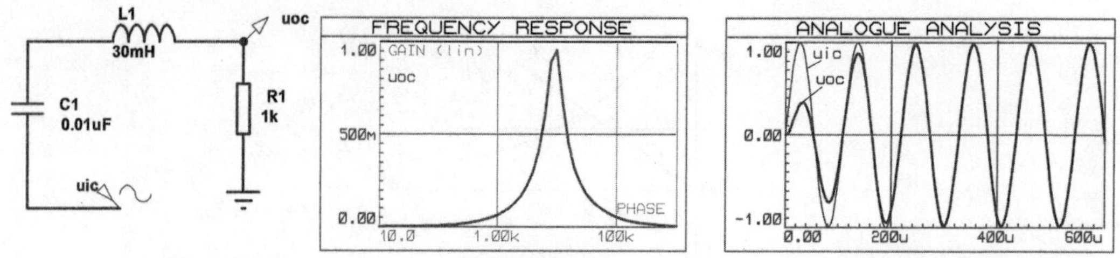

I. 仿真电路图　　II. 幅频特性曲线　　III. 模拟实时曲线

(a) R=1 kΩ

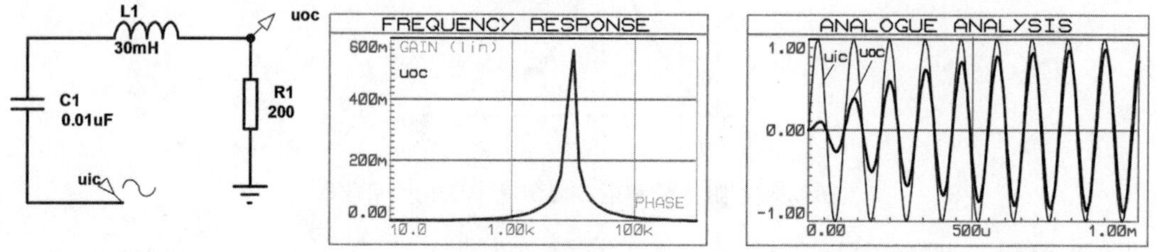

I. 仿真电路图　　II. 幅频特性曲线　　III. 模拟实时曲线

(b) R=200 kΩ

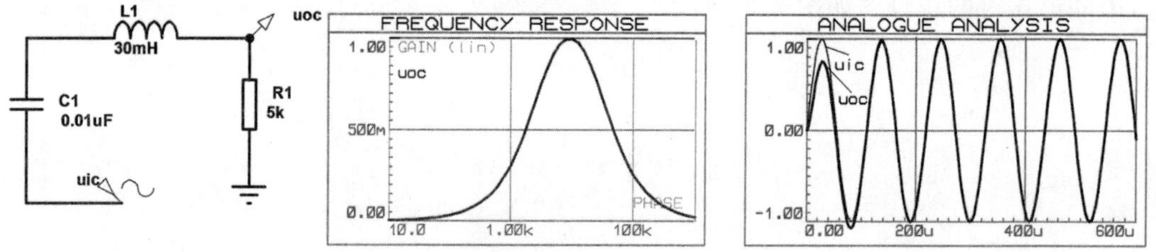

I. 仿真电路图　　II. 幅频特性曲线　　III. 模拟实时曲线

(c) R=5 kΩ

图 2.86　*RLC* 串联谐振仿真电路、幅频特性及输出波形图

①刷新图表数据后，鼠标右键单击分析图表，在下拉菜单中选择输出图表数据；

②弹出数据保存对话框，为导出的数据命名，选择保存路径保存。

导出的数据以记事本的格式保存。R=1 kΩ 时串联谐振的部分导出数据见表 2.6。

表 2.6　串联谐振导出数据表

频率(FREQ)/Hz	输出(u_{oc})/V
3 981.071 706	0.294 242
5 011.872 336	0.408 898
6 309.573 445	0.599 57
7 943.282 347	0.890 099
10 000	0.955 969
12 589.254 12	0.667 894
15 848.931 92	0.449 352
19 952.623 15	0.319 24
25 118.864 32	0.236 554
31 622.776 6	0.179 983
39 810.717 06	0.139 181
50 118.723 36	0.108 706

由于导出数据间隔的问题，导出的数据电压最大值点出现在 10 kHz 处。

2. 并联谐振电路仿真实例

(1)并联谐振电路理论分析。

RLC 并联谐振电路如图 2.87 所示。选择电路中的元器件参数为：$R=1\ \text{k}\Omega$，$C=0.01\ \mu\text{F}$，$L=30\ \text{mH}$(内阻忽略不计)。

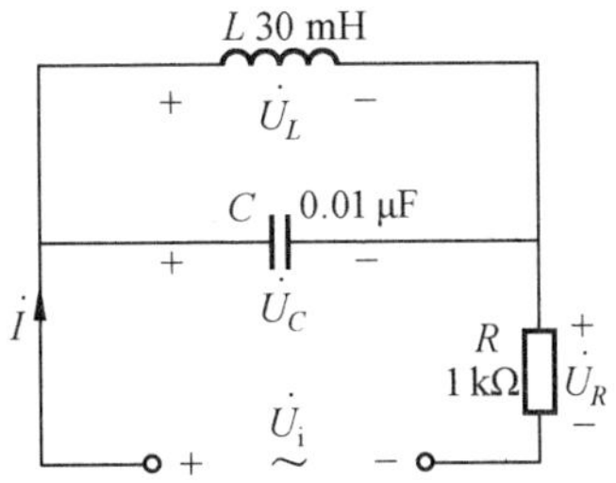

图 2.87　*RLC* 并联谐振电路图

RLC 并联谐振电路谐振频率与串联谐振频率的计算公式相同，电路的谐振频率也为9 193 Hz。

(2)并联谐振电路特征。

① 阻抗最大，电流最小。如果电感线圈为理想状态，电路相当于断路，$I\approx 0$。

② 并联谐振 *LC* 形成的并联阻抗理论上趋于无穷大。

其他特征参考串联谐振。

(3)仿真验证。

并联谐振仿真电路、幅频特性及输出波形如图 2.88 所示。设置输入信号为幅值 1 V、频率 9 193 Hz 的正弦波。图 2.88 中 *RLC* 参数与图 2.87 相同。采用频率特性分析图表观察谐振状态，找到谐振点。图中测量的是电压，也可以采用电流探针测量电阻中流过的电流。采用模拟分析图观察输入信号与输出信号的幅值和相位关系。由模拟分析图可见输出信号几乎为 0。

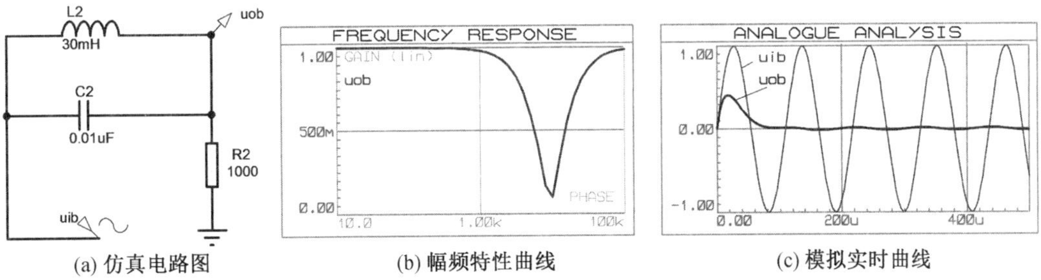

(a) 仿真电路图　(b) 幅频特性曲线　(c) 模拟实时曲线

图 2.88　*RLC* 并联谐振仿真电路、幅频特性及输出波形图

并联谐振的导出数据见表 2.7。

表 2.7　并联谐振导出数据表

频率(FREQ)/Hz	输出(u_{oc})/V
3 981.071 706	0.734 036
5 011.872 336	0.596 203
6 309.573 445	0.405 654

续表 2.7

频率(FREQ)/Hz	输出(u_{oc})/V
7 943.282 347	0.166 236
10 000	0.097 243 8
12 589.254 12	0.346 34
15 848.931 92	0.551 035
19 952.623 15	0.702 329
25 118.864 32	0.806 772
31 622.776 6	0.876 064
39 810.717 06	0.921 038
50 000	0.949 545

由于导出数据间隔的问题，电压最小值点出现在 10 kHz 处，为 0.097 V。

2.6 三相电路仿真实例

2.6.1 负载星型连接有中性线(三相四线制)电路仿真实例

1. 理论分析

负载星型连接有中性线电路原理图如图 2.89 所示。

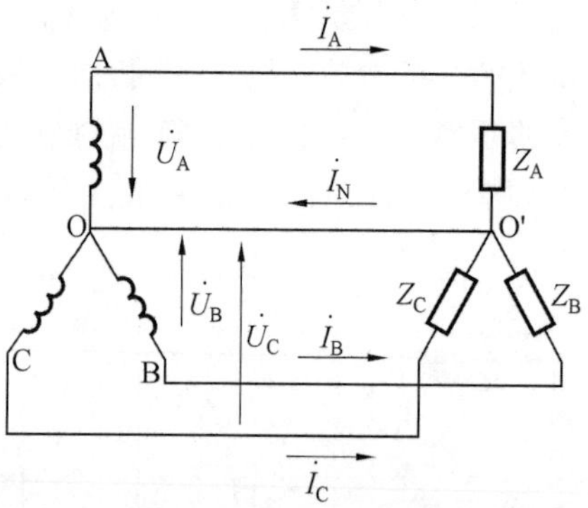

图 2.89 负载星型连接有中性线电路原理图

设 U_P 为电源相电压有效值，U_L 为电源线电压有效值；I_P 为负载相电流有效值，I_L 为电路线电流有效值。

图 2.89 中，$\dot{U}_{O'O}=0$，因此 $\dot{U}_{AO'}=\dot{U}_A$，$\dot{U}_{BO'}=\dot{U}_B$，$\dot{U}_{CO'}=\dot{U}_C$。星型连接的电路中，根据电路结构可知，无论负载是否对称，线电流等于相电流，即

$$\dot{I}_{Li}=\dot{I}_{Pi} \tag{2.74}$$

设 $\dot{U}_A=U_P\angle 0°$，则 $\dot{U}_B=U_P\angle -120°$，$\dot{U}_C=U_P\angle 120°$。负载两端的电压和负载上流过的电流的关系为

$$\dot{I}_A=\frac{\dot{U}_A}{Z_A} \tag{2.75}$$

$$\dot{I}_B=\frac{\dot{U}_B}{Z_B} \tag{2.76}$$

$$\dot{I}_C=\frac{\dot{U}_C}{Z_C} \tag{2.77}$$

根据 KCL,可知中性线电流与各相电流关系为

$$\dot{I}_N=\dot{I}_A+\dot{I}_B+\dot{I}_C \tag{2.78}$$

(1)三相负载对称。

当负载对称时,设$Z_A=Z_B=Z_C=Z=R+jX$,由于负载两端的电压有效值相等,因此三相负载的相电流有效值相等,即

$$I_A=I_B=I_C=I_P=\frac{U_P}{|Z|} \tag{2.79}$$

$$\varphi_A=\varphi_B=\varphi_C=\varphi=\arctan\frac{X}{R} \tag{2.80}$$

此时流过中性线的电流 $I_N=0$。因此在负载对称的情况下,去除中性线,负载的工作状态不变。

(2)三相负载不对称。

负载不对称,按照式(2.75)~(2.77)计算电流,此时的中性线电流 $I_N\neq0$,需要按照式(2.78)计算求得。

(3)当某相负载短路或断路时。

①当某相负载短路时,短路相由于线电流过大而烧断保险,其他两相负载正常工作;

②当某相负载断路时,断路相电流为 0,其他两相负载正常工作。

2. 实例一

选取 6 个 220 V、25 W 的白炽灯,接到三相交流电源上,电路如图 2.90 所示。求各相电流及中性线电流。

(1)理论计算。

白炽灯额定工作状态时,$U_P=220$ V。25 W 的白炽灯额定工作状态的电流和电阻分别为

$$I_P=\frac{P}{U_P}=\frac{25}{220}\approx113.6\ (\text{mA}) \tag{2.81}$$

$$R=\frac{U_P^2}{P}=\frac{220\times220}{25}=1\ 936\ (\Omega) \tag{2.82}$$

①三相负载对称。图 2.90 中如果将三个开关闭合,即每相均接入两个并联的白炽灯,则每相的电流加倍,每相电阻为一个白炽灯电阻的 1/2,每相功率为一个白炽灯功率的 1/4。此时中性线电流为 0。

②三相负载不对称。将图 2.90 电路中任意一相的开关断开,此时该相仅有一个灯亮。因此三相电流有效值不再相等。

选择 A 相只亮一个灯。

设$\dot{U}_A=220\angle0^\circ$ V,则$\dot{U}_B=220\angle-120^\circ$ V,$\dot{U}_C=220\angle120^\circ$ V。根据式(2.75)~(2.78)计算可得

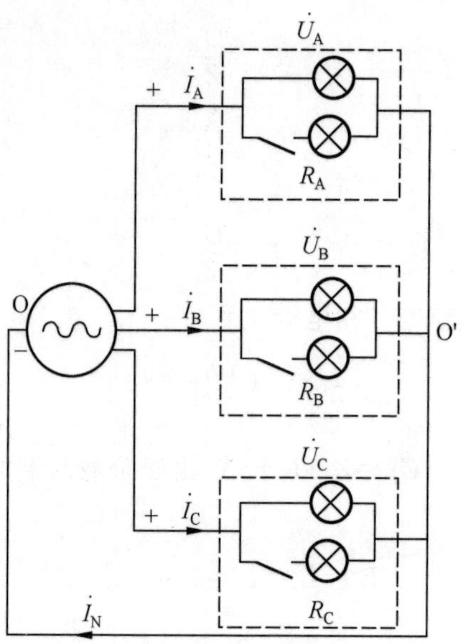

图 2.90 负载星型连接有中性线实例一电路图

$$\dot{I}_A=\frac{\dot{U}_A}{R_A}=\frac{220\angle 0^\circ}{1\ 936}=113.6\angle 0^\circ\ (\text{mA})$$

$$\dot{I}_B=\frac{\dot{U}_B}{R_B}=\frac{220\angle -120^\circ}{1\ 936/2}=227.3\angle -120^\circ\ (\text{mA})$$

$$\dot{I}_C=\frac{\dot{U}_C}{R_C}=\frac{220\angle 120^\circ}{1\ 936/2}=227.3\angle 120^\circ\ (\text{mA})$$

$$\dot{I}_N=\dot{I}_A+\dot{I}_B+\dot{I}_C=113.6\angle 180^\circ\ (\text{mA})$$

可见，此时中性线电流已经不为 0。因此在实际应用电路中，负载不对称时，禁止去除中性线或者在中性线上安装开关。

③某相负载短路。选择 A 相负载短路，短路相会因电流很大而烧坏保险，其他两相不受影响，白炽灯会正常点亮。

④某相负载断路。选择 A 相断路，则 A 相的两个灯都不会亮，其他两相不受影响，白炽灯会正常点亮。

(2)仿真验证。

参照图 2.90 连接仿真电路，需要的元器件见表 2.8。

表 2.8 三相电路仿真元器件列表

名称	仿真元器件名称	参数及功能要求	备注
灯泡	Lamp	耐压 220 V，功率 25 W，阻值 1 936 Ω	参数可修改
三相交流电压源	V3PHASE	有效值(Rmsp)：220 V，频率：50 Hz	参数可修改
交流电流表	AC AMMETER	选择安培(Milliamps)挡	虚拟仪器中
保险	FUSE	ACTIVE(可仿真器件)	参数可修改
交流电压表	AC VOLTMETER	选择伏特(Volts)挡	虚拟仪器中

仿真电路图如图 2.91 所示。根据计算结果，电路的线电流最大为 0.23 A，设置保险丝电流为 0.3 A。图 2.91(a)为负载对称的情况；图 2.91(b)为负载不对称的情况，断开了 A 相的一个灯；图 2.91(c)为某相负载短路的情况，将 A 相的两个灯短路；图 2.91(d)为某相负载断路的情况，将 A 相支路断开。

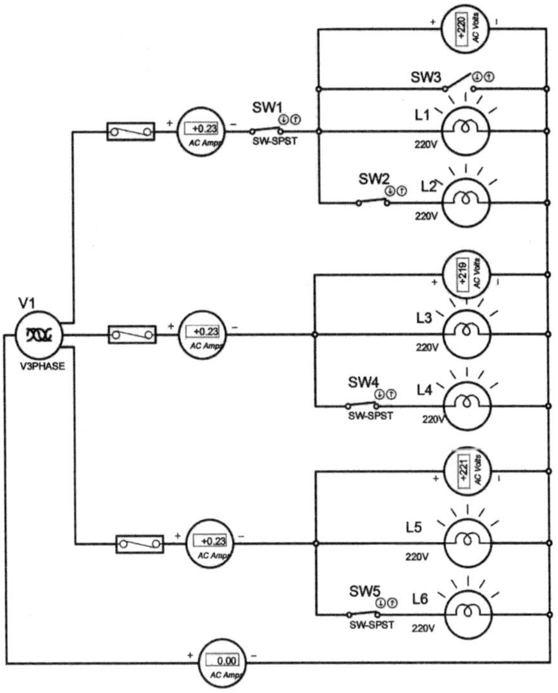

(a) 负载对称

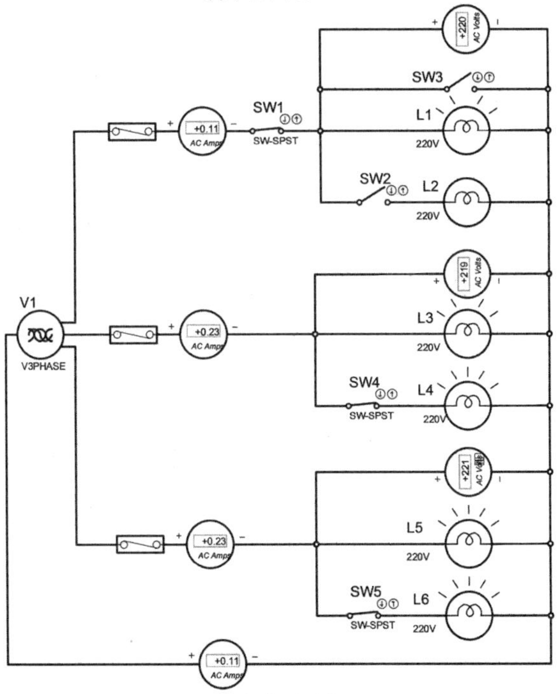

(b) 负载不对称

图 2.91　星型连接有中性线实例一仿真电路图

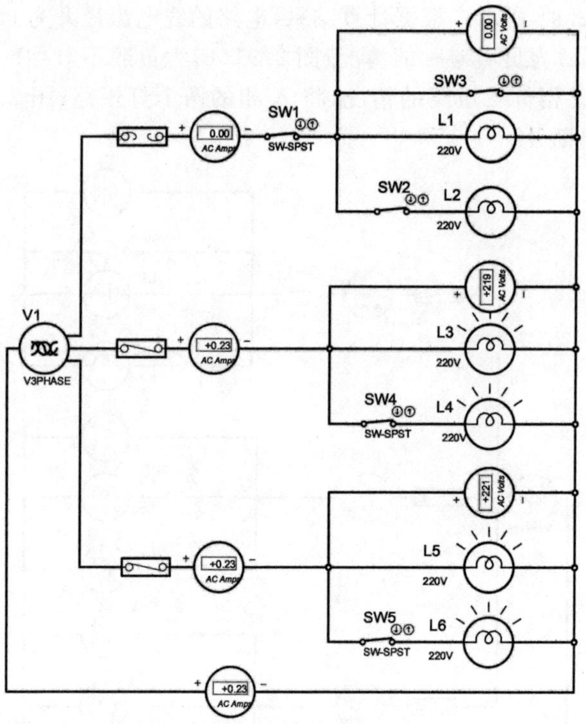

(c) 某相负载短路

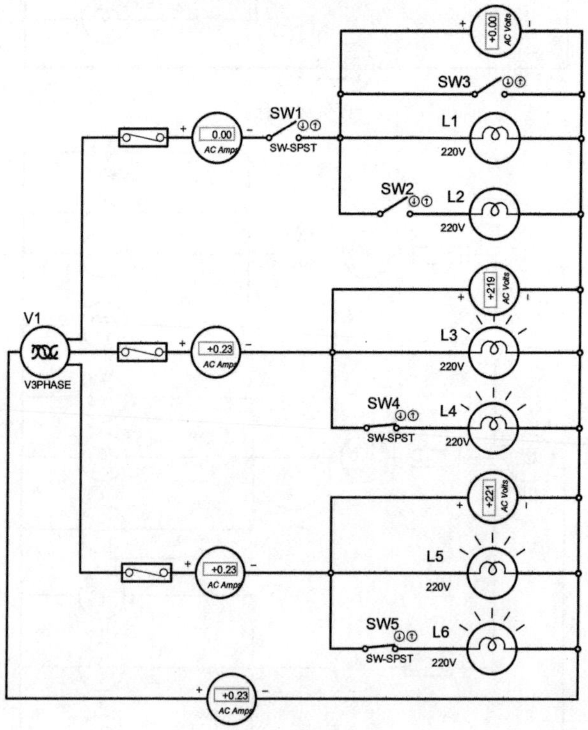

(d) 某相负载断路

续图 2.91

3. 实例二

电路如图 2.92 所示，已知$U_P=220$ V，三相负载的电流是否相等？中性线电流是否为零？如果不为零，求各相负载电流及中性线电流。

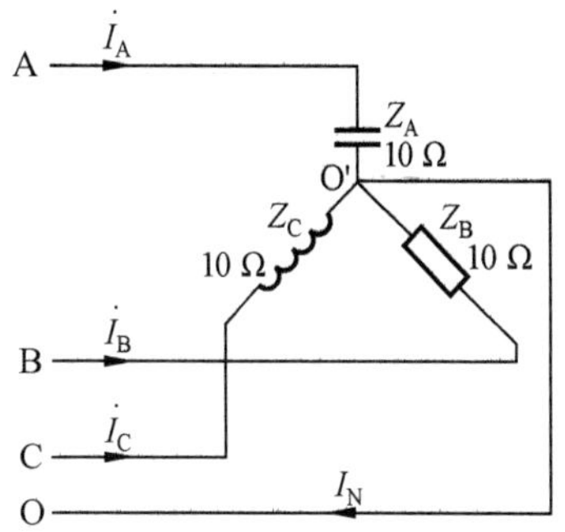

图 2.92　星型连接有中性线实例二电路图

(1)理论计算。

设$\dot{U}_A=220\angle 0°$ V，则$\dot{U}_B=220\angle -120°$ V，$\dot{U}_C=220\angle 120°$ V。根据式(2.75)～(2.78)计算可得

$$\dot{I}_A=\frac{\dot{U}_A}{Z_A}=\frac{220\angle 0°}{10\angle -90°}=22\angle 90°(\mathrm{A})$$

$$\dot{I}_B=\frac{\dot{U}_B}{Z_B}=\frac{220\angle -120°}{10}=22\angle -120°(\mathrm{A})$$

$$\dot{I}_C=\frac{\dot{U}_C}{Z_C}=\frac{220\angle 120°}{10\angle 90°}=22\angle 30°(\mathrm{A})$$

$$\dot{I}_N=\dot{I}_A+\dot{I}_B+\dot{I}_C=16.1\angle 60°(\mathrm{A})$$

三相负载的电流有效值相同，但由于三相负载性质不同，不是对称负载，因此中性线电流不为零，$I_N=16.1$ A。

(2)仿真验证。

由于 Proteus 中只有元器件参数，需要将感抗和容抗值转化为电感和电容的参数。

$$L=\frac{X_L}{2\pi f}=\frac{10}{2\times 3.14\times 50}\approx 31.8\ (\mathrm{mH}) \tag{2.83}$$

$$C=\frac{1}{X_C 2\pi f}=\frac{1}{10\times 2\times 3.14\times 50}\approx 318\ (\mu\mathrm{F}) \tag{2.84}$$

参照图 2.92 连接仿真电路，仿真结果如图 2.93 所示。

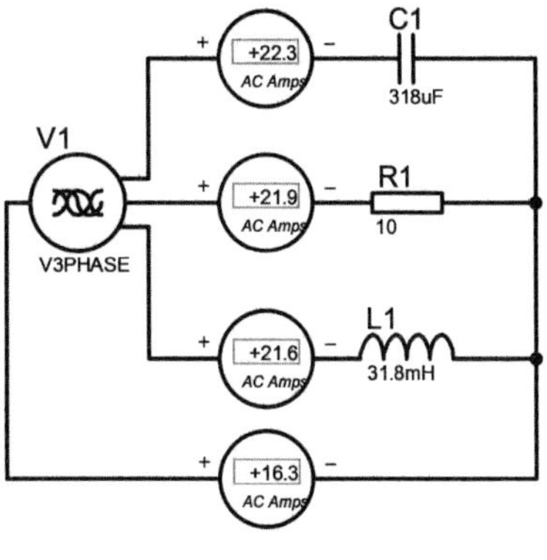

图 2.93　星型连接有中性线实例二仿真电路图

仿真结果与计算结果之间有误差，是由于计算过程四舍五入造成的。

2.6.2　负载星型连接无中性线(三相三线制)电路仿真实例

1. 理论分析

负载星型连接无中性线电路原理图如图 2.94 所示。电路中电源中性点和负载中性点之间的电压$\dot{U}_{O'O}$可以采用节点电压法求得。

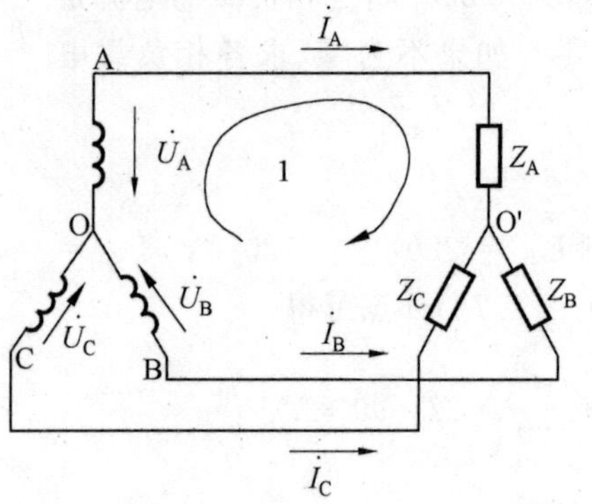

图 2.94　负载星型连接无中性线电路原理图

$$\dot{U}_{O'O}=\frac{\frac{\dot{U}_A}{Z_A}+\frac{\dot{U}_B}{Z_B}+\frac{\dot{U}_C}{Z_C}}{\frac{1}{Z_A}+\frac{1}{Z_B}+\frac{1}{Z_C}} \tag{2.85}$$

(1)三相负载对称。

当负载对称时,设$Z_A=Z_B=Z_C=Z=R+jX$,则$\dot{U}_{O'O}=0$ V(与有中性线负载对称时情况相同)。

(2)三相负载不对称。

当负载不对称时,由于$\dot{U}_{O'O}\neq 0$,则有

$$\dot{I}_A=\frac{\dot{U}_A-\dot{U}_{O'O}}{Z_A} \tag{2.86}$$

$$\dot{I}_B=\frac{\dot{U}_B-\dot{U}_{O'O}}{Z_A} \tag{2.87}$$

$$\dot{I}_C=\frac{\dot{U}_C-\dot{U}_{O'O}}{Z_A} \tag{2.88}$$

若三相负载不对称而又无中性线(即三相三线制)时,三个负载的相电压不相等,各相电流也不相等,可能导致负载阻抗模小的一相因相电压过高而遭受损坏,负载阻抗模大的一相因相电压过低而不能正常工作。

因此,不对称三相负载做星型连接时,必须采用三相四线制接法,且中性线必须牢固连接,才能保证相电压有效值相等,负载正常工作。

无论负载是否对称,都满足交流形式的 KCL 和 KVL。

根据 KCL 得

$$\dot{I}_A+\dot{I}_B+\dot{I}_C=0 \tag{2.89}$$

根据图 2.94 回路 1,列写 KVL 方程得

$$\dot{U}_A-\dot{I}_A Z_A+\dot{I}_B Z_B-\dot{U}_B=0 \tag{2.90}$$

读者也可以参照式(2.90)列写其他两个回路的 KVL 方程。

(3)当某相负载短路或断路时。

①当某相负载短路时,其他两相负载相当于接入了线电压,远远超过了负载的额定电压,这是不允许的。

②当某相负载断路时,断路相电流为 0,其他两相负载串联接入线电压,如果负载对称,则两相负载的端电压均小于额定电压;如果负载不对称,则电阻大的分压大,电阻小的分压小。

2. 实例一

选取 6 个 220 V、25 W 的白炽灯,接到三相交流电源上,不连接中性线,电路如图 2.95 所示。求各相电流。

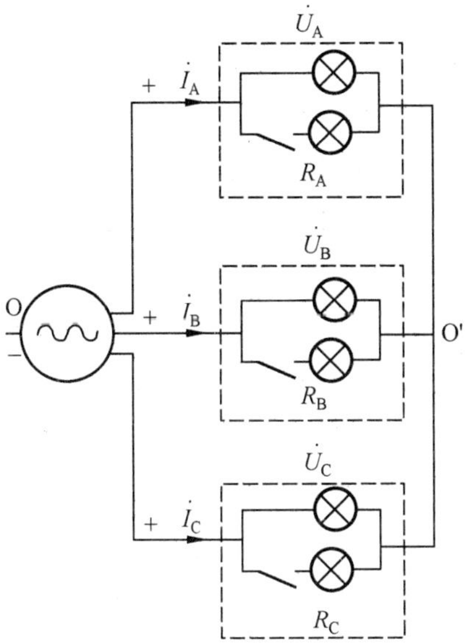

图 2.95　负载星型连接无中性线实例一电路图

(1)理论计算。

①三相负载对称。图 2.95 中如果将三个开关闭合,即每相均接入两个并联的白炽灯,则此时$\dot{U}_{O'O}=0$ V。三相电流有效值均为 227.3 mA。

②三相负载不对称。选择图 2.95 电路中 A 相只亮一个灯,设$\dot{U}_A=220\angle 0°$ V,则$\dot{U}_B=220\angle -120°$ V,$\dot{U}_C=220\angle 120°$ V。

根据式(2.85)计算两个中性点之间的电压,得

$$\dot{U}_{O'O}=\frac{\frac{\dot{U}_A}{R_A}+\frac{\dot{U}_B}{R_B}+\frac{\dot{U}_C}{R_C}}{\frac{1}{R_A}+\frac{1}{R_B}+\frac{1}{R_C}}=\frac{\frac{220\angle 0°}{1\ 936}+\frac{220\angle -120°}{1\ 936/2}+\frac{220\angle 120°}{1\ 936/2}}{\frac{1}{1\ 936}+\frac{1}{1\ 936/2}+\frac{1}{1\ 936/2}}=44\angle 180°\ (\mathrm{V})$$

根据式(2.86)计算 A 相电流,得

$$\dot{I}_A=\frac{\dot{U}_A-\dot{U}_{O'O}}{R_A}=\frac{220\angle 0°-44\angle 180°}{1\ 936}=\frac{264}{1\ 936}=136.4\angle 0°\ (\mathrm{mA})$$

由计算结果可见,由于负载不对称,若没有中性线,A 相负载的电压有效值为 264 V,已经超过了灯泡的额定电压,如果接通电路,灯泡会比正常工作时亮很多,甚至可能会烧坏。同样,

根据式(2.87)和式(2.88)可以计算B相和C相的电流。得

$$\dot{I}_B=\frac{\dot{U}_B-\dot{U}_{O'O}}{R_B}=\frac{220\angle-120°-44\angle180°}{1\,936/2}=\frac{198.58\angle-106.38°}{1\,936/2}=208.3\angle-109.1°\ (\text{mA})$$

$$\dot{I}_C=\frac{\dot{U}_C-\dot{U}_{O'O}}{R_C}=\frac{220\angle120°-44\angle180°}{1\,936/2}=\frac{198.58\angle106.38°}{1\,936/2}=208.3\angle109.1°\ (\text{mA})$$

B相和C相的电压小于灯泡的额定电压，有效值均为198.58 V。如果A相灯泡能工作，则A相灯泡将会变得更亮，B相和C相的灯泡则会变暗。如果A相灯泡因过载烧坏而断路，则B相和C相的灯泡相当于串联接入线电压，灯泡两端的电压有效值为190 V，灯泡也会变暗。

(2)仿真验证。

仿真电路图如图2.96所示。根据计算结果，电路的线电流最大为0.23 A，设置保险丝电流为0.3 A。图2.96(a)为负载对称的情况；图2.96(b)为负载不对称的情况，断开A相的一个灯；图2.96(c)为某相负载断路(另两相负载对称)的情况，将A相负载断开；图2.96(d)为某相负载断路(另两相负载不对称)的情况；图2.96(e)为某相负载短路(另两相负载对称)的情况，将A相的两个灯短路；图2.96(f)为某相负载短路(另两相负载不对称)的情况。

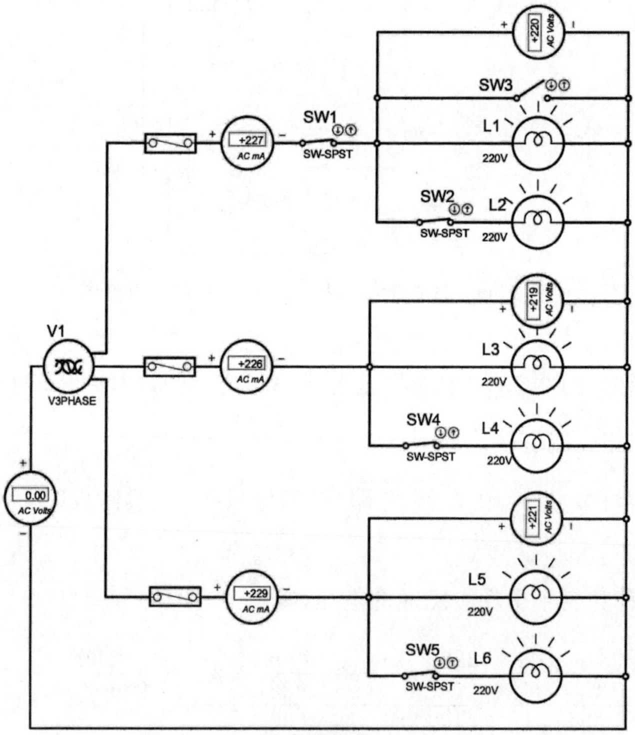

(a) 负载对称

图2.96 星型连接无中性线实例二仿真电路图

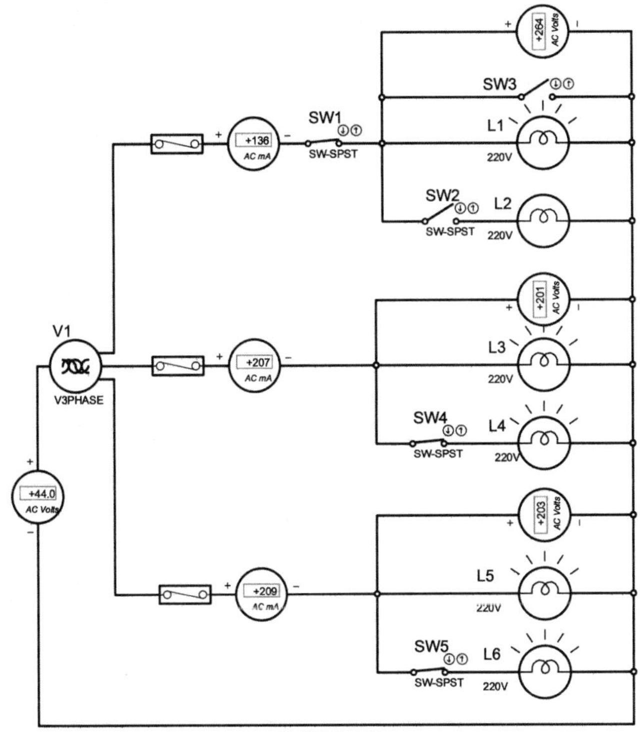

(b) 负载不对称

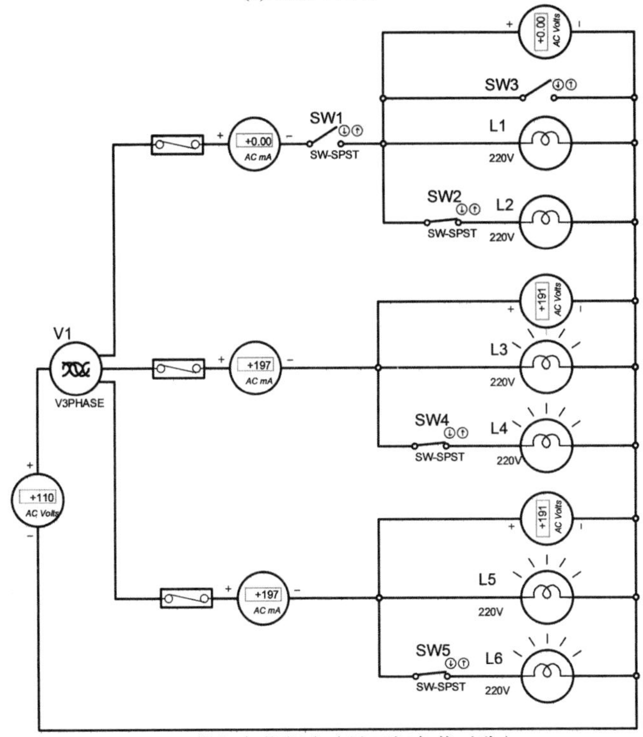

(c) 某相负载断路（另两相负载对称）

续图 2.96

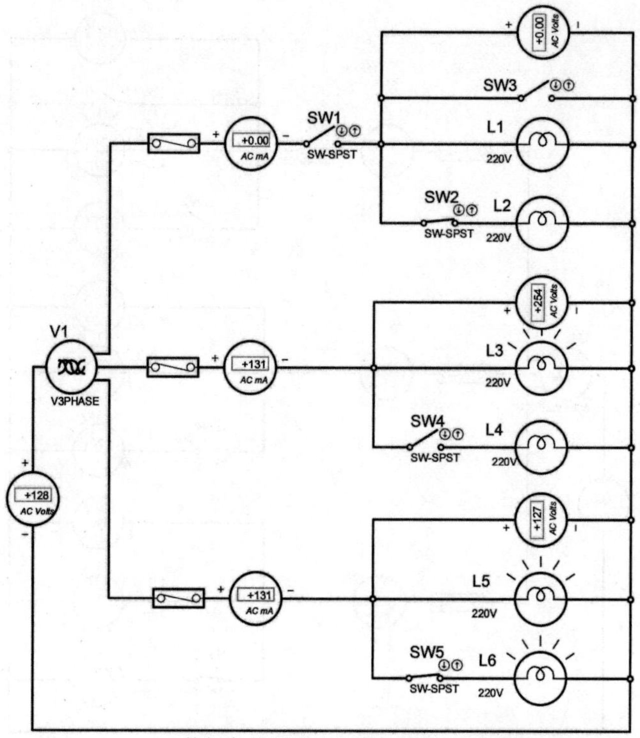

(d) 某相负载断路（另两相负载不对称）

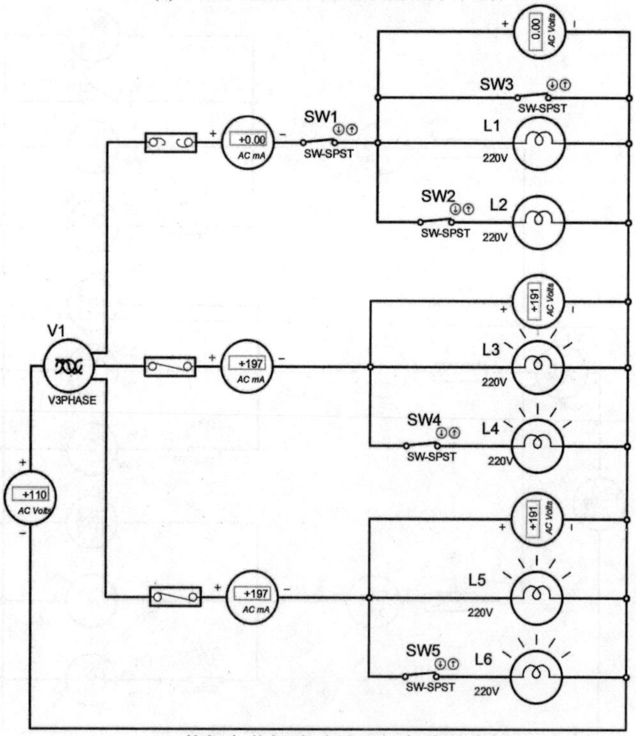

(e) 某相负载短路（另两相负载对称）

续图 2.96

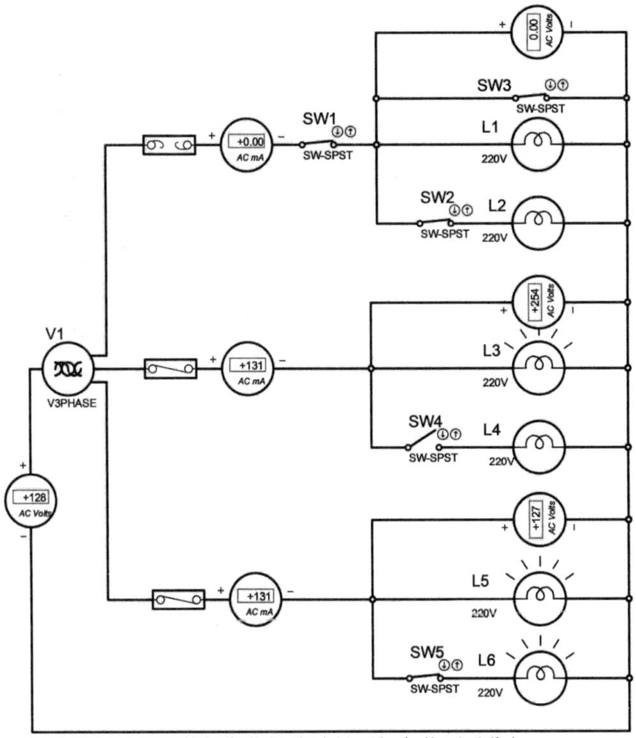

(f) 某相负载短路（另两相负载不对称）

续图 2.96

由图 2.96(b)可见，负载不对称时，A 相负载的电压为 264 V，超出了负载的额定电压。由图 2.96(e)可见，当某相短路时，由于短路电流过大，将保险烧断，如果 B 相和 C 相负载电阻相同，则平分线电压，结果与图 2.96(c)相同。由图 2.96(f)可见，当某相短路时，由于短路电流过大，将保险烧断，如果 B 相和 C 相负载电阻不同，则负载的分压情况与图 2.96(d)所示电路相同。

为了观察负载短路的实验现象，将图 2.96(e)中保险丝删除，此时另两相负载的相电压高达 378 V，这是不允许的。仿真结果如图 2.97 所示。

实际器件连接实验时，要观察故障现象，同时考虑用电安全，可以采用降低电压的方法，由于某相短路时另两相相当于接入线电压，即如果设$U_L=220$ V，则$U_P \approx 127$ V。

将图 2.94 中的三相电源的有效值改为 127 V，其他设置不变，理论计算请读者自行完成。运行电路后，得到的仿真结果如图 2.98 所示。

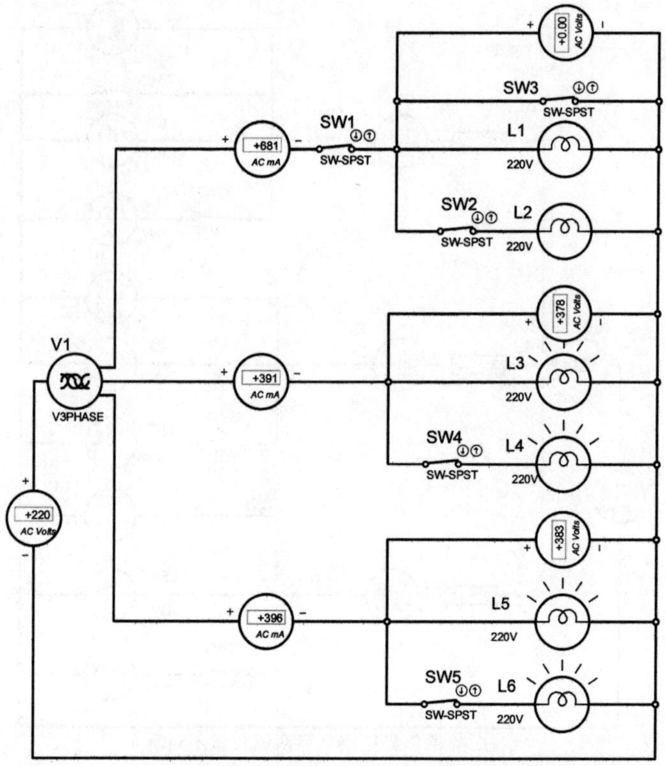

图 2.97　星型连接无中性线某相短路(未加保险)仿真电路图

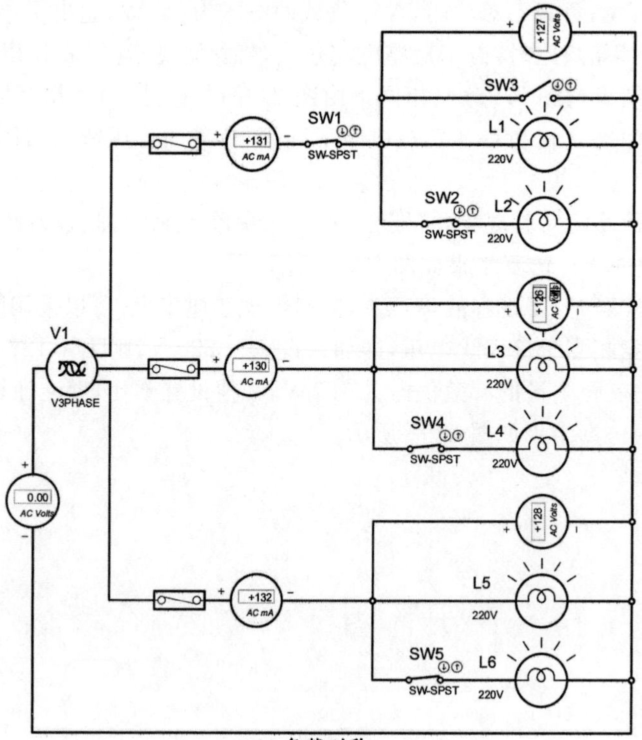

(a) 负载对称

图 2.98　星型连接无中性线相电压为 127 V 仿真电路图

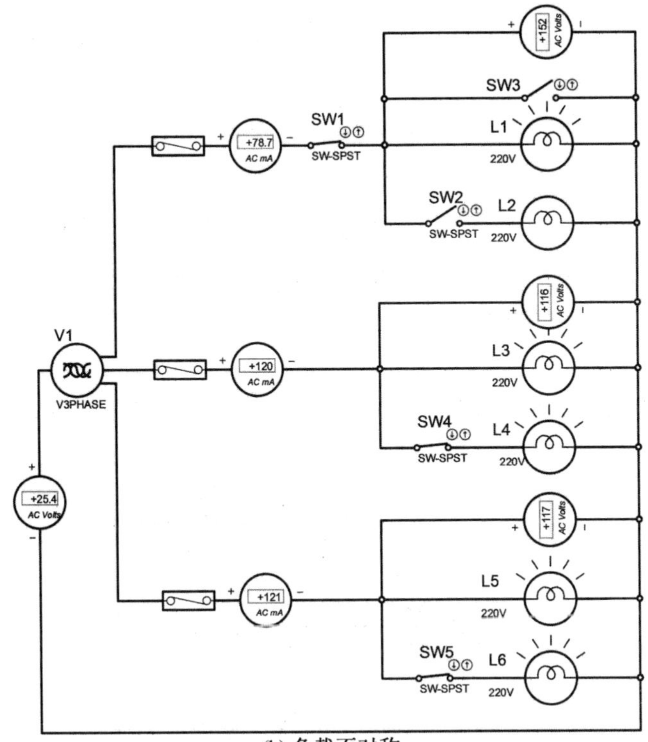

(b) 负载不对称

续图 2.98

3. 实例二

三相电路如图 2.99 所示，已知$U_P=220$ V，三相负载的电流是否相等？中性点之间的电压是否为零？如果不为零，求出中性点之间的电压及各相电流。

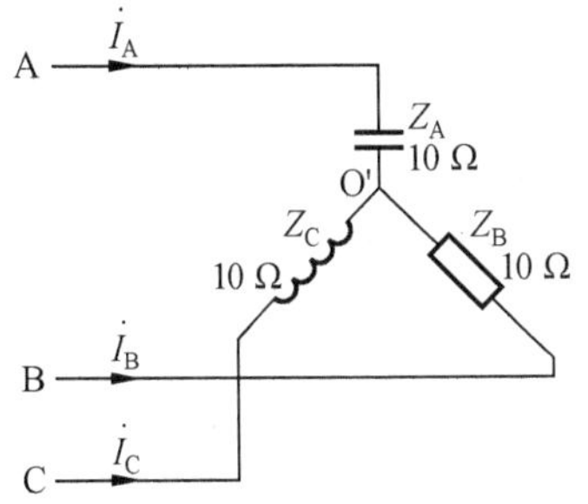

图 2.99　三相三线制实例二电路图

(1)理论计算。

设$\dot{U}_A=220\angle 0^\circ$ V，则$\dot{U}_B=220\angle -120^\circ$ V，$\dot{U}_C=220\angle 120^\circ$ V。根据式(2.85)可得

$$\dot{U}_{O'O}=\frac{\dfrac{\dot{U}_A}{Z_A}+\dfrac{\dot{U}_B}{Z_B}+\dfrac{\dot{U}_C}{Z_C}}{\dfrac{1}{Z_A}+\dfrac{1}{Z_B}+\dfrac{1}{Z_C}}=\frac{\dfrac{220\angle 0^\circ}{10\angle -90^\circ}+\dfrac{220\angle -120^\circ}{10\angle 0^\circ}+\dfrac{220\angle 120^\circ}{10\angle 90^\circ}}{\dfrac{1}{-10j}+\dfrac{1}{10}+\dfrac{1}{10j}}\approx 161\angle 60^\circ\ (\text{V})$$

根据式(2.86)～(2.88)可得

$$\dot{I}_A=\frac{\dot{U}_A-\dot{U}_{O'O}}{Z_A}=\frac{220\angle 0°-161\angle 60°}{10\angle -90°}\approx 19.7\angle 45°\ (A)$$

$$\dot{I}_B=\frac{\dot{U}_B-\dot{U}_{O'O}}{Z_B}=\frac{220\angle -120°-161\angle 60°}{10}\approx 37.2\angle -150°(A)$$

$$\dot{I}_C=\frac{\dot{U}_C-\dot{U}_{O'O}}{Z_C}=\frac{220\angle 120°-161\angle 60°}{10\angle 90°}\approx 19.7\angle -165°(A)$$

负载不对称没有中性线，虽然三相负载的阻抗值相同，但是三相负载的电流有效值不再相同，因为中性点之间的电压不为零，$U_{O'O}\approx 161$ V。

(2)仿真验证。

由于 Proteus 中只有元器件参数，将感抗和容抗值转化为电感和电容参数，仿真电路如图 2.100 所示。

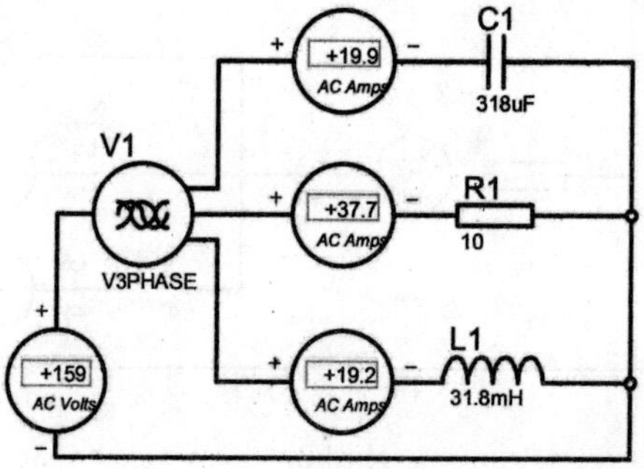

图 2.100　三相四线制实例二仿真电路图

仿真结果与计算结果之间有误差，是因为阻抗和容抗计算值四舍五入造成的。

2.6.3　负载三角型连接的三相电路仿真实例

1. 理论分析

负载三角型连接的三相电路原理图如图 2.101 所示。各相负载直接接在电源的线电压(U_L)上，负载的相电压与电源的线电压相等，即

$$U_L=U_P \tag{2.91}$$

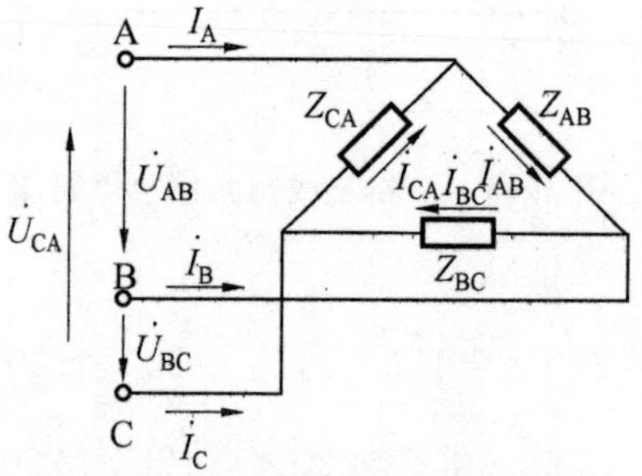

图 2.101　负载三角型连接三相电路图

设$\dot{U}_A=U_P\angle 0°$，则$\dot{U}_{AB}=U_L\angle 30°$，$\dot{U}_{BC}=U_L\angle -90°$，$\dot{U}_{CA}=U_L\angle +150°$。则各相负载的相电流为

$$\dot{I}_{AB}=\frac{\dot{U}_{AB}}{Z_{AB}} \tag{2.92}$$

$$\dot{I}_{BC}=\frac{\dot{U}_{BC}}{Z_{BC}} \tag{2.93}$$

$$\dot{I}_{CA}=\frac{\dot{U}_{CA}}{Z_{CA}} \tag{2.94}$$

各相电源的线电流为

$$\dot{I}_{A}=\dot{I}_{AB}-\dot{I}_{CA} \tag{2.95}$$

$$\dot{I}_{B}=\dot{I}_{BC}-\dot{I}_{AB} \tag{2.96}$$

$$\dot{I}_{C}=\dot{I}_{CA}-\dot{I}_{BC} \tag{2.97}$$

(1)三相负载对称。

三相负载对称(即 $Z_A=Z_B=Z_C=Z$),则负载的相电流有效值相等,电源的线电流有效值也相等,且相电流有效值与线电流有效值之间的关系为

$$I_L=\sqrt{3}I_P \tag{2.98}$$

(2)三相负载不对称。

三相负载不对称时,相电流与线电流之间不再是$\sqrt{3}$的关系

$$I_L\neq\sqrt{3}I_P \tag{2.99}$$

当三相负载做三角型连接时,无论负载是否对称,只要电源的线电压 U_L对称,加在三相负载上的电压 U_P就是对称的,对各相负载工作没有影响。

(3)某相电源或者某相负载断路。

假设三相负载为对称负载,但是如果在实际连接过程中出现连接故障,一般有两种情况:

①某相电源断路。在图 2.101 中,假设 C 相电源断路,则负载Z_{AB}工作状态不变,负载Z_{BC}和Z_{CA}串联接入线电压,由于负载对称,负载的相电压为电源线电压的一半。

②某相负载断路。在图 2.101 中,假设Z_{CA}相负载断路,则负载Z_{AB}和Z_{BC}工作状态不变,相电流不变,但是三个线电流将发生变化,$\dot{I}_A=\dot{I}_{AB}$,$\dot{I}_C=-\dot{I}_{BC}$,$\dot{I}_B=\dot{I}_{BC}-\dot{I}_{AB}$,也就是说,A 相和 C 相的线电流有效值等于相电流有效值,电流值减小,B 相电流不变。

2. 实例一

选取 6 个 220 V、25 W 的白炽灯,以三角型的连接方式接到三相交流电源上,为保证灯泡工作在额定状态,调整可调三相交流电源,使线电压 $U_L=220$ V(即相电压 $U_P=127$ V)。电路如图 2.102 所示。求负载相电流及电路线电流。

(1)理论计算。

① 三相负载对称。图 2.102 中如果将三个开关闭合,即每相均接入两个并联的白炽灯。则三相负载的相电流为

$$I_{AB}=I_{BC}=I_{CA}=I_P=\frac{220}{1\ 936/2}=227.3\ (\text{mA})$$

三相电源的线电流为相电流的$\sqrt{3}$倍,即

$$I_A=I_B=I_C=I_L=\sqrt{3}I_P=393.6\ \text{mA}$$

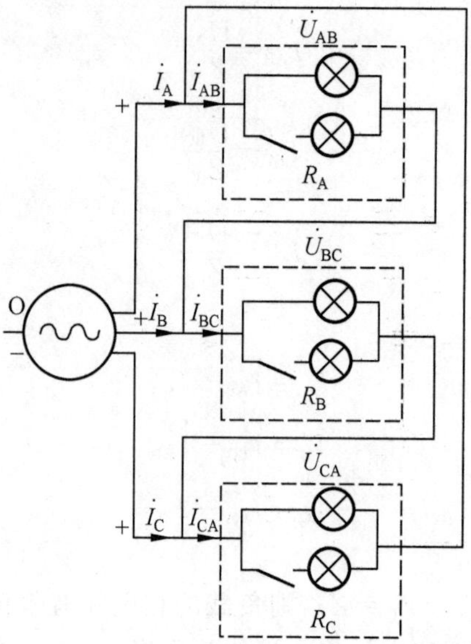

图 2.102　负载三角型连接实例一电路图

②三相负载不对称。选择图 2.102 电路中 A 相只亮一个灯，设$\dot{U}_{AB}=220\angle 0°$ V，则$\dot{U}_{BC}=220\angle -120°$ V，$\dot{U}_{CA}=220\angle 120°$ V。根据式(2.92)～(2.94)计算三相负载的相电流分别为

$$\dot{I}_{AB}=\frac{\dot{U}_{AB}}{R_{AB}}=\frac{220\angle 0°}{1\ 936}=113.6\angle 0°\ (\text{mA})$$

$$\dot{I}_{BC}=\frac{\dot{U}_{BC}}{R_{BC}}=\frac{220\angle -120°}{1\ 936/2}=227.3\angle -120°\ (\text{mA})$$

$$\dot{I}_{CA}=\frac{\dot{U}_{CA}}{R_{CA}}=\frac{220\angle 120°}{1\ 936/2}=227.3\angle 120°\ (\text{mA})$$

根据式(2.95)～(2.97)计算三相电源的线电流分别为

$$\dot{I}_A=\dot{I}_{AB}-\dot{I}_{CA}=113.6\angle 0°-227.3\angle 120°=300.6\angle -41°\ (\text{mA})$$

$$\dot{I}_B=\dot{I}_{BC}-\dot{I}_{AB}=227.3\angle -120°-113.6\angle 0°=300.6\angle -139°\ (\text{mA})$$

$$\dot{I}_C=\dot{I}_{CA}-\dot{I}_{BC}=227.3\angle 120°-227.3\angle -120°=393.7\angle 90°\ (\text{mA})$$

(2)仿真验证。

负载三角型连接仿真电路如图 2.103 所示。图 2.103(a)为负载对称的情况；图 2.103(b)为负载不对称的情况；图 2.103(c)为某相电源断路的情况；图 2.103(d)为某相负载断路的情况。

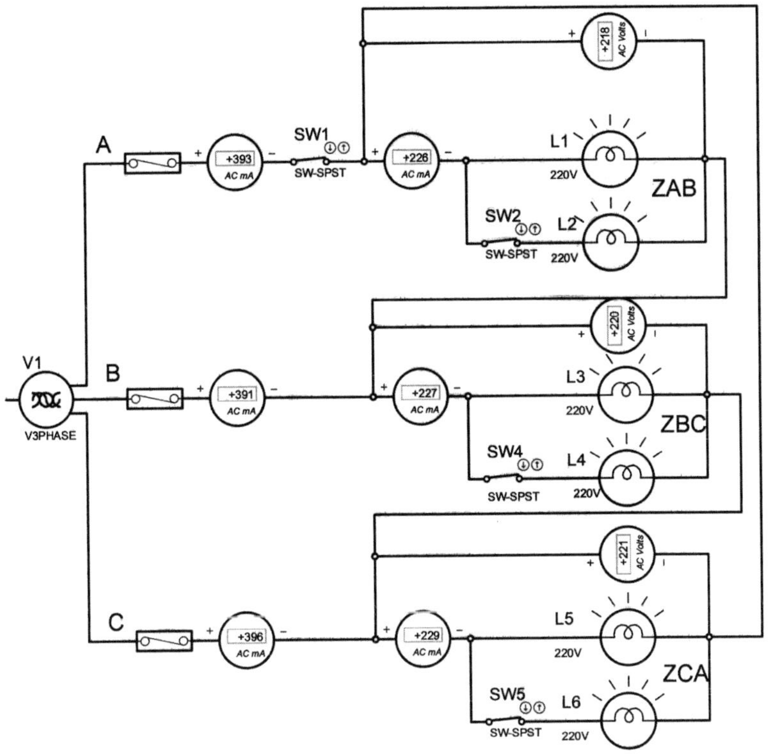

(a) 负载对称

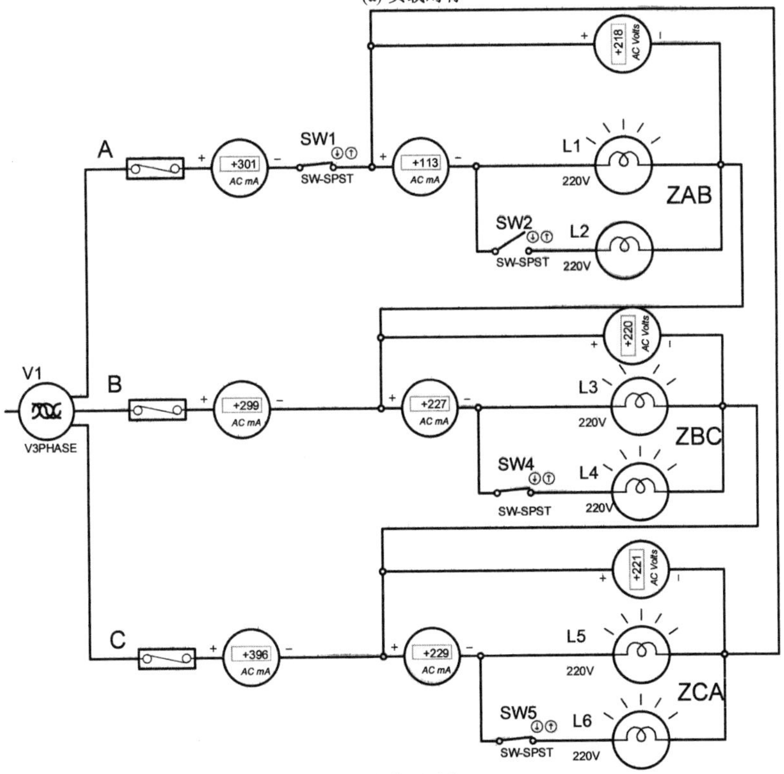

(b) 负载不对称

图 2.103　负载三角型连接三相电路实例一仿真电路图

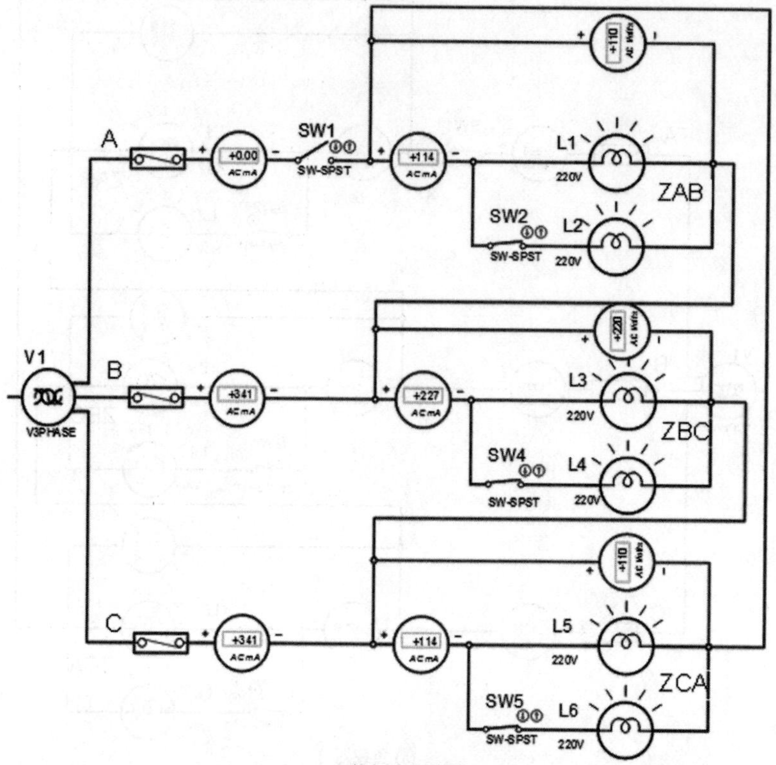

(c) 某相电源断路

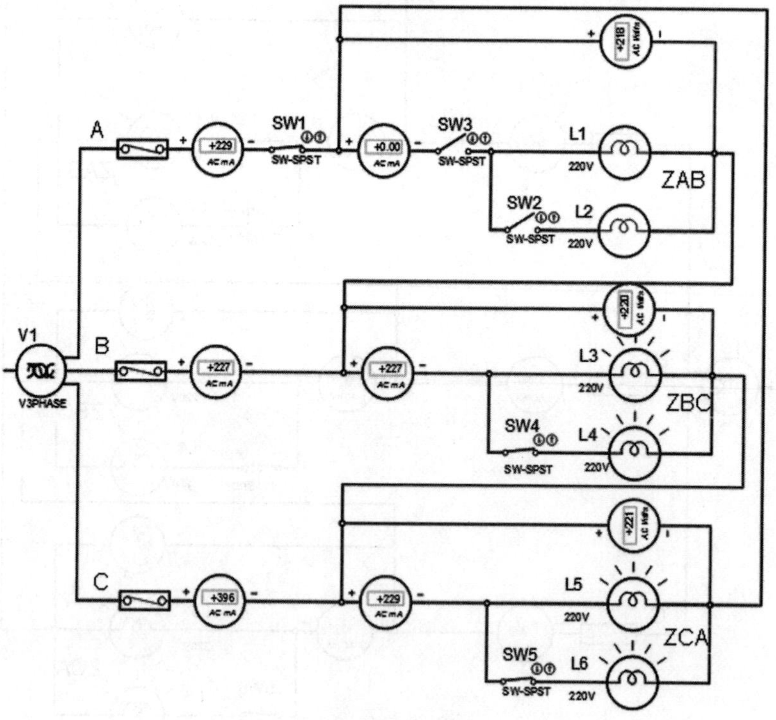

(d) 某相负载断路

续图 2.103

3. 实例二

电路如图 2.104 所示，已知$U_L=220$ V，三相负载的相电流是否相等？电路线电流是否相等？分别求出各相负载相电流及电路线电流。

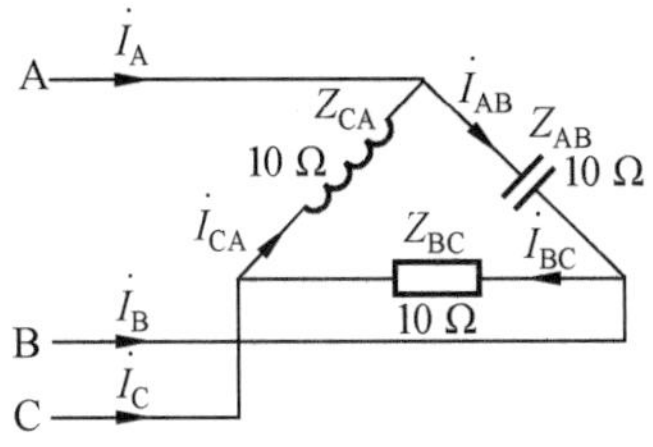

图 2.104　负载三角形连接三相电路实例二电路图

(1)理论计算。

设$\dot{U}_{AB}=220\angle 0°$ V，则$\dot{U}_{BC}=220\angle -120°$ V，$\dot{U}_{CA}=220\angle 120°$ V。根据式(2.92)～(2.94)可得

$$\dot{I}_{AB}=\frac{\dot{U}_{AB}}{Z_A}=\frac{220\angle 0°}{10\angle -90°}=22\angle 90°(\mathrm{A})$$

$$\dot{I}_{BC}=\frac{\dot{U}_{BC}}{Z_B}=\frac{220\angle -120°}{10}=22\angle -120°(\mathrm{A})$$

$$\dot{I}_{CA}=\frac{\dot{U}_{CA}}{Z_C}=\frac{220\angle 120°}{10\angle 90°}=22\angle 30°(\mathrm{A})$$

根据式(2.95)～(2.97)计算三相电源的线电流分别为

$$\dot{I}_A=\dot{I}_{AB}-\dot{I}_{CA}=22\angle 90°-22\angle 30°=22\angle 150°(\mathrm{A})$$

$$\dot{I}_B=\dot{I}_{BC}-\dot{I}_{AB}=22\angle -120°-22\angle 90°=42.5\angle -75°(\mathrm{A})$$

$$\dot{I}_C=\dot{I}_{CA}-\dot{I}_{BC}=22\angle 30°-22\angle -120°=42.5\angle 45°(\mathrm{A})$$

(2)仿真验证。

由于 Proteus 中只有元器件参数，将感抗和容抗值转化为电感和电容的参数，仿真电路如图 2.105 所示。

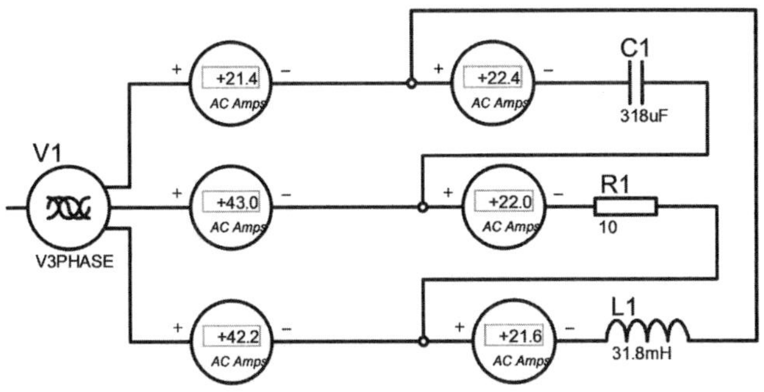

图 2.105　负载三角型连接三相电路实例二仿真电路图

虽然三相负载的相电流有效值相同，由于不是对称负载，因此三个线电流不相等。

第 3 章　模拟电子技术仿真实例

3.1　单晶体管电路仿真实例

3.1.1　单晶体管共发射极放大电路仿真实例

单晶体管共发射极分压式偏置放大电路如图 3.1 所示。该电路由 1 个 NPN 型三极管、4 个固定电阻、2 个可变电阻、3 个电解电容和 1 个直流电源组成，元器件参考数值如图 3.1 所示。

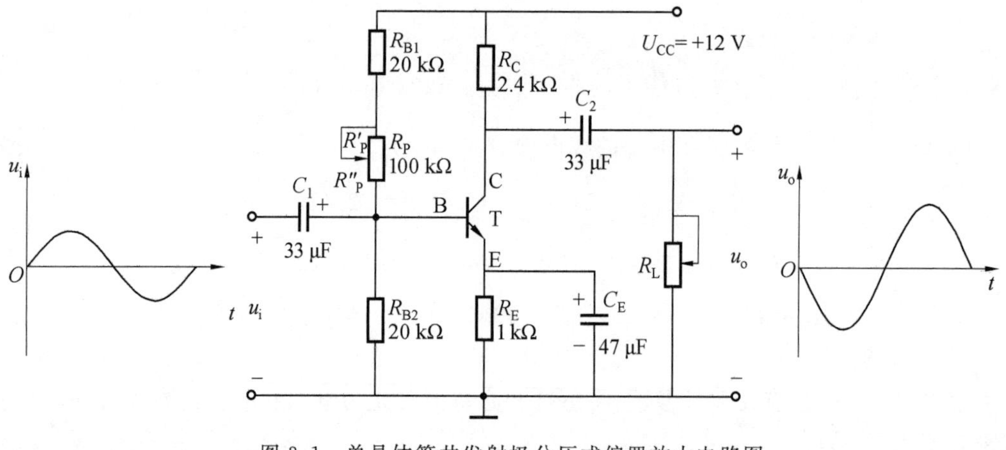

图 3.1　单晶体管共发射极分压式偏置放大电路图

1. 静态工作点的调整和测试

单晶体管共发射极电路正常工作在放大状态时要求发射结正偏，集电结反偏。对于 NPN 型三极管，$U_{BE}>0$，$U_{BC}<0$，且 $U_{CE}>U_{BE}$。此时，硅管发射结电压 U_{BE} 为 0.6～0.7 V，锗管发射结电压 U_{BE} 为 0.2～0.3 V。

(1)理论分析。

画出图 3.1 所示电路的直流通路如图 3.2 所示。图 3.2 中以 R_P+R_{B1} 和 R_{B2} 组成分压式偏置电路，调整 R_P，可以改变基极电位 V_B 和基极电流 I_B，从而改变集电极电流 I_C 和管压降 U_{CE}，得到合适的静态工作点 Q。

静态工作点 Q 的理论估算公式为

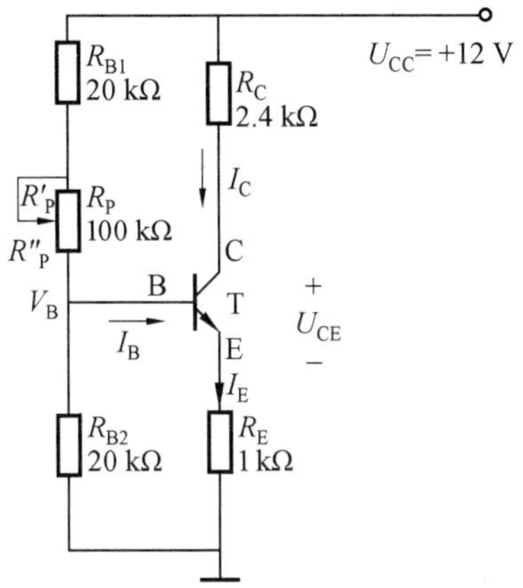

图 3.2　单晶体管共发射极分压式偏置放大电路直流通路电路图

$$\begin{cases} V_B = \dfrac{R_{B2}}{(R_{B1}+R''_P)+R_{B2}} U_{CC} \\ I_C \approx I_E = \dfrac{V_B - U_{BE}}{R_E} \\ I_B = \dfrac{I_C}{\beta} \\ U_{CE} = U_{CC} - I_C(R_C + R_E) \\ I_C \approx I_E = \dfrac{V_B - U_{BE}}{R_E} \end{cases} \tag{3.1}$$

实际的静态工作点参数需要通过实验测量及进一步的计算获得。

(2)仿真测试。

Proteus 仿真需要用到的元器件及仪表见表 3.1。

表 3.1　单晶体管共射电路静态工作点测试仿真所需元器件及仪表列表

名称	仿真元器件及仪表名称	参数及功能要求	备注
三极管	2N2222	小功率管	
电阻	Resistors	0.6 W	参数可修改
可变电阻	POT−HG	100 kΩ	参数可修改
电压源	POWER	+12 V	终端模式中
地	GROUND	—	终端模式中
直流电流表	AC AMMETER	2 个选择毫安(Milliamps)挡 1 个选择微安(Microamps)挡	虚拟仪器中
直流电压表	DC VOLTMETER	选择伏特(Volts)挡	虚拟仪器中
电压探针	VOLTAGE	—	探针模式中

静态工作点仿真电路如图 3.3 所示。图 3.3(a)中，采用直流电流表、直流电压表和电压探针测试相关数据。实际上，在 Proteus 软件中，晶体管的静态工作点是可以直接测试的，直接测试静态工作点的方法有两种：

①电路搭建好之后，用鼠标单击屏幕左下角的运行按钮▶，然后单击暂停按钮⏸，再用鼠标单击原理图界面的三极管，即出现如图 3.3(b)所示的界面；

②电路搭建好之后，点击菜单栏的“调试”按钮，然后选择出现的下拉菜单的第一项“开始仿真”，再用鼠标单击原理图界面的三极管，同样出现如图 3.3(b)所示的界面。

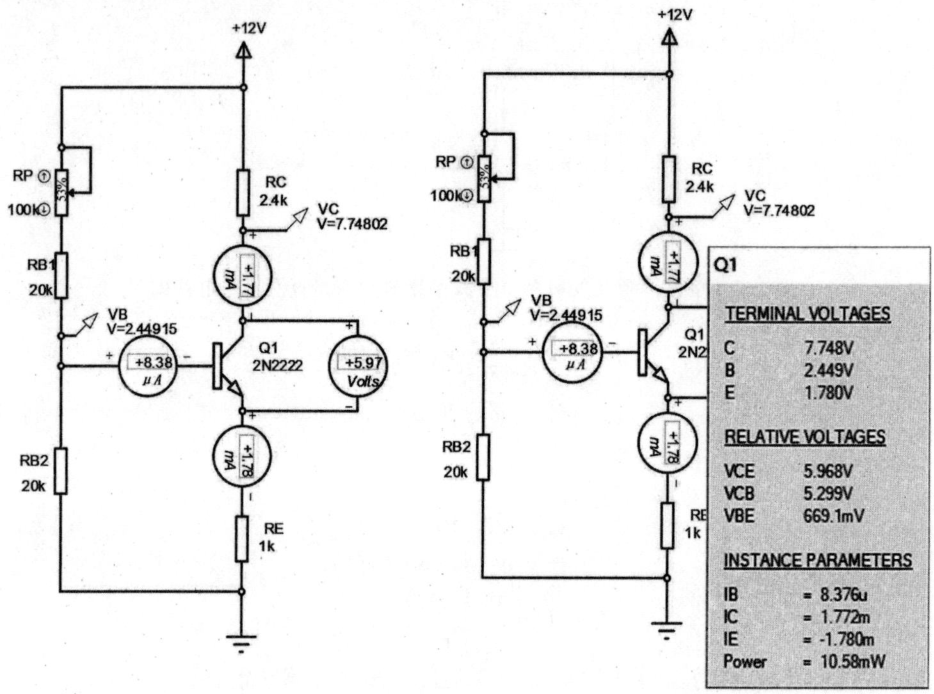

(a) (b)

图 3.3 单晶体管共发射极分压式偏置放大电路静态工作点仿真电路图

比较图 3.3(a)和图 3.3(b)可见，静态值完全相同，而且图 3.3(b)提供的数据信息更丰富。

(3)根据实验测试结果确定静态电流值和 β 值。

在图 3.3(b)中，$U_{CC}=+12$ V，通过调节可变电阻 R_P 使 $U_{CE}\approx+6$ V，理论计算可得

$$I_C=\frac{U_{CC}-U_{CE}}{R_C+R_E}=\frac{12-6}{2.4+1}\approx1.77\ (\text{mA})$$

根据图 3.3 的测量结果为 $U_{BE}\approx+0.67$ V，$V_B\approx+2.449$ V，$V_C\approx+7.748$ V，$I_B\approx+8.376$ μA，$I_C\approx+1.772$ mA 的值。可得 β 值为

$$\beta=\frac{I_C}{I_B}=\frac{1.772}{8.376\times10^{-3}}\approx211.6$$

2. 动态参数仿真测试

(1) 交流电压放大倍数。

①理论分析和计算。交流电压放大倍数一般是指输出电压 u_o 与输入电压 u_i 的比值。其大小取决于 β、R_C、R_L 和晶体管输入电阻 r_{be} 的数值，如果忽略偏置电阻的分流影响，在中频段，电路输出电压 u_o 对信号源电压 u_s 的电压放大倍数可以表示为

$$A_{us}=\frac{u_o}{u_s}=-\beta\frac{R_C/\!/R_L}{R_S+r_{be}} \tag{3.2}$$

式(3.2)中 R_S 为信号源内阻，如果忽略信号源内阻，或者考虑信号源的输出电压 u_i，则在中频段，电路输出电压 u_o 对输入电压 u_i 的电压放大倍数为

$$A_u=\frac{u_o}{u_i}=-\beta\frac{R_C/\!/R_L}{r_{be}} \tag{3.3}$$

其中，晶体管输入电阻为

$$r_{be}\approx(100\sim300)\ (\Omega)+(1+\beta)\frac{26\ (\mathrm{mV})}{I_E(\mathrm{mA})} \tag{3.4}$$

根据图 3.2 的测量结果和式(3.4)可得

$$r_{be}\approx(100\sim300)\ (\Omega)+(1+\beta)\frac{26\ (\mathrm{mV})}{I_E(\mathrm{mA})}\approx200\ \Omega+\frac{26}{8.376\times10^{-3}}\Omega\approx3.3\ \mathrm{k\Omega}$$

当负载 $R_L=\infty$ 时，根据式(3.3)可得

$$A_u=\frac{u_o}{u_i}=-\beta\frac{R_C/\!/R_L}{r_{be}}=-211.6\times\frac{2.4}{3.3}\approx-153.9$$

当负载 $R_L=5\ \mathrm{k\Omega}$ 时，根据式(3.3)可得

$$A_u=\frac{u_o}{u_i}=-\beta\frac{R_C/\!/R_L}{r_{be}}=-211.6\times\frac{2.4/\!/5}{3.3}\approx-104$$

R_L 取其他阻值的计算验证请读者自行完成。

②仿真验证。参照图 3.1，在图 3.3(a)的基础上删除 3 个电流表和 1 个电压表，完成电路连接，如图 3.4(a)所示。电路中加入了三个电解电容，负载 R_L 选用可变电阻 POT－HG，图 3.4(a)中取 $R_L=\infty$，将可变电阻的下端断开。输入信号设置为 $U_{ip-p}=29$ mV，$f=1$ kHz 的正弦波，信号源设置及输出波形图如图 3.4(b)所示。图 3.5(a)中取 $R_L=5$ kΩ，输入信号不变。

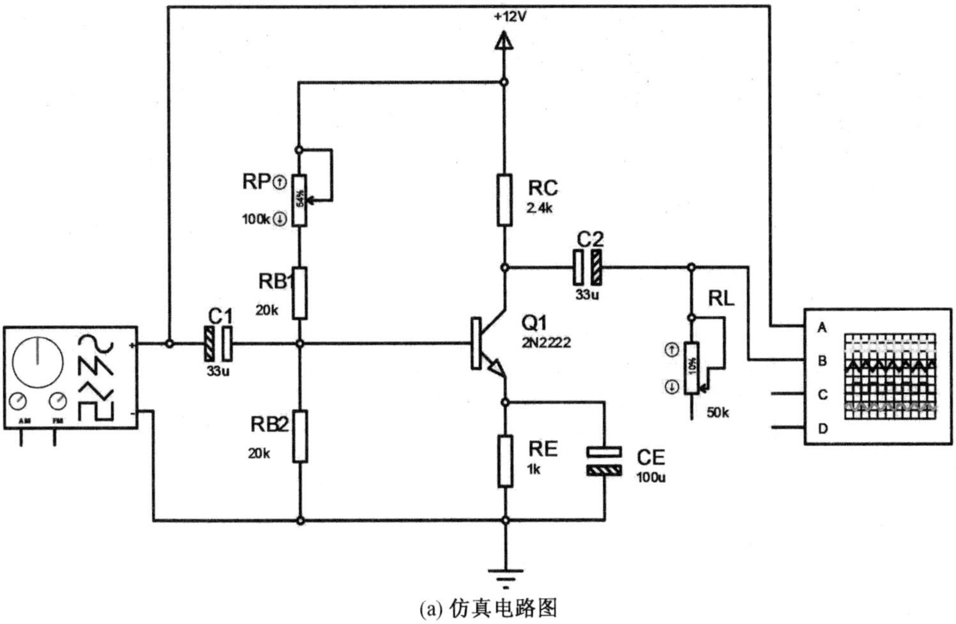

(a) 仿真电路图

图 3.4 $R_L=\infty$ 时的仿真电路图、信号源设置及电路波形图

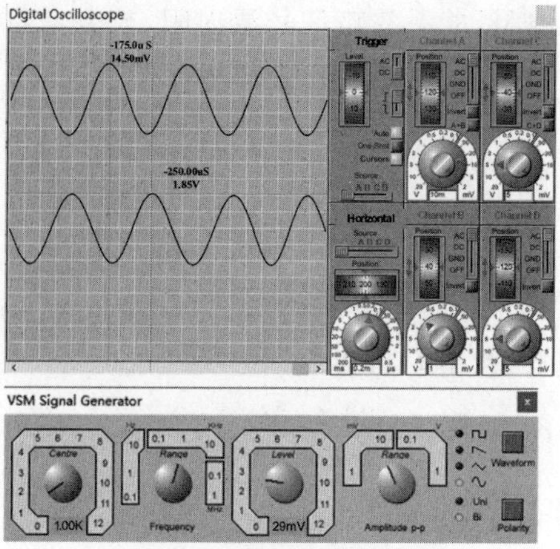

(b) 信号源设置及电路波形图

续图 3.4

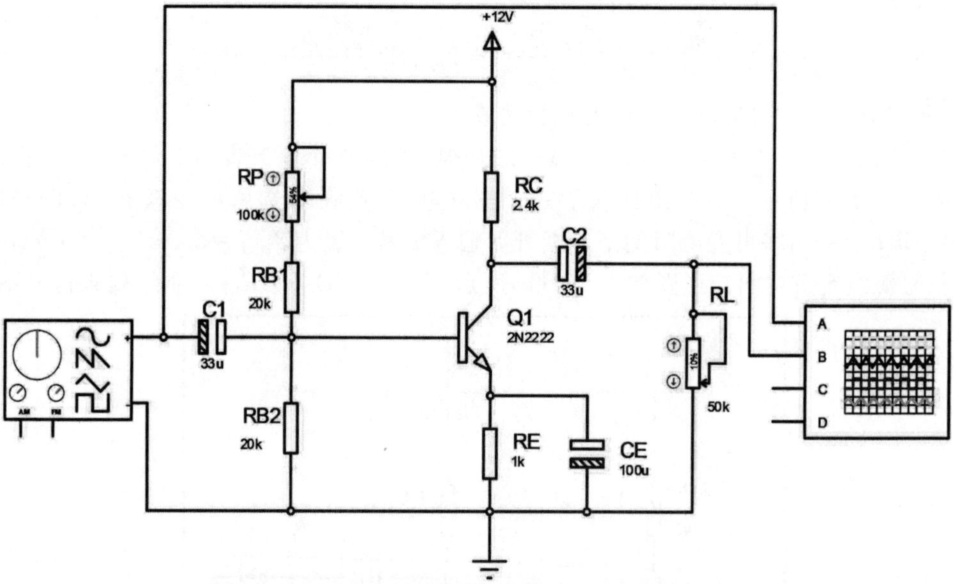

(a) 仿真电路图

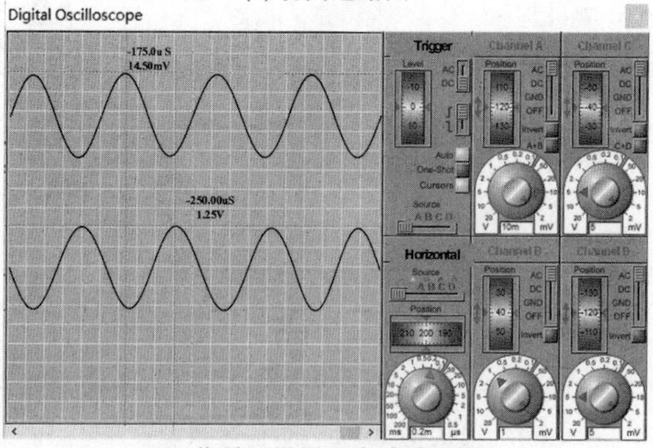

(b) 信号源设置及电路波形图

图 3.5　$R_L=5\ k\Omega$ 时的仿真电路图、信号源设置及电路波形图

根据仿真结果计算可得，当$R_L=\infty$ 时

$$|A_u|=\left|\frac{u_{om}}{u_{im}}\right|=\frac{1.85}{14.5\times10^{-3}}\approx127.6$$

当$R_L=5\ \text{k}\Omega$ 时

$$|A_u|=\left|\frac{u_{om}}{u_{im}}\right|=\frac{1.25}{14.5\times10^{-3}}\approx86.2$$

可见，仿真得到的电压放大倍数和计算结果存在很大误差，误差约为 17%。其原因是，理论计算没有考虑晶体管的影响、接触电阻和容抗等因素。实验室器件连接实验时，误差可能更大。

(2)输入电阻。

① 理论计算。放大电路的输入电阻 r_i 是指从输入端看进去，将放大电路等效成一个电阻的参数值。输入电阻是动态电阻，其参数与电路的工作状态有关。输入电阻理论计算公式为

$$r_i=R_{B1}/\!/R_{B2}/\!/r_{be} \tag{3.5}$$

根据前面的计算结果可得

$$r_i=77/\!/20/\!/3.3\approx2.73\ (\text{k}\Omega)$$

②实验测试方法。输入电阻测试电路如图 3.6(a)所示。输入电阻采用换算法测量，等效电路如图 3.6(b)所示。将放大电路等效成一个电阻，外加一个固定电阻 R_D，将信号源电压加到两个串联电阻电路中。分别测量输出信号的电压 U_S和外加电阻两端的电压 U_{R_D}，根据串联电路电流相等可推得如下公式：

$$r_i=\left(\frac{U_S-U_{R_D}}{U_{R_D}}\right)R_D \tag{3.6}$$

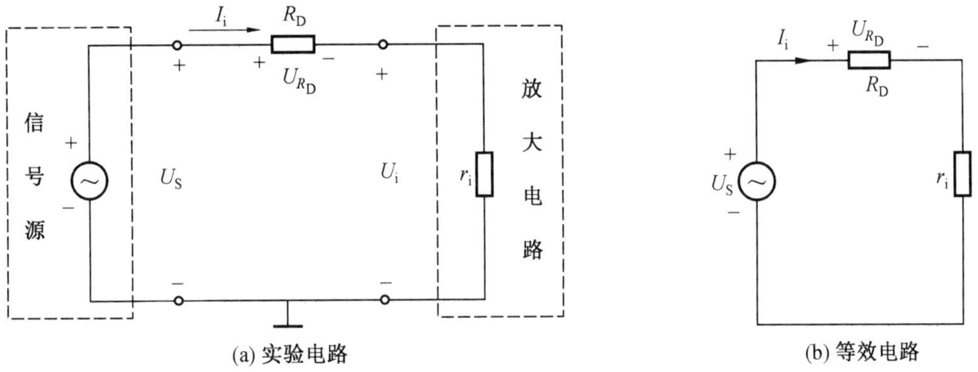

图 3.6　用换算法测量 r_i的原理图

③仿真测试。输入电阻仿真测试电路图如图 3.7 所示。输入信号不变，在加入的电阻 R_D两端接上交流电压表，并选择毫伏(Millivolts)挡。

由图 3.6 可见，$U_{Sp-p}=29\ \text{mV}$，则$U_S\approx10.25\ \text{mV}$，$U_{R_D}=4.82\ \text{mV}$，根据式(3.6)计算输入电阻$r_i$为

$$r_i=\left(\frac{U_S-U_{R_D}}{U_{R_D}}\right)R_D=\frac{5.43}{4.82}\times2.4\approx2.7\ (\text{k}\Omega)$$

测试数据计算结果与估算法的计算结果存在 1%的误差。

(3)输出电阻。

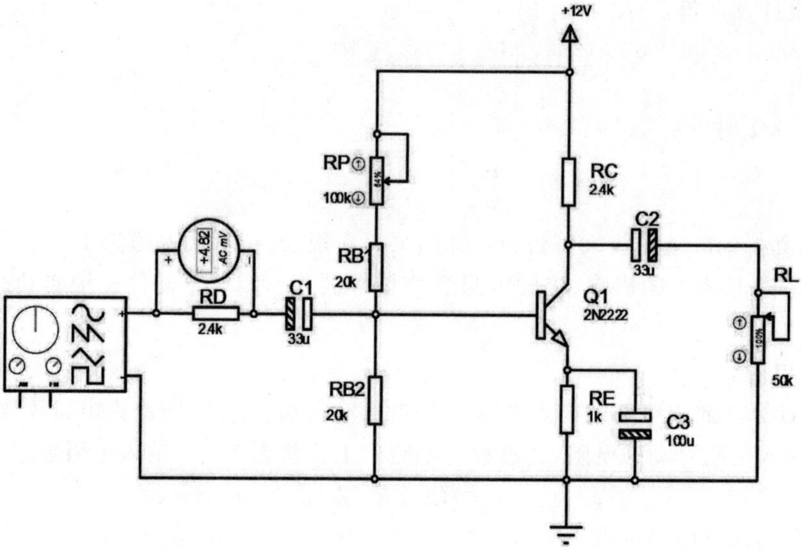

图 3.7 测量输入电阻 r_i 的仿真电路图

① 理论计算。放大电路输出电阻 r_o 是指输入信号为 0 时，从输出端向放大器看进去的交流等效电阻。它与输入电阻 r_i 一样都是动态电阻。

$$r_o \approx R_C \tag{3.7}$$

本例中 $r_o \approx R_C = 2.4\ k\Omega$。

② 实验测试方法。同样采用换算法测量，测量实验电路如图 3.8(a)所示。

当 $R_L = \infty$ 时，从 U_o 看过去测量电压相当于等效电路的开路电压，定义为 $U_{R_L\infty}$。

此时，可以将放大电路视为以 r_o 为内阻，以 $U_{R_L\infty}$ 为电源的戴维宁等效电路，等效电路图如图 3.8(b)所示。电路接入 R_L 后再次测量负载 R_L 两端的电压 U_{R_L}，根据串联电路电流相等可得

$$\frac{U_{R_L\infty} - U_{R_L}}{r_o} = \frac{U_{R_L}}{R_L} \tag{3.8}$$

整理后得

$$r_o = \left(\frac{U_{R_L\infty}}{U_{R_L}} - 1\right) R_L \tag{3.9}$$

③仿真验证。根据图 3.4 和图 3.5 的仿真结果可知，当 $R_L = \infty$ 时，$U_{om} \approx 1.85\ V$；当负载 $R_L = 5\ k\Omega$ 时，$U_{om} \approx 1.25\ V$。根据式(3.9)计算可得

$$r_o = \left(\frac{U_{R_L\infty}}{U_{R_L}} - 1\right) R_L = \left(\frac{1.85}{1.25} - 1\right) \times 5 = 2.4\ (k\Omega)$$

仿真验证的计算结果与电阻 R_C 的值相同。

(4)放大电路的动态范围。

放大电路的动态范围是在静态工作点合适的前提下，输入信号所能达到的最大值。

在图 3.5 中，取负载 $R_L = 10\ k\Omega$，逐渐增大输入信号，直到波形出现失真为止。仿真测量结果如图 3.9 所示。

由示波器显示的波形可见，输出波形已经出现了上增大下减小的畸变，此时函数信号发生

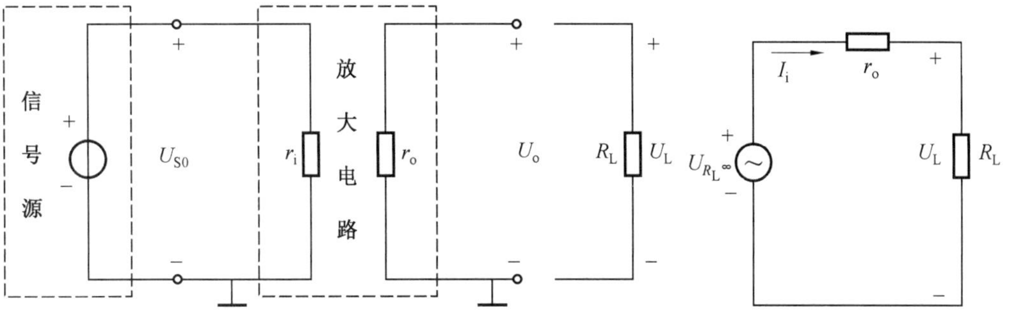

(a) 实验电路　　(b) 等效电路

图 3.8　用换算法测量 r_o的原理图

器的读数为U_{ip-p}=74 mV,即U_i≈26.12 mV,电路的动态范围为 0～26.12 mV。

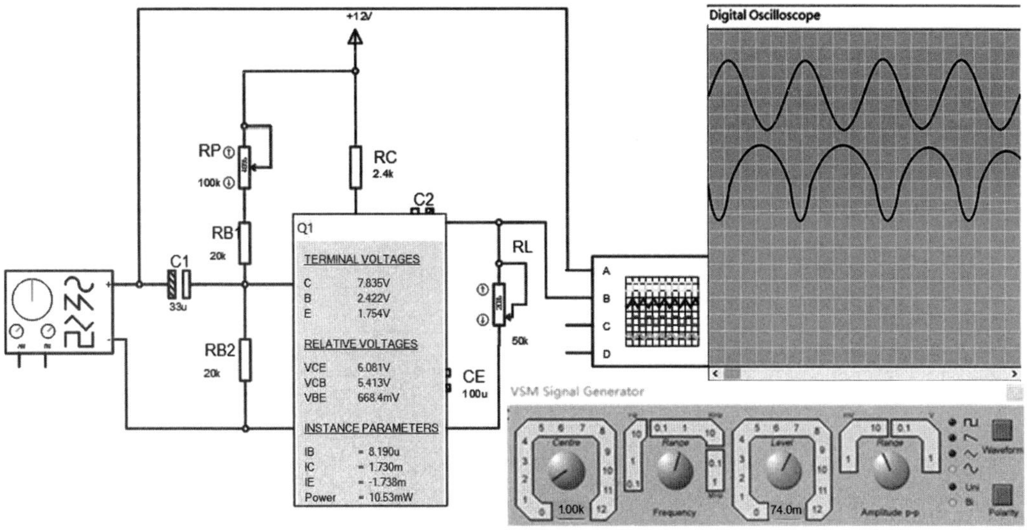

图 3.9　放大电路动态范围仿真测试图

3. 静态工作点的位置对输出波形的影响

(1)理论分析。

① 如果 Q 点偏高(I_B和 I_C大,U_{CE}小),晶体管工作在饱和区,会产生饱和失真,出现输出电压波形下削波现象,可通过增加图 3.1 中的 R''_P阻值,使静态工作点下移消除失真;

②如果 Q 点偏低(I_B和 I_C小,U_{CE}大),晶体管工作在截止区,会产生截止失真,出现输出电压波形上削波现象,可通过减小图 3.1 中的 R''_P阻值,使静态工作点上移消除失真。

静态工作点的位置对输出波形的影响示意图如图 3.10 所示。

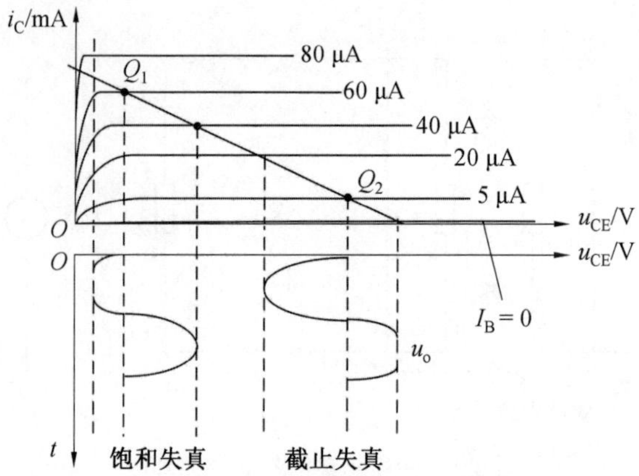

图 3.10　静态工作点位置对输出波形影响示意图

(2)仿真测试。

输入信号设置为$U_{ip-p}=29$ mV,$f=1$ kHz 的正弦波。改变图 3.9 中可变电阻R_P的数值,使电路出现饱和失真和截止失真的情况。仿真电路如图 3.11 所示。图 3.11(a)为饱和失真的情况,由静态工作点的数值可见,此时$U_{CE}=0.16$ V$<U_{BE}$。图 3.11(b)为截止失真的情况,已经将R_P调到最大,此时$U_{CE}=8.616$ V,还是远远小于U_{CC},电路的截止失真并不明显,说明电路的参数不足以使静态工作点进入截止区,此时可增大输入信号,直至观察到明显的截止失真波形。测量结果如图 3.11(c)所示。静态工作点下移,且输入信号已经达到$U_{ip-p}=120$ mV。

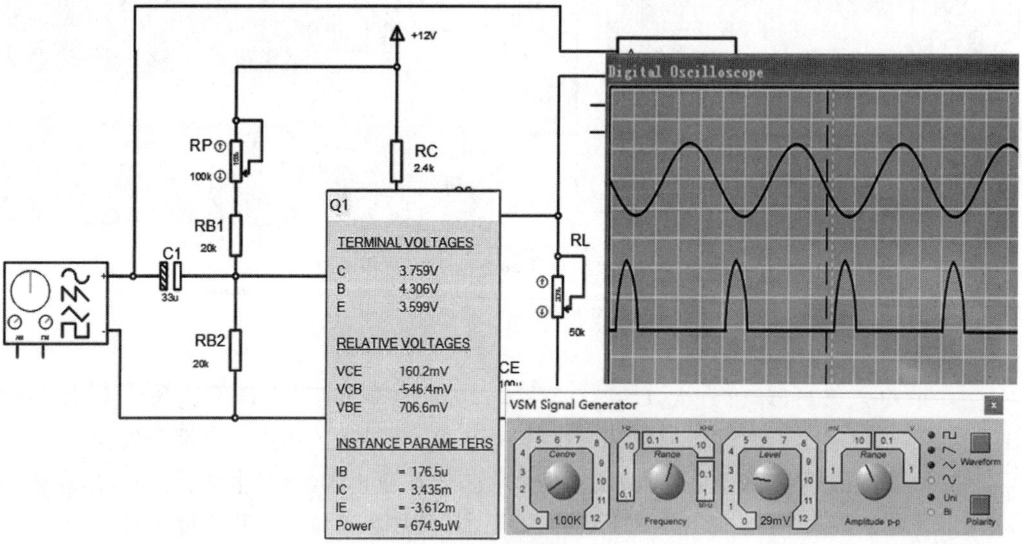

(a) 饱和失真

图 3.11　单晶体管共发射极放大电路失真仿真图

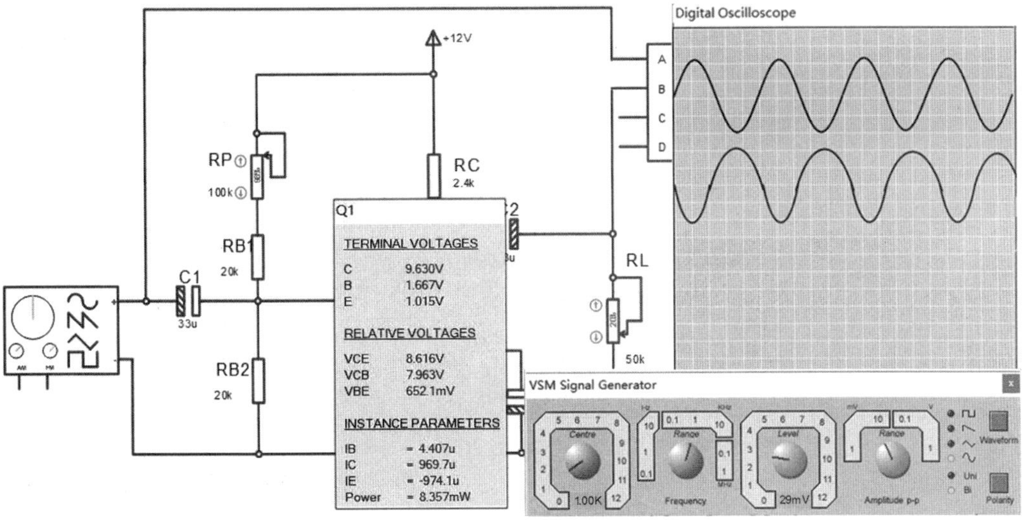

(b) 输入信号不变的截止失真

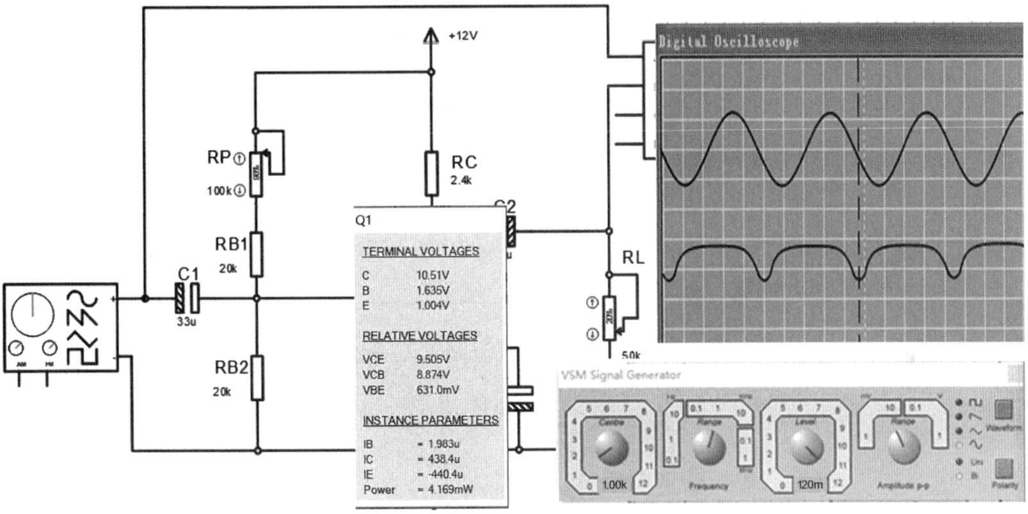

(c) 增大输入信号后的截止失真

续图 3.11

3.1.2　单晶体管共集电极放大电路仿真实例

单晶体管共集电极放大电路如图 3.12 所示。

1. 静态工作点的测试

(1)理论分析。

画出电路的直流通路如图 3.13 所示。静态工作点 Q 的理论估算公式为

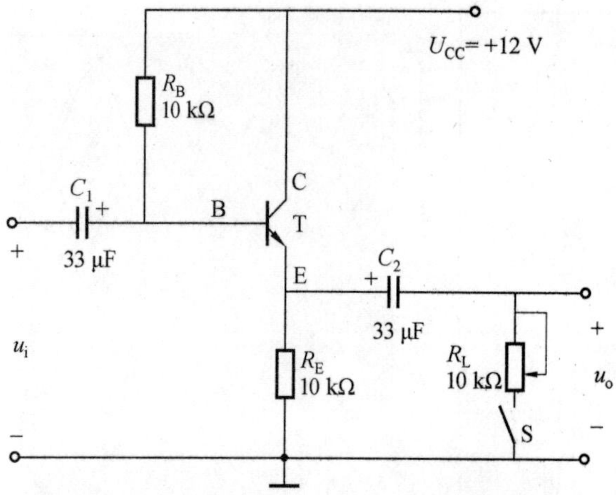

图 3.12　单晶体管共集电极放大电路图

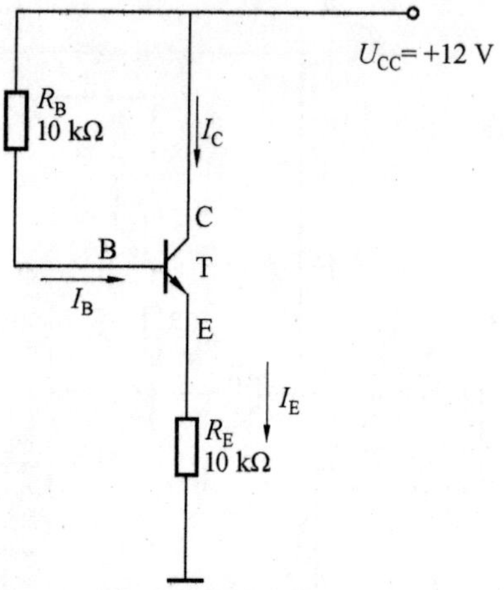

图 3.13　共集电极放大电路直流通路电路图

$$\begin{cases} I_B = \dfrac{U_{CC} - U_{BE}}{R_B + (1+\beta) R_E} \\ I_E = (1+\beta) I_B \\ U_{CE} = U_{CC} - I_E R_E \end{cases} \tag{3.10}$$

(2)仿真测试。

静态工作点仿真测试电路图如图 3.14 所示。

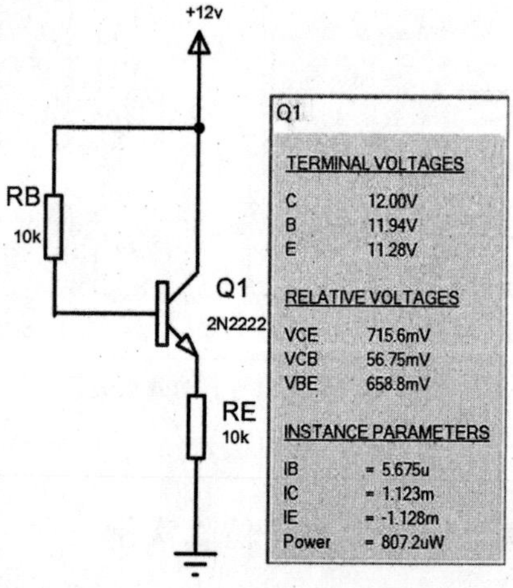

图 3.14　单晶体管共集电极放大电路静态工作点仿真测试电路图

2. 动态参数仿真测试

共集电极放大电路的电压放大倍数公式表示为

$$A_u = \frac{u_o}{u_i} = \frac{(1+\beta)(R_E /\!/ R_L)}{r_{be} + (1+\beta)(R_E /\!/ R_L)} \tag{3.11}$$

由式(3.11)可见，输入输出同相位，放大倍数小于 1 且接近于 1。

输入信号的设置及仿真结果如图 3.15 所示。输入信号为峰峰值 3 V、频率 1 kHz 的正弦信号。由图 3.15 可见输出信号与输入信号同相位，且幅值几乎相等，显示出共集电极电路的电压跟随特性。

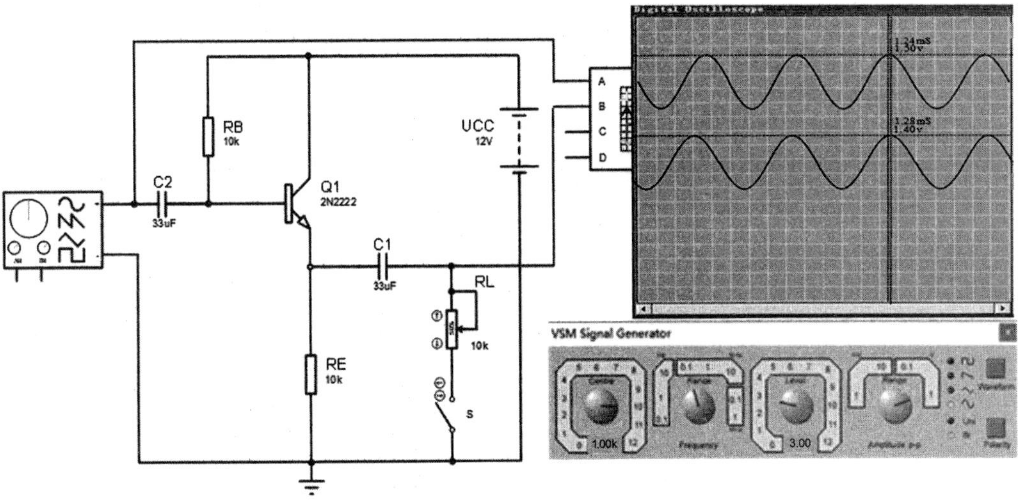

图 3.15　单晶体管共集电极放大电路放大倍数仿真测试图

将开关 S 闭合，分别改变输入信号和负载 R_L 的大小，观察输出波形的变化，讨论单晶体管共集电极电路的电压跟随特性和负载的变化对电路性能的影响。

3.1.3　单晶体管共基极放大电路仿真实例

单晶体管共基极放大电路如图 3.16 所示。

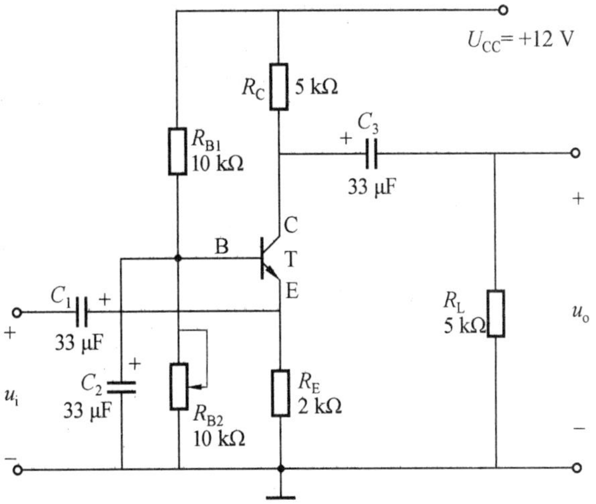

图 3.16　单晶体管共基极放大电路图

1. 静态工作点的测试

共基极放大电路的直流通路如图 3.17 所示，其电路结构与共发射极分压式偏置放大电路的直流通路完全相同，因此其静态分析的过程和仿真与共发射极分压式偏置放大电路完全相同。

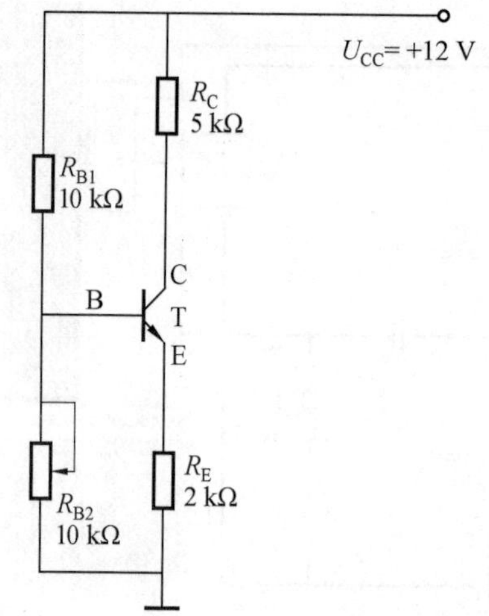

图 3.17　共基极放大电路直流通路电路图

2. 动态参数仿真测试

共基极放大电路的电压放大倍数公式表示为

$$A_u=\frac{u_o}{u_i}=\frac{\beta(R_c /\!/ R_L)}{r_{be}} \tag{3.12}$$

由式(3.12)可见，输入输出同相位，放大倍数大于 1。

输入信号的设置及仿真结果如图 3.18 所示。输入信号为峰峰值 6 mV、频率 1 kHz 的正弦信号。由图 3.17 可见输出信号与输入信号同相位，电压放大倍数 $A_u=\frac{362.25}{3.02}\approx 120$。

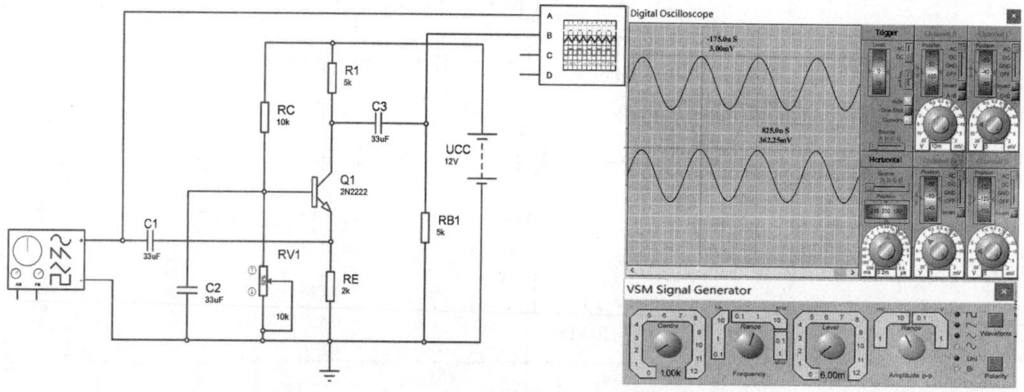

图 3.18　单晶体管共基极放大电路放大倍数仿真测试图

3.2　负反馈放大电路仿真实例

负反馈放大电路有四种组态形式，即电压串联负反馈、电压并联负反馈、电流串联负反馈和电流并联负反馈。此外，根据放大电路通过交直流信号的特点还分为交流反馈、直流反馈和交直流反馈。本实验以交流电压串联负反馈和交直流电流并联负反馈为例，分析负反馈放大电路的电路性能。

3.2.1　电压串联负反馈电路仿真实例

1. 电路组成及分析

(1)电路组成。

交流电压串联负反馈电路如图 3.19 所示。电路中通过 R_F 和 C_F 把输出电压 u_o 引回到输入端，加在晶体管 T_1 的发射极上，在发射极电阻 R_{E1} 上形成交流反馈电压 u_f。根据反馈的判断法可知，电路引入电压串联负反馈。由于反馈回路中串联了电容，所以引入的是交流反馈。

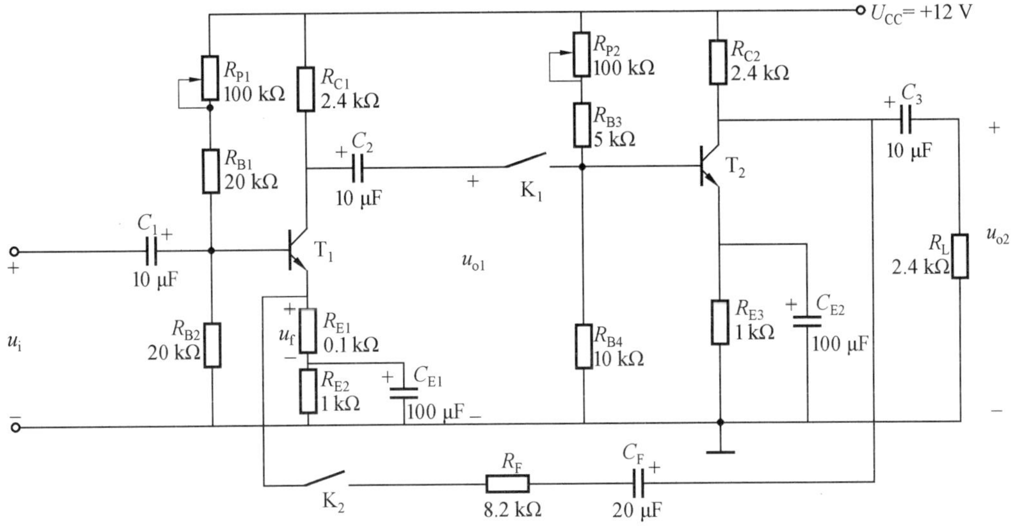

图 3.19　交流电压串联负反馈电路图

(2)性能指标分析。

负反馈电路主要性能指标如下。

①闭环电压放大倍数。

$$A_{uf}=\frac{A_u}{1+A_uF_u} \tag{3.13}$$

式中，$A_u=u_o/u_i$ 为基本放大器(无反馈)的中频段电压放大倍数，即中频段开环电压放大倍数；$1+A_uF_u$ 为反馈深度，它的大小决定了负反馈对放大器性能影响的程度。

②反馈系数。

$$F_u=\frac{R_{E1}}{R_F+R_{E1}} \tag{3.14}$$

③输入电阻。

$$r_{iF}=(1+A_uF_u)r_i \tag{3.15}$$

式中，r_i 为基本放大器的输入电阻。

④输出电阻。

$$r_{oF}=\frac{r_o}{1+A_uF_u} \tag{3.16}$$

式中，r_o 为基本放大器的输出电阻。

⑤频带宽度 BW。设 f_H、f_L 为未加反馈时的上、下限频率。则未加反馈时的频带宽度为

$$\mathrm{BW}=f_{\mathrm{H}}-f_{\mathrm{L}} \tag{3.17}$$

加入反馈后，上限频率和下限频率分别为

$$\begin{cases} f_{\mathrm{Hf}}=(1+A_{\mathrm{u}}F_{\mathrm{u}})f_{\mathrm{H}} \\ f_{\mathrm{Lf}}=\dfrac{f_{\mathrm{L}}}{1+A_{\mathrm{u}}F_{\mathrm{u}}} \end{cases} \tag{3.18}$$

加入反馈后的频带宽度为

$$\mathrm{BW}_{\mathrm{f}}=f_{\mathrm{Hf}}-f_{\mathrm{Lf}} \tag{3.19}$$

(3)反馈系数理论计算。

根据图 3.17 的数据计算可得

$$F_{\mathrm{u}}=\frac{R_{\mathrm{E1}}}{R_{\mathrm{F}}+R_{\mathrm{E1}}}=\frac{0.1}{8.2+0.1}\approx 0.012$$

根据计算的反馈系数和实测无反馈参数，就可验证加入反馈后的相关性能指标。

2. 仿真验证

参照图 3.19 连接仿真电路，如图 3.20 所示。

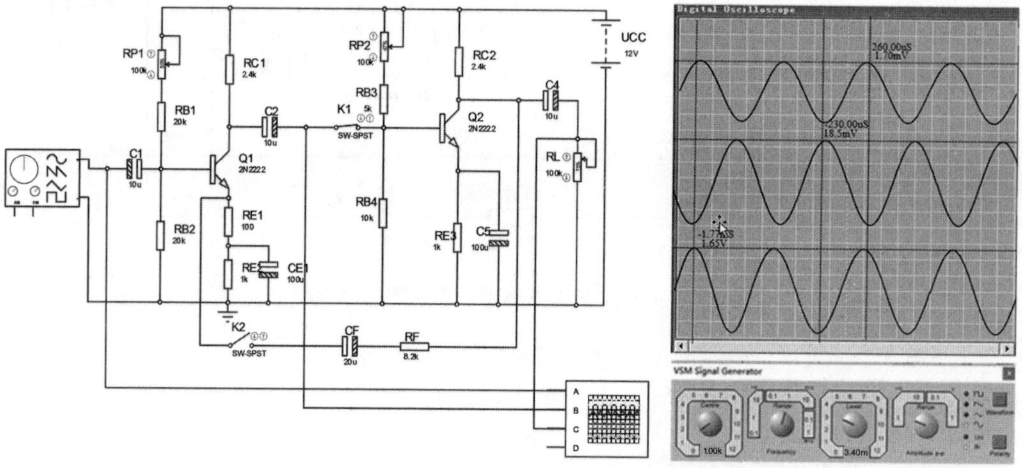

(a) 未加反馈时

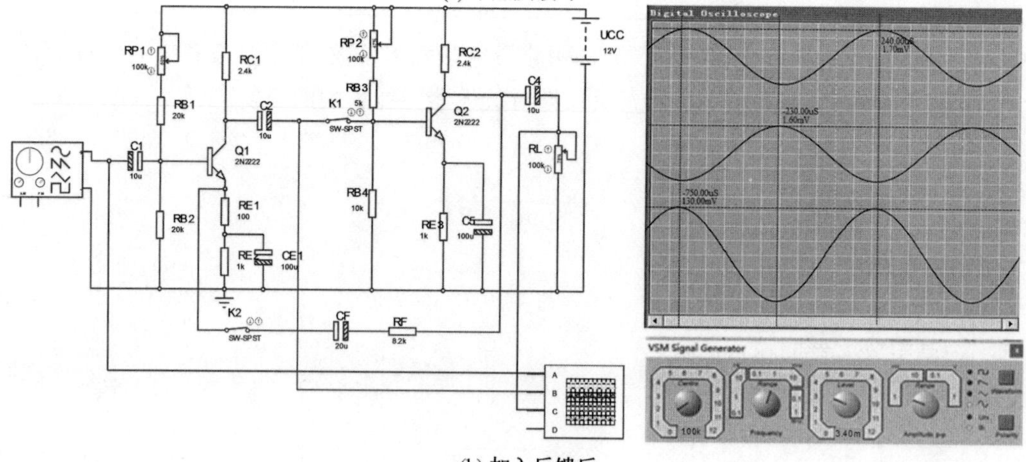

(b) 加入反馈后

图 3.20　交流电压串联负反馈仿真电路及输出波形图

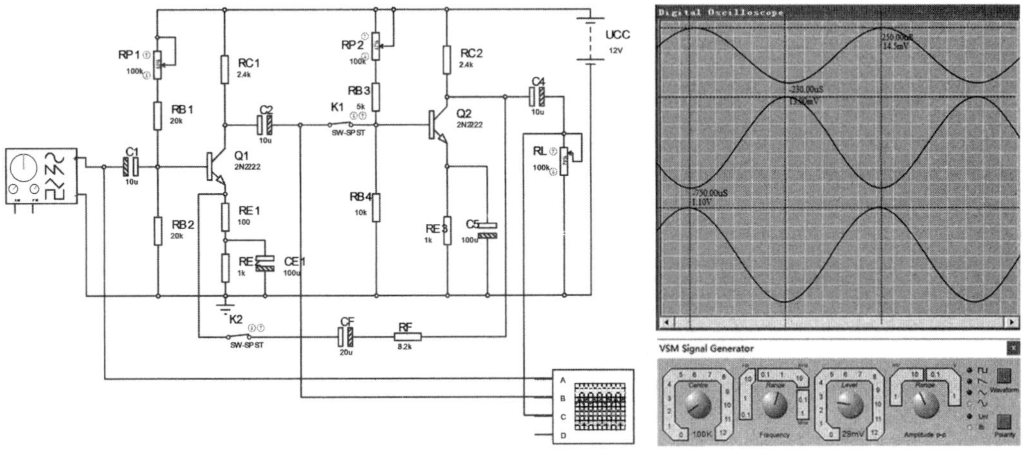

(c) 加反馈后的最大输入信号

续图 3.20

仿真运行步骤：

①将所有元器件连接好，不接入信号源。将开关 K_1 和 K_2 全部断开，运行电路。分别调节可变电阻 R_{P1} 和 R_{P2}，使 $U_{CE1}\approx 6$ V，$U_{CE2}\approx 7.5$ V。静态工作点的调试和读取方法参照 3.1 节相关内容。

②闭合开关 K_1，设置信号源输出的正弦波频率为 1 kHz，调节输入信号的幅度保证输出信号不失真，用示波器观察和测量输入输出信号的幅值。仿真结果如图 3.20(a)所示。输入信号幅值最大只能到 1.7 mV，输出信号幅值为 1.65 V。两级电路放大倍数为 $A_u\approx 971$。

③保持输入信号不变，闭合开关 K_2，用示波器观察和测量输入输出信号的幅值。仿真结果如图 3.20(b)所示。输出信号幅值为 130 mV。两级电路放大倍数为 $A_{uf}\approx 76.4$。

根据式(3.13)和测得的开环放大倍数，计算加入反馈后的闭环放大倍数可得

$$\frac{A_u}{1+A_uF_u}=\frac{971}{1+971\times 0.012}\approx 76.8=A_{uf}$$

仿真结果和计算结果基本相同。

④保持开关 K_1 和 K_2 闭合，缓慢增大输入信号，直到波形出现失真，测量电路允许的最大输入信号范围，测量结果如图 3.20(c)所示。输入信号设置幅值为 14.5 mV，得到输出信号幅值为 1.1 V。两级放大倍数 $A_{uf}\approx 75.7$。

⑤将输入的信号发生器换成激励源模式中的正弦波，输入信号峰峰值设置为 3.4 mV，频率设置为 1 kHz。输出加电压探针，添加两个频率分析图表，两个分析图表均显示输出 u_o 的频率特性，一个未加反馈，一个加入反馈。开关 K_2 断开和闭合时，分别更新相应的频率分析图表，结果如图 3.21 所示。将频率分析图表最大化读取得到未加反馈时通频带为 60 Hz～415 kHz，加入反馈后通频带为 18 Hz～6.81 MHz，通频带大大展宽。

输入电阻和输出电阻的测试请读者参照 3.1 节和本节上述相关内容自行完成。

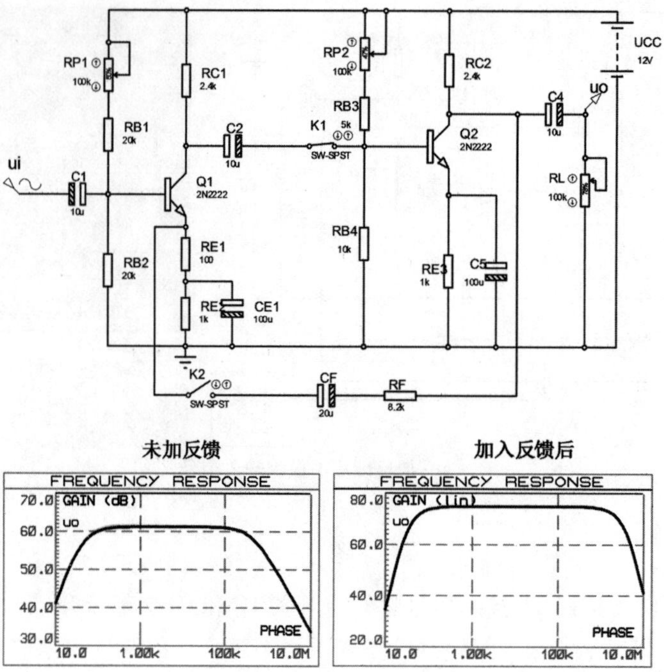

图 3.21　交流电压串联负反馈通频带测试仿真电路及频带波形图

3.2.2　电流并联负反馈电路仿真实例

1. 电路组成及分析

电流并联负反馈电路如图 3.22 所示。反馈电路从R_L的靠近"地"端引出，反馈信号和输入信号加在 A_1 的同一个输入端，根据反馈的判断法可知，电路引入交直流电流并联负反馈。

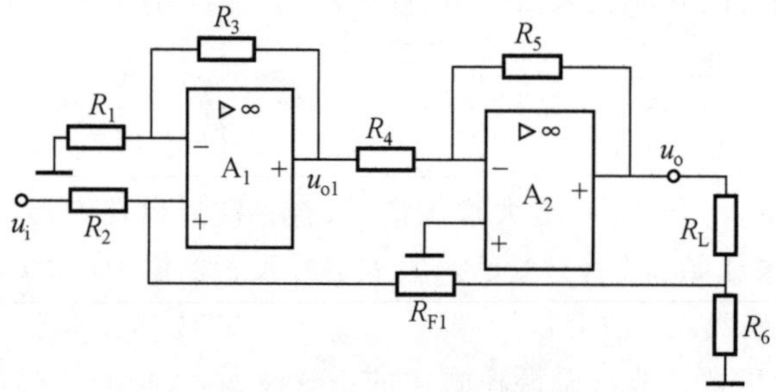

图 3.22　交直流电流并联负反馈电路图

2. 仿真验证

参照图 3.22 连接仿真电路，如图 3.23 所示。输入信号为激励源模式中的正弦波输入信号，幅值设置为 7.07 V，频率设置为 1 kHz。输出加电压探针，采用模拟分析图表，添加输入信号和输出信号曲线。图 3.23(a)为未加反馈时(开关 SW1 断开)的仿真电路及仿真结果，图 3.23(b)为加入反馈后(开关 SW1 闭合)的仿真电路及仿真结果。

由仿真结果可见未加反馈时输出波形产生失真，加入反馈后失真消失。其他反馈特性请读者参照 3.2.1 节相关内容自行测试。

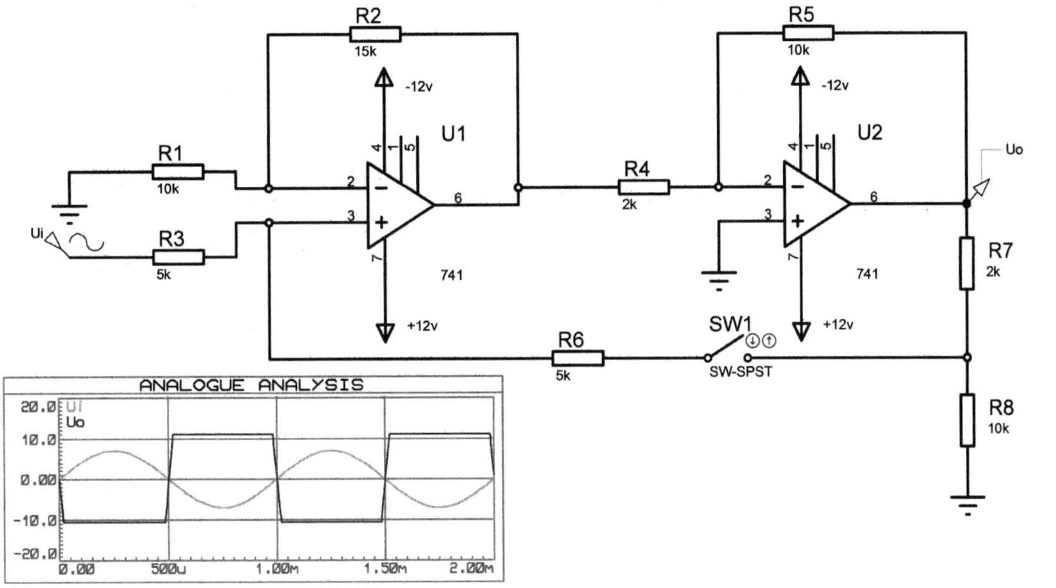

(a) 未加反馈时

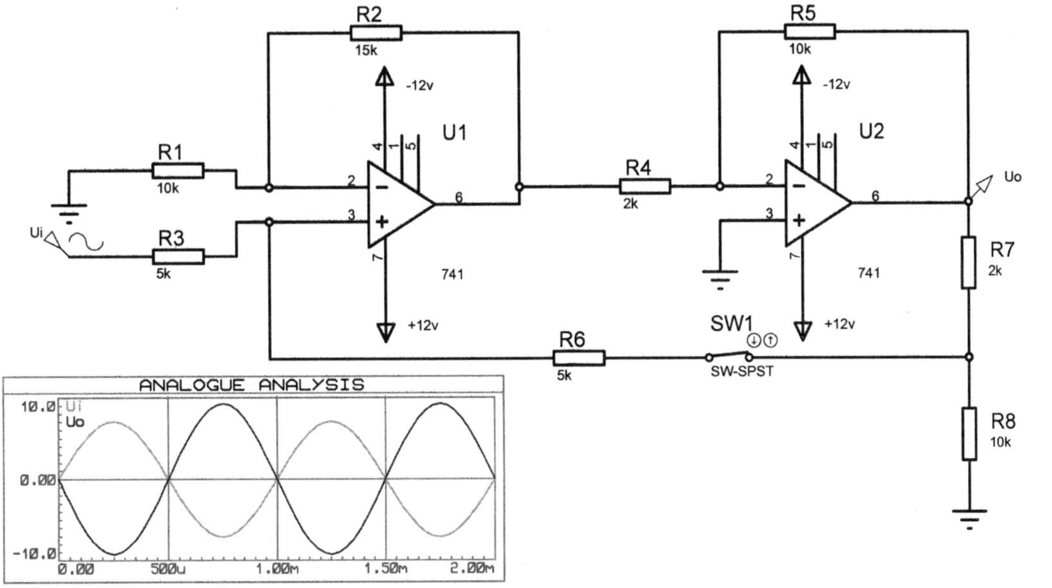

(b) 加入反馈后

图 3.23 电流并联负反馈仿真电路及输出波形图

3.3 集成运算放大器运算功能电路仿真实例

应用集成运算放大器可以构成比例运算电路、加法运算电路、减法运算电路和微积分电路等。

3.3.1 反相比例运算电路仿真实例

反相比例运算参考电路如图 3.24 所示。

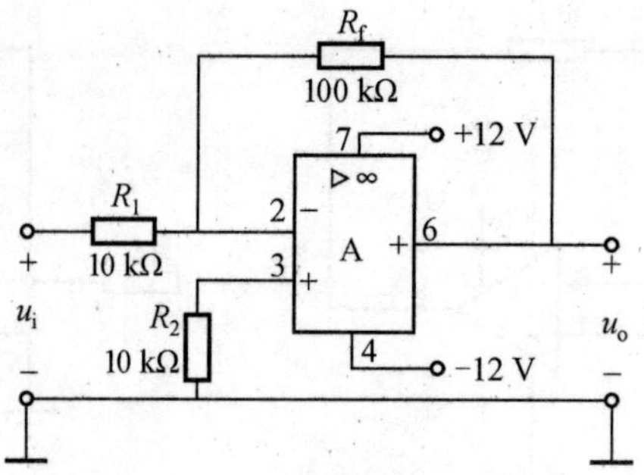

图 3.24　反相比例运算参考电路图

1. 理论计算

反相比例运算电路的运算关系为

$$u_o=-\frac{R_f}{R_1}u_i \tag{3.20}$$

如果参照图 3.24 所示选取元器件参数，$R_1=10\ \text{k}\Omega$，$R_f=100\ \text{k}\Omega$，则电路的运算关系为

$$u_o=-10\ u_i \tag{3.21}$$

2. 仿真验证

参照图 3.24 连接仿真电路，如图 3.25 所示。集成运算放大器选择 μA741，μA741 放置原理图界面后可以按照原理图连接习惯将芯片垂直旋转，但是注意旋转后 4 管脚在上面需要接 −12 V，7 管脚接 +12 V，电源不要接错，仿真电路及输出波形如图 3.25(a)所示。输入信号采用激励源模式中的 PWLIN，设置方法参见第 1 章相关章节，输入信号设置界面如图 3.25(b)所示。

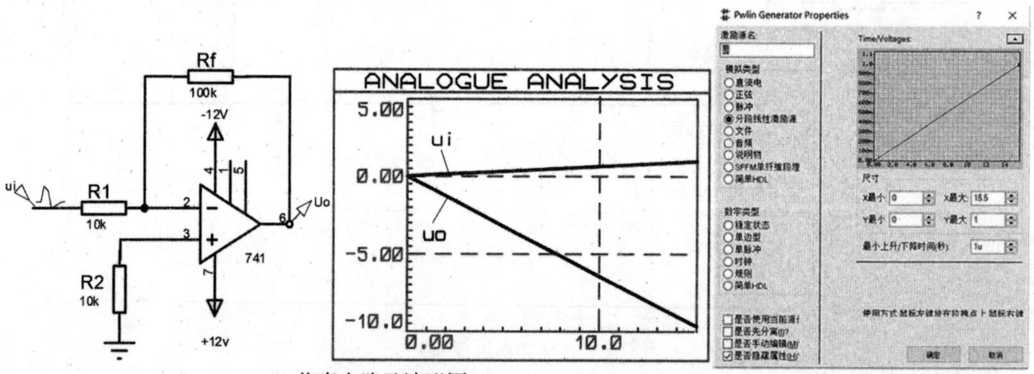

(a) 仿真电路及波形图　　(b) 输入信号设置界面

图 3.25　反相比例运算仿真电路及输入输出波形图

由图 3.25(a)和图 3.25(b)可见，输入信号u_i的变化范围为 0～1 V，输出信号u_o的变化范围为 0～−9.8 V(输出信号最后已经达到反向饱和了)。

3.3.2　反相加法运算电路仿真实例

反相加法运算参考电路如图 3.26 所示。

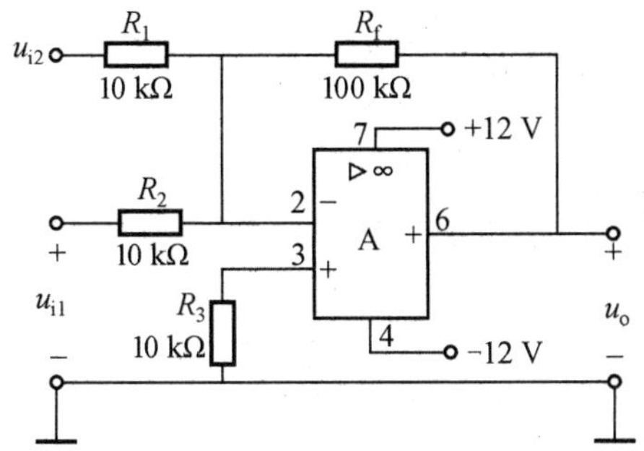

图 3.26　反相加法运算参考电路图

1. 理论计算

反相加法运算电路的函数关系式为

$$u_o=-\frac{R_f}{R_1}u_{i1}-\frac{R_f}{R_2}u_{i2} \tag{3.22}$$

反相加法运算电路在调节某一路信号的输入电阻时，不会影响其他支路输入电压与输出电压的比例关系，因而调节方便。

如果参照图 3.26 选取元器件数值，$R_1=R_2=R=10\ \text{k}\Omega$，$R_f=100\ \text{k}\Omega$，则该电路的运算关系为

$$u_o=-\frac{R_f}{R}(u_{i1}+u_{i2})=-10(u_{i1}+u_{i2}) \tag{3.23}$$

2. 仿真验证

参照图 3.26 连接仿真电路，如图 3.27 所示。u_{i1} 设置为直流电压信号，取值为 0.1 V，u_{i2} 的变化范围为 0～1 V，设置方法和 3.3.1 节相同。

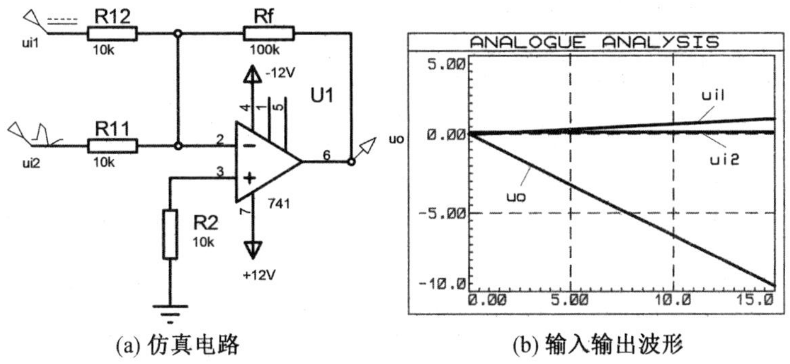

(a) 仿真电路　　(b) 输入输出波形

图 3.27　反相加法运算仿真电路及输入输出波形图

由图 3.27(b)可见，输出信号u_o的变化范围为 0～−9.8 V(输出信号最后已经达到反向饱和了)。

3.3.3 同相比例运算电路仿真实例

1. 实例一

同相比例运算实例一电路如图 3.28 所示。

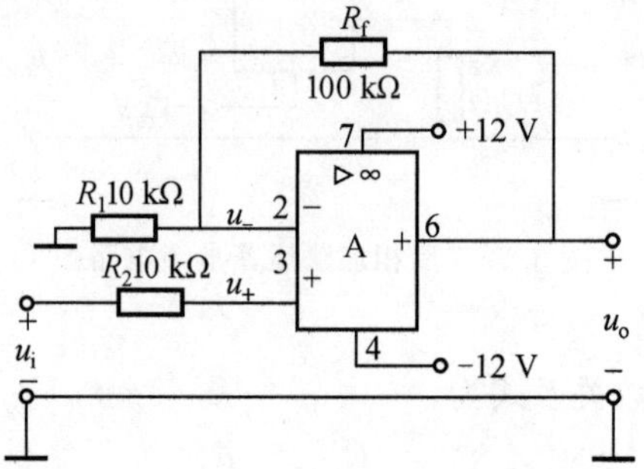

图 3.28 同相比例运算实例一电路图

(1)理论计算。

图 3.28 中$u_+=u_i$,则此同相比例运算电路的运算关系为

$$u_o=\left(1+\frac{R_f}{R_1}\right)u_+=\left(1+\frac{R_f}{R_1}\right)u_i \tag{3.24}$$

如果参照图 3.28 选取元器件参数,$R_1=R_2=10\ k\Omega$,$R_f=100\ k\Omega$,则该电路的运算关系为

$$u_o=11\ u_i \tag{3.25}$$

(2)仿真验证。

参照图 3.28 连接仿真电路,如图 3.29 所示。

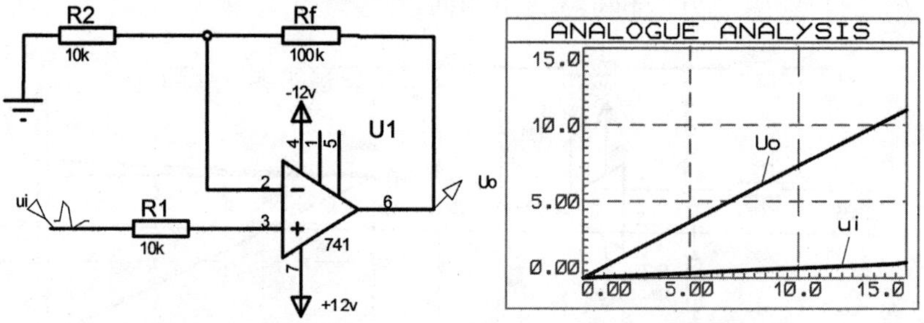

(a) 仿真电路　　(b) 输入输出波形

图 3.29 同相比例运算实例一仿真电路及输入输出波形图

输入信号u_i的变化范围为 0～1 V,得到输出信号u_o的变化范围为 0～+10.5 V(输出信号最后已经达到正向饱和了)。

2. 实例二

同相比例运算实例二电路如图 3.30 所示。

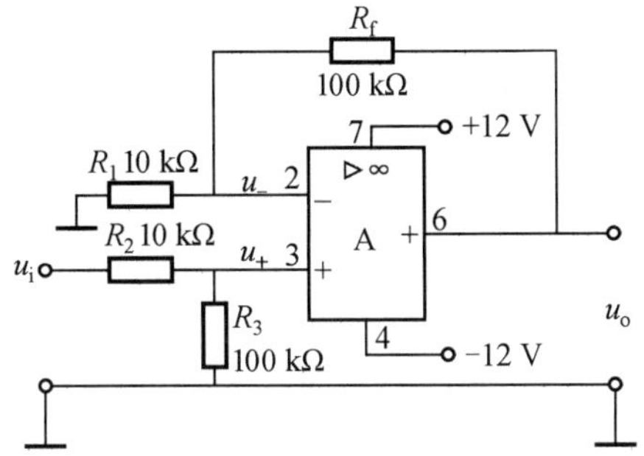

图 3.30　同相比例运算实例二电路图

(1)理论计算。

图 3.30 和图 3.28 相比增加了电阻R_3。图 3.30 中$u_+=\frac{R_3}{R_2+R_3}u_i$,则同相比例运算电路的运算关系为

$$u_o=\left(1+\frac{R_f}{R_1}\right)u_+=\left(1+\frac{R_f}{R_1}\right)\cdot\frac{R_3}{R_2+R_3}u_i \tag{3.26}$$

如果参照图 3.30 选取元器件参数,$R_1=R_2=10\ \text{k}\Omega$,$R_3=R_F=100\ \text{k}\Omega$,则该电路的运算关系为

$$u_o=10\ u_i \tag{3.27}$$

(2)仿真验证。

参照图 3.30 连接仿真电路,如图 3.31 所示。

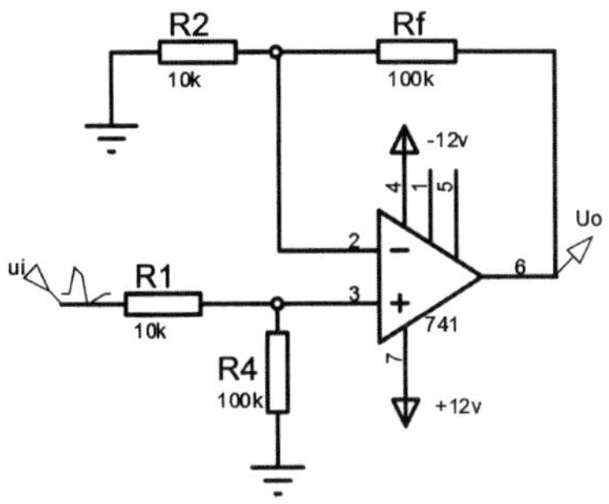

(a) 仿真电路

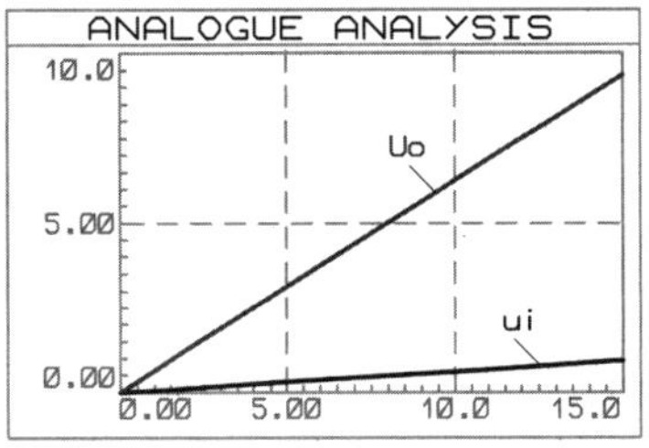

(b) 输入输出波形

图 3.31　同相比例运算实例二仿真电路及输入输出波形图

输入信号u_i的变化范围为 0～1 V,输出信号u_o的变化范围为 0～+9.8 V(输出信号最后已经达到正向饱和了)。

3.3.4　减法运算电路仿真实例

减法运算电路如图 3.32 所示。

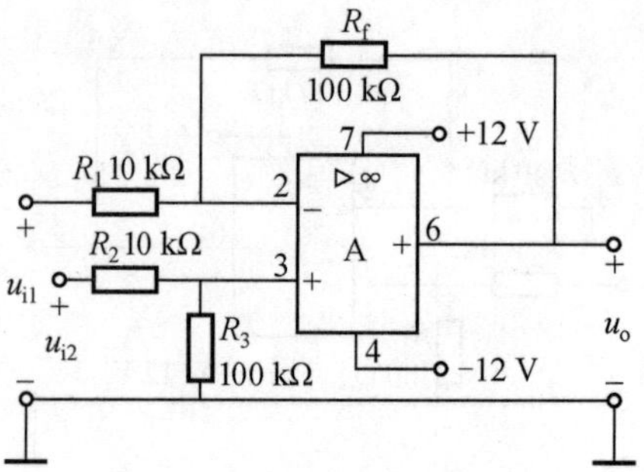

图 3.32　减法运算电路图

1. 理论计算

减法电路的运算关系为

$$u_o=\left(1+\frac{R_f}{R_1}\right)\cdot\frac{R_3}{R_2+R_3}u_{i2}-\frac{R_f}{R_1}u_{i1} \tag{3.28}$$

实际应用中，取 $R_1=R_2=R$，$R_3=R_f$，且严格匹配，这样有利于提高放大器的共模抑制比及减小失调。则式(3.28)变为

$$u_o=-\frac{R_f}{R}(u_{i1}-u_{i2}) \tag{3.29}$$

如果参照图 3.32 取 $R_1=R_2=R=10\ \text{k}\Omega$，$R_3=R_f=100\ \text{k}\Omega$，则该电路的运算关系为

$$u_o=10(u_{i2}-u_{i1}) \tag{3.30}$$

2. 仿真验证

参照图 3.32 连接仿真电路，如图 3.33 所示。输入信号 u_{i1} 设置为直流电压信号，取值为 1 V，输入信号 u_{i2} 的取值范围为 0～1 V。由运行结果可见，输出信号 u_o 的变化范围为 −10～0 V。

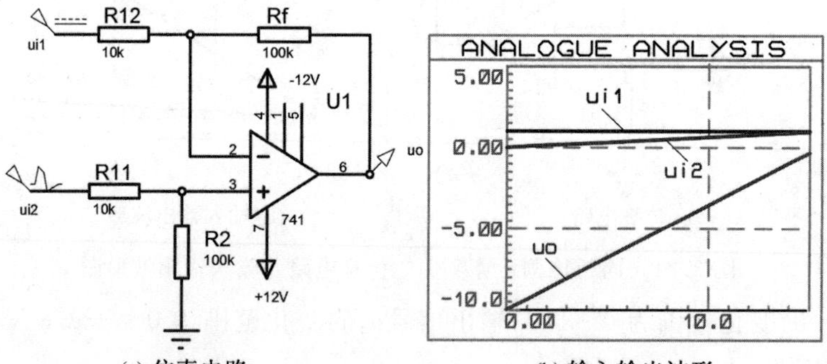

(a) 仿真电路　　(b) 输入输出波形

图 3.33　减法运算仿真电路及输入输出波形图

3.3.5　积分运算电路仿真实例

积分运算电路如图 3.34 所示。

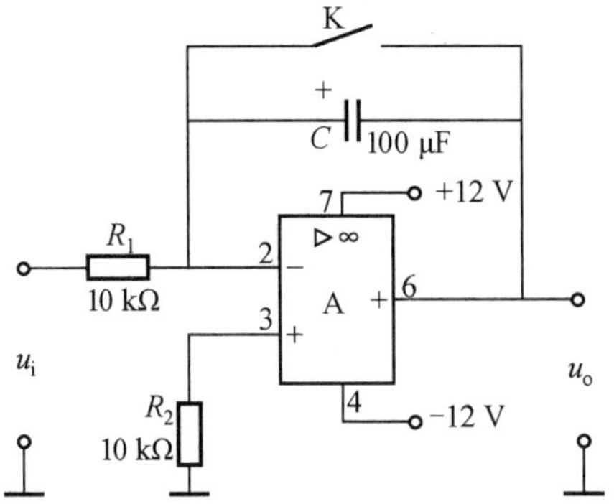

图 3.34　积分运算电路图

1. 理论计算

设 $u_C(0)=0$，则积分运算电路的运算关系式为

$$u_o=-\frac{1}{R_1C}\int_0^t u_i\,dt \tag{3.31}$$

如果参照图 3.34 选取元器件参数，$R_1=10\ k\Omega$，$C=100\ \mu F$，该电路的运算关系为

$$u_o=-\int_0^t u_i\,dt \tag{3.32}$$

2. 仿真验证

参照图 3.34 连接仿真电路，如图 3.35 所示。输入信号选用虚拟仪器中的信号发生器，输入信号u_i设置为频率 1 Hz、幅值 10 V 的方波信号。

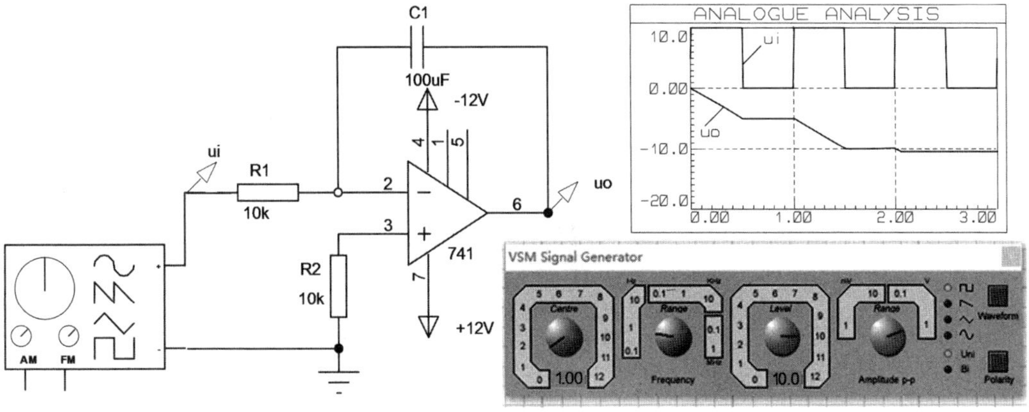

(a) 仿真电路　　(b) 输入输出波形

图 3.35　积分运算仿真电路及输入输出波形图

由图 3.35 可见输出为反相的阶梯状波形，并在 2 个周期后输出即达到反向饱和状态。

改变输入信号为正负变化的方波，幅值在±1 V 之间变化，根据电阻和电容的取值可以计算出时间常数为 1 s，设置输入信号的脉宽为 2.5 s(频率为 0.2 Hz)。同时接入一个相同参数值的电阻和电容组成的无运放积分电路加以比较。仿真电路如图 3.36 所示。

由图 3.36 所示仿真结果可见，无运放的积分电路的输出波形u_{o2}是典型的充放电波形，加入运放之后，输出波形u_{o1}为三角波，由于输入信号加在反相端，所以输出与输入电压反相。由

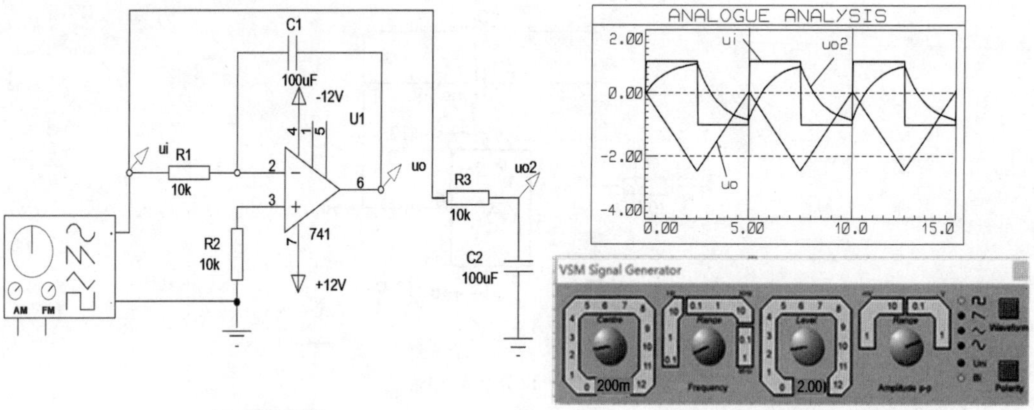

(a) 仿真电路 (b) 信号源设置和输入输出波形

图 3.36 有无运放的积分运算电路的性能比较仿真电路图

运放构成的积分电路输出波形的线性度大大改善。

3.3.6 微分运算电路仿真实例

微分运算电路如图 3.37 所示。

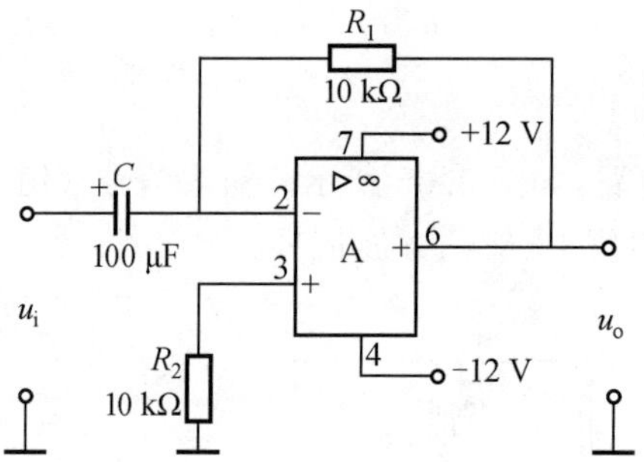

图 3.37 微分运算电路图

1. 理论计算

设 $u_C(0)=0$，则微分运算电路的运算关系式为

$$u_o=-R_1C\frac{\mathrm{d}\,u_i}{\mathrm{d}t} \tag{3.33}$$

如果参照图 3.37 选取元器件参数，$R_1=10\ \text{k}\Omega$，$C=100\ \mu\text{F}$，该电路的运算关系为

$$u_o=-\frac{\mathrm{d}\,u_i}{\mathrm{d}t} \tag{3.34}$$

2. 仿真验证

参照图 3.37 连接仿真电路，如图 3.38 所示。输入信号设置为正负变化的方波，幅值在 ± 1 V之间变化，根据电阻和电容的取值可以计算出时间常数为 1 s。为了观察到典型的波形，设置输入信号的脉宽为 5 s(频率为 0.1 Hz)。同时接入一个相同参数值的电阻和电容组成无运放的微分电路加以比较。为了在一张图表上观察波形方便，在输出端接入一个 2.4 V 的稳压管(zener)将运放的输出波形限幅在±2.4 V 之间。

由图 3.38 所示仿真结果可见，无运放的微分电路的输出波形u_{o2}是典型的尖脉冲波形，加入运放之后，输出波形u_{o1}为饱和窄脉冲波形，由于输入信号加在反相输入端，输入输出波形反

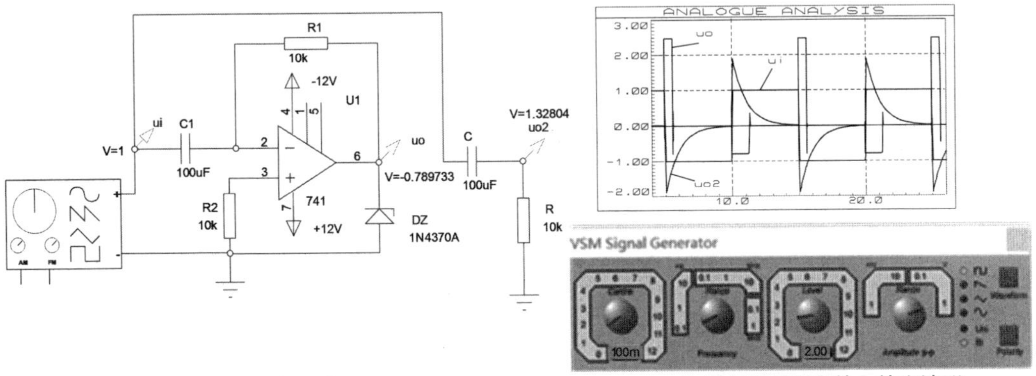

(a) 仿真电路　　(b) 信号源设置和输入输出波形

图 3.38　有无运放的微分运算电路的性能比较仿真电路图

相，输出波形没有暂态过程。

微积分电路也可以采用同相输入，请读者自行仿真验证。

3.3.7　两级运放电路设计仿真实例

采用两级运算放大电路实现：$u_o = 1.5u_{i1} - 0.1u_{i2} - 5u_{i3} + 2u_{i4}$。

1. 理论设计

采用两级反相加法实现计算要求。

(1)按照所求关系式的正负运算关系分解：

第一级运放的计算公式为：$u_{o1} = -(1.5u_{i1} + 2u_{i4})$；

第二级运放的计算公式为：$u_o = -(u_{o1} + 0.1u_{i2} + 5u_{i3})$。

(2)画出电路草图，如图 3.39 所示。

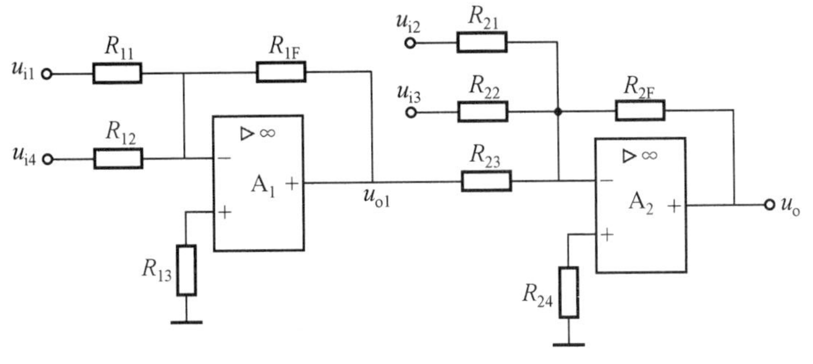

图 3.39　两级运放计算设计草图

(3)电阻参数选择。

结合设计要求和图 3.39 可得

$$\frac{R_{1F}}{R_{11}} = 1.5,\quad \frac{R_{1F}}{R_{12}} = 2,\quad \frac{R_{2F}}{R_{21}} = 0.1,\quad \frac{R_{2F}}{R_{22}} = 5,\quad \frac{R_{2F}}{R_{23}} = 1;$$

$$R_{13} = R_{11} /\!/ R_{12} /\!/ R_{1F},\quad R_{24} = R_{21} /\!/ R_{22} /\!/ R_{23} /\!/ R_{2F};$$

取 $R_{1F} = 15\ \text{k}\Omega$，则 $R_{11} = 10\ \text{k}\Omega$，$R_{12} = 7.5\ \text{k}\Omega$，$R_{13} = R_{11} /\!/ R_{12} /\!/ R_{1F} = 3.3\ \text{k}\Omega$；

取 $R_{2F} = 20\ \text{k}\Omega$，则 $R_{21} = 200\ \text{k}\Omega$，$R_{22} = 4\ \text{k}\Omega$，$R_{23} = 20\ \text{k}\Omega$，$R_{24} = R_{21} /\!/ R_{22} /\!/ R_{23} /\!/ R_{2F} \approx 2.8\ \text{k}\Omega$。

2. 仿真验证

参照图3.39连接仿真电路，如图3.40所示。输入信号选用激励源模式中的直流(DC)信号，$u_{i1}=u_{i3}=u_{i4}=0.1\ V$，$u_{i2}=1\ V$。代入运算关系式，计算可得$u_o=-0.25\ V$，输入输出均用电压探针显示。

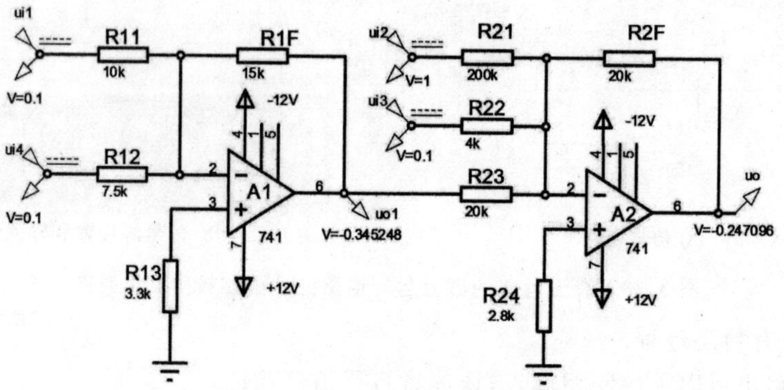

图3.40　两级运放设计仿真电路图

仿真结果和运算结果有1.2%的误差，是由于集成运算放大器“虚短”“虚断”近似计算造成的。

3.4　集成运算放大器构成电压比较器仿真实例

3.4.1　过零比较器电路仿真实例

过零比较器电路及其电压传输特性如图3.41所示。

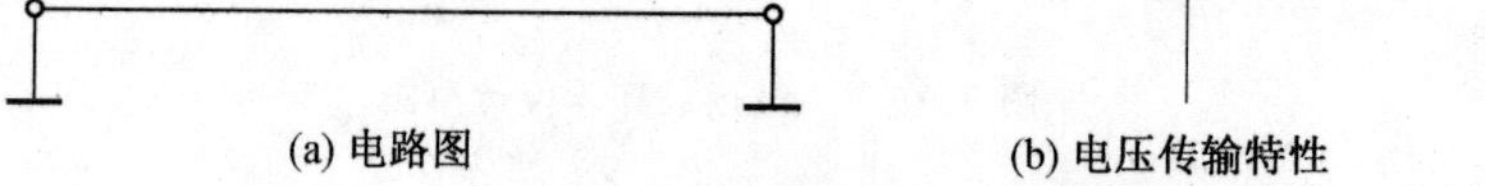

图3.41　过零比较器电路图及其电压传输特性

1. 理论分析

过零比较器阈值电压$U_T=0\ V$。由于输入信号加在集成运算放大器的同相端，所以当$u_i>0$时，$u_o=+U_{om}$；当$u_i<0\ V$时，$u_o=-U_{om}$。

2. 仿真验证

取输入信号为幅值 5 V、频率 1 Hz 的正弦波信号，即$u_i = 5\sin 6.28t$ V，参照图 3.41 绘制 Proteus 仿真电路，用模拟分析图表显示输入输出信号，仿真电路及输入输出波形如图 3.42 所示。

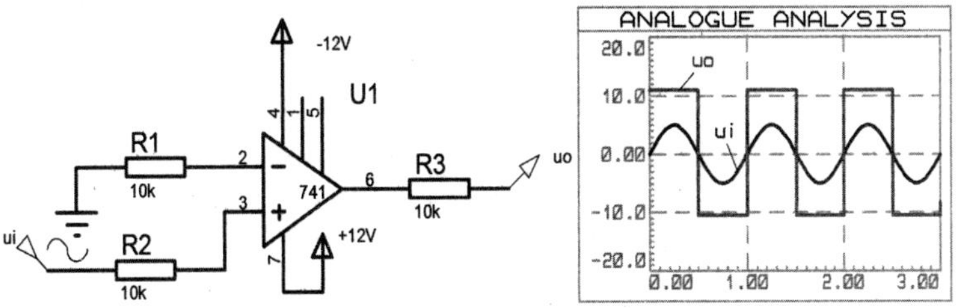

图 3.42　过零比较器仿真电路及输入输出波形图

由仿真结果可见，输入为正弦波信号，输出为正负方波信号，方波的幅值为集成运算放大器的饱和电压值。

3.4.2　滞回电压比较器电路仿真实例

滞回电压比较器电路如图 3.43 所示。由于正反馈作用，这种比较器的门限电压是随输出电压 u_o的变化而变化的。

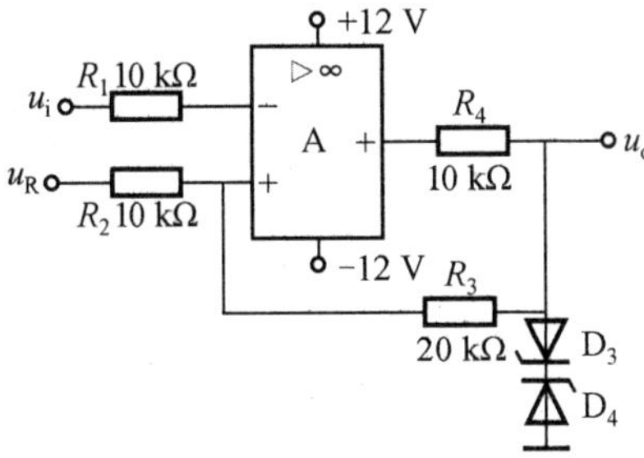

图 3.43　滞回电压比较器电路图

1. 理论分析

滞回电压比较器门限电压为

$$U_T = \frac{R_3}{R_2 + R_3} U_R \pm \frac{R_2}{R_2 + R_3} U_Z \tag{3.35}$$

取 $R_2 = 10$ kΩ 和 $R_3 = 20$ kΩ，稳压管的耐压值 $U_Z = 3$ V，设稳压管正向导通电压 $U_D = 0.65$ V。

(1) 当$u_R = 0$ V 时，根据式(3.35)可以算得门限电压为$U_T = \pm\frac{1}{3} \times 3.65 \approx \pm 1.22$ (V)。

(2) 当$u_R = 4$ V 时，根据式(3.35)可以算得门限电压为$U_{T+} \approx +3.88$ V，$U_{T-} \approx +1.45$ V。

输出幅值为 $U_{om} \approx (U_Z + U_D) \approx 3.65$ V，输出信号幅值与参考电压无关。

不同参考电压的滞回电压比较器的电压传输特性如图 3.44 所示。

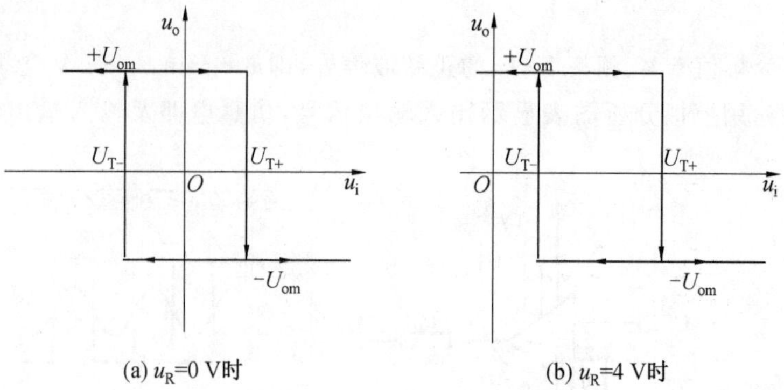

图 3.44　滞回电压比较器电压传输特性

2. 仿真验证

(1)输入信号为正弦波。

取输入为幅值 5 V、频率 1 Hz 的正弦波信号，即 $u_i = 5\sin 6.28t$ V，参照图 3.43 绘制 Proteus 仿真电路，用模拟分析图表显示输入输出信号，仿真结果如图 3.45 所示。

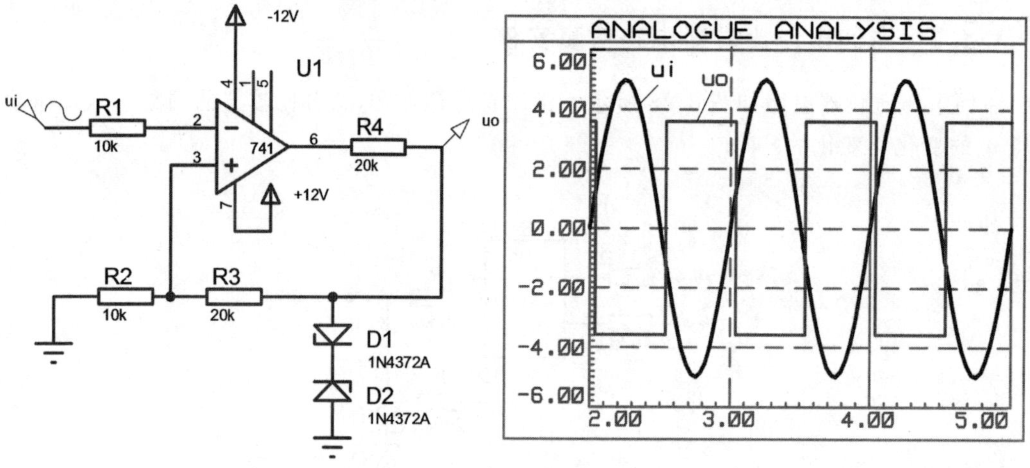

(a) u_R=0 V时

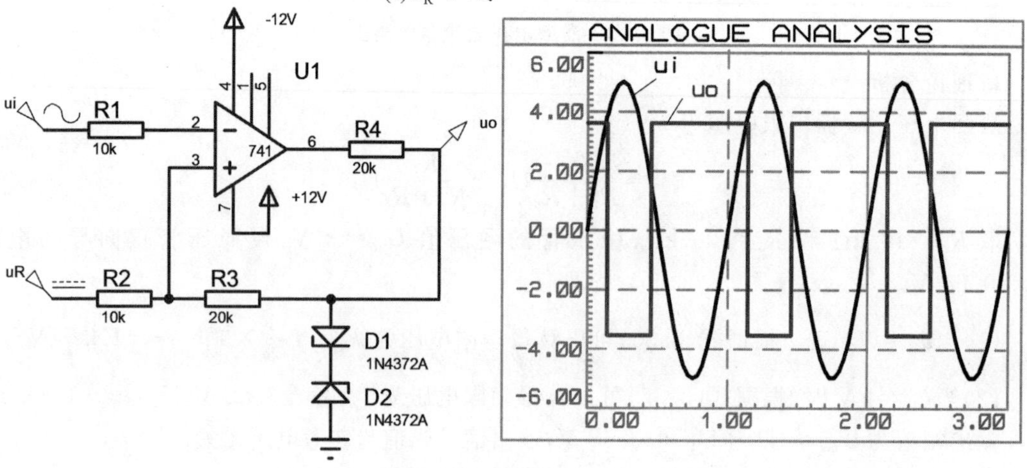

(b) u_R=4 V时

图 3.45　滞回电压比较器输入为正弦波时的仿真电路及输入输出波形图

(2)输入信号为随机波形。

输入信号采用激励源中的 PWLIN 构建随机的输入波形,其他参数不变,仿真结果如图 3.46所示。

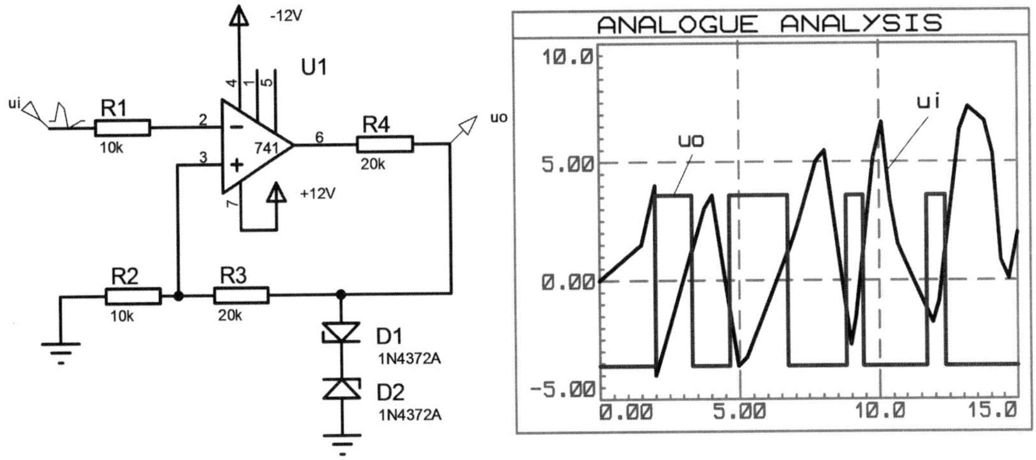

(a) u_R=0 V时

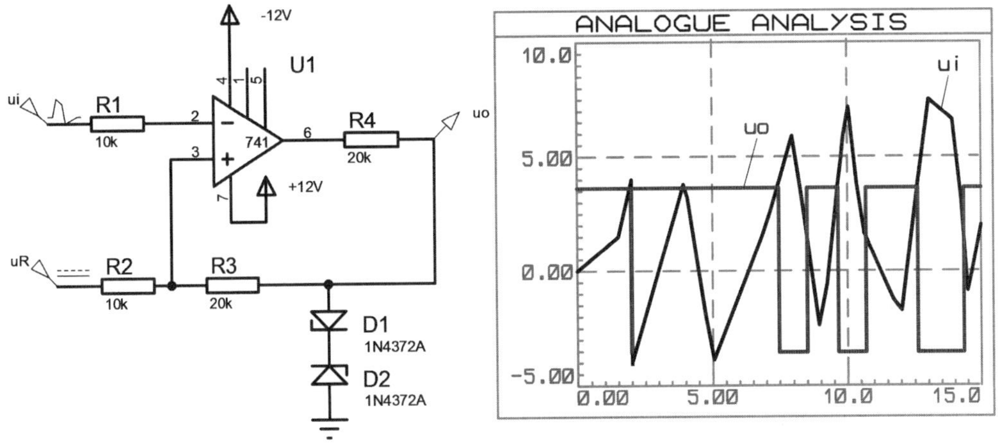

(b) u_R=4 V时

图 3.46　滞回电压比较器输入为随机波形时的仿真电路及输入输出波形图

3.5　直流稳压电源电路仿真实例

3.5.1　基于 W7812 的直流稳压电源电路仿真实例

1. 基于固定式三端集成稳压器 W7812 的直流稳压电源的组成及电路参数

(1)稳压芯片 W7812 介绍。

固定式三端集成稳压器有输出正电压的 W78XX 系列和输出负电压的 W79XX 系列。

W78XX 系列的外形图及电气符号如图 3.47 所示。

W7812 为输出+12 V 电压的三端稳压器,其主要性能指标为:

①输出直流电压:U_o=+12 V;

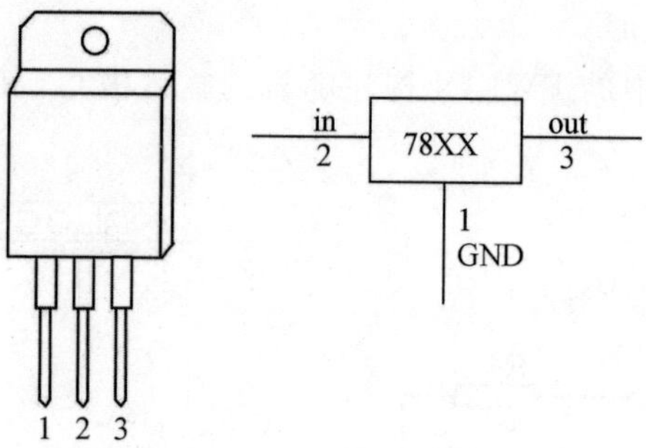

(a) 外形图　　(b) 电气符号

图 3.47　W78XX 系列的外形图及电气符号

②输出电流范围：0.1～0.5 A；

③电压调整率：10 mV/V；

④输出电阻：R_o＝0.15 Ω；

⑤输入电压 U_i 的范围为 15～17 V(一般 U_i 要比 U_o 大 3～5 V)，以保证集成稳压器工作在线性区。

(2)基于 W7812 的固定输出直流稳压电源理论分析。

基于 W7812 的固定输出直流稳压电源电路，可将输入的 220 V、50 Hz 正弦交流电压变换为＋12 V 直流电压输出。电路组成如图 3.48 所示。

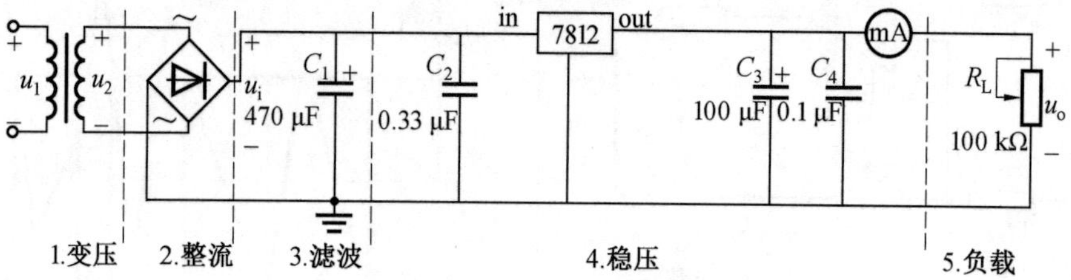

图 3.48　W7812 构成的固定输出直流稳压电源电路图

当稳压器距离整流电路比较远时，在输入端必须接入电容器 C_2(数值为 0.33 μF)，以抵消线路的电感效应，防止自激振荡。输出端接电容 C_4(0.1 μF)，用以滤除输出端的高频信号，改善电路的暂态响应。

①稳压电源主要性能指标。

a. 输出电压稳定性。当负载变化或者电源电压波动时，输出电压理论上应该不变，即 U_o＝＋12 V，但实际电路的输出电压会有所波动。

b. 稳压系数 S_u。当输出电流不变(负载为固定值)时，输出电压相对变化量与输入电压之比定义为稳压系数，用 S_u 表示，即

$$S_u=\left.\frac{(\Delta U_o)/U_o}{U_i}\right|_{I_o=\text{常数}} \tag{3.36}$$

测量当输入电压 U_i 增大和减少 10％时，其相应的稳压电源输出电压为 U_{o1} 和 U_{o2}，求出 ΔU_{o1}($\Delta U_{o1}=U_{o1}-U_o$)和 ΔU_{o2}($\Delta U_{o2}=U_{o2}-U_o$)，并将其中数值较大的作为 ΔU_o 代入 S_u 表达式中。显然，S_u 越小，稳压效果越好。

c. 输出电阻 R_o。输入电压不变，输出电压变化量与输出电流变化量之比定义为稳压电源的输出电阻，用 R_o 表示，即

$$R_o = \left| \frac{\Delta U_o}{\Delta I_L} \right|_{U_i=常数} \tag{3.37}$$

式中，$\Delta I_L = I_{Lmax} - I_{Lmin}$（$I_{Lmax}$为稳压器额定输出电流，$I_{Lmin}=0$）。测量时，令 U_i保持不变，分别测量 I_{Lmax}时的 U_{o1}和负载开路（$I_{Lmin}=0$）时的 U_{o2}，计算 $\Delta U_o = U_{o1} - U_{o2}$，即可算出 R_o。

d. 纹波电压。纹波电压是指输出电压中交流分量的有效值，一般为毫伏量级。测量时，保持输出电压 U_o和输出电流 I_L为额定值，用交流毫伏表直接测量负载两端的电压即可。

②稳压电源各部分电路电压输出理论值。如图 3.48 中，将稳压电源电路分成 5 个部分，各部分电压输出理论值为：

a. 变压输出为变压器副边输出，有效值为 U_2，其值为变压器原边输入电压 U_1除以变压器变比 n，即 $U_2 = U_1/n$。

b. 整流输出为整流桥的输出，有效值为 U_i，理论上 $U_i \approx 0.9U_2$。

c. 滤波输出为整流滤波后的输出，有效值为 U_C，理论上负载开路时 $U_C \approx 1.4U_2$，带负载时 $U_C \approx 1.2U_2$。

d. 稳压输出为完成全部稳压电源的元器件连接但不接入负载时 W7812 的输出 U_o，理论上 U_o应为 W7812 的标称值，即 $U_o = +12$ V。

2. 基于 W7812 的固定输出直流稳压电源仿真验证

参照图 3.48 连接仿真电路，每连接一个器件测量一次此器件的输出电压，分部连接仿真电路如图 3.49(a)、图 3.49(b)、图 3.49(c)和图 3.49(d)所示。连接及调试步骤如下：

(1)选择和设置变压器。

选择 Proteus 中理想变压器，可以在 Keywords 处输入“transform”，然后在结果中选择“XFMR”，或者直接输入“XFMR”。理想变压器模块只需要设置变比即可。输入电压选择 SOURCE 中的 VSINE，设置幅值为 311 V，频率为 50 Hz。将正弦波电源接到变压器的原边，设置变压器变比为 10，然后用交流电压表测量原边和副边的电压。

(2)接入整流桥。

选择“Diodes”子菜单 “Bridge Rectifiers”结果中的“BRIDGE”，交流端与变压器的副边相连，用电压探针测量整流桥的整流输出，用模拟分析图表观察输出波形，仿真结果如图 3.49(a)所示。输出波形也由正弦波变成单相脉动波形。电路波形也可以用示波器观察。

(3)接入滤波电路。

选择电解电容与整流桥输出相连，用电压探针测量电容两端的输出，接入 100 kΩ 的可变电阻，为了观察波形将可变电阻调小一些，用模拟分析图表观察输出波形，仿真结果如图 3.49(b)所示。可以观察到输出波形的脉动性减小很多。电路波形也可以用示波器观察。

(4)参照图 3.48 完成全部电路连接。电源模块可以在 Keywords 处直接输入“7812”，不连接负载，用直流电压表测量电路的输出，测量结果如图 3.49(c)所示。输出电压为 12.0 V。

(5)连接负载，测试负载变化对输出电压的影响。先将负载电阻调为 10 kΩ，运行结果如图 3.49(d)所示。输出电压仍为 12.0 V，负载电流为 1.2 mA。调整可变电阻的大小，可以观察到电压保持不变，电流随着电阻的增大而减小。

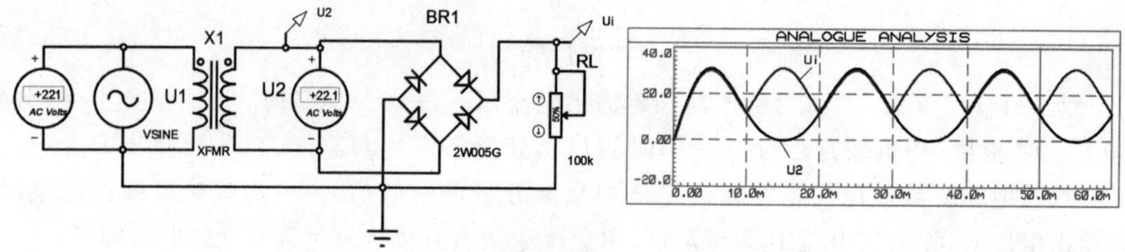

(a) 整流电路输出

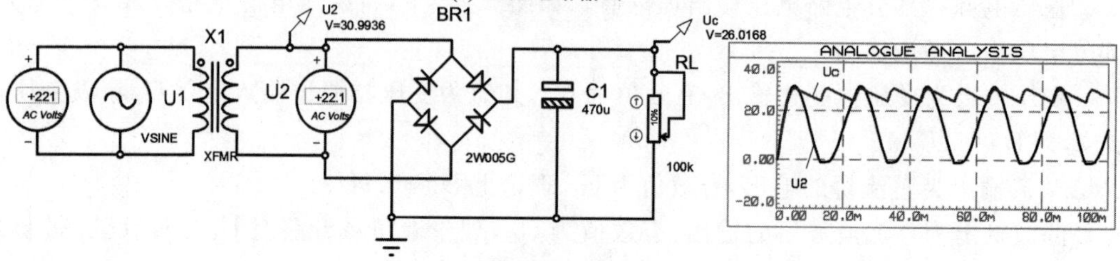

(b) 滤波电路输出

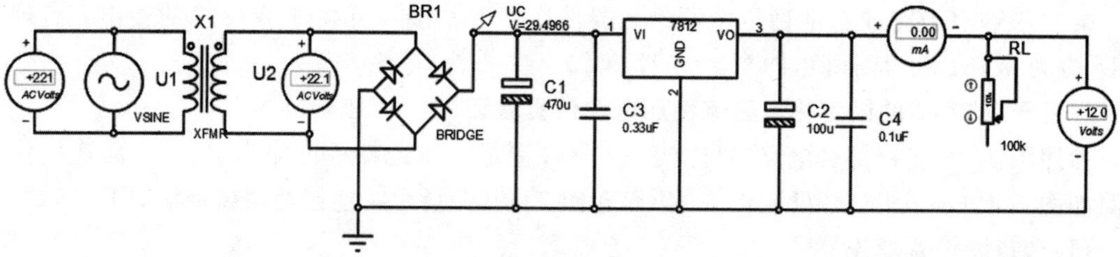

(c) 空载输出电压测量

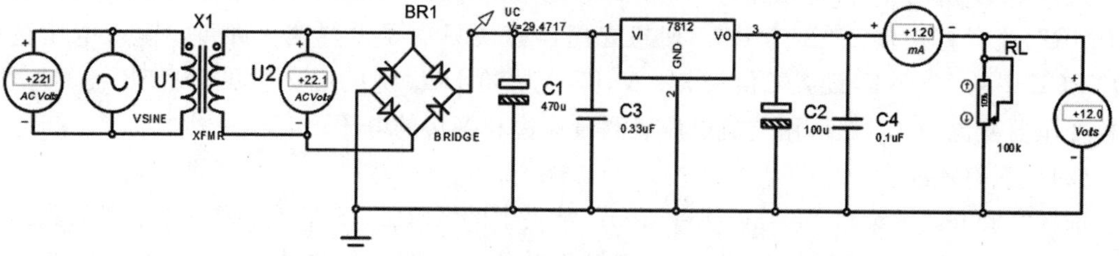

(d) 带载输出电压测量

图 3.49　W7812 构成的固定输出直流稳压电源仿真电路图

(6)测试输入电压变化对输出电压的影响。负载电阻保持 10 kΩ 不变,修改变压器的变比使U_C≈13 V,测量输出电压的变化;然后再修改变压器变比,使U_C≈10 V,测量输出电压的变化。仿真结果如图 3.50(a)和图 3.50(b)所示。

由图 3.50(a)可见,虽然输入电压减小了,但只要滤波输出之后大于 12 V,W7812 就可以正常工作,输出保持 12 V 不变,此时即使负载变化,输出电压也保持不变。图 3.50(b)中,滤波输出之后小于 12 V,W7812 已经不能起到稳压的作用,输出电压也小于 12 V,且负载变化也会引起输出电压的波动。

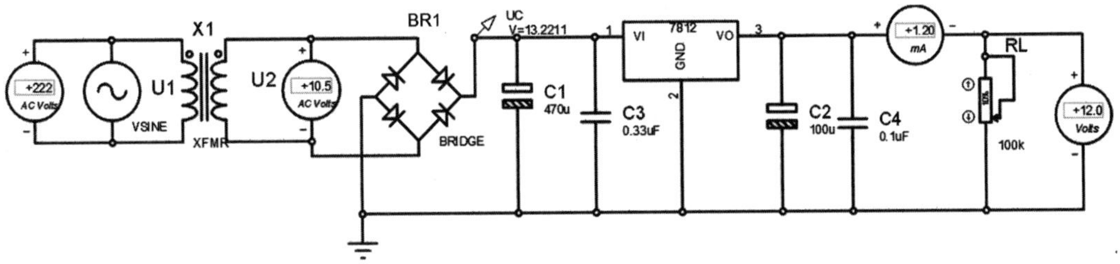

(a) U_C>12 V

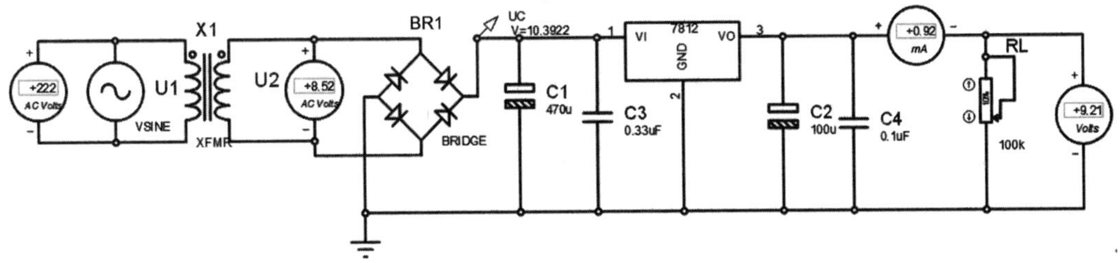

(b) U_C<12 V

图 3.50　输入电压波动对输出电压的影响仿真电路图

3.5.2　基于 W317 的直流稳压电源电路仿真实例

1. 基于可调式三端集成稳压器 W317 的直流稳压电源的组成及电路参数

(1)稳压芯片 W317 介绍。

可调式三端稳压器分为输出正电压的 CW317 系列(LM317)和输出负电压的 CW337 系列(LM337)三端稳压器。稳压器的输出电压可调范围为 1.2～37 V,最大输出电流为 1.5 A。图 3.51 为可调式三端集成稳压器 W317 的外形图及电气符号。

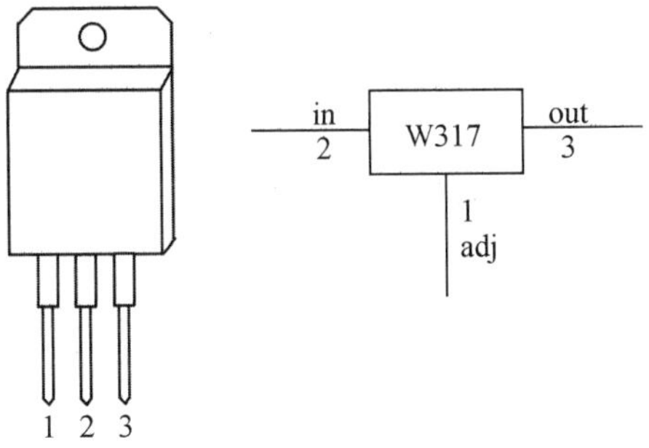

(a) 外形图　　(b) 电气符号

图 3.51　可调式三端集成稳压器 W317 的外形图及电气符号

W317 的主要性能指标：

①可调整输出电压最低值为 1.2 V；

②保证 1.5 A 输出电流；

③典型线性调整率为 0.01%；

④典型负载调整率为 0.1%；

⑤80 dB 纹波抑制比；

⑥电压输出范围 1.25～37 V 连续可调。

(2)基于 W317 的可调输出直流稳压电源。

基于 W317 的可调输出直流稳压电源电路如图 3.52 所示。

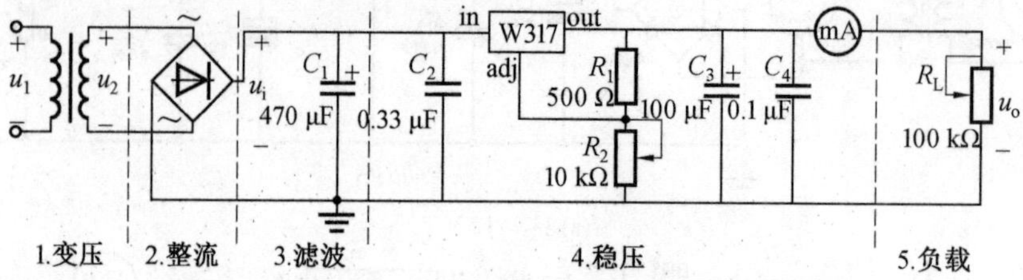

图 3.52　基于 W317 的可调输出直流稳压电源电路图

由图 3.52 可见，和图 3.48 相比调压部分不仅稳压器件不同，还增加了固定电阻 R_1（参考取值在 200 Ω～1 kΩ 之间）和可变电阻 R_2（参考取值在 1 kΩ～20 kΩ 之间）。基于 W317 的可调输出电压范围计算公式为

$$U_o \approx \left(1+\frac{R_2}{R_1}\right)\times 1.25 \tag{3.38}$$

由式(3.38)可知，无论输入电压为多少，输出电压的最小值为 $U_{omin}\approx 1.25$ V，输出电压的最大值 U_{omax} 取决于电阻 R_1 和 R_2 的取值和输入电压的大小，最大值不超过 37 V。

2. 基于 W317 的输出可调直流稳压电源仿真验证

参照图 3.52 连接仿真电路，滤波电路之前的电路和 W7812 电路完全相同，变压器的变比取 10，电路如图 3.53 所示。电源模块可以在 Keywords 处直接输入“317”，选择 LM317K。用直流电压表测量电路的输出。

(1)不连接负载，调节可变电阻 R_2，测量空载时的最小输出电压 U_{omin} 和最大输出电压 U_{omax}，测量结果如图 3.53(a)和图 3.53(b)所示。最小输出电压为 1.26 V，最大输出电压为 26.7 V。

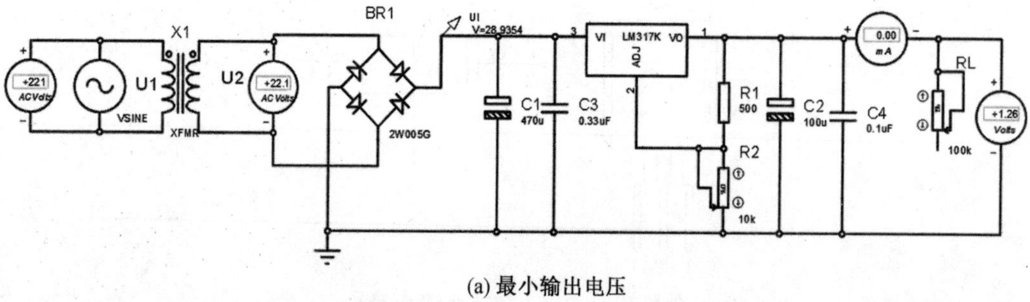

(a) 最小输出电压

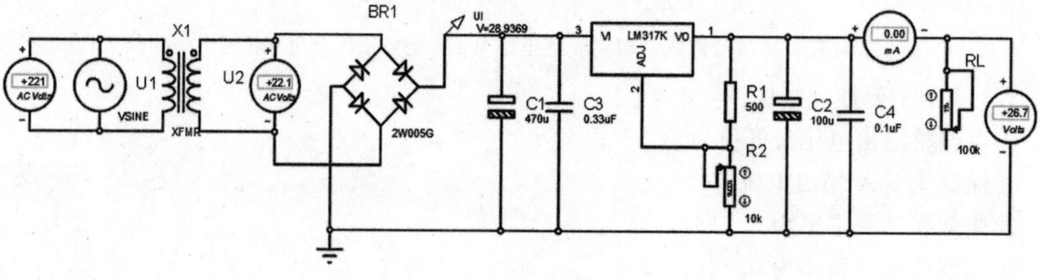

(b) 最大输出电压

图 3.53　输入电压波动对输出电压的影响仿真电路图

(2)连接负载，将负载电阻调为 10 kΩ，调节可变电阻 R_2，测量带载时的最小输出电压和最大输出电压，测量结果最小输出电压仍为 1.26 V，最大输出电压仍为 26.7 V，然后调节负载电阻的大小，观察到负载较大时，输出电压保持不变，而当负载小于 4 kΩ 时，输出电压略有减小，图略。

(3)将负载电阻调为 10 kΩ，改变输入电压的大小，修改变压器的变比分别使U_C≈12.5 V 和 U_C≈10 V，再次测量输出电压的变化。仿真结果如图 3.54(a)和图 3.54(b)所示。

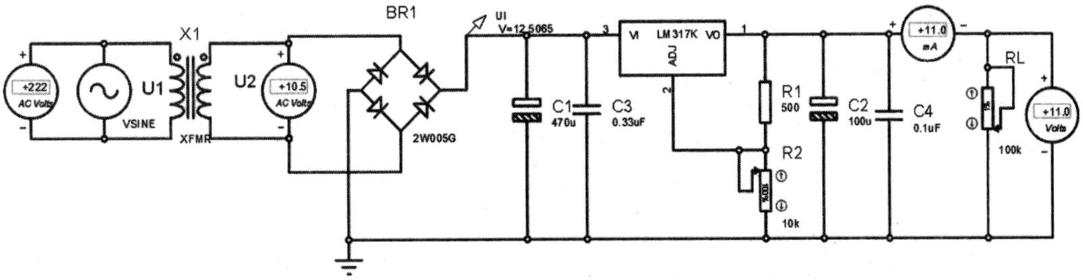

(a) U_C≈12.5 V

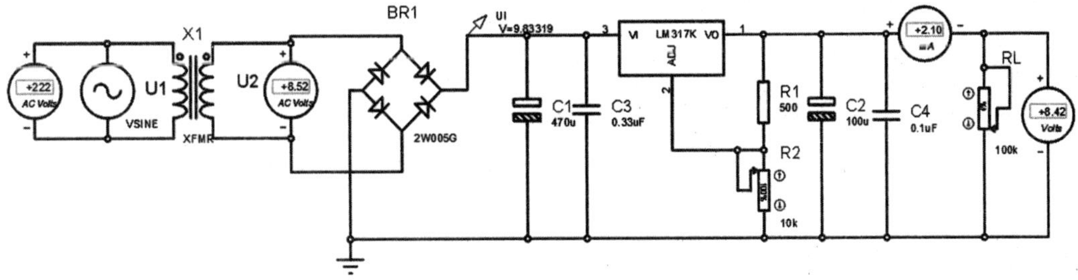

(b) U_C≈9.83 V

图 3.54　输入电压波动对输出电压的影响仿真电路图

最小电压保持 1.25 V 不变，最大电压随着输入电压的减小而减小。输入电压为 12.5 V 时，最大输出电压为 11.0 V；输入电压为 9.83 V 时，最大输出电压为 8.42 V。

第 4 章　数字逻辑电路仿真实例

4.1　小规模组合逻辑电路分析与设计仿真实例

4.1.1　常用小规模组合逻辑门介绍

常用小规模组合逻辑门有“与非”门、“与”门、“或”门、“异或”门和“非”门，这些逻辑门的芯片编号、逻辑符号及逻辑式等见表 4.1。

表 4.1　常用逻辑门的逻辑符号及逻辑关系式

逻辑门名称	芯片编号	逻辑符号	逻辑式	真值表	功能简述
“与非”门	7400	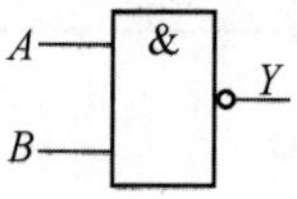	$Y=\overline{AB}$	输入 A B | 输出 Y 0 0 | 1 0 1 | 1 1 0 | 1 1 1 | 0	有 0 出 1 全 1 出 0
“与”门	7408	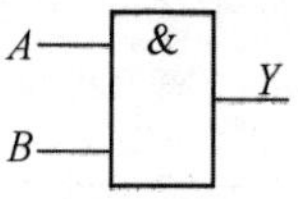	$Y=AB$	输入 A B | 输出 Y 0 0 | 0 0 1 | 0 1 0 | 0 1 1 | 1	有 0 出 0 全 1 出 1
“或”门	7432	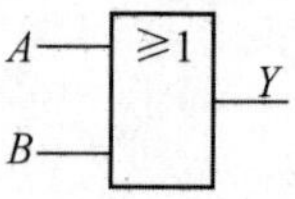	$Y=A+B$	输入 A B | 输出 Y 0 0 | 0 0 1 | 1 1 0 | 1 1 1 | 1	有 1 出 1 全 0 出 0
“异或”门	7486	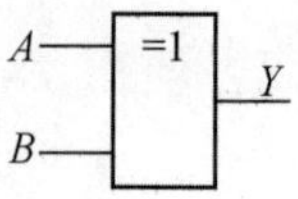	$Y=A\oplus B$	输入 A B | 输出 Y 0 0 | 0 0 1 | 1 1 0 | 1 1 1 | 0	相同出 0 不同出 1

续表 4.1

逻辑门名称	芯片编号	逻辑符号	逻辑式	真值表	功能简述
“非”门	7404	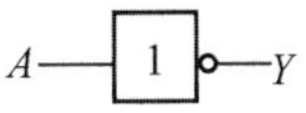	$Y=\overline{A}$	输入 A / 输出 Y： 0 / 1 1 / 0	有 0 出 1 有 1 出 0

4.1.2　小规模组合逻辑电路分析仿真实例

1. 小规模组合逻辑电路分析步骤

(1)根据给定的逻辑电路图写出逻辑函数表达式；

(2)对逻辑函数表达式进行化简和变换，得到最小项表达式；

(3)根据最小项表达式列出真值表；

(4)根据真值表判断电路的逻辑功能；

(5)建立仿真电路验证电路逻辑功能。

2. 小规模组合逻辑电路分析仿真实例

(1)实例一。

分析图 4.1 所示电路的逻辑功能。

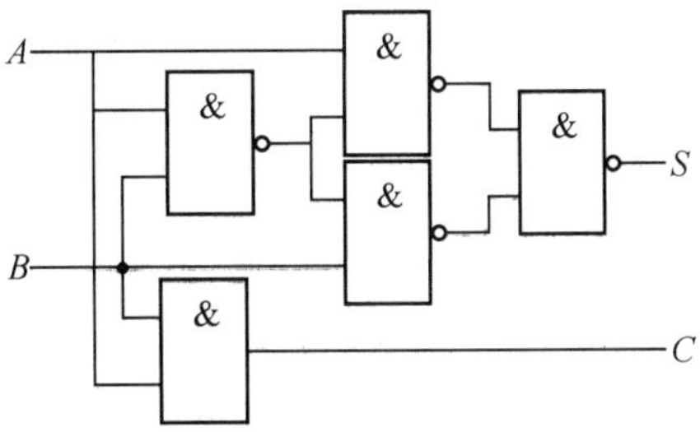

图 4.1　小规模组合逻辑电路分析实例一电路图

①根据电路图，写出 S 和 C 的逻辑函数表达式。由于电路比较简单，直接进行化简和变换，得

$$\begin{cases} S=\overline{\overline{\overline{AB}\cdot A}\cdot\overline{\overline{AB}\cdot B}}=A\overline{B}+\overline{A}B \\ C=AB \end{cases} \tag{4.1}$$

②列出真值表。根据逻辑函数表达式列出真值表，见表 4.2。

表 4.2　小规模组合逻辑电路分析实例一真值表

输入		输出	
A	B	S	C
0	0	0	0
0	1	1	0
1	0	1	0
1	1	0	1

③判断逻辑功能。根据真值表可以判断，图 4.1 所示的电路为半加器逻辑电路。输入 A、B 为两个 1 位二进制数加数，输出 S 为半加器运算的和，另一个输出 C 为两个数相加之后产生的进位。

④仿真验证。根据图 4.1，仿真需要使用的逻辑器件见表 4.3。

表 4.3　小规模组合逻辑电路分析实例一元器件列表

名称	仿真元器件名称	参数及功能要求	备注
“与非”门	7400	74LS00 或 74HC00	
“与”门	7408	74LS08 或 74HC08	
指示灯	LED	红、绿、蓝、黄等颜色可选	
输入逻辑块	LOGICSTATE		
接地符号	GROUND		终端模式中

仿真电路图如图 4.2 所示。

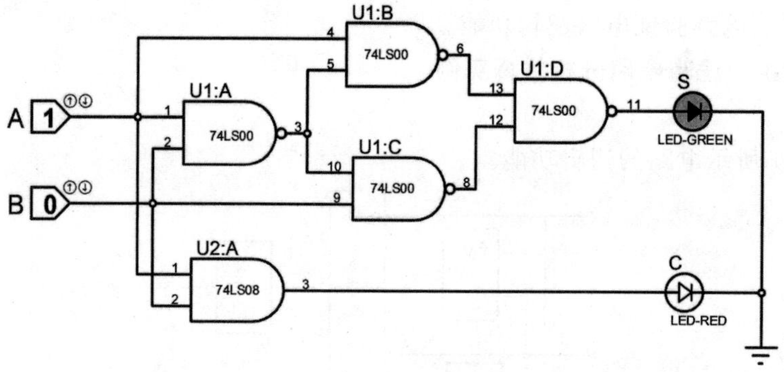

图 4.2　小规模组合逻辑电路分析实例一仿真电路图

7400 芯片为 DIP14 封装，一片芯片中有四个“与非”门，由图 4.2 可见，在 Proteus 中四个“与非”门的输入输出管脚已经标注好，实际器件连接实验时可参考仿真电路图连接电路，也可以按照原理图连接，忽略仿真图中的管脚标号。图 4.2 中用 Proteus 中的逻辑块(LOGICSTATE)表示输入状态，用原理图界面左侧快捷工具栏中的“文本模式”为逻辑块标注输入信号名称(A 和 B)；用绿色指示灯表示半加器的和，用红色指示灯表示半加器的进位，修改指示灯名称为 S 和 C。图中 $A=1$，$B=0$，根据表 4.1 可知输出应该是 $S=1$，$C=0$，图 4.2 中绿灯亮，红灯不亮，状态显示正确。其他状态请读者自行验证。

需要说明的是，如果用修改元器件本身的名称代替输出变量，名称不能和本原理图中用到的其他器件的名称相同。所以建议采用“文本模式”为逻辑变量标注名称。

(2)实例二。

分析图 4.3 所示电路的逻辑功能。

①根据图 4.3 所示电路，写出 S_i 和 C_i 的逻辑函数表达式，并进行化简和变换。得

$$\begin{cases} S_i = A_i \oplus B_i \oplus C_{i-1} = \bar{A}_i \bar{B}_i C_{i-1} + A_i \bar{B}_i \bar{C}_{i-1} + \bar{A}_i B_i \bar{C}_{i-1} + A_i B_i C_{i-1} \\ C_i = A_i B_i + (A_i \oplus B_i) \cdot C_{i-1} = A_i B_i + B_i C_{i-1} + A_i C_{i-1} \end{cases} \tag{4.2}$$

②根据逻辑函数表达式，列出真值表，见表 4.4。

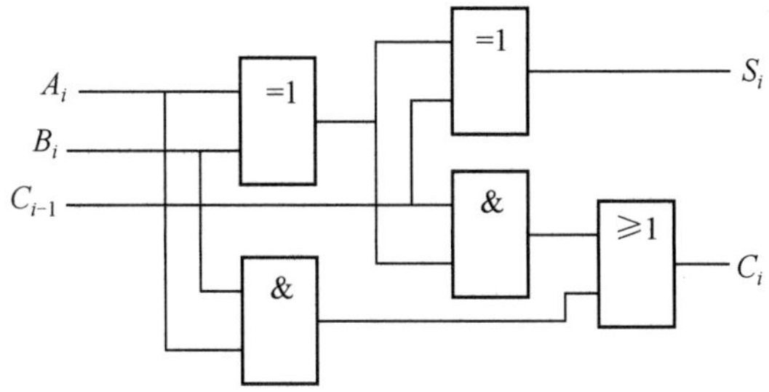

图 4.3 小规模组合逻辑电路分析实例二电路图

表 4.4 小规模组合逻辑电路分析实例二真值表

输入			输出	
A_i	B_i	C_{i-1}	S_i	C_i
0	0	0	0	0
0	0	1	1	0
0	1	0	1	0
0	1	1	0	1
1	0	0	1	0
1	0	1	0	1
1	1	0	0	1
1	1	1	1	1

③判断逻辑功能。根据真值表可以判断，图 4.3 所示的电路为全加器逻辑电路。其中，A_i、B_i分别为一位二进制加数，C_{i-1}为低位产生的进位，S_i表示全加器运算的和，C_i表示全加器运算后产生的新进位。

④仿真验证。根据图 4.3，需要使用的元器件见表 4.5。

表 4.5 小规模组合逻辑电路分析实例二元器件列表

名称	仿真元器件名称	参数及功能要求	备注
异或门	7486	74HC86 或 74LS86	
与门	7408	74HC08 或 74LS08	
或门	7432	74HC32 或者 74LS32	
指示灯	LED	红、绿、蓝、黄等颜色可选	
单刀双掷开关	SW－SPDT	—	
电源	POWER	默认电压为＋5 V	终端模式中
接地符号	GROUND	—	终端模式中

仿真电路图如图 4.4 所示。

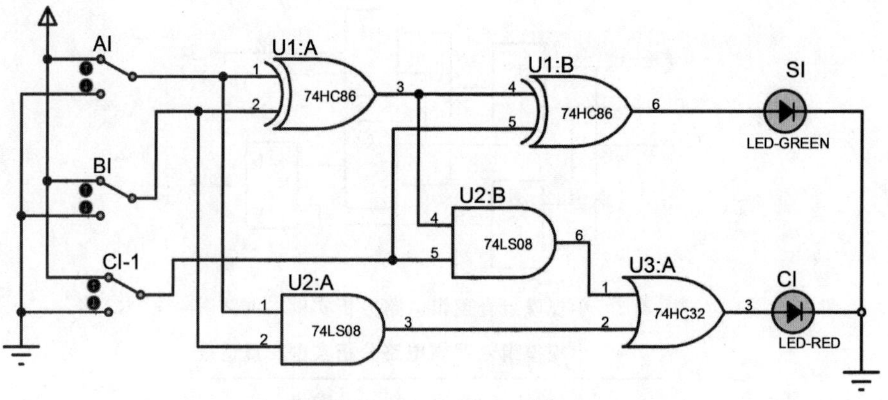

图 4.4　小规模组合逻辑电路分析实例二仿真电路图

图 4.4 的输入信号采用单刀双掷开关 SW－SPDT 实现，开关接到上端"POWER"表示输入信号为"1"，开关接到下端"GROUND"表示输入信号"0"，输出仍然用指示灯表示。图 4.4 的输入状态为$A_iB_iC_{i-1}=111$，根据表 4.4 可知，$S_iC_i=11$，电路中两个灯都亮，显示结果正确。其他状态请读者自行验证。

4.1.3　小规模组合逻辑电路设计仿真实例

1. 小规模组合逻辑电路设计步骤

(1)根据逻辑要求列出真值表；

(2)根据真值表列写逻辑函数表达式；

(3)对逻辑函数表达式化简和变换；

(4)根据选择的芯片画出实验逻辑电路图；

(5)建立仿真电路验证电路逻辑功能。

2. 小规模组合逻辑电路设计仿真实例

(1)实例一。

设计一个判断三个变量是否一致的组合逻辑电路，要求当输入量 A、B、C 不同时，输出 Y 为 1，当输入量 A、B、C 相同时，输出 Y 为 0。

①根据逻辑要求列出真值表，见表 4.6。

表 4.6　判一致电路真值表

输入			输出
A	B	C	Y
0	0	0	0
0	0	1	1
0	1	0	1
0	1	1	1
1	0	0	1
1	0	1	1
1	1	0	1
1	1	1	0

②根据真值表写出逻辑函数表达式为

$$Y=\sum m(1,2,3,4,5,6)=\bar{A}\,\bar{B}C+\bar{A}B\bar{C}+\bar{A}BC+A\bar{B}\,\bar{C}+A\bar{B}C+AB\bar{C} \quad (4.3)$$

③化简和变换。可以采用代数式化简，也可以采用卡诺图化简。本例采用卡诺图化简，卡诺图如图 4.5 所示。

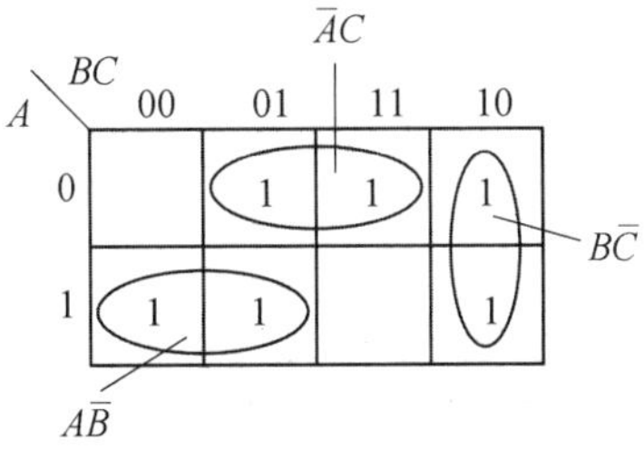

图 4.5　设计实例一卡诺图

化简后的结果为

$$Y=A\bar{B}+B\bar{C}+\bar{A}C \quad (4.4)$$

④根据逻辑式画出电路图，如图 4.6 所示。

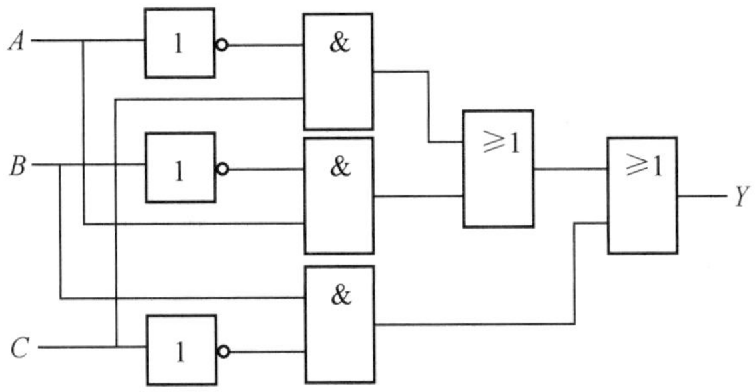

图 4.6　判一致电路图

⑤仿真验证。由图 4.6 可见，电路需要 3 个非门、3 个与门和 2 个或门。非门可以选择 74HC04 或者 74LS04，其他逻辑门参照表 4.3 和表 4.5 选取。

输入信号采用激励源模式中的时钟脉冲信号（DCLOCK），设置三个信号周期分别为 1 Hz、2 Hz 和 4 Hz，即可实现真值表中输入变量的取值要求。输出选用“图表模式”中的数字分析图表（DIGITAL），以波形图的方式显示电路运行结果，需要加“电压探针”显示输出变量，仿真电路及输出波形如图 4.7 所示。

图 4.7 中，信号 A 的频率为 1 Hz，信号 B 的频率为 2 Hz，信号 C 的频率为 4 Hz。数字分析图表属性设置显示时间为 2 s，即两个运行周期。由数字分析图表可见，上面三行就是输入信号 ABC 从 000→111 的变化过程，第四行为输出信号 Y 的变化情况。当 $ABC=000$ 和 111 即 A、B、C 相等时输出 $Y=0$，A、B、C 不相等时输出 $Y=1$。验证结果正确。相比用指示灯显示输出结果，用数字分析图表可以一目了然地检验所有的逻辑状态。

(2)实例二。

设 $A=A_1A_0$，$B=B_1B_0$ 均为两位二进制数，设计一个判别 A 和 B 大小的比较器。当 $A>B$ 时，黄灯亮；当 $A=B$ 时，红灯亮；当 $A<B$ 时，绿灯亮。

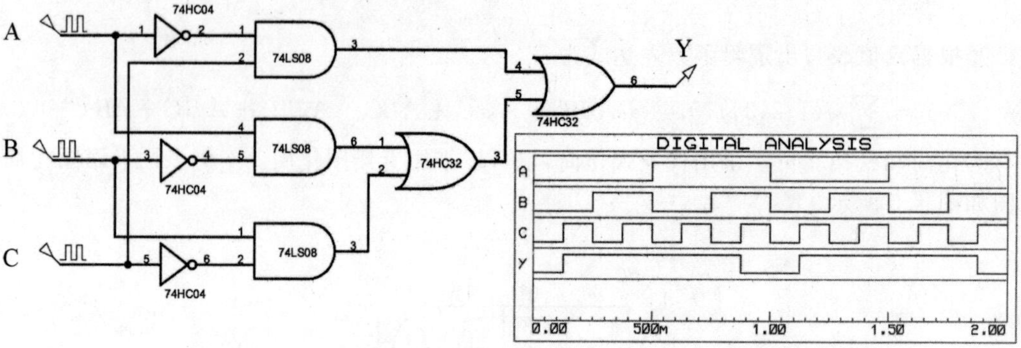

图 4.7　小规模组合逻辑电路设计实例一仿真电路及输出波形图

①设黄灯为 Y,红灯为 R,绿灯为 G。根据逻辑要求列出真值表,见表 4.7。

表 4.7　小规模组合逻辑电路设计实例二真值表

输入				输出		
A		B		Y	R	G
A_1	A_0	B_1	B_0			
0	0	0	0	0	1	0
0	0	0	1	0	0	1
0	0	1	0	0	0	1
0	0	1	1	0	0	1
0	1	0	0	1	0	0
0	1	0	1	0	1	0
0	1	1	0	0	0	1
0	1	1	1	0	0	1
1	0	0	0	1	0	0
1	0	0	1	1	0	0
1	0	1	0	0	1	0
1	0	1	1	0	0	1
1	1	0	0	1	0	0
1	1	0	1	1	0	0
1	1	1	0	1	0	0
1	1	1	1	0	1	0

② 根据逻辑状态表写出逻辑函数表达式为

$$\begin{cases} Y = \sum m(4,8,9,12,13,14) \\ R = \sum m(0,5,10,15) \\ G = \sum m(1,2,3,6,7,11) \end{cases} \tag{4.5}$$

③ Y 和 G 采用卡诺图结合代数式化简，R 直接采用代数式化简。

卡诺图如图 4.8 所示。

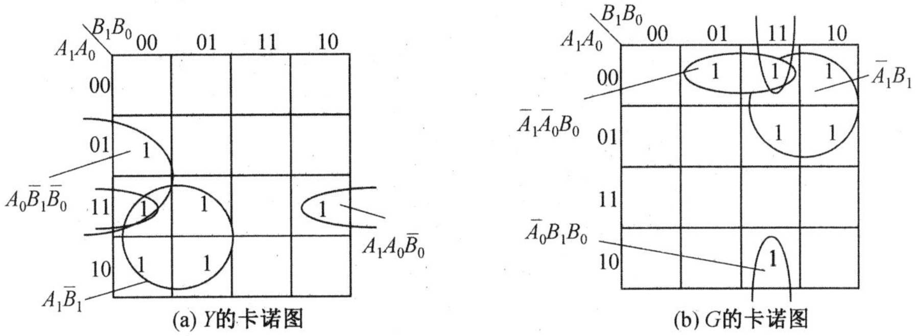

图 4.8　小规模组合逻辑电路设计实例二卡诺图

化简和变换后得

$$\begin{cases}Y=A_0\overline{B}_1\overline{B}_0+A_1\overline{B}_1+A_1A_0\overline{B}_0=A_0\overline{B}_0(A_1+\overline{B}_1)+A_1\overline{B}_1\\R=\overline{(A_1\oplus B_1)}\cdot\overline{(A_0\oplus B_0)}\\G=\overline{A}_0B_1B_0+\overline{A}_1B_1+\overline{A}_1\overline{A}_0B_0=\overline{A}_0B_0(\overline{A}_1+B_1)+\overline{A}_1B_1\end{cases}\tag{4.6}$$

④ 画出电路图。电路如图 4.9 所示。电路由 7 个两输入“与门”、6 个“非门”、2 个“异或”门和 4 个两输入“或门”组成，需要两片 7408、一片 7404、一片 7486 和一片 7432。如果不对式(4.6)进行代数变换，直接用卡诺图化简的结果搭建电路，则需要 11 个两输入“与”门、6 个“非”门、2 个“异或”门和 4 个两输入“或”门组成，需要三片 7408、一片 7404、一片 7486 和一片 7432，可见图 4.9 所示电路更优化。采用卡诺图结合代数式化简的方法可以达到进一步优化电路的目的。

⑤仿真验证。参照图 4.9 连接仿真电路，如图 4.10 所示。所用的元器件在前面的实例中均使用过，请读者参照前面的仿真实例选取。

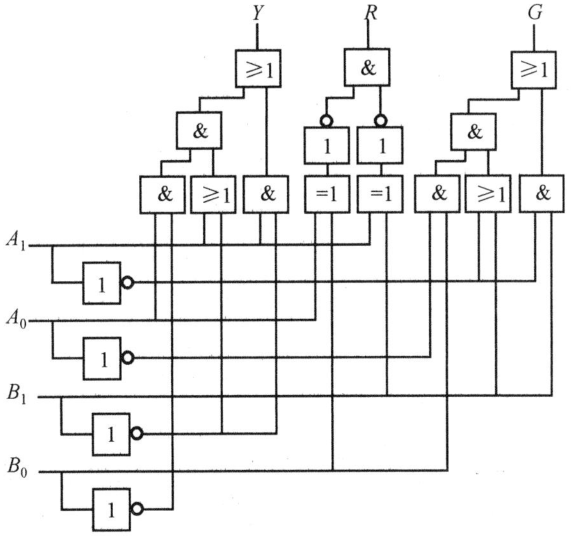

图 4.9　小规模组合逻辑电路设计实例二电路图

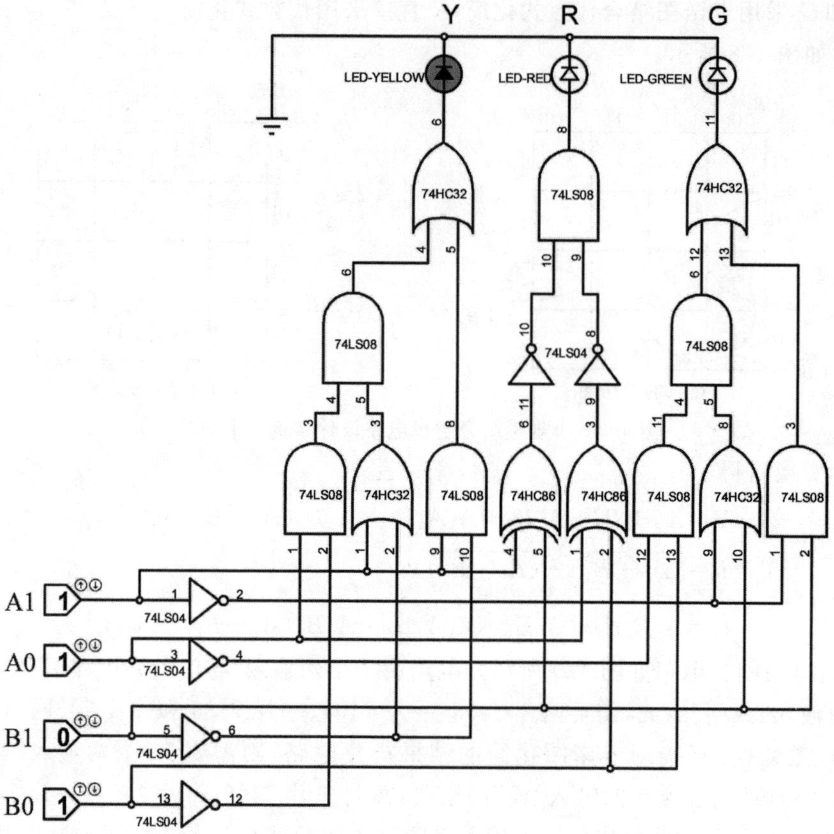

图 4.10 小规模组合逻辑电路设计实例二仿真电路图

图 4.10 中，$A=11$，$B=01$，结果是 $A>B$，黄灯亮，验证结果正确。其他状态请读者自行验证。

(3)实例三。

设计一个交通灯故障报警电路，正常情况下，只允许红灯、绿灯和黄灯一盏灯点亮，当三盏灯都不亮、两盏或两盏以上的灯点亮时，发出报警信号。

红灯、绿灯和黄灯分别用 A、B 和 C 表示，报警信号用 F 表示。

①根据逻辑要求列出真值表，见表 4.8。

表 4.8 交通灯故障报警电路真值表

输入			输出
A	B	C	F
0	0	0	1
0	0	1	0
0	1	0	0
0	1	1	1
1	0	0	0
1	0	1	1
1	1	0	1
1	1	1	1

②根据真值表写出逻辑函数表达式为

$$F=\sum m(0,3,5,6,7)=\bar{A}\,\bar{B}\,\bar{C}+\bar{A}BC+A\bar{B}C+AB\bar{C}+ABC \tag{4.7}$$

③化简和变换。采用卡诺图化简，并进行变换。卡诺图如图 4.11 所示。

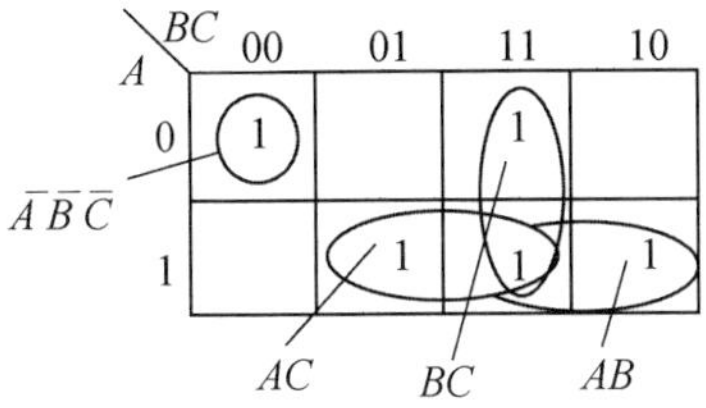

图 4.11　交通灯故障报警电路卡诺图

化简和变换的结果为

$$F=\bar{A}\bar{B}\bar{C}+AB+BC+AC=\overline{\overline{\bar{A}\bar{B}\bar{C}}\cdot\overline{AB}\cdot\overline{BC}\cdot\overline{AC}} \tag{4.8}$$

④ 根据逻辑式画出电路图，如图 4.12 所示。

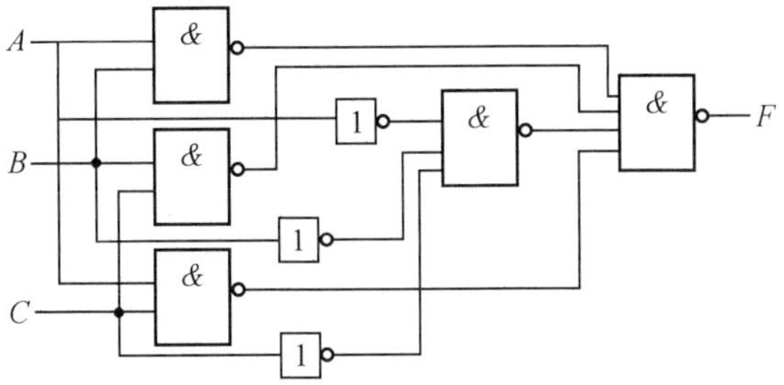

图 4.12　交通灯故障报警电路图

⑤ 仿真验证。图 4.12 只画出了交通灯故障报警电路的逻辑电路部分，报警电路拟采用指示灯和蜂鸣器，需要的仿真元器件列表见表 4.9。

表 4.9　小规模组合逻辑电路设计仿真实例三元器件列表

名称	仿真元器件名称	参数及功能要求	备注
非门	7404	74HC04	
二输入与非门	7400	74LS00 或 74HC00	
三输入与非门	7410	74HC10 或者 74LS10	
四输入与非门	7420	74HC20 或者 74LS20	
指示灯	LED	红、绿、蓝、黄等颜色可选	
电阻	RESISTORS	300 Ω 2 个	
单刀双掷开关	SW－SPDT	—	
蜂鸣器	BUZZER	需 12 V 电源驱动	
三极管	PN2369A	NPN 管	
继电器	RELAYS	JWD－172－1	
电源	POWER	—	终端模式中
接地	GROUND	—	终端模式中

仿真电路如图 4.13 所示。

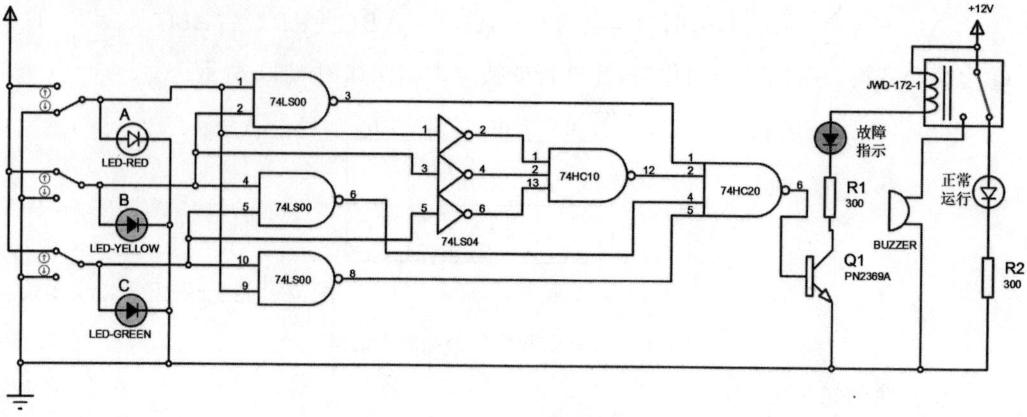

图 4.13　交通灯故障报警仿真电路图

图 4.13 仿真电路的状态是黄灯和绿灯同时亮，为故障状态，故障指示灯亮，同时蜂鸣器会响起。如果只有一个交通灯亮，则正常运行指示灯亮，蜂鸣器不响，电路正常。

4.2　中规模组合逻辑电路设计仿真实例

4.2.1　基于 74283 的逻辑电路设计仿真实例

1. 74283 的管脚图及逻辑功能

74283 采用 DIP16 封装，其管脚图及逻辑符号如图 4.14 所示。其中，$A_3A_2A_1A_0$ 和 $B_3B_2B_1B_0$ 分别为两个 4 位加数输入端，$S_3S_2S_1S_0$ 为和值输出端，C_0 为来自低位的进位输入端，C_4 为运算进位输出端。

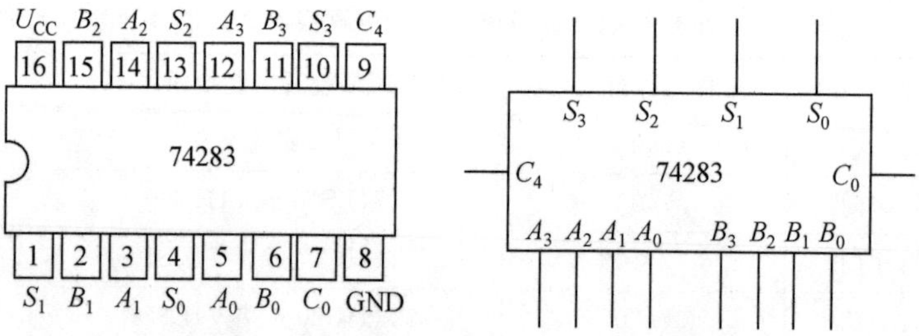

(a) 管脚图　　(b) 逻辑符号

图 4.14　74283 管脚图及逻辑符号

2. 设计实例

(1)实例一。

将余 3 码转换为 5421BCD 码。用 74283 适当添加逻辑门实现。

①理论设计。输入余 3 码为 $D_3D_2D_1D_0$，输出 5421BCD 码为 $Y_3Y_2Y_1Y_0$。逻辑状态表见表 4.10，前五个数码两种码制的差值为－0011，转换成补码为 1101，后五个数码的差值为 0000，差值计算结果见表 4.10 最后一列。将待转换的数码$D_3D_2D_1D_0$输入到 74283 的 $A_3A_2A_1A_0$，差值输入到 74283 的 $B_3B_2B_1B_0$，$Y_3Y_2Y_1Y_0$为转换结果，由 74283 的 $S_3S_2S_1S_0$和输出端

输出。

表 4.10 余 3 码转换为 5421BCD 码码制转换逻辑状态表

N_{10}	余 3 码				5421BCD 码				差值			
	D_3	D_2	D_1	D_0	Y_3	Y_2	Y_1	Y_0	B_3	B_2	B_1	B_0
0	0	0	1	1	0	0	0	0	1	1	0	1
1	0	1	0	0	0	0	0	1	1	1	0	1
2	0	1	0	1	0	0	1	0	1	1	0	1
3	0	1	1	0	0	0	1	1	1	1	0	1
4	0	1	1	1	0	1	0	0	1	1	0	1
5	1	0	0	0	1	0	0	0	0	0	0	0
6	1	0	0	1	1	0	0	1	0	0	0	0
7	1	0	1	0	1	0	1	0	0	0	0	0
8	1	0	1	1	1	0	1	1	0	0	0	0
9	1	1	0	0	1	1	0	0	0	0	0	0

由表 4.10 可见，即当 $N_{10}\leqslant 4$ 时，$Y_3Y_2Y_1Y_0=D_3D_2D_1D_0-0011=D_3D_2D_1D_0+1101$；当 $N_{10}\geqslant 5$ 时，$Y_3Y_2Y_1Y_0=D_3D_2D_1D_0+0000$。即

$$Y_3Y_2Y_1Y_0=\begin{cases}D_3D_2D_1D_0+1101(\text{当}D_3=0\text{ 时})\\D_3D_2D_1D_0+0000(\text{当}D_3=1\text{ 时})\end{cases}=D_3D_2D_1D_0+\bar{D}_3\bar{D}_30\bar{D}_3 \tag{4.9}$$

实现电路如图 4.15 所示。

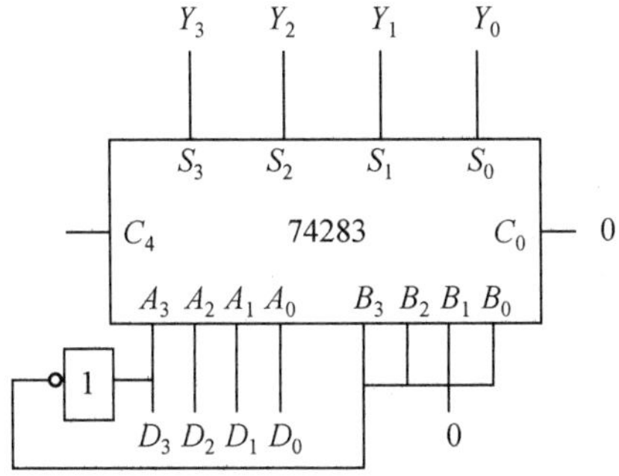

图 4.15 余 3 码转换为 5421BCD 码电路图

②仿真验证。参照图 4.15 连接仿真电路，如图 4.16 所示。74283 芯片选择可仿真的 74LS283，输入信号采用十六进制开关元件（THUMBSWITCH－HEX）。正常放置开关元件时高位在下面，为了符合读数习惯，将开关元件垂直翻转，如图 4.16 所示，余 3 码输入为 0111，对应阿拉伯数字“7”。对照表 4.10，此时输出的 5421 码应该是 0100，显示结果正确。其他状态请读者自行验证。

(2)实例二。

将 2421BCD 码转换为余 3 码，用 74283 和 7485 实现。

①7485 的管脚图及逻辑功能。7485 采用 DIP16 封装。7485 的管脚图及逻辑符号如图 4.17 所示。其中 $A_3A_2A_1A_0$ 和 $B_3B_2B_1B_0$ 分别为 4 位二进制数 A 和 B 的输入端。$a>b$、$a=b$

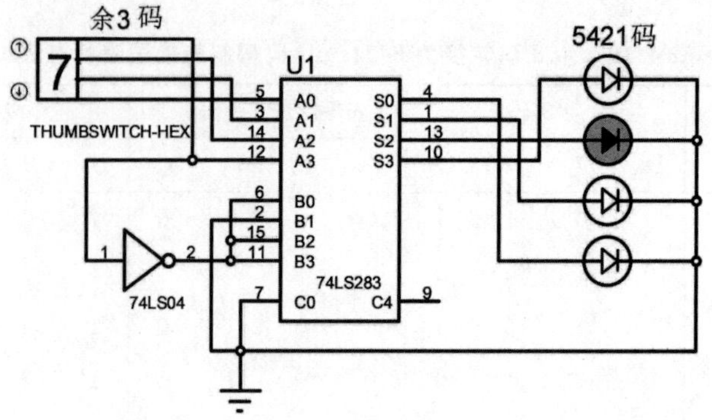

图 4.16 余 3 码转换为 5421BCD 码仿真电路图

和 $a<b$ 为级联输入端，是为了实现 4 位以上数值比较时，输入低位比较结果而设置的，当仅用一片 7485 进行数值比较时，级联输入端 $a>b$、$a=b$ 和 $a<b$ 必须接 010；当用多片 7485 级联进行数值比较时，最低片 7485 的级联输入端 $a>b$、$a=b$ 和 $a<b$ 必须接 010，其他片的级联输入端 $a>b$、$a=b$ 和 $a<b$ 接相邻低片的对应输出端。$A>B$、$A=B$ 和 $A<B$ 为比较结果输出端。

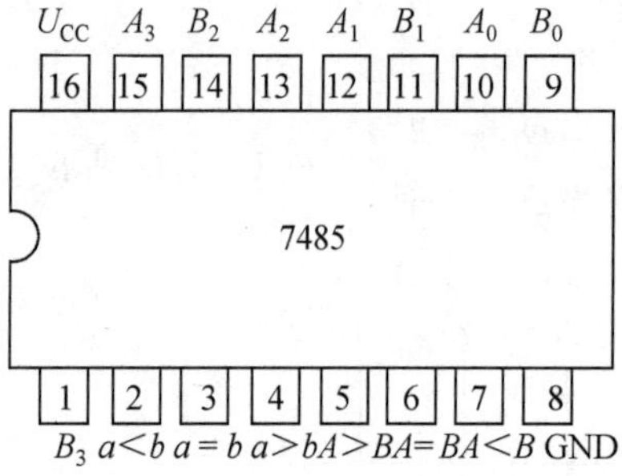

(a) 管脚图

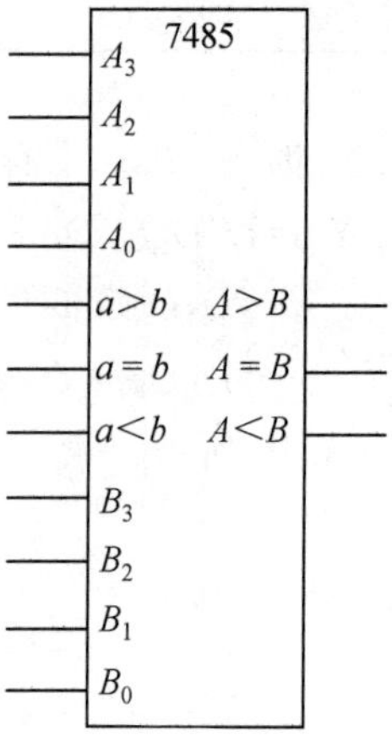

(b) 逻辑符号

图 4.17 7485 的管脚图及逻辑符号

②理论设计。设输入 2421BCD 码为 $D_3D_2D_1D_0$，输出余 3 码为 $Y_3Y_2Y_1Y_0$。逻辑状态表见表 4.11，前五个数码两种码制的差值为 0011，后五个数码的差值为 −0011，转换成补码为 1101。差值计算结果见表 4.11 最后一列。

表 4.11 2421BCD 码转换为余 3 码码制转换逻辑状态表

N_{10}	2421 码				余 3 码				差值			
	D_3	D_2	D_1	D_0	Y_3	Y_2	Y_1	Y_0	B_3	B_2	B_1	B_0
0	0	0	0	0	0	0	1	1	0	0	1	1
1	0	0	0	1	0	1	0	0	0	0	1	1
2	0	0	1	0	0	1	0	1	0	0	1	1
3	0	0	1	1	0	1	1	0	0	0	1	1
4	0	1	0	0	0	1	1	1	0	0	1	1

续表 4.11

N_{10}	2421 码				余 3 码				差值			
	D_3	D_2	D_1	D_0	Y_3	Y_2	Y_1	Y_0	B_3	B_2	B_1	B_0
5	1	0	1	1	1	0	0	0	1	1	0	1
6	1	1	0	0	1	0	0	1	1	1	0	1
7	1	1	0	1	1	0	1	0	1	1	0	1
8	1	1	1	0	1	0	1	1	1	1	0	1
9	1	1	1	1	1	1	0	0	1	1	0	1

当$N_{10}\leqslant 4$ 时，$Y_3Y_2Y_1Y_0=D_3D_2D_1D_0+0011$；

当$N_{10}\geqslant 5$ 时，$Y_3Y_2Y_1Y_0=D_3D_2D_1D_0-0011=D_3D_2D_1D_0+1101$。即

$$Y_3Y_2Y_1Y_0=\begin{cases}D_3D_2D_1D_0+0011(\text{当}D_3=0\text{ 时})\\D_3D_2D_1D_0+1101(\text{当}D_3=1\text{ 时})\end{cases}=D_3D_2D_1D_0+D_3D_3\bar{D}_31 \qquad (4.10)$$

用 74283 和 7485 实现，7485 的$A_3A_2A_1A_0=D_3D_2D_1D_0$，$B_3B_2B_1B_0=0100$，当 $A>B$ 时 $Q_{A>B}=1$，当 $A\leqslant B$ 时 $Q_{A>B}=0$，74283 的$B_3B_2B_1B_0=Q_{A>B}Q_{A>B}\bar{Q}_{A>B}1$，电路图如图 4.18 所示。

③仿真验证。参照图 4.18 连接仿真电路，如图 4.19 所示。

由图 4.19 可见，输入的 2421BCD 码数值为 1110，输出的余 3 码数值为 1011，结果正确。

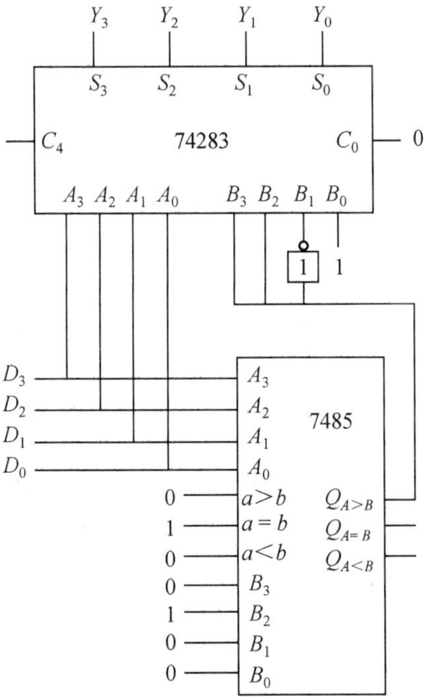

图 4.18　2421BCD 码转换为余 3 码电路图

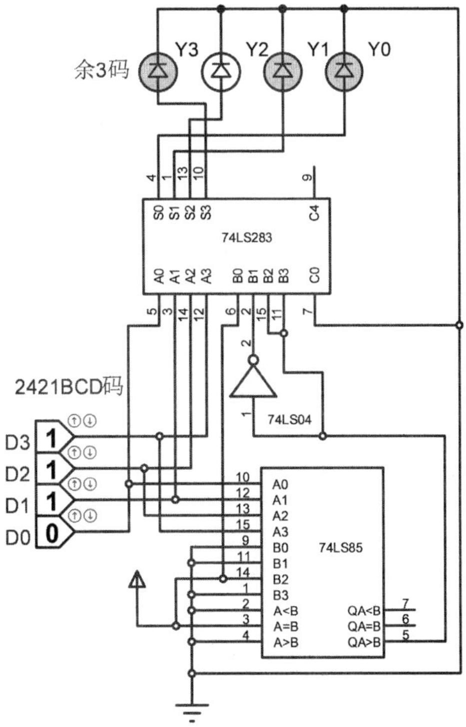

图 4.19　2421BCD 码转换为余 3 码仿真电路图

(3)实例三。

将8421BCD码转换成余3循环码。

①理论设计。

方法一：设输入8421BCD码为$D_3D_2D_1D_0$，输出余3循环码为$Y_3Y_2Y_1Y_0$。逻辑状态表见表4.12。差值计算结果见表4.12最后一列。

表4.12　8421BCD码转换为余3循环码码制转换逻辑状态表

N_{10}	8421码				余3循环码				差值			
	D_3	D_2	D_1	D_0	Y_3	Y_2	Y_1	Y_0	B_3	B_2	B_1	B_0
0	0	0	0	0	0	0	1	0	0	0	1	0
1	0	0	0	1	0	1	1	0	0	1	0	1
2	0	0	1	0	0	1	1	1	0	1	0	1
3	0	0	1	1	0	1	0	1	0	0	1	0
4	0	1	0	0	0	1	0	0	0	0	0	0
5	0	1	0	1	1	1	0	0	0	1	1	1
6	0	1	1	0	1	1	0	1	0	1	1	1
7	0	1	1	1	1	1	1	1	1	0	0	0
8	1	0	0	0	1	1	1	0	0	1	1	0
9	1	0	0	1	1	0	1	0	0	0	0	1

采用卡诺图化简方法，四个差值信号的卡诺图如图4.20(a)～(d)所示。

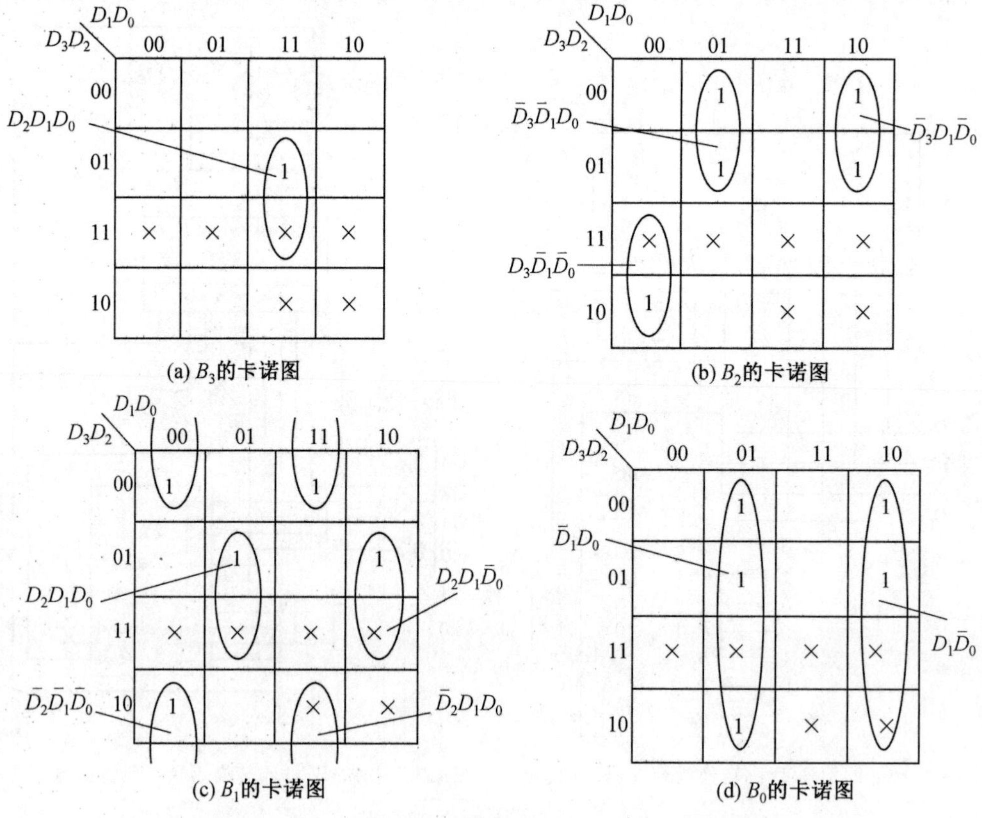

图4.20　8421BCD码转换为余3循环差值信号化简卡诺图

由卡诺图并进行代数变换后得到逻辑表达式为

$$\begin{cases} B_3 = D_2 D_1 D_0 \\ B_2 = D_3 \bar{D}_1 \bar{D}_0 + \bar{D}_3 (D_1 \oplus D_0) \\ B_1 = \overline{D_2 \oplus D_1 \oplus D_0} \\ B_0 = D_1 \oplus D_0 \end{cases} \tag{4.11}$$

画出电路图，如图 4.21 所示。

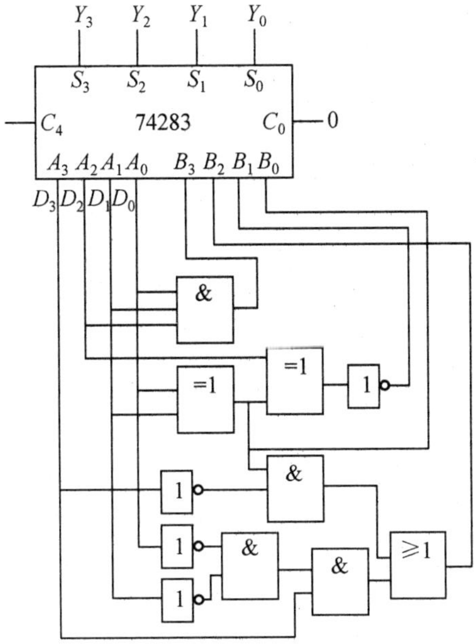

图 4.21　8421BCD 码转换为余 3 循环码方法一电路图

方法二：利用 74283 先将 8421BCD 码转换成余 3 码，然后再采用逻辑门实现余 3 码转换成余 3 循环码，输入的 8421 码为 $D_3D_2D_1D_0$，利用 74283 实现加“0011”的计算，74283 的输出 $S_3S_2S_1S_0$ 即为余 3 码，输出 $Y_3Y_2Y_1Y_0$ 为余 3 循环码，三种码值列表见表 4.13。

表 4.13　8421BCD 码、余 3 码和余 3 循环码码值列表

N_{10}	8421 码				余 3 码				余 3 循环码			
	D_3	D_2	D_1	D_0	S_3	S_2	S_1	S_0	Y_3	Y_2	Y_1	Y_0
0	0	0	0	0	0	0	1	1	0	0	1	0
1	0	0	0	1	0	1	0	0	0	1	1	0
2	0	0	1	0	0	1	0	1	0	1	1	1
3	0	0	1	1	0	1	1	0	0	1	0	1
4	0	1	0	0	0	1	1	1	0	1	0	0
5	0	1	0	1	1	0	0	0	1	1	0	0
6	0	1	1	0	1	0	0	1	1	1	0	1
7	0	1	1	1	1	0	1	0	1	1	1	1
8	1	0	0	0	1	0	1	1	1	1	1	0
9	1	0	0	1	1	1	0	0	1	0	1	0

观察表 4.13,可得

$$\begin{cases} Y_3 = S_3 \\ Y_2 = S_3 \oplus S_2 \\ Y_1 = S_2 \oplus S_1 \\ Y_0 = S_1 \oplus S_0 \end{cases} \tag{4.12}$$

画出电路图,如图 4.22 所示。

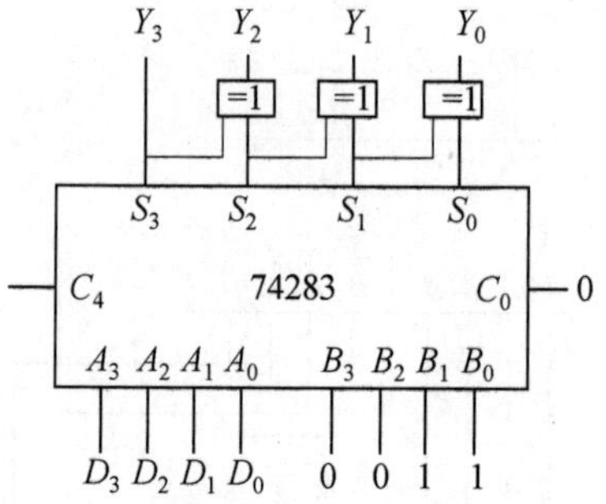

图 4.22　8421BCD 码转换为余 3 循环码方法二电路图

②仿真验证。参照图 4.21 和图 4.22 连接仿真电路,如图 4.23(a)和图 4.23(b)所示。运行结果正确,方法二电路更简单、更优化。

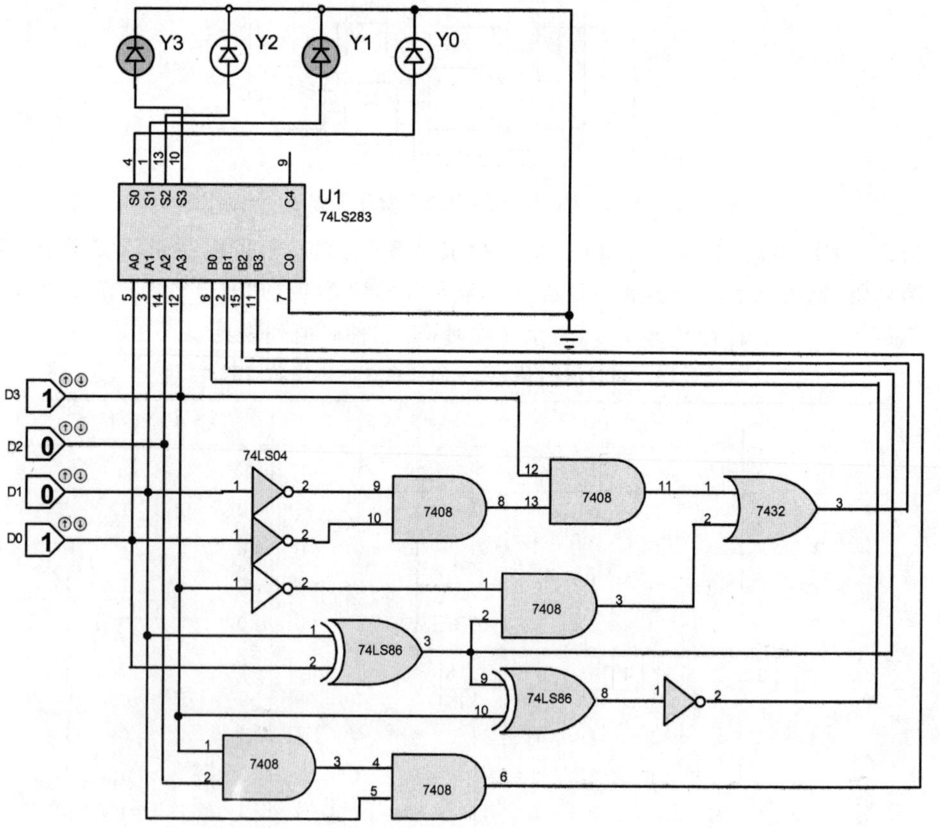

(a) 方法一

图 4.23　8421BCD 码转换为余 3 循环码仿真电路图

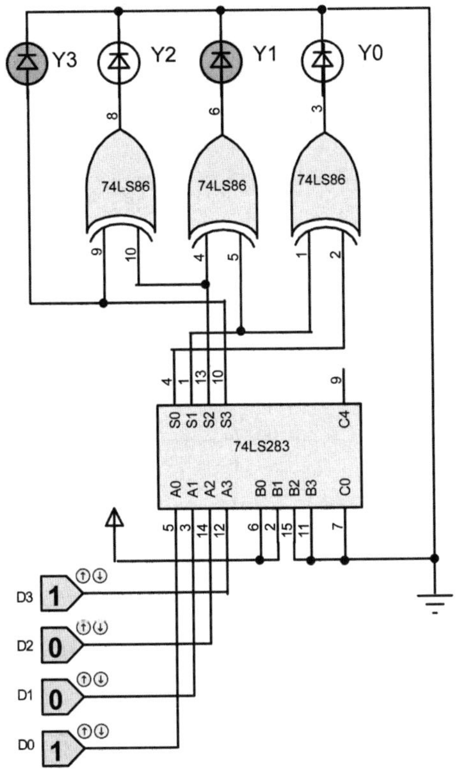

(b) 方法二

续图 4.23

4.2.2　基于 74138 的逻辑电路设计仿真实例

1. 74138 芯片管脚图及逻辑功能

74138 为 3 线－8 线译码器，采用 DIP16 封装。74138 的管脚图及逻辑符号如图 4.24 所示。

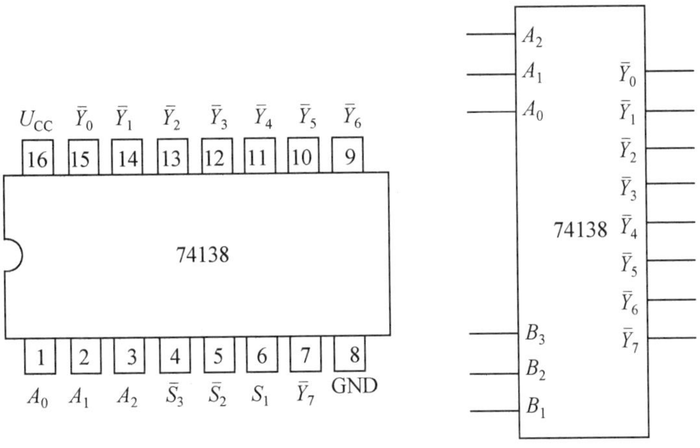

(a) 管脚图　　(b) 逻辑符号

图 4.24　74138 管脚图及逻辑符号

其中A_2、A_1和A_0为变量输入端，$\overline{Y}_7 \sim \overline{Y}_0$为译码输出端，低电平有效。例如当输入$A_2A_1A_0=100$时，输出$\overline{Y}_7 \sim \overline{Y}_0=11101111$。$S_1$、$\overline{S}_2$和$\overline{S}_3$为使能输入端，正常译码时接为$S_1\overline{S}_2\overline{S}_3=100$。

2. 设计实例

(1)实例一。

用 74138 添加逻辑门设计一个一位二进制数全减器，其中，A_i为被减数，B_i为减数，C_i为低位向本位的借位，S_i为差，C_{i+1}为向高位的借位。

①根据逻辑要求列出真值表，见表 4.14。

表 4.14　全减器真值表

输入			输出	
A_i	B_i	C_i	S_i	C_{i+1}
0	0	0	0	0
0	0	1	1	1
0	1	0	1	1
0	1	1	0	1
1	0	0	1	0
1	0	1	0	0
1	1	0	0	0
1	1	1	1	1

②根据真值表写出逻辑表达式，并与 74138 的输出管脚相对应

$$\begin{cases} S_i=\sum m(1,2,4,7)=\overline{\overline{m_1}\cdot\overline{m_2}\cdot\overline{m_4}\cdot\overline{m_7}}=\overline{\overline{Y_1}\cdot\overline{Y_2}\cdot\overline{Y_4}\cdot\overline{Y_7}}=Y_0\,Y_3\,Y_5\,Y_6 \\ C_{i+1}=\sum m(1,2,3,7)=\overline{\overline{m_1}\cdot\overline{m_2}\cdot\overline{m_3}\cdot\overline{m_7}}=\overline{\overline{Y_1}\cdot\overline{Y_2}\cdot\overline{Y_3}\cdot\overline{Y_7}}=Y_0\,Y_4\,Y_5\,Y_6 \end{cases} \tag{4.13}$$

③画出电路图，如图 4.25 所示。

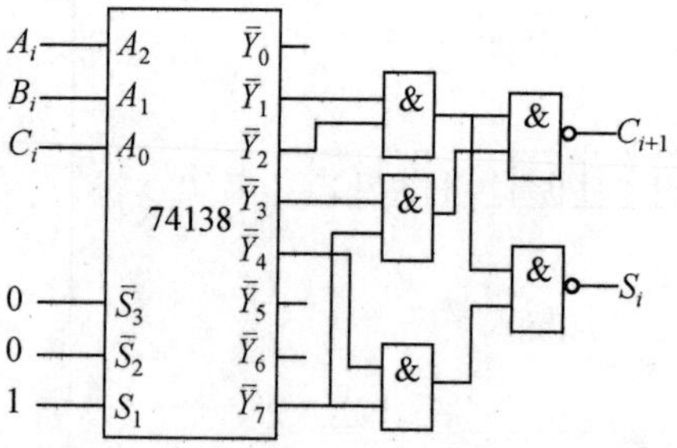

图 4.25　基于 74138 的全减器电路图

④仿真验证。参照图 4.25 连接仿真电路，如图 4.26 所示。图 4.26(a)逻辑门采用 74HC08 和 74HC00。图 4.26(b)逻辑门采用 74HC20，7420 为双四输入“与非”门芯片。也可以采用“与”门实现，图略。

注意，在 Proteus 中 74HC138 芯片上的管脚 A、B 和 C 分别对应原理图中的A_0、A_1和A_2。

比较图 4.26(a)和图 4.26(b)可见，采用 74HC20 之后，电路变得简单很多，只需要一片

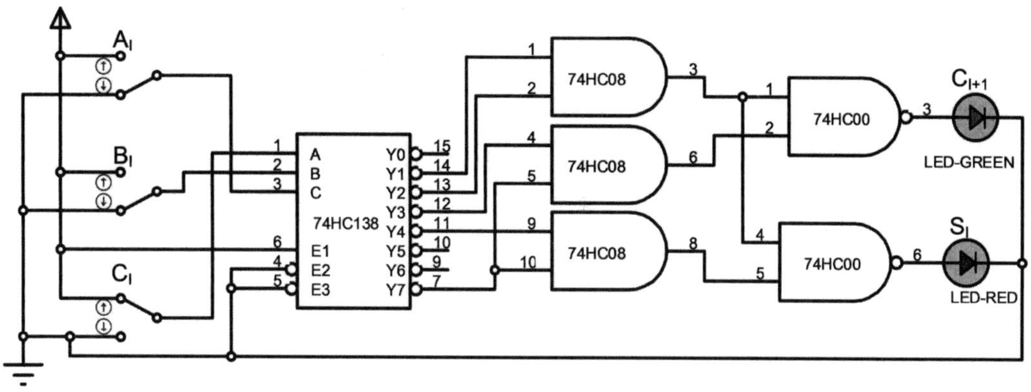

(a) 方法一

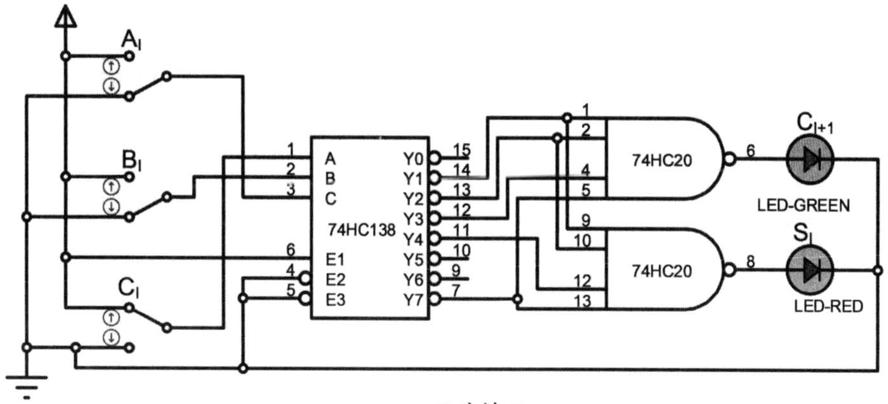

(b) 方法二

图 4.26　基于 74138 的全减器仿真电路图

74HC138 和一片 74HC20 即可。

(2)实例二。

设计一个水坝水位报警显示电路。水位高度用 4 位二进制数表示。当水位低于 5 m 时黄灯亮，水位在 5 m 到 9 m 之间时绿灯亮，水位上升到 10 m 时绿灯和红灯一起亮，水位到达 12 m后红灯单独亮。用 2 片 74138 添加逻辑门实现。

用二进制数 A_3、A_2、A_1 和 A_0 表示水位高度，$Y_{黄}$、$Y_{绿}$ 和 $Y_{红}$ 表示三个指示灯。

①根据逻辑要求列出真值表，见表 4.15。

表 4.15　水位监测电路真值表

输入				输出		
A_3	A_2	A_1	A_0	$Y_{黄}$	$Y_{绿}$	$Y_{红}$
0	0	0	0	1	0	0
0	0	0	1	1	0	0
0	0	1	0	1	0	0
0	0	1	1	1	0	0
0	1	0	0	1	0	0
0	1	0	1	0	1	0

续表 4.15

输入				输出		
A_3	A_2	A_1	A_0	$Y_{黄}$	$Y_{绿}$	$Y_{红}$
0	1	1	0	0	1	0
0	1	1	1	0	1	0
1	0	0	0	0	1	0
1	0	0	1	0	1	0
1	0	1	0	0	1	1
1	0	1	1	0	1	1
1	1	0	0	0	0	1
1	1	0	1	0	0	1
1	1	1	0	0	0	1
1	1	1	1	0	0	1

②根据真值表写出逻辑函数表达式为

$$\begin{cases} Y_{黄} = \sum m(0,1,2,3,4) \\ Y_{绿} = \sum m(5,6,7,8,9,10,11) \\ Y_{红} = \sum m(10,11,12,13,14,15) \end{cases} \tag{4.14}$$

③ 逻辑式变换。一片 74138 只能输入 3 位二进制数，4 位二进制数需要两片 74138 级联，根据 74138 的芯片特点并考虑电路简化的原则，对式(4.14)进行变换，与管脚对应后得

$$\begin{cases} Y_{黄} = \overline{\overline{Y}_0 \cdot \overline{Y}_1 \cdot \overline{Y}_2 \cdot \overline{Y}_3 \cdot \overline{Y}_4} \\ Y_{绿} = \overline{\overline{Y}_5 \cdot \overline{Y}_6 \cdot \overline{Y}_7 \cdot \overline{Y}_8 \cdot \overline{Y}_9 \cdot \overline{Y}_{10} \cdot \overline{Y}_{11}} \\ Y_{红} = \overline{\overline{Y}_{10} \cdot \overline{Y}_{11} \cdot \overline{Y}_{12} \cdot \overline{Y}_{13} \cdot \overline{Y}_{14} \cdot \overline{Y}_{15}} \end{cases} \tag{4.15}$$

④ 画出电路图，如图 4.27 所示。

⑤仿真验证。参照图 4.27 连接仿真电路，如图 4.28 所示。除了前面章节用到的元器件外，电路中要用到四输入“与”门和三输入“与非”门，四输入“与”门的编号为 74HC21，三输入“与非”门的编号为 74HC10。

电路输入为$A_3A_2A_1A_0=1011$，由表 4.15 可知，输出$Y_{黄}Y_{绿}Y_{红}=011$，即黄灯不亮，绿灯和红灯亮。仿真结果正确。

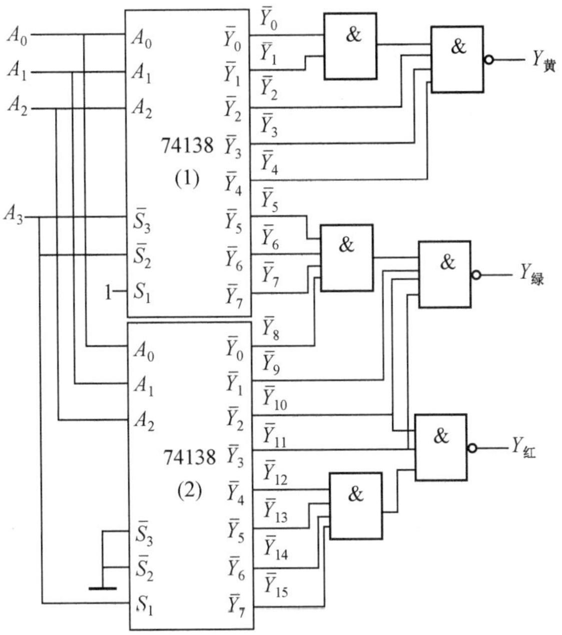

图 4.27　基于 74138 的水位监测电路图

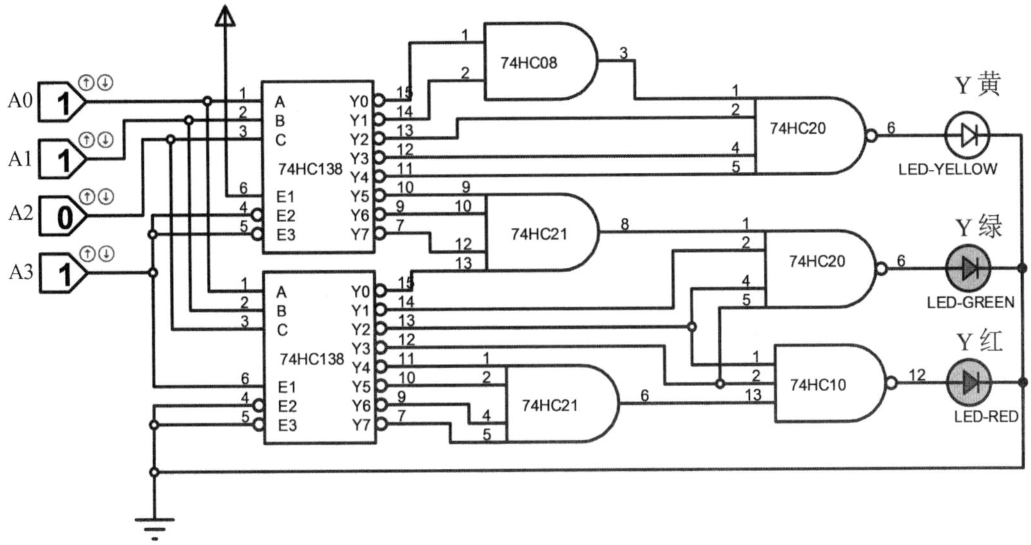

图 4.28　基于 74138 的水位监测仿真电路图

可以采用 74154 代替两片 74138。

4.2.3　基于数据选择器的逻辑电路设计

1. 数据选择器芯片管脚图及逻辑功能

(1)双四选一数据选择器芯片 74153。

74153 是双四选一数据选择器，采用 DIP16 封装。其管脚图及逻辑符号如图 4.29 所示。其中，$1D_3 \sim 1D_0$ 和 $2D_3 \sim 2D_0$ 分别为第 1 组和第 2 组的四路数据输入端；$1Y$ 和 $2Y$ 分别为第 1 组和第 2 组的数据输出端；A_1 和 A_0 为第 1 组和第 2 组共用选择控制信号输入端；$1\ \overline{ST}$和

$2\overline{ST}$分别为第 1 组和第 2 组的使能输入端，低电平有效。

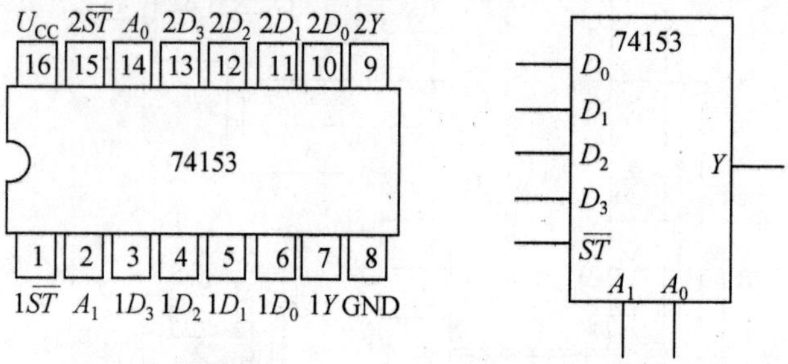

(a) 管脚图　　(b) 逻辑符号

图 4.29　74153 管脚图及逻辑符号

(2)八选一数据选择器芯片 74151。

74151 是八选一数据选择器，采用 DIP16 封装。其管脚图及逻辑符号如图 4.30 所示。其中，$D_7 \sim D_0$ 为八路数据输入端；$A_2 \sim A_0$ 为选择控制信号输入端；$\overline{ST}$为使能输入端，低电平有效；Y 和$\overline{Y}$为互补输出端。

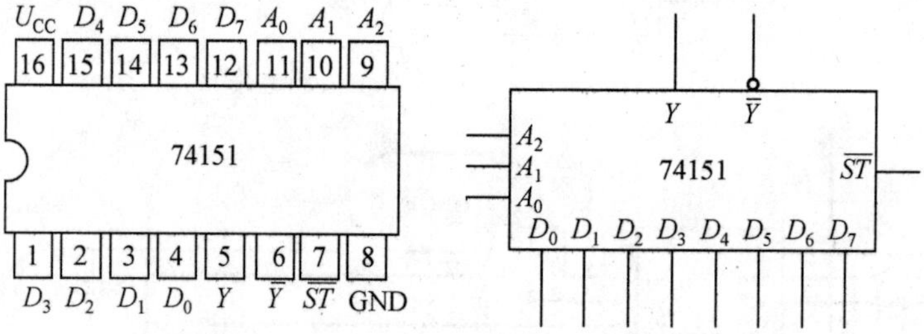

(a) 管脚图　　(b) 逻辑符号

图 4.30　74151 管脚图及逻辑符号

2. 设计实例

设计实现下列要求的电路。该电路有三个输入变量 A、B、C 和一个工作状态控制变量 M。当 $M=0$ 时，电路实现“判一致”功能（A、B、C 相同时输出为“1”，否则输出为“0”）；当 $M=1$ 时电路实现“表决器”功能（A、B、C 中多数为“1”时，输出为“1”）。分别用 74153 和 74151 添加逻辑门实现。

(1)根据逻辑要求列出真值表，见表 4.16。

表 4.16　设计实例真值表

输	入			输出
M	A	B	C	Y
0	0	0	0	1
0	0	0	1	0
0	0	1	0	0
0	0	1	1	0
0	1	0	0	0
0	1	0	1	0
0	1	1	1	1

续表 4.16

输	入			输出
M	A	B	C	Y
0	1	1	0	0
1	0	0	0	0
1	0	0	1	0
1	0	1	0	0
1	0	1	1	1
1	1	0	0	0
1	1	0	1	1
1	1	1	0	1
1	1	1	1	1

(2)根据真值表写出逻辑函数表达式为

$$Y=\sum m(0,7,11,13,14,15) \tag{4.16}$$

(3)化简和变换。

采用卡诺图法化简。四选一和八选一的卡诺图如图 4.31(a)和图 4.31(b)所示。

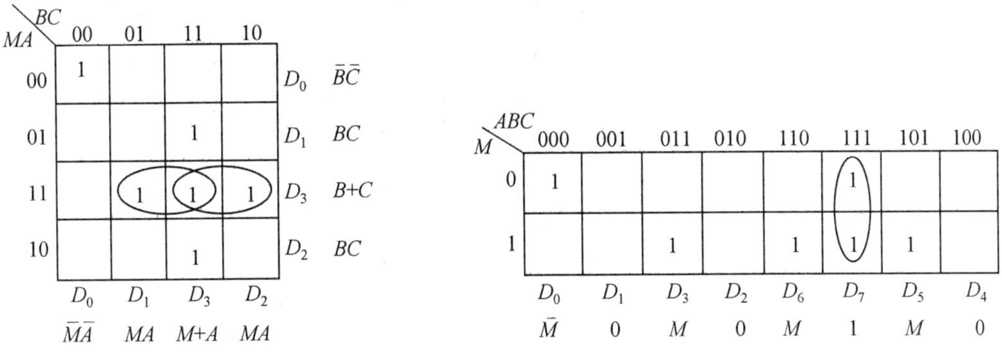

(a) 四选一　　(b) 八选一

图 4.31　数据选择器化简卡诺图

(4)画出电路图。

① 四选一数据选择器实现的电路图。由图 4.31(a)可见，四选一数据选择器可以选择 MA 为地址，也可以选择 BC 为地址。

以 MA 为地址时，数据输入端的值分别为：$D_0=\bar{B}\bar{C}$，$D_1=BC$，$D_2=BC$，$D_3=B+C$。

以 BC 为地址时，数据输入端的值分别为：$D_0=\bar{M}\bar{A}$，$D_1=MA$，$D_2=MA$，$D_3=M+A$。

电路图如图 4.32(a)和图 4.32(b)所示。

② 八选一数据选择器实现的电路图。八选一数据选择器选择 ABC 为地址，得到数据输入端的值分别为 $D_0=\bar{M}$，$D_1=D_2=D_4=0$，$D_3=D_5=D_6=M$，$D_7=1$。电路图如图 4.33 所示。

(5)仿真验证。

① 四选一数据选择器实现电路的仿真验证。分别选 MA 和 BC 为地址，参照图 4.32(a)

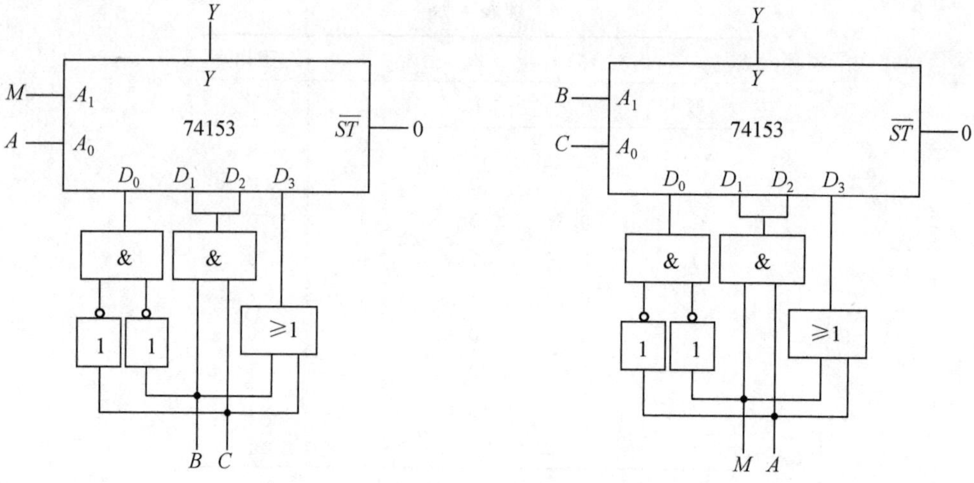

(a) 以MA为地址　　(b) 以BC为地址

图 4.32　用 74153 实现逻辑功能电路图

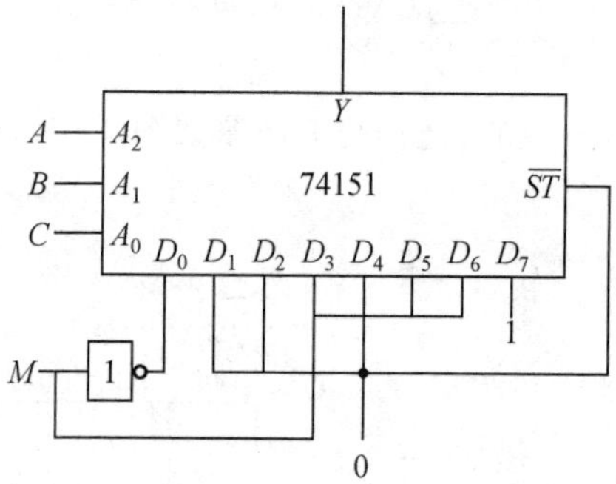

图 4.33　用 74151 实现逻辑功能电路图

和图 4.32(b)连接仿真电路，如图 4.34(a)和图 4.34(b)所示。一片 74LS153 有两个四选一数据选择器，仿真时选用第一个。

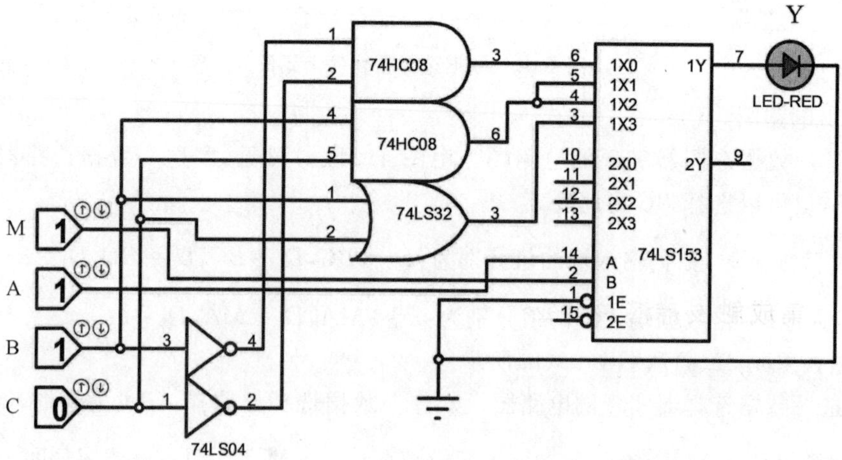

(a) 以MA为地址

图 4.34　用 74153 实现逻辑功能仿真电路图

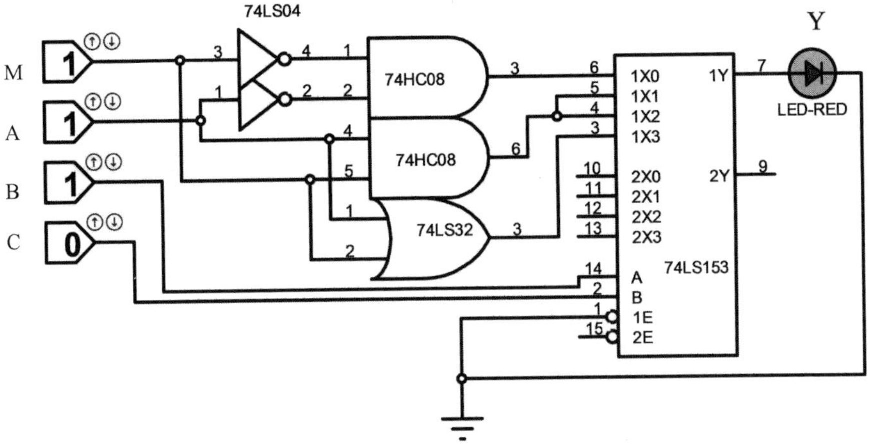

(b) 以BC为地址

续图 4.34

图 4.34(a)是以 MA 为地址的仿真结果，图中 $MABC=1110$，输出应该为 1，结果正确；图 4.34(b)是以 BC 为地址的仿真结果，图中 $MABC=1110$，输出应该为 1，结果正确。

② 八选一数据选择器实现电路的仿真验证。选 ABC 为地址，参照图 4.33 连接仿真电路，如图 4.35 所示。

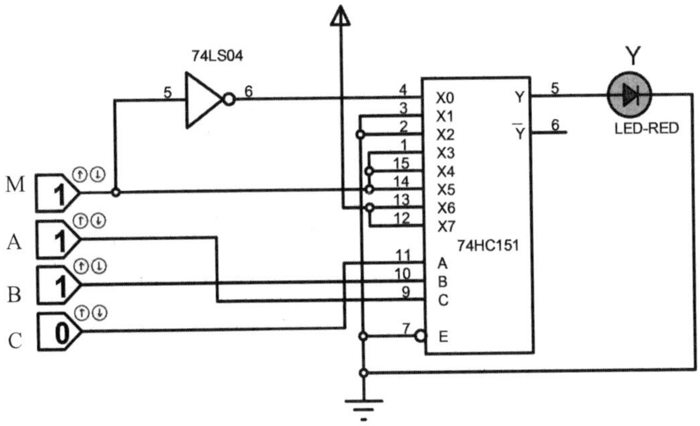

图 4.35　用 74151 实现逻辑功能仿真电路图

图中 $MABC=1110$，输出应该为 1，结果正确。

4.3　触发器时序逻辑电路分析与设计仿真实例

4.3.1　集成触发器芯片介绍

1. 集成 *JK* 触发器 74LS112

74LS112 是典型的下降沿触发双 JK 触发器芯片，采用 DIP16 封装。其管脚图和逻辑符号如图 4.36 所示，第 16 管脚为电源，第 8 管脚为地。管脚名称前面的数字代表组号，相同号码代表同一组 JK 触发器的管脚。其中，第 4 管脚和第 10 管脚分别为两个触发器的异步置位端 $\overline{S}_D$，第 14 管脚和第 15 管脚分别为两个触发器的异步复位端 $\overline{R}_D$，它们不受 CP 时钟的控制，且低电平有效。触发器正常工作时，$\bar{S}_D$ 和 $\bar{R}_D$ 管脚应接高电平。其功能表见表 4.17。

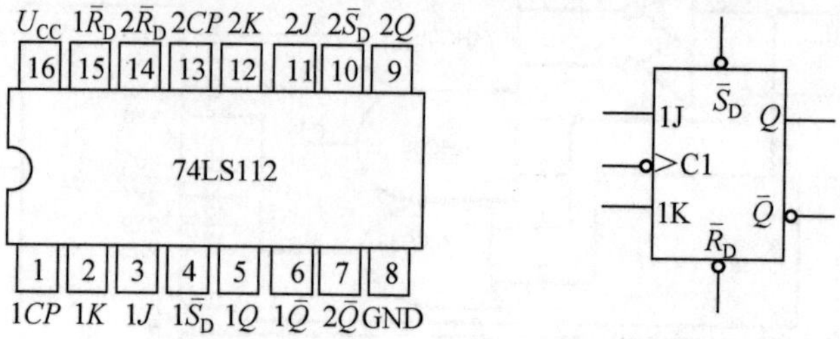

(a) 管脚图　　(b) 逻辑符号

图 4.36　74LS112 的管脚图及逻辑符号

表 4.17　74LS112 型双 JK 触发器功能表

输入					输出	
$\bar{S}_D$	$\bar{R}_D$	CP	J	K	Q^{n+1}	$\bar{Q}^{n+1}$
0	1	×	×	×	1	0
1	0	×	×	×	0	1
0	0	×	×	×	不定态	不定态
1	1	↓	0	0	Q^n	$\bar{Q}^n$
1	1	↓	0	1	0	1
1	1	↓	1	0	1	0
1	1	↓	1	1	$\bar{Q}^n$	Q^n
1	1	↓	×	×	Q^n	$\bar{Q}^n$

2. 集成 *D* 触发器 74LS74

74LS74 是上升沿触发的双 D 触发器芯片，采用 DIP14 封装。管脚图和逻辑符号如图 4.37所示，第 14 管脚为电源，第 7 管脚为地。管脚名称前面的数字代表组号，相同号码代表同一组 D 触发器的管脚。其中，第 4 管脚和第 10 管脚分别是两个触发器的异步置位端 $\bar{S}_D$，第 1 管脚和第 13 管脚分别是两个触发器的异步复位端 $\bar{R}_D$。它们不受时钟的控制，且都是低电平有效。触发器正常工作时，$\bar{S}_D$ 和 $\bar{R}_D$ 管脚应接高电平。其功能表见表 4.18。

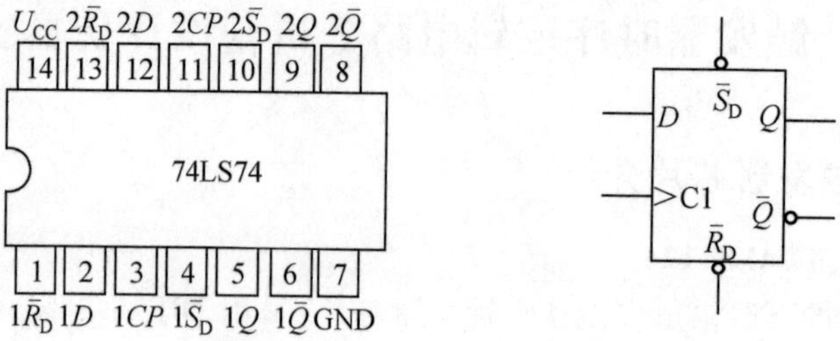

(a) 管脚图　　(b) 逻辑符号

图 4.37　双 D 触发器 74LS74 管脚图及逻辑符号

表 4.18　74LS74 型双 D 触发器功能表

输入				输出	
$\overline{S}_D$	$\overline{R}_D$	CP	D	Q^{n+1}	$\overline{Q}^{n+1}$
0	1	×	×	1	0
1	0	×	×	0	1
0	0	×	×	不定态	不定态
1	1	↑	1	1	0
1	1	↑	0	0	1
1	1	↓	1	1	0
1	1	↓	×	Q^n	$\overline{Q}^n$

4.3.2　触发器同步时序逻辑电路分析仿真实例

1. 触发器同步时序逻辑电路的分析步骤

(1)根据给定的电路,列出驱动方程组;

(2)将得到的驱动方程代入相应触发器的特征方程,得出触发器的状态方程组;

(3)如果电路有输出端,列出输出方程组;

(4)根据状态方程和输出方程列出状态表,画出状态转换图或者时序波形图;

(5)判断电路的逻辑功能。

2. 分析实例

(1)实例一。

分析图 4.38 所示电路的逻辑功能。

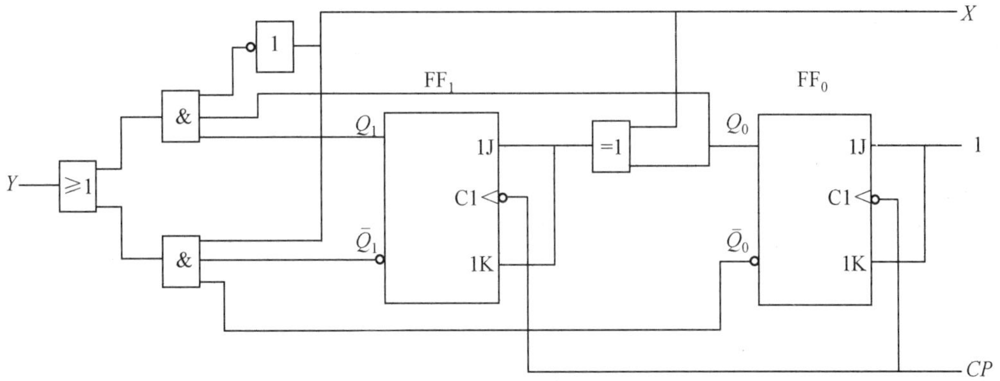

图 4.38　触发器电路分析实例一电路图

① 列出驱动方程组。

$$\begin{cases} J_0 = K_0 = 1 \\ J_1 = K_1 = X \oplus Q_0 \end{cases} \tag{4.17}$$

② 列出状态方程组。将驱动方程代入 JK 触发器的特征方程 $Q^{n+1} = J\overline{Q^n} + \overline{K}Q^n$ 中,可得状态方程组

$$\begin{cases} Q_0^{n+1}=\overline{Q_0^n} \\ Q_1^{n+1}=(X\oplus Q_0^n)\overline{Q_1^n}+\overline{X\oplus Q_0^n}Q_1^n=X\oplus Q_0^n\oplus Q_1^n \end{cases} \tag{4.18}$$

③ 列出输出方程。

$$Y=\overline{X}Q_1^nQ_0^n+X\overline{Q_1^n}\,\overline{Q_0^n} \tag{4.19}$$

④ 列出状态转换表，画出状态转换图和时序波形图。将初态$Q_2Q_1Q_0=000$代入状态方程组，依次迭代可得状态转换表，见表 4.19。

表 4.19　分析实例一状态转换表

现态 $Q_1^nQ_0^n$	次态/输出 ($Q_1^{n+1}Q_0^{n+1}/Y$)	
	$X=0$	$X=1$
00	01/0	11/1
01	10/0	00/0
10	11/1	01/0
11	00/0	10/0

进而得到状态转换图和工作波形图，分别如图 4.39 和图 4.40 所示。

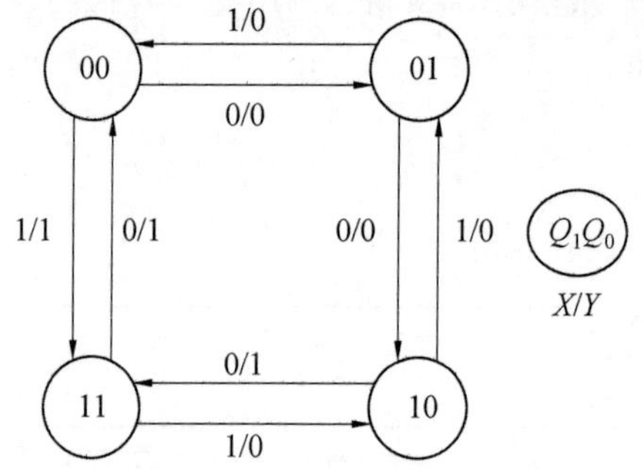

图 4.39　分析实例一状态转换图

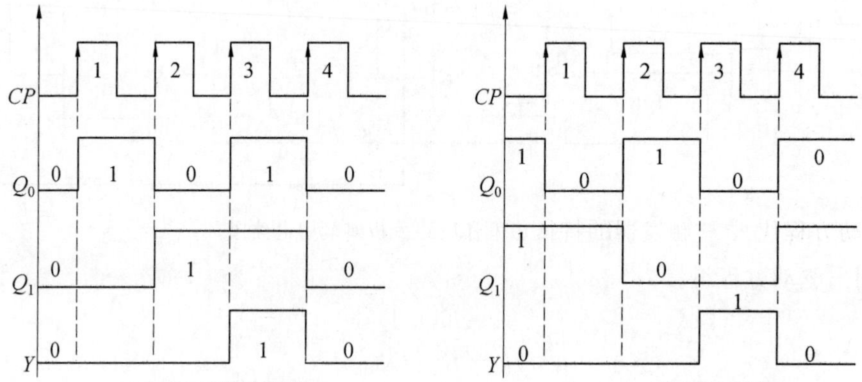

(a) X=0时工作波形图　　(b) X=1时工作波形图

图 4.40　分析实例一时序波形图

⑤ 判断逻辑功能。从步骤④中可知，当 $X=0$ 时电路共有4种状态循环，并且按 00→01→10→11→00 递增顺序循环变化，故 $X=0$ 时，电路是同步四进制加法计数器。其中，Y 是进位输出端，且当计数到 11 时 $Y=1$。当 $X=1$ 时电路也有4种状态循环，按 11→10→01→00→11 递减顺序循环变化，故 $X=1$ 时，电路是同步四进制减法计数器。其中，Y 是借位输出端，且当计数到 00 时 $Y=1$。

⑥仿真验证。参照图4.38连接仿真电路，如图4.41所示。用指示灯显示触发器状态和输出 Y 的状态。时钟脉冲选用激励源模式中的 DCLOCK，设置脉冲频率为 1 Hz。电路中还用到三输入"与"门，其器件编号为 7411，选用可仿真的器件 74HC11。"与"门 7432 和"异或"门 7486 的选取参照前面相关章节。图中将显示触发器状态的指示灯接到触发器的 $\overline{Q}$ 上，因此要将指示灯接成共阳，即两个指示灯的阳极接＋5 V。

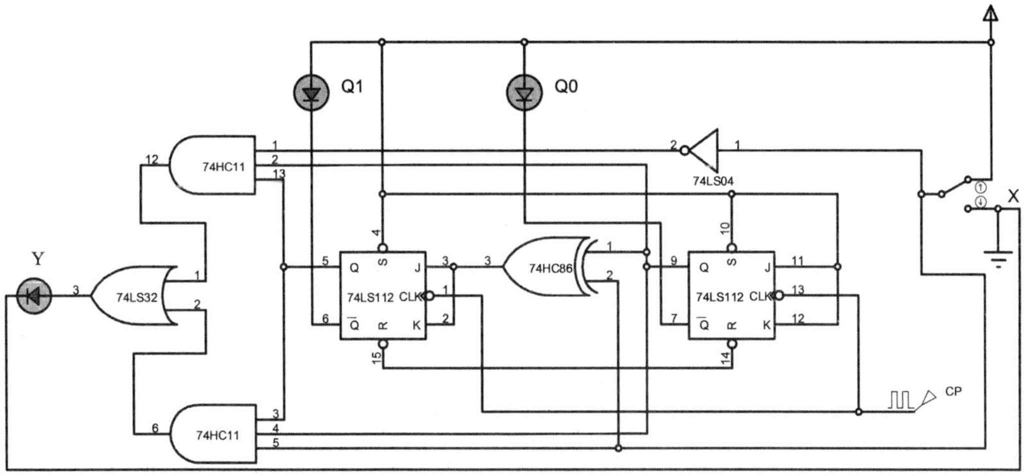

图4.41 触发器电路分析实例一仿真电路图

图中电路的状态为 $X=1$，四进制减法运算，当 $Q_1Q_0=11$ 时，$Y=1$。

(2)实例二。

分析图4.42所示电路的逻辑功能。

① 列出驱动方程组。

$$\begin{cases} D_0=\overline{Q}_0 \\ D_1=\overline{Q}_2(Q_0\oplus Q_1) \\ D_2=Q_2\overline{Q}_0+Q_1Q_0 \end{cases} \tag{4.20}$$

② 列出状态方程组。

将驱动方程代入 D 触发器的特征方程 $Q^{n+1}=D$ 中，可得状态方程组

$$\begin{cases} Q_0^{n+1}=\overline{Q}_0^n \\ Q_1^{n+1}=\overline{Q}_2^n(Q_0^n\oplus Q_1^n) \\ Q_2^{n+1}=Q_2^n\overline{Q}_0^n+Q_1^nQ_0^n \end{cases} \tag{4.21}$$

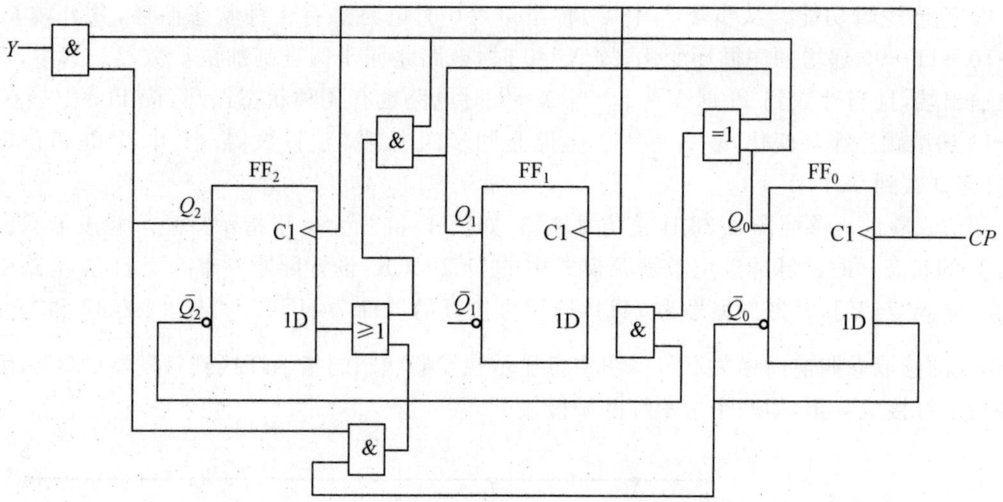

图 4.42　触发器电路分析实例二电路图

③ 列出输出方程。

$$Y=Q_2^n Q_0^n \tag{4.22}$$

④ 列出状态转换表，画出状态转换图和时序波形图。将初态 $Q_2Q_1Q_0=000$ 代入状态方程，依次迭代可得状态转换表，见表 4.20。

表 4.20　分析实例二状态转换表

脉冲 CP	现态			次态			输出 Y
	Q_2^n	Q_1^n	Q_0^n	Q_2^{n+1}	Q_1^{n+1}	Q_0^{n+1}	
↑	0	0	0	0	0	1	0
↑	0	0	1	0	1	0	0
↑	0	1	0	0	1	1	0
↑	0	1	1	1	0	0	0
↑	1	0	0	1	0	1	0
↑	1	0	1	0	0	0	1
↑	1	1	0	1	0	1	0
↑	1	1	1	1	0	0	1

画出状态转换图和时序波形图，分别如图 4.43 和图 4.44 所示。

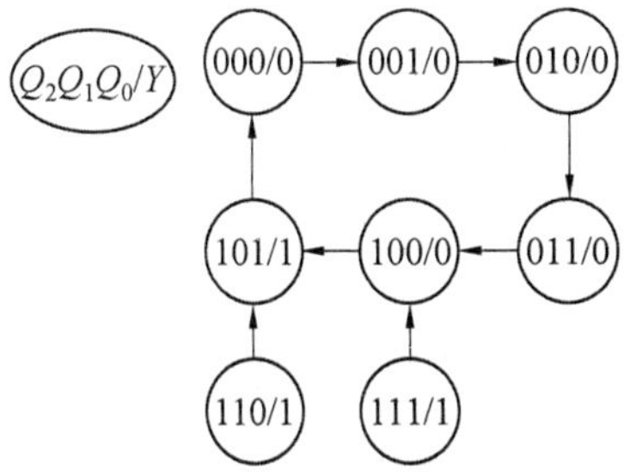

图 4.43　分析实例二状态转换图

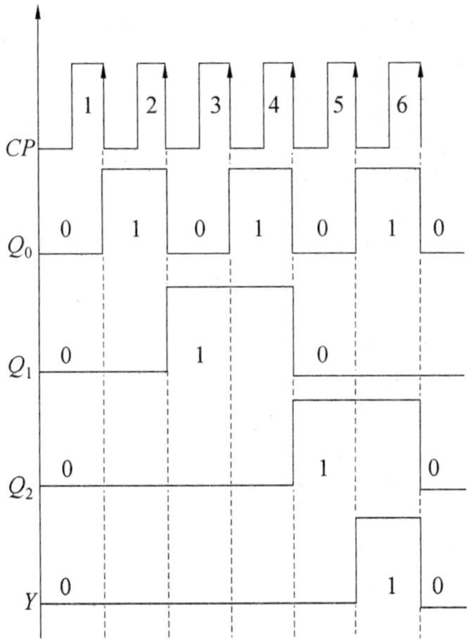

图 4.44　分析实例二时序波形图

⑤ 判断逻辑功能。由上述分析可知，电路 8 个状态中有 6 个状态(000～101)参与循环计数，这 6 个状态称为有效状态。观察状态变化规律，可见电路是按 000→001→010→011→100→101→000 递增顺序循环变化，故该电路是同步六进制加法计数器。其中 Y 是进位输出端，当输出大于等于 101 时 $Y=1$。余下的 2 个状态(110 和 111)称为无效状态。电路可以自启动。

⑥ 仿真验证。参照图 4.42 连接仿真电路，如图 4.45 所示。图中 D 触发器选用 74LS74。由于电路较复杂，直接将指示灯和触发器的输出端 Q 相连，指示灯不亮，为了增加驱动能力，采用共阳极接法，在三个触发器的输出端连接"非"门驱动。

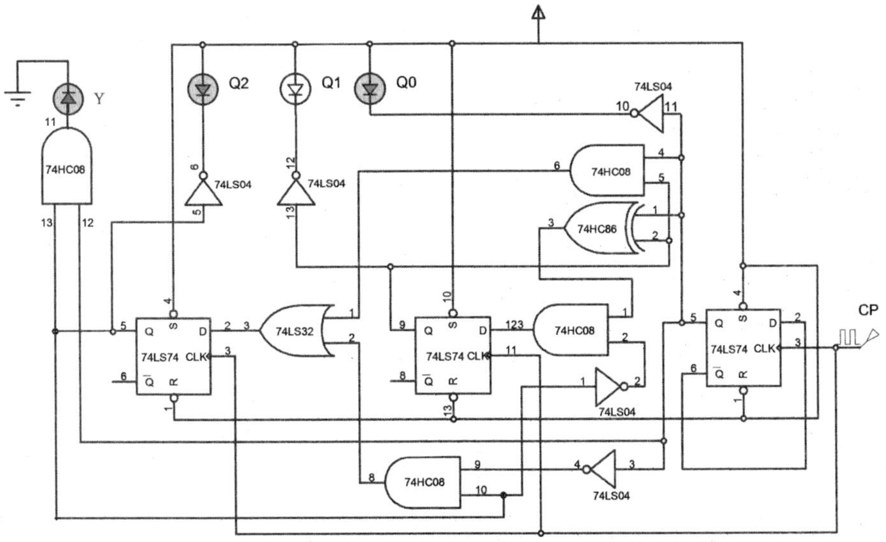

图 4.45　触发器电路分析实例二仿真电路图

图中触发器的状态为$Q_2Q_1Q_0=101$，输出 $Y=1$。

4.3.3 异步时序逻辑电路分析仿真实例

1. 触发器级异步时序电路分析步骤

异步时序电路的分析步骤与同步时序电路基本相同，区别在于异步时序电路在电路状态转换时需要确定触发器的时钟信号，因为不同的触发器触发脉冲可能不都相同，也可能都不相同。列写状态方程时需要考虑触发脉冲的状态。

2. 分析实例

分析图 4.46 所示异步时序电路的逻辑功能。

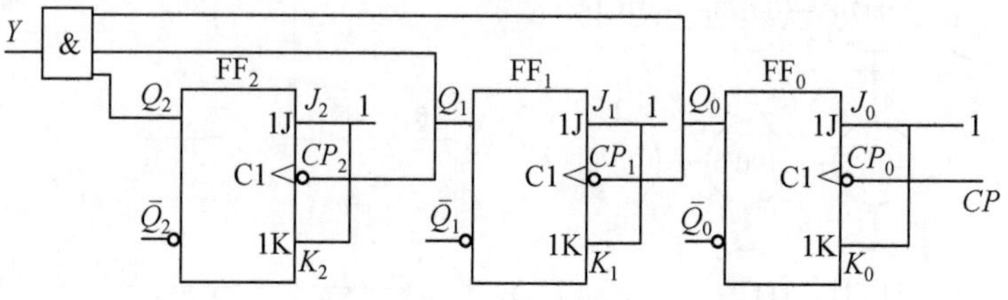

图 4.46 触发器异步时序电路分析实例电路图

(1)列出每个触发器时钟脉冲表达式。

$$CP_0=CP,\quad CP_1=Q_0^n,\quad CP_2=Q_1^n \tag{4.23}$$

(2)列出驱动方程组。

$$J_0=K_0=1,\quad J_1=K_1=1,\quad J_2=K_2=1 \tag{4.24}$$

(3)列出状态方程组。

将驱动方程代入 JK 触发器的特征方程$Q^{n+1}=J\bar{Q}^n+\bar{K}Q^n$中，可得状态方程组

$$Q_0^{n+1}=\bar{Q}_0^n,\quad Q_1^{n+1}=\bar{Q}_1^n,\quad Q_2^{n+1}=\bar{Q}_2^n \tag{4.25}$$

注意：图中每个触发器仅在对应时钟脉冲下降沿到来时，才能发生状态转换。

(4)列出输出方程。

$$Y=Q_2^nQ_1^nQ_0^n \tag{4.26}$$

(5)列出状态转换表，画出状态转换图和时序波形图。

由于 $CP_0=CP$，所以对于每个 CP 的下降沿，FF_0 都要发生状态变化；$CP_1=Q_0^n$，所以每当 Q_0 端出现 1 到 0 变化时，CP_1 出现下降沿，FF_1 才发生状态变化；$CP_2=Q_1^n$，每当 Q_1 端出现 1 到 0 变化时，CP_2 出现下降沿，FF_2 才发生状态变化。

列出状态转换表，见表 4.21。画出状态转换图和时序波形图，如图 4.47 和图 4.48 所示。

表 4.21 异步时序电路状态转换表

脉冲	现态			次态			输出
CP	Q_2^n	Q_1^n	Q_0^n	Q_2^{n+1}	Q_1^{n+1}	Q_0^{n+1}	Y
↓	0	0	0	0	0	1	0
↓	0	0	1	0	1	0	0
↓	0	1	0	0	1	1	0
↓	0	1	1	1	0	0	0

续表 4.21

脉冲	现态			次态			输出
CP	Q_2^n	Q_1^n	Q_0^n	Q_2^{n+1}	Q_1^{n+1}	Q_0^{n+1}	Y
↓	1	0	0	1	0	1	0
↓	1	0	1	1	1	0	0
↓	1	1	0	1	1	1	1
↓	1	1	1	0	0	0	0

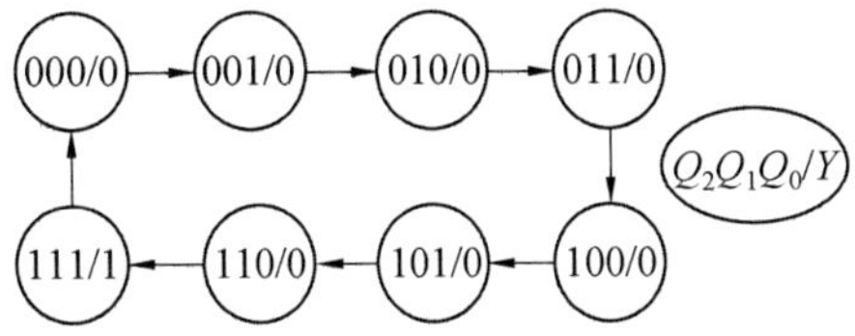

图 4.47　异步时序逻辑电路分析实例状态转换图

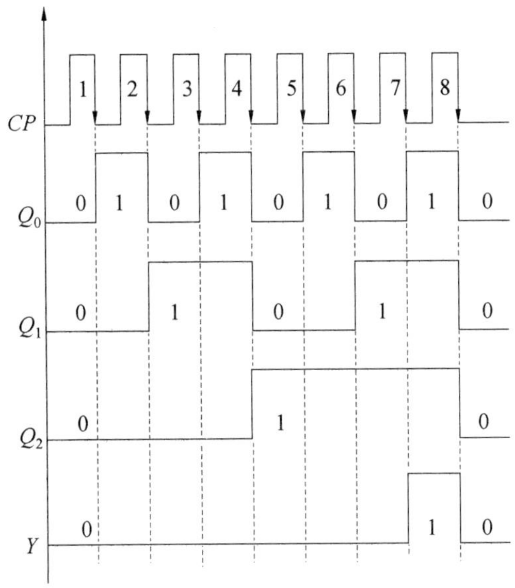

图 4.48　异步时序逻辑电路分析实例时序波形图

(6)判断逻辑功能。

从步骤(4)可知,电路共有 8 种状态循环,并且是按 000→001→010→011→100→101→110→111→000 递增顺序循环变化。故该电路是异步八进制加法计数器。其中,Y 是进位输出端,且当计数到 111 时 $Y=1$。

(7)仿真验证。

参照图 4.46 连接仿真电路,如图 4.49 所示。为了观察输出结果,用指示灯和数字逻辑分析图表共同显示电路状态。

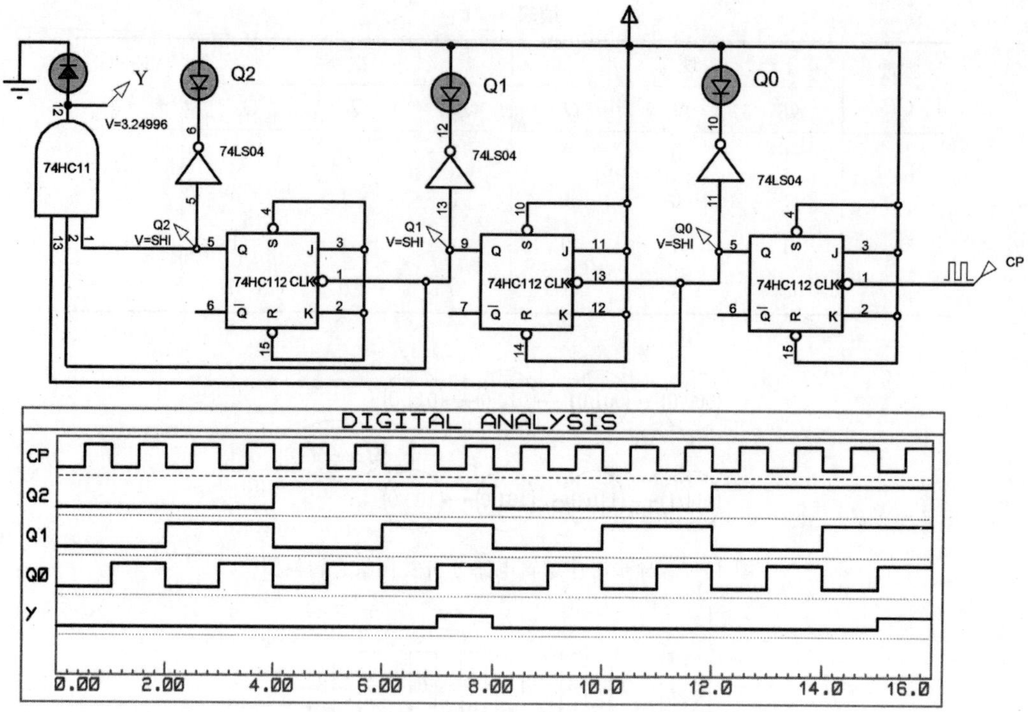

图 4.49　异步时序逻辑电路分析实例仿真电路及时序波形图

4.3.4　触发器构成异步计数器规律

表 4.22 和表 4.23 分别给出了由触发器构成异步和同步加法计数器及减法计数器的连接规律，读者可以参照连接规律自行设计加减法计数器。

表 4.22　2^n 进制异步计数器连接规律

计数方式	激励输入	上升沿触发	下降沿触发
加法计数	全部连接为 T' 触发器	$CP_0=CP$，其他 $CP_i=\overline{Q}_{i-1}$	$CP_0=CP$，其他 $CP_i=Q_{i-1}$
减法计数	$J_i=K_i=1, T_i=1, D_i=\overline{Q}_i$	$CP_0=CP$，其他 $CP_i=Qi-1$	$CP_0=CP$，其他 $CP_i=\overline{Q}_{i-1}$

表 4.23　2^n 进制同步计数器连接规律

计数方式	触发时钟 CP	Q_0 激励输入	其他触发器 Q_i 激励
加法计数	全部连接 CP	全部连接为 T' 触发器	$J_i=K_i=T_i=Q_0\,Q_1\,Q_{i-2}\,Q_{i-1}$
减法计数	$CP_i=CP$	$J_0=K_0=1, T_0=1$	$J_i=K_i=T_i=\overline{Q}_0\;\overline{Q}_1\;\overline{Q}_{i-2}\;\overline{Q}_{i-1}$

4.3.5　触发器构成移位寄存器仿真实例

设计要求：采用 D 触发器设计 4 位串入并出型移位寄存器，当输入序列 X 中出现 1100

时，输出指示灯亮。

(1)理论分析。

四位移位寄存器需要 4 个 D 触发器，即两片 7474 芯片。电路组成原理图如图 4.50 所示。在脉冲的作用下，输入序列 X 从第一个 D 触发器输入，4 个周期后 4 个 D 触发器的输出 $Q_3Q_2Q_1Q_0=1100$，则 $Y=1$。

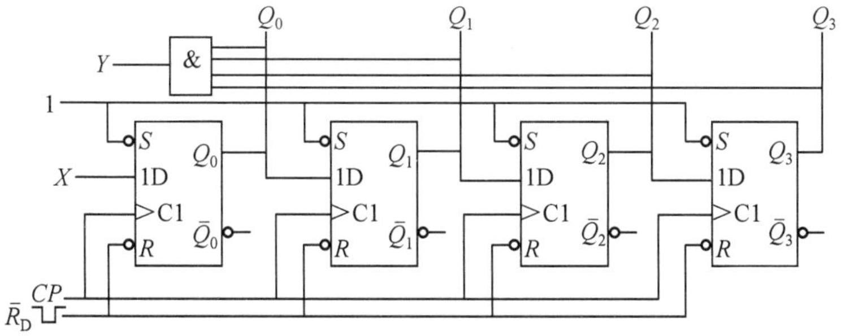

图 4.50　触发器构成移位寄存器电路图

(2)仿真验证。

参照图 4.50 连接仿真电路，如图 4.51 所示。输入序列 X 用脉冲激励源产生，其频率设置为 CP 脉冲频率的 1/4，这样 4 个 CP 脉冲周期对应 1 个 X 脉冲周期。

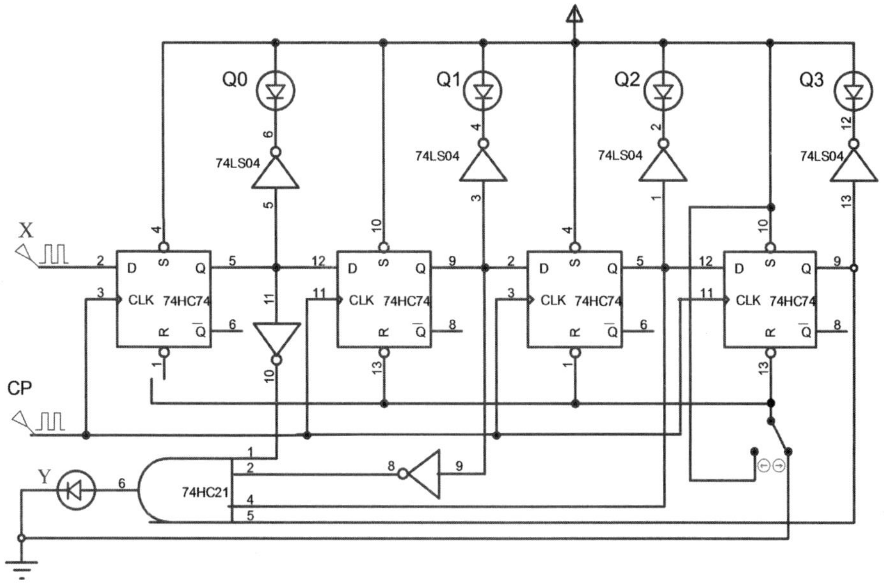

图 4.51　触发器构成移位寄存器仿真电路图

4.4　计数器电路设计仿真实例

4.4.1　基于 74161(74163)的任意进制计数器设计仿真实例

1. 74161 和 74163 的管脚图、逻辑符号和逻辑功能表

74161 和 74163 均为 DIP16 封装，其管脚图和逻辑符号相同，如图 4.52 所示。74161 的逻

辑功能表见表 4.24,74163 的逻辑功能表见表 4.25。

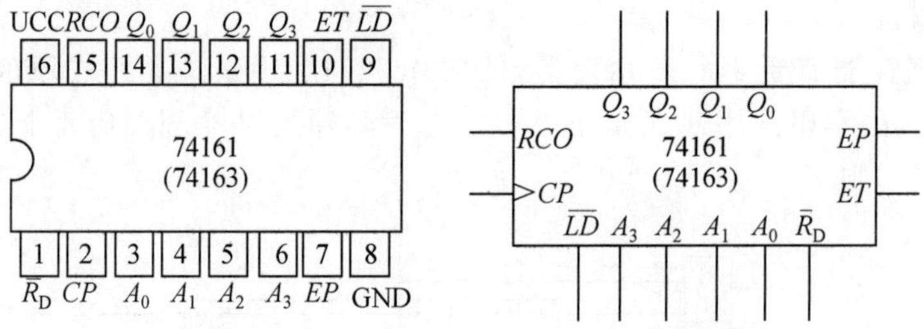

(a) 管脚图　　　　(b) 逻辑符号

图 4.52　74161(74163)管脚图和逻辑符号

表 4.24　74161 的逻辑功能表

输入									输出			
$\overline{R}_D$	CP	$\overline{LD}$	EP	ET	A_3	A_2	A_1	A_0	Q_3	Q_2	Q_1	Q_0
0	×	×	×	×	×	×	×	×	0	0	0	0
1	↑	0	×	×	d_3	d_2	d_1	d_0	d_3	d_2	d_1	d_0
1	↑	1	1	1	×	×	×	×	计数			
1	×	1	0	×	×	×	×	×	保持			
1	×	1	×	0	×	×	×	×	保持			

表 4.25　74163 的逻辑功能表

输入									输出			
$\overline{R}_D$	CP	$\overline{LD}$	EP	ET	A_3	A_2	A_1	A_0	Q_3	Q_2	Q_1	Q_0
0	↑	×	×	×	×	×	×	×	0	0	0	0
1	↑	0	×	×	d_3	d_2	d_1	d_0	d_3	d_2	d_1	d_0
1	↑	1	1	1	×	×	×	×	计数			
1	×	1	0	×	×	×	×	×	保持			
1	×	1	×	0	×	×	×	×	保持			

2. 设计实例

(1)实例一。

用 74161 和 74163 设计十二进制加法计数器,分别采用反馈清零法和反馈置数法。

①采用反馈清零法。

a. 理论设计。采用反馈清零法设计十二进制加法计数器时,初始状态必须为 0000,计数状态为:0000～1011。由于 74161 的$\overline{R}_D$为异步清零端,所以反馈电路的控制状态为:1100,反馈电路的逻辑表达式为:$\overline{R}_D=\overline{Q_3Q_2}$。74161 的 EP、ET、$\overline{LD}$接高电平,$A_3A_2A_1A_0$可以悬空。实现电路如图 4.53(a)所示。

如果采用 74163 设计十二进制计数器,因为 74163 是同步清零,反馈电路的控制状态就变为 1011,反馈的表达式为$\overline{R}_D=\overline{Q_3Q_1Q_0}$。实现电路如图 4.53(b)所示。

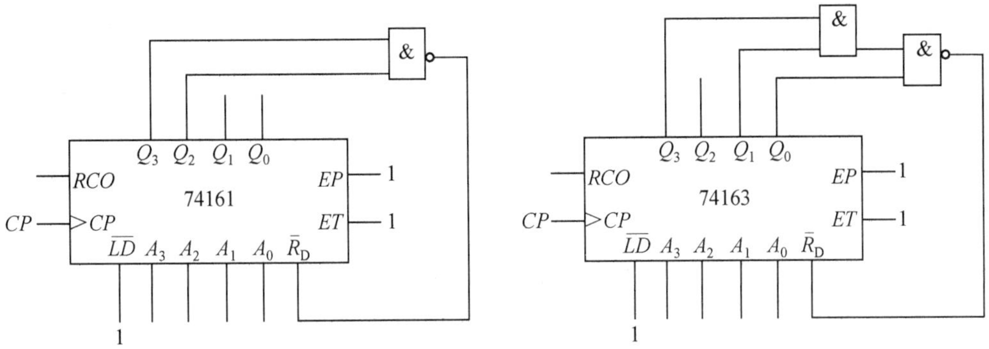

(a) 74161实现　　(b) 74163实现

图 4.53　反馈清零法十二进制加法计数器电路图

b. 仿真验证。参照图 4.53 连接仿真电路，如图 4.54 所示。

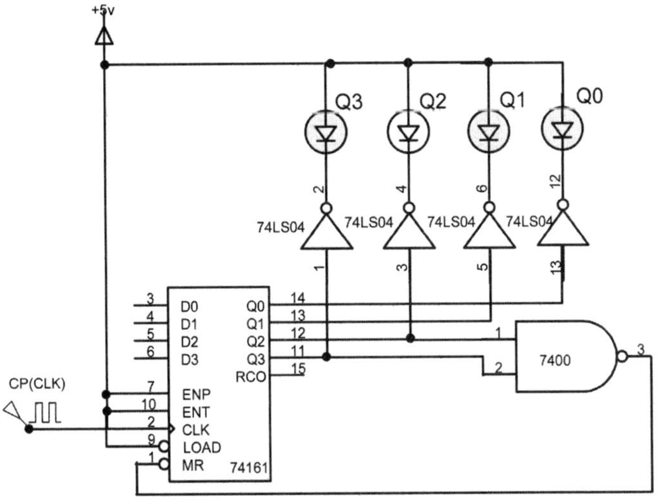

(a) 74161实现

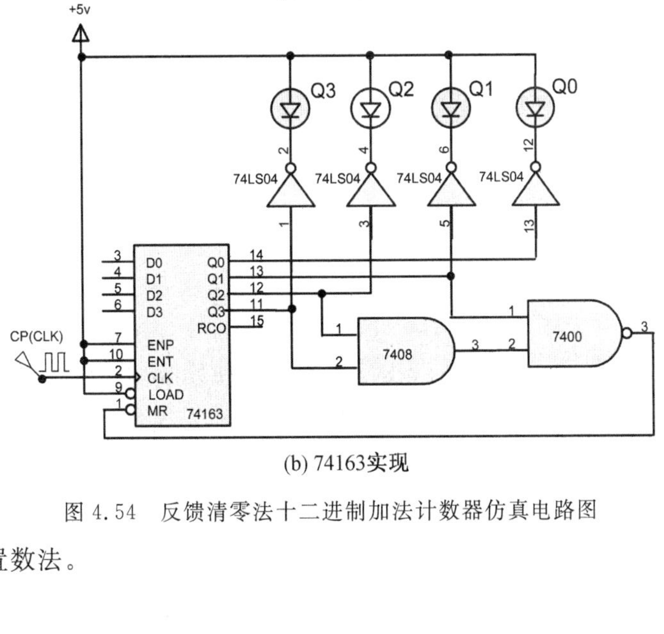

(b) 74163实现

图 4.54　反馈清零法十二进制加法计数器仿真电路图

②采用反馈置数法。

a.理论设计。采用反馈置数法设计十二进制加法计数器时,初始状态可以选择。设初始状态为0011,则计数状态为:0011～1110。由于74161和74163的$\overline{LD}$均为同步置数端,所以反馈电路的控制状态均为1110,反馈电路的逻辑表达式为:$\overline{LD}=\overline{Q_3Q_2Q_1}$。74161(74163)的$EP$、$ET$、$\overline{R}_D$接高电平,$A_3A_2A_1A_0$不能悬空,必须接与初始状态对应的电平,即$A_3A_2A_1A_0$接0011。实现电路如图4.55所示。

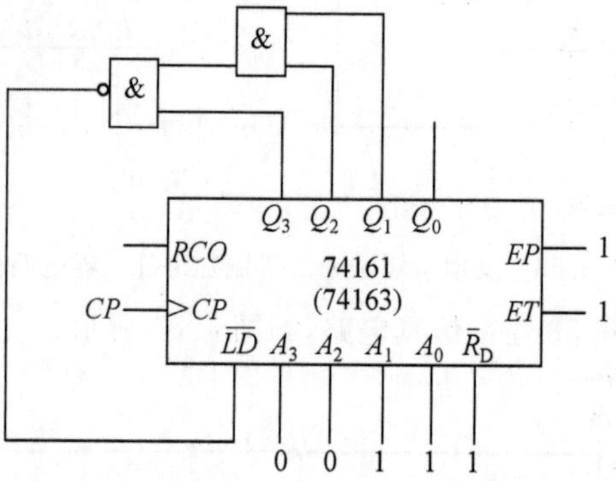

图4.55　反馈置数法十二进制加法计数器电路图

b.仿真验证。参照图4.55采用74161连接仿真电路,如图4.56所示。

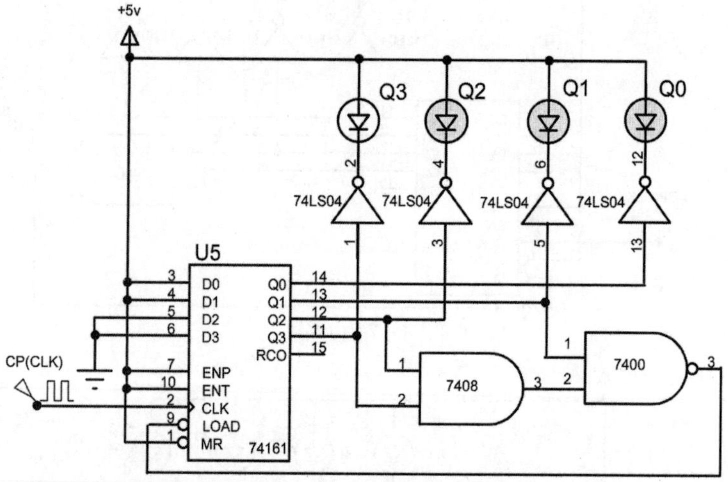

图4.56　反馈置数法十二进制加法计数器仿真电路图

(2)实例二。

用74161和74163设计多模值加法计数器。

① 基于74161的多模值计数器设计。要求用74161设计四模值计数器,控制量为A和B,当AB=00时实现三进制加法计数器,当AB=01时实现六进制加法计数器,当AB=10时实现九进制加法计数器,当AB=11时实现十一进制加法计数器。要求多模值控制在输入端$A_3A_2A_1A_0$实现,可适当添加逻辑门。

a.理论设计。多模值控制在输入端实现,必须采用反馈置数法。输出可以选取大于11的任意数,设输出为1100,推导得多模值输入关系表见表4.26。

表 4.26　多模值预置数据对应关系表

AB	进制数	输入	输出
		$A_3A_2A_1A_0$	$Q_3Q_2Q_1Q_0$
00	三	1000	1100
01	六	0111	1100
10	九	0100	1100
11	十一	0001	1100

由表可得：$A_3=\bar{A}\bar{B}$，$A_2=A\oplus B$，$A_1=\bar{A}B$，$A_0=B$。

画出电路图如图 4.57 所示。

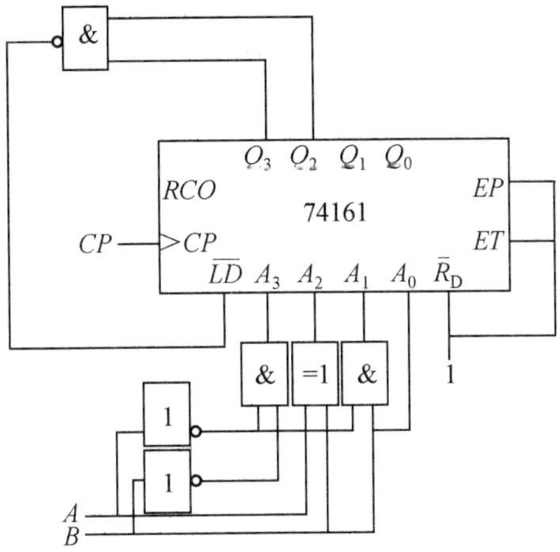

图 4.57　基于 74161 的多模值计数器电路图

b. 仿真验证。参照图 4.57 连接仿真电路，如图 4.58 所示。

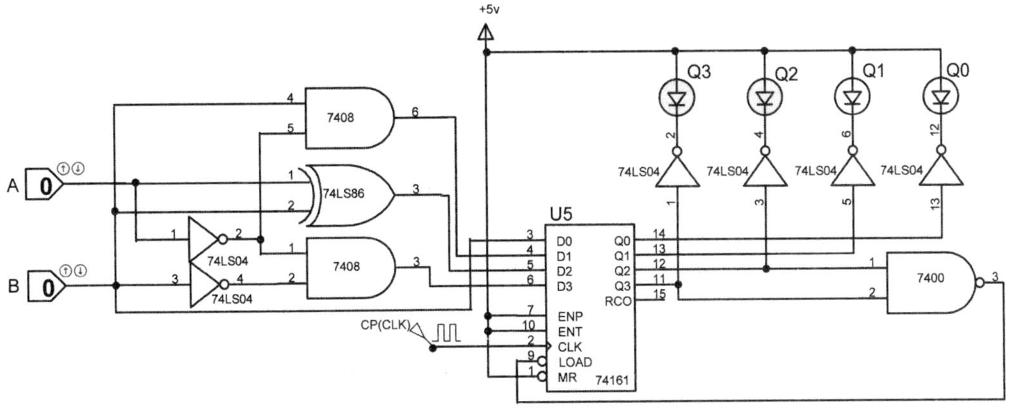

图 4.58　基于 74161 的多模值计数器仿真电路图

② 基于 74163 的多模值计数器。用 74163 设计四模值计数器，控制量为 A 和 B，当 $AB=00$ 时实现三进制加法计数器，当 $AB=01$ 时实现六进制加法计数器，当 $AB=10$ 时实现九进制加法计数器，当 $AB=11$ 时实现十一进制加法计数器。要求多模值控制在输出端 $Q_3Q_2Q_1Q_0$ 实现，可添加其他芯片和逻辑门。

a. 理论设计。多模式控制在输出端实现，可以采用反馈清零法。74163 为同步清零，选用一片 74153，AB 为 74153 的地址输入端，74153 的数据由 74163 输出端进行逻辑运算获得，推导出多模值数据关系，见表 4.27。

表 4.27　多模值数据关系表

AB	进制数	74163 输出	74153 输入输出关系
		$Q_3Q_2Q_1Q_0$	Y
00	三	0010	$D_0=\overline{Q}_1$
01	六	0101	$D_1=\overline{Q_2Q_0}$
10	九	1000	$D_2=\overline{Q}_3$
11	十一	1010	$D_3=\overline{Q_3Q_1}$

画出电路图如图 4.59 所示。

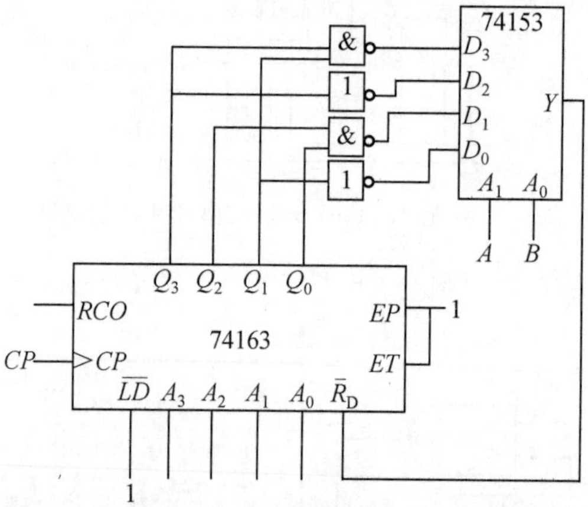

图 4.59　基于 74163 的多模值计数器电路图

b. 仿真验证。参照图 4.59 连接仿真电路，如图 4.60 所示。

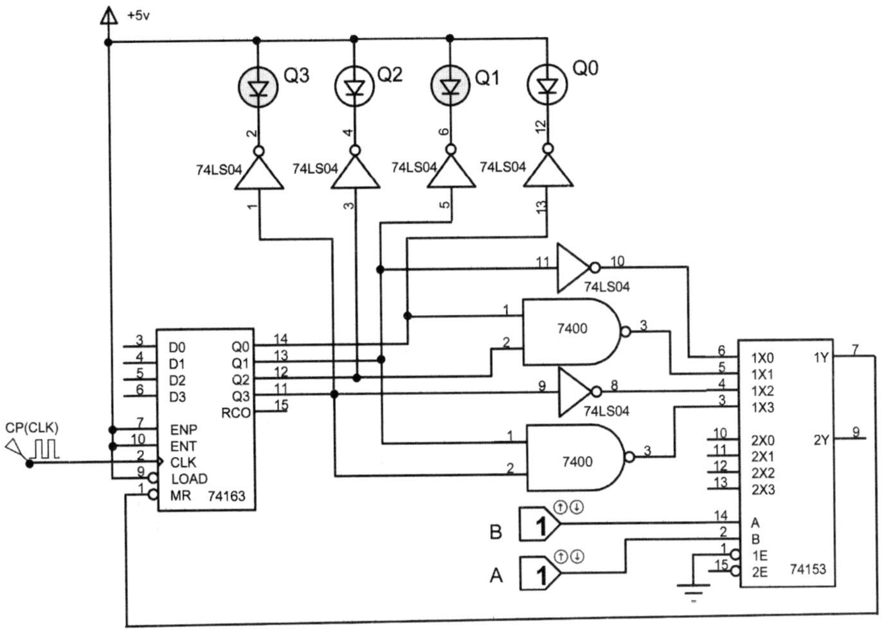

图 4.60　基于 74163 的多模值计数器仿真电路图

4.4.2　基于 74192 的任意进制加法和减法计数器设计仿真实例

1. 74192 的管脚图、逻辑符号和逻辑功能表

74192 采用 DIP16 封装，其管脚图和逻辑符号如图 4.61 所示。其逻辑功能表见表 4.28。

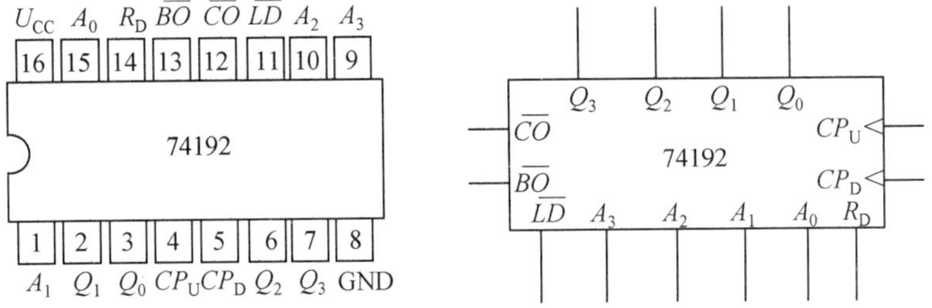

(a) 管脚图　　(b) 逻辑符号

图 4.61　74192 管脚图和逻辑符号

表 4.28　74192 的逻辑功能表

输入								输出			
R_D	$\overline{LD}$	CP_U	CP_D	A_3	A_2	A_1	A_0	Q_3	Q_2	Q_1	Q_0
1	×	×	×	×	×	×	×	0	0	0	0
0	0	×	×	d_3	d_2	d_1	d_0	d_3	d_2	d_1	d_0
0	1	↑	1	×	×	×	×	加法计数			
0	1	1	↑	×	×	×	×	减法计数			
0	1	1	1	×	×	×	×	保持			

2. 设计实例

(1)实例一。

用 2 片 74192 设计二十四进制加法计数器,分别采用反馈清零法和反馈置数法。

①采用反馈清零法。

a. 理论设计。采用反馈清零法设计二十四进制加法计数器,需要 2 片 74192,初始状态必须为 00000000,计数状态为 00000000~00100011。由于 74192 的R_D为异步清零端,高电平有效,所以反馈电路的控制状态为 00100100,反馈电路的逻辑表达式为:$R_D = Q_{21}Q_{12}$。CP 脉冲接 74192(1)的 CP_U,两片 74192 的 CP_D和$\overline{LD}$均接高电平,74192(2)的 CP_U接 74192(1)的$\overline{CO}$,$A_3A_2A_1A_0$可以悬空。实现电路如图 4.62 所示。

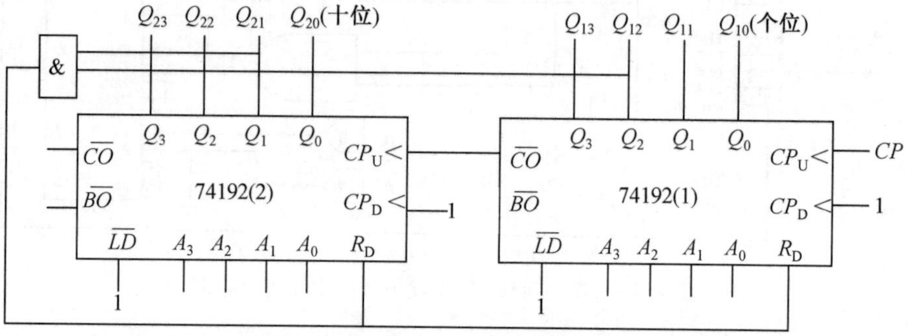

图 4.62　74192 反馈清零法二十四进制加法计数器电路图

b. 仿真验证。参照图 4.62 连接仿真电路,如图 4.63 所示。显示器件选择 Proteus 中的集成数码管 7－SEG。

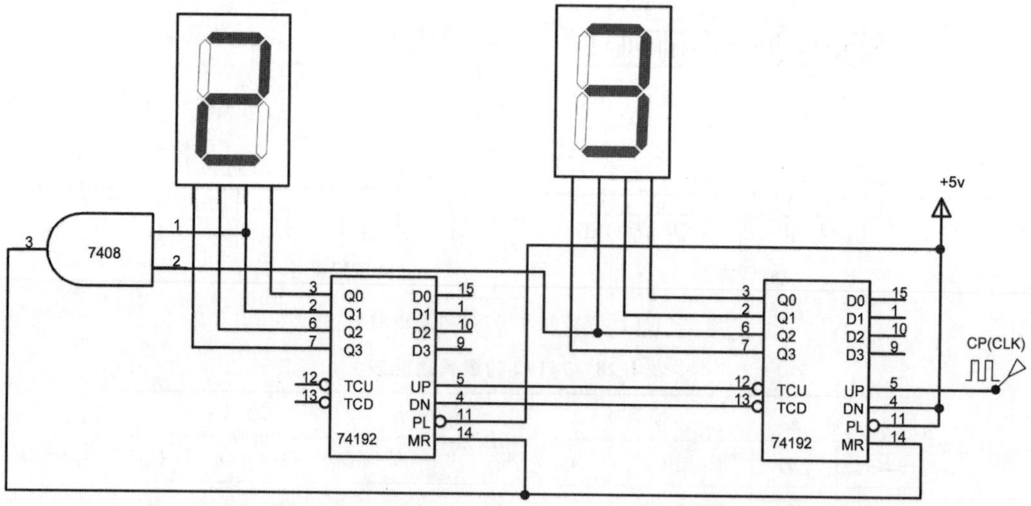

图 4.63　74192 反馈清零法二十四进制加法计数器仿真电路图

②采用反馈置数法。

a. 理论设计。采用反馈置数法设计二十四进制加法计数器,初始状态可以任意设置,本例设初始状态为 00000001,则计数状态为:00000001~00100100。由于 74192 的$\overline{LD}$为异步置数,低电平有效。所以反馈电路的控制状态为 00100101,反馈电路的逻辑表达式为:$\overline{LD}=$

$\overline{Q_{21}Q_{12}Q_{10}}$。$CP$ 脉冲接 74192(1)的 CP_U，两片 74192 的 CP_D 均接高电平、R_D 均接低电平，74192(2)的 CP_U 接 74192(1)的$\overline{CO}$，$A_3A_2A_1A_0$ 不能悬空。实现电路如图 4.64 所示。

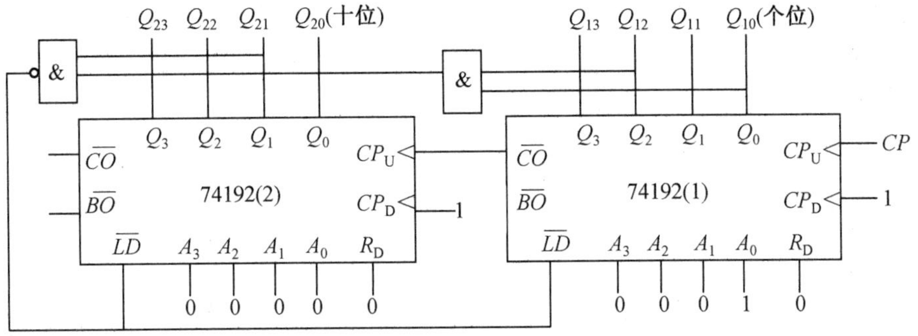

图 4.64　74192 反馈置数法二十四进制加法计数器电路图

b. 仿真验证。参照图 4.64 连接仿真电路，如图 4.65 所示。

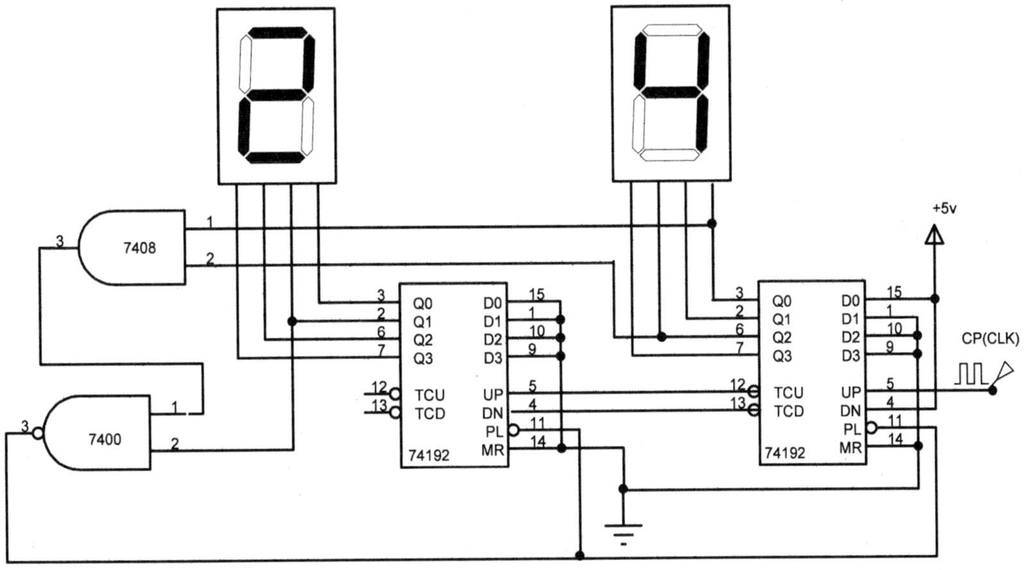

图 4.65　74192 反馈置数法二十四进制加法计数器仿真电路图

(2)实例二。

用 2 片 74192 设计三十一进制减法计数器，要求计数范围为 00110000～00000000。

①理论设计。采用反馈置数法设计。计数状态为：00110000～00000000。74192 的$\overline{LD}$为异步置数端，反馈电路的控制状态为：当输出为 10011001 时置数 00110000，10011001 为“毛刺”。反馈电路的逻辑表达式为：$\overline{LD}=\overline{Q_{23}Q_{20}Q_{13}Q_{10}}$。$CP$ 脉冲接 74192(1)的 CP_D，两片 74192 的 CP_U 均接高电平、R_D 均接低电平，74192(2)的 CP_D 接 74192(1)的$\overline{BO}$，74192(2)的 $A_3A_2A_1A_0$ 接 0011，74192(1)的 $A_3A_2A_1A_0$ 接 0000，不能悬空。实现电路如图 4.66 所示。

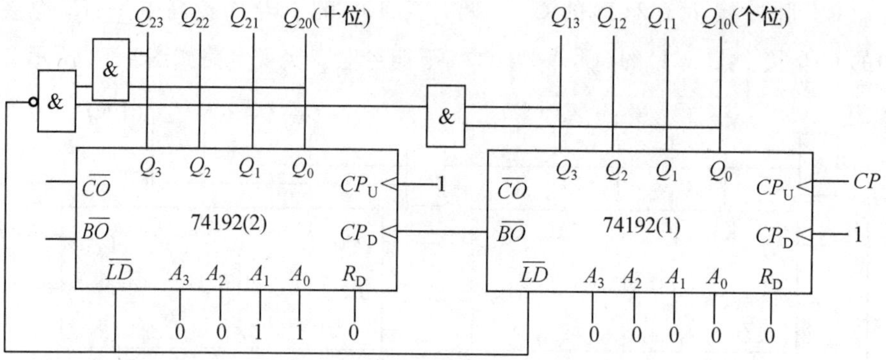

图 4.66　74192 反馈置数法三十一进制减法计数器电路图

②仿真验证。参照图 4.66 连接仿真电路，如图 4.67 所示。

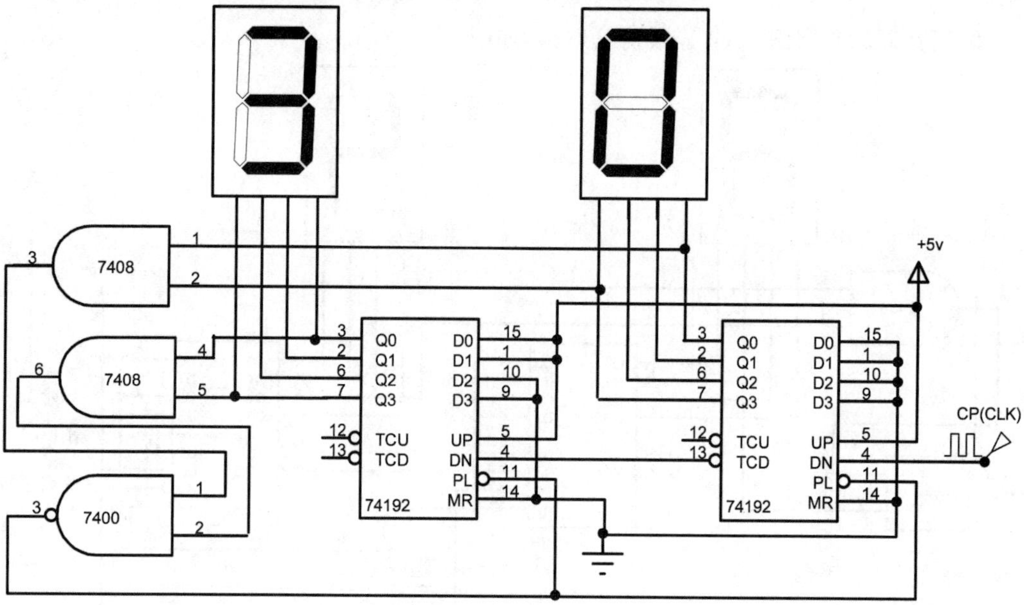

图 4.67　74192 反馈置数法三十一进制减法计数器仿真电路图

(3)实例三。

用 2 片 74192 设计八十三进制可逆计数器。

①理论设计。八十三进制可逆计数器，加法计数状态为：00000000～10000010。减法计数状态为：1000 0010～00000000。选择一个控制端 X，当 $X=0$ 时加计数，当 $X=1$ 时减计数。加法计数采用反馈清零法，遇 10000011 清零；减法计数采用反馈置数法，遇 10011001 置数 10000010。实现电路如图 4.68 所示。

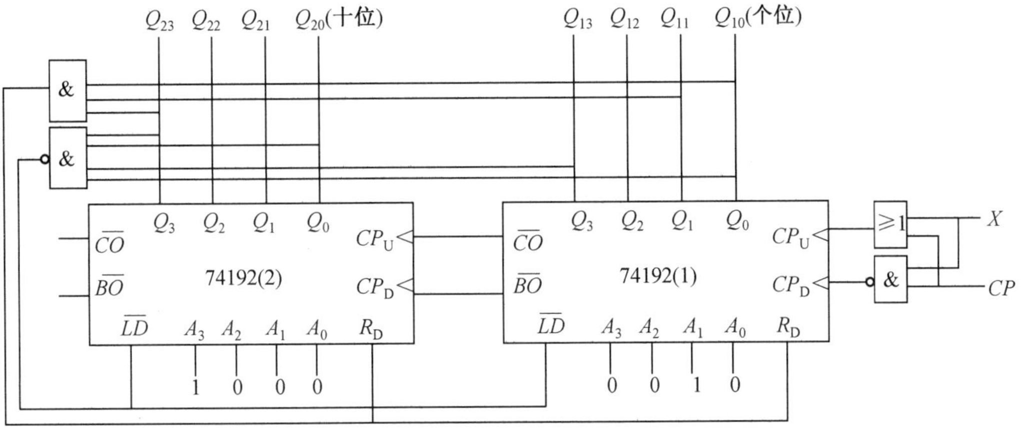

图 4.68　八十三进制可逆计数器电路图

②仿真验证。参照图 4.68 连接仿真电路，如图 4.69 所示。

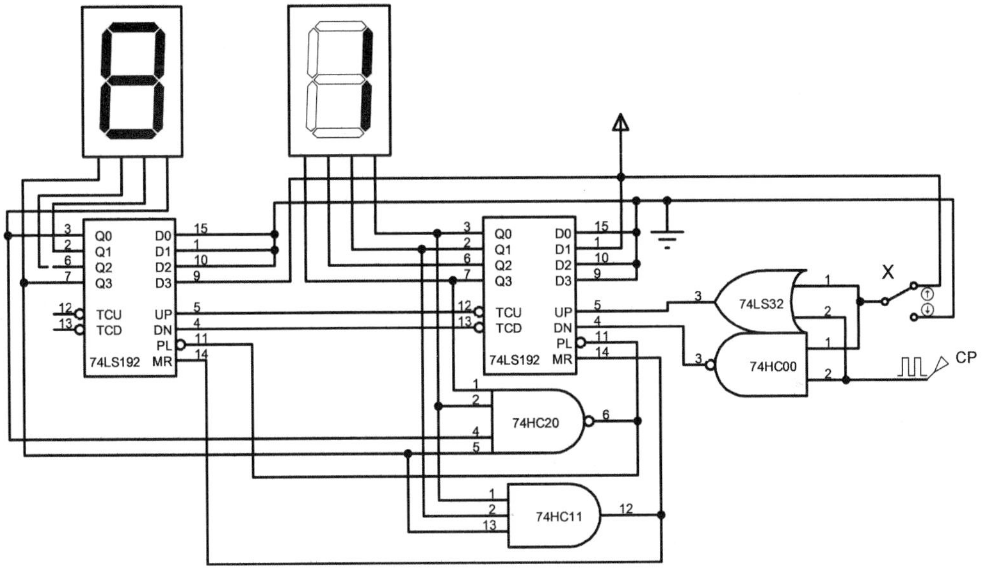

图 4.69　八十三进制可逆计数器仿真电路图

4.5　寄存器电路设计仿真实例

4.5.1　双向移位寄存器 74194

双向移位寄存器 74194 采用 DIP16 封装，其管脚图和逻辑符号如图 4.70 所示。其逻辑功能表见表 4.29。

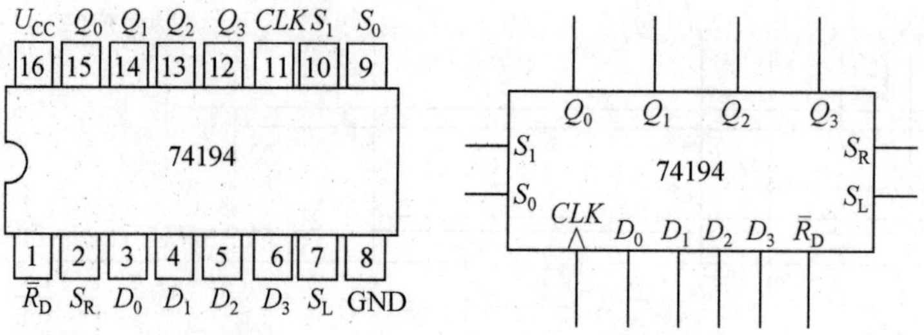

(a) 管脚图　　　　(b) 逻辑符号

图 4.70　74194 的引脚图和逻辑符号

表 4.29　4 位双向移位寄存器 74194 的逻辑功能表

$\overline{R}_D$	S_1	S_0	CLK	功能描述
0	×	×	×	异步清零
1	0	0	×	数据保持
1	0	1	↑	串行输入 S_R，同步右移
1	1	0	↑	串行输入 S_L，同步左移
1	1	1	↑	同步置数 $D_i \to Q_i$

4.5.2　基于 74194 的电路设计仿真实例

1. 实例一：用一片 74194 构成变形扭环型计数器

(1)理论设计。

设计数初始状态为 1000，7 个计数状态为：1000、1100、1110、1111、0111、0011 和 0001。74194 构成的右移方式七进制变形扭环型计数器的状态图如图 4.71(a)所示。

将最末两级输出端 Q_2、Q_3 和"与非"门的输入端相连，"与非"门的输出端连接到右移输入端 S_R，S_0 接高电平，S_1 接单次正脉冲，并行数据输入端 $D_0D_1D_2D_3$ 接计数初始状态 1000。

电路开始工作时，先在 S_1 端加一个正脉冲，此时 $S_1S_0=11$，在 CP 上升沿，74194 同步置数，$Q_0Q_1Q_2Q_3=1000$，即将 74194 的初始状态设为 1000。此后，S_1 端变成低电平，并一直保持低电平，$S_1S_0=01$，74194 工作在右移方式。计数状态按 1000→1100→1110→1111→0111→0011→0001→1000 循环变化，符合设计要求。实现电路如图 4.71(b)所示。

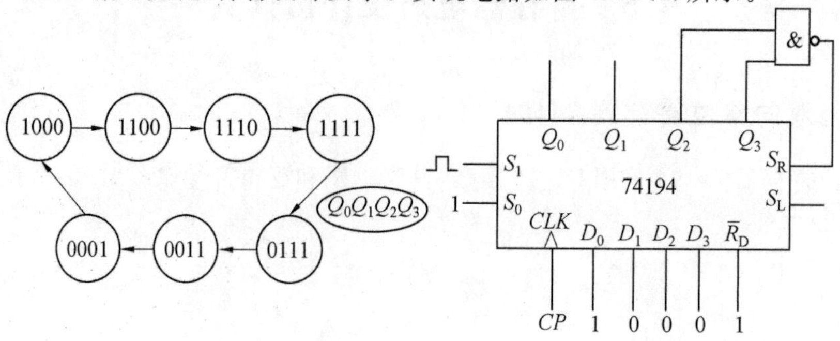

(a) 状态图　　　　(b) 电路图

图 4.71　右移方式七进制变形扭环型计数器状态图和电路图

(2)仿真验证。

参照图 4.71(b)绘制仿真电路图，如图 4.72 所示。采用激励源模式中的单边触发(EDGE)产生一个由正到负的边沿触发，仿真启动时，74194 的 $S_1S_0=11$，74194 置数，然后通过边沿触发使 74194 的 $S_1S_0=01$，74194 开始工作在右移方式。

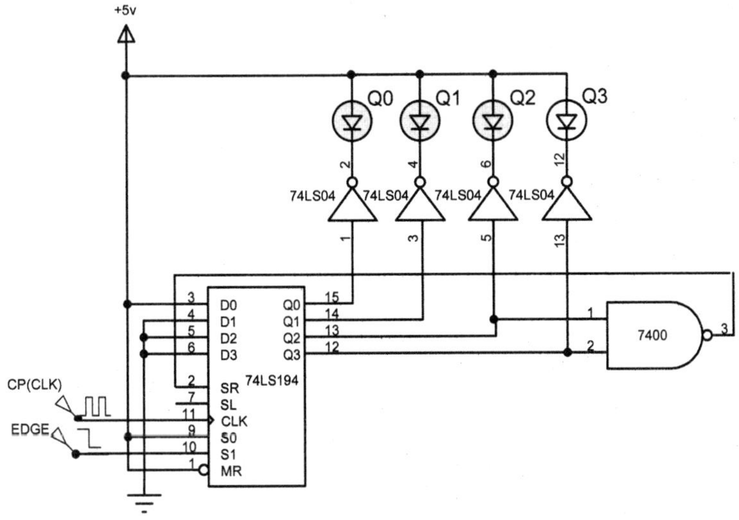

图 4.72　右移七进制变形扭环型计数器仿真电路图

2. 实例二：用两片 74194 构成扭环型计数器

(1)理论设计。

首先将两片 74194 级联可构成 8 位双向移位寄存器。连接方法如下：将 74194(2)的 Q_3 接至 74194(1)的 S_R 端，而 74194(1)的 Q_0 接至 74194(2)的 S_L 端，再将两片 74194 的 S_1、S_0、CP、$\overline{R}_D$ 分别连接在一起。

两片 74194 构成的左移方式十六进制扭环型计数器的状态图如图 4.73(a)所示，计数初始状态为 00000000。

将 74194(2)的输出端 Q_{20} 经“非”门后连接到左移数据输入端 S_{1L}，S_1 接低电平，S_0 接高电平，即 $S_1S_0=10$，电路工作在左移方式。实现电路如图 4.73(b)所示。

电路工作时，首先在 $\overline{R}_D$ 端加一个负脉冲，使 74194 的初始状态为 00000000。此后，将 $\overline{R}_D$ 端接高电平并一直保持高电平，电路开始按照图 4.73(a)所示的状态循环变化。

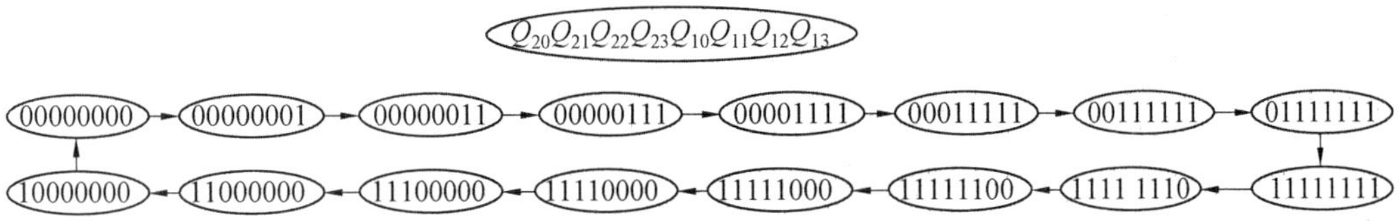

(a) 状态图

图 4.73　2 片 74194 级联构成扭环型计数器状态图和电路图

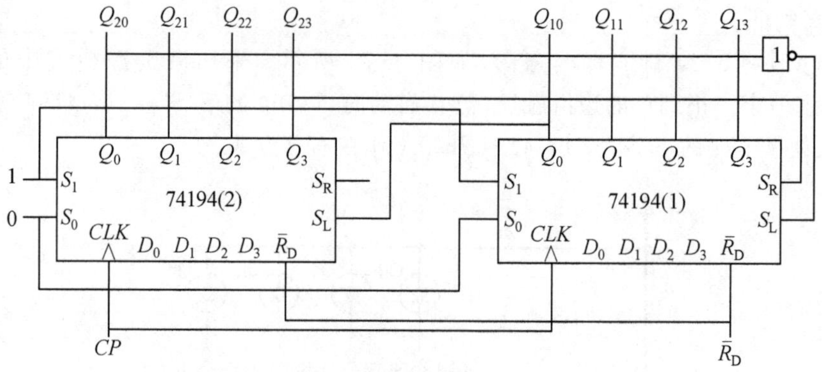

(b) 电路图

续图 4.73

(2)仿真验证。

参照图 4.73(b)绘制仿真电路图,如图 4.74 所示。

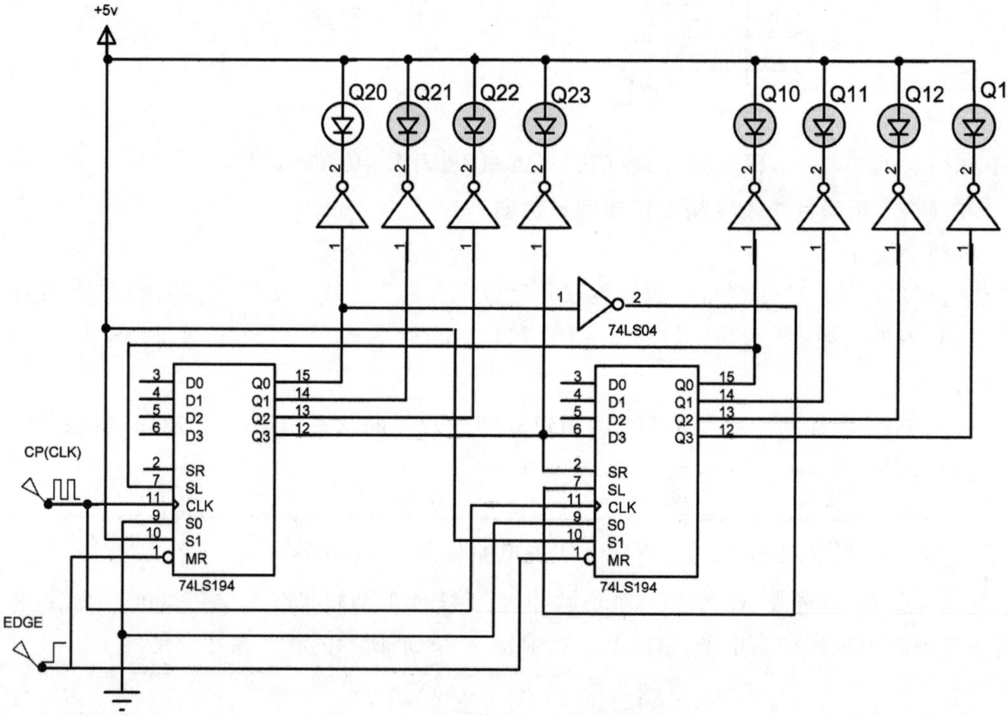

图 4.74　两片 74194 级联构成扭环型计数器仿真电路图

3. 实例三:用一片 74194 构成序列检测器

(1)左移串行输入四位序列码 0110,允许序列码重叠。

①理论设计。用 74161 和 74151 构成序列发生器,用 74194 做序列检测器,实现电路如图 4.75 所示。

74161 的输出 $Q_2Q_1Q_0$ 接 74151 的数据输入端 $A_2A_1A_0$,在 CP 脉冲的作用下,74151 循环输出 01101100,74194 的 $S_1S_0=10$,74194 工作在左移状态,当数据输入端依次输入 0、1、1、0 时,$Z=1$,否则 $Z=0$。

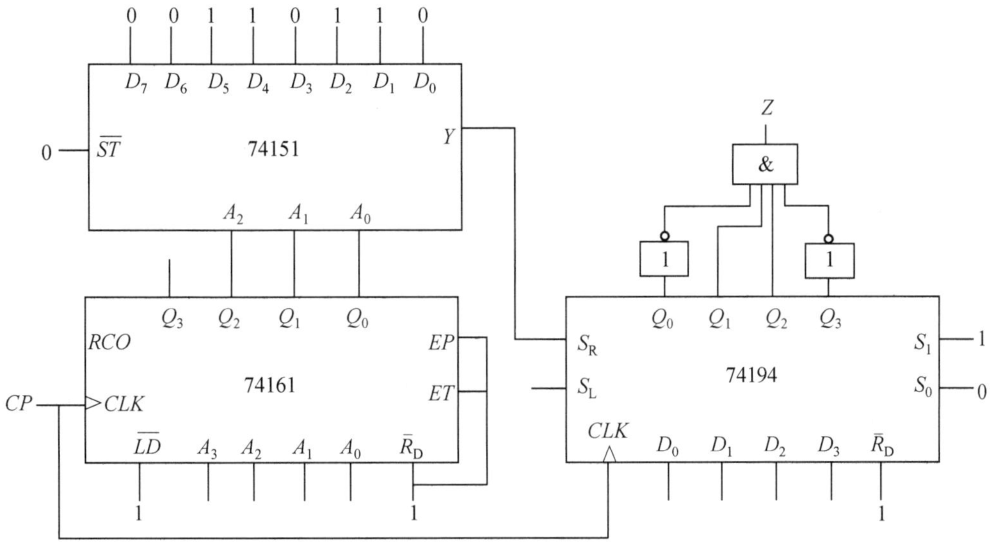

图 4.75　0110 可重叠序列检测器电路图

从电路的序列可见，前四个脉冲 74194 输出 0110，此时 $Z=1$，第五个脉冲 74194 输出 1101，第六个脉冲 74194 输出 1011，$Z=0$，第七个脉冲 74194 输出 0110，$Z=1$，有三个序列码是重叠的。该电路为“0110”序列检测器，且允许序列码重叠。

②仿真验证。参照图 4.75 绘制仿真电路图，如图 4.76 所示。

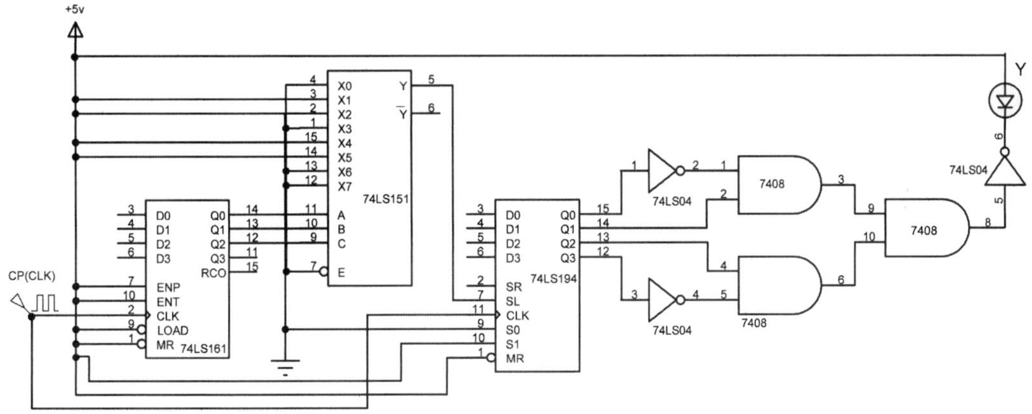

图 4.76　0110 可重叠序列检测器仿真电路图

(2)右移串行输入四位序列码 1101，不允许序列码重叠。

①理论设计。用 74161 和 74151 构成序列发生器，用 74194 做序列检测器，实现电路如图 4.77 所示。

74161 的输出 $Q_2Q_1Q_0$ 接 74151 的数据输入端 $A_2A_1A_0$，在 CP 脉冲的作用下，74151 循环输出 11011101，当 $Z=0$ 时，74194 的 $S_1S_0=01$，74194 工作在右移状态，当数据输入端输入 1、1、0、1 时，$Z=1$，否则 $Z=0$。

从电路的序列可见，第四个脉冲 74194 输出 1101，此时 $Z=1$，同时 $S_1S_0=11$，74194 置零，并在 $Z=1$ 消失后的下一个脉冲到来时才恢复 $Z=0$，虽然 74151 继续送出数据，但由于延迟，在 74194 的输出端不能立刻接收到输入的变化，这和理论分析是有差距的。此电路为不允许

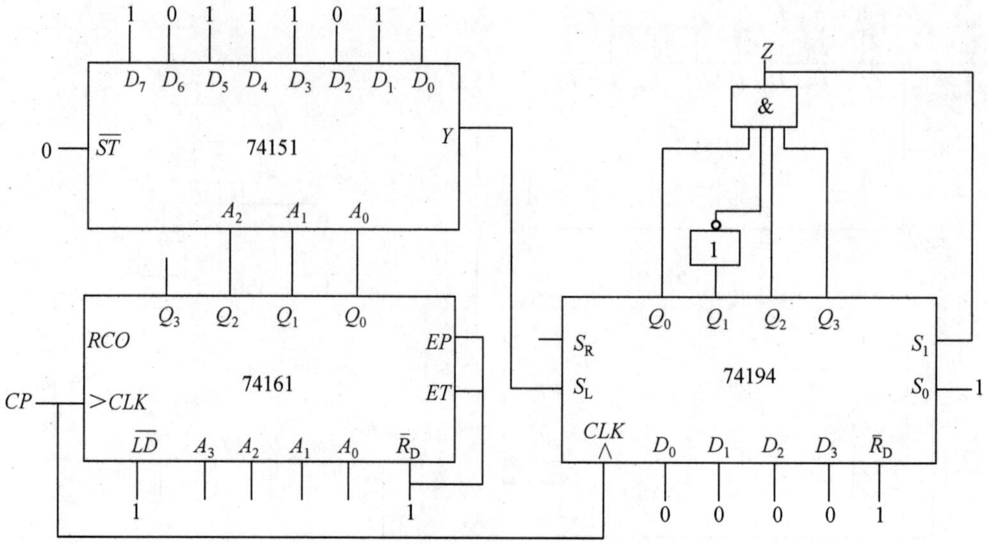

图 4.77　1101 不可重叠序列检测器电路图

序列码重叠的序列检测器,如果序列码超过四个,需要考虑因为延时对电路造成的影响。

② 仿真验证。参照图 4.77 绘制仿真电路图,如图 4.78 所示。

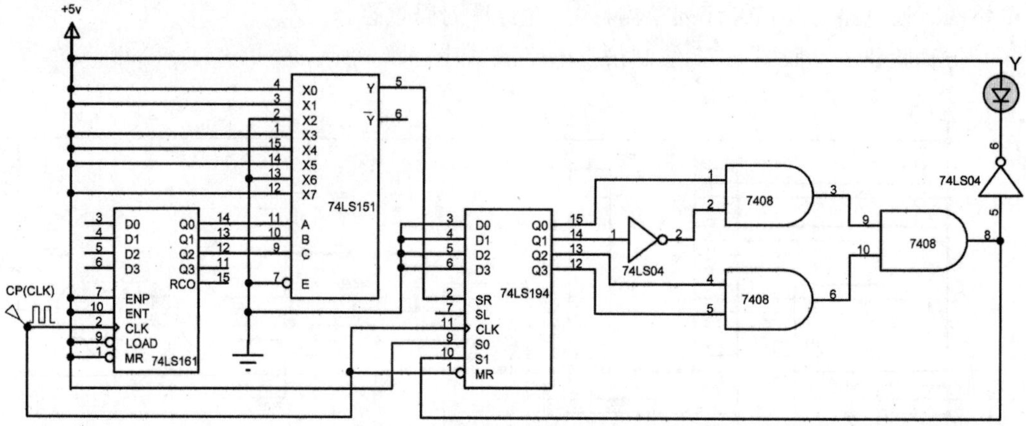

图 4.78　1101 不可重叠序列检测器仿真电路图

第 5 章 电子技术综合设计仿真实例

本章选取了 4 个综合设计仿真实例，引导学生将零散的知识点进行综合，建立系统设计理念。通过实例详细的计算、推导和剖析，激发学生将理论付诸实验探究的兴趣，为后续专业课的综合设计和科学研究打好基础。

5.1 函数信号发生器电路设计仿真实例

在电工电子技术基础课程的很多实验中都用到函数信号发生器。在 Proteus 仿真软件中也有虚拟仪器函数信号发生器（signal generator）。函数信号发生器可以产生常用的正弦波、方波和三角波，还可以产生锯齿波、梯形波等特殊形式的波形。虽然函数信号发生器产生的输出波形相同，但内部电路设计却不尽相同。下面采用不同方法设计函数信号发生器。

5.1.1 基于 μA741 的函数信号发生器电路设计仿真实例

1. 功能要求

以 μA741 为核心芯片设计电路，能够输出正弦波、方波、三角波、占空比可调的脉冲波和锯齿波。电路功能满足如下要求：

(1)输出的正弦波输出频率可选择，幅值可在一定范围内调节；

(2)输出的方波占空比可调；

(3)输出的三角波线性度好；

(4)输出的锯齿波形状和占空比可调。

2. 正弦波振荡电路设计与仿真

电路产生振荡需要满足四个条件：

(1)具有一定的放大倍数；

(2)有选频网络；

(3)电路引入正反馈；

(4)有稳幅电路。

正弦波振荡仿真电路及输出波形如图 5.1 所示。

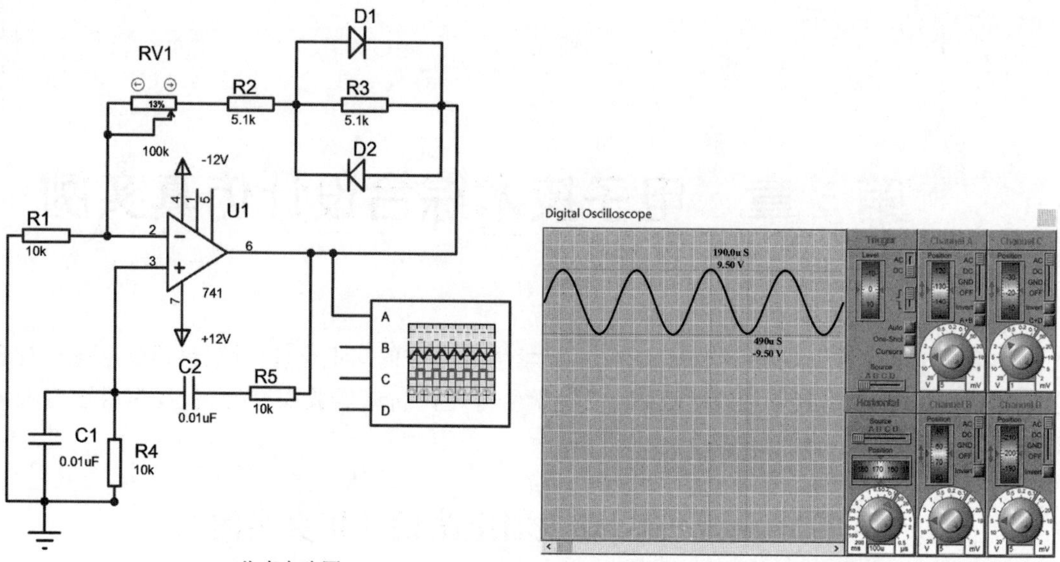

(a) 仿真电路图　　(b) 输出波形图

图 5.1　正弦波振荡仿真电路及输出波形图

(1)电路的放大倍数只要满足 $|A_{uf}|\geqslant 3$，就可以满足振荡的第一个条件，即

$$|A_{uf}|=\left|\frac{u_o}{u_+}\right|=\left(1+\frac{R_f}{R_1}\right)\geqslant 3 \tag{5.1}$$

由图 5.1 的仿真电路可见：$1+\frac{R_f}{R_1}\approx 1+\frac{23.2}{10}=3.32>3$；

(2)电路选用的是 RC 选频网络；

(3)电路引入交流正反馈；

(4)选用电阻 R_3、二极管 D_1 和 D_2 构成稳幅环节。

电路的振荡频率为

$$f_o=\frac{1}{2\pi RC}=\frac{1}{2\times 3.14\times 10\times 10^3\times 0.01\times 10^{-6}}\approx 1\ 592.36\ (\text{Hz}) \tag{5.2}$$

由图 5.1 的仿真结果可见，振荡周期约为 670 μs，频率约为 1 493 Hz。测量结果和计算结果有一定的误差。

改变选频网络电阻和电容的值，一定范围内可以调节输出正弦波的幅值和频率。请读者自行调试。

3. 方波和三角波信号发生电路设计与仿真

方波电路的工作原理实质就是滞回电压比较器，输入信号选择幅值为 10 V、频率为 1 500 Hz的正弦波，输出波形应该为运算放大器的正负饱和电压值的方波。可以采用稳压管来降低输出方波的幅值。方波发生电路如图 5.2 所示。从示波器的显示结果可见，输出信号为有上升时间和下降时间的方波，频率与输入信号基本相同。集成运放的饱和电压幅值大约为10 V，输出方波的幅值约为 6.5 V。图 5.2 接入了两个背靠背的稳压管 1N4734A，其稳压值为 5.6 V。加上二极管的正向导通电压，输出幅值约为 6.5 V，理论分析结果与仿真结果基本相同。要改变输出方波的幅值，可以更换相应稳压值的稳压管。滞回电压比较器的正负阈值电压值请读者查阅第 3 章相关内容自行计算。

三角波发生电路实质是积分电路，由于含有运放的积分电路充放电曲线线性度好，充电和放电过程近似为一次函数，因此当输入为正负方波时，输出近似为三角波。电路如图 5.2 所示。将方波发生电路的输出直接接入积分电路，调整可变电阻的阻值，可以在一定范围内调节输出三角波的幅值。

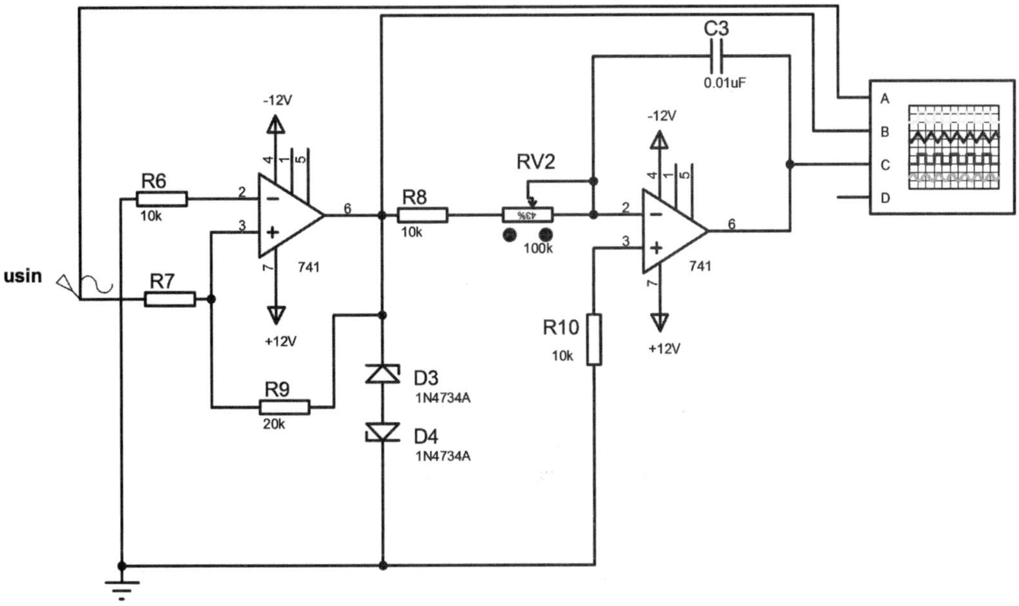

(a) 仿真电路图

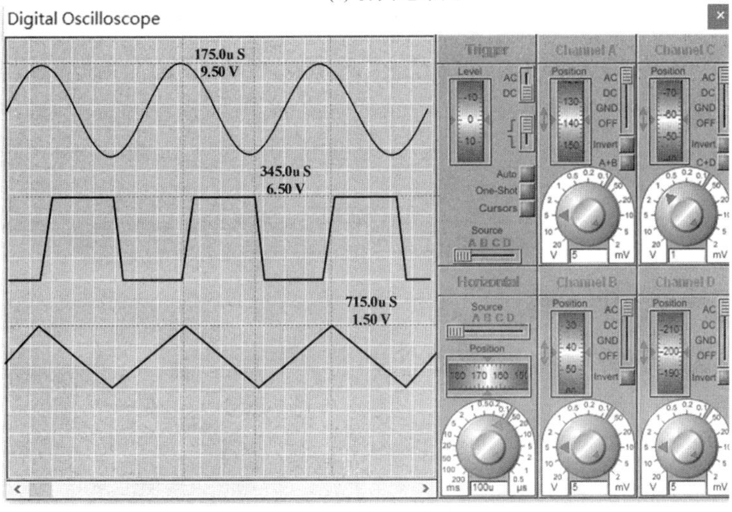

(b) 输出波形图

图 5.2　方波和三角波信号发生仿真电路和输出波形图

将正弦波振荡电路、方波发生电路和三角波发生电路连在一起构成三种波形的函数信号发生器。输出三种波形的仿真电路图如图 5.3 所示，输出波形图与图 5.2(b)完全相同。

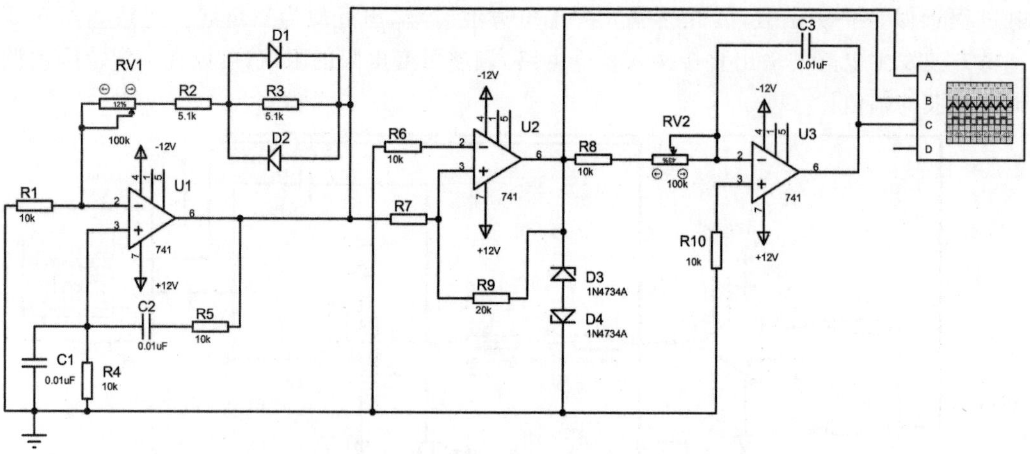

图 5.3 正弦波、方波和三角波函数信号发生器仿真电路图

4. 占空比可调的脉冲波和锯齿波信号发生电路设计与仿真

在三角波发生电路的基础上，考虑改变积分运算电路中电容 C 的正、反向充电路径，使其正、反向充电时间常数 $\tau=RC$ 不相同，从而使积分运算电路输出信号的上升和下降的速率不同，也就是直线的斜率不同，即可得到锯齿波发生电路。正弦波、脉冲波和锯齿波函数信号发生器仿真电路及输出波形如图 5.4 所示。和图 5.3 相比较，图 5.4 积分电路输入端增加了二极管 D_5 和电阻 R_{11}，集成运放 U_3 的输出端和集成运放 U_2 的同相输入端加入电阻 R_{12}。当电压比较器反向饱和时，二极管 D_5 截止，此时充电时间常数为 $(R_8+R_{V1})C$；当电压比较器正向饱和时，二极管 D_5 导通，此时充电时间常数为 $[(R_8+R_{V1})/\!/R_{11}]C$。充电时间常数大于放电时间常数，因此充电曲线和放电曲线斜率不同。集成运放 U_2 的同相输入端为正弦波信号和集成运放 U_3 的输出信号的叠加，改变了集成运放 U_2 输出信号占空比。调节可变电阻 R_{V2} 可以改变脉冲波形的占空比，进而改变锯齿波的形状。

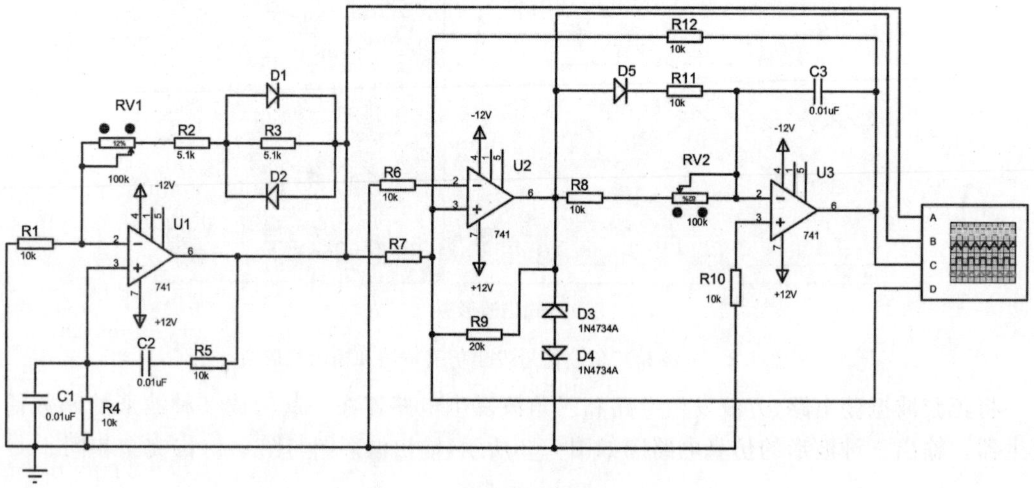

(a) 仿真电路图

图 5.4 正弦波、脉冲波和锯齿波函数信号发生器仿真电路及输出波形图

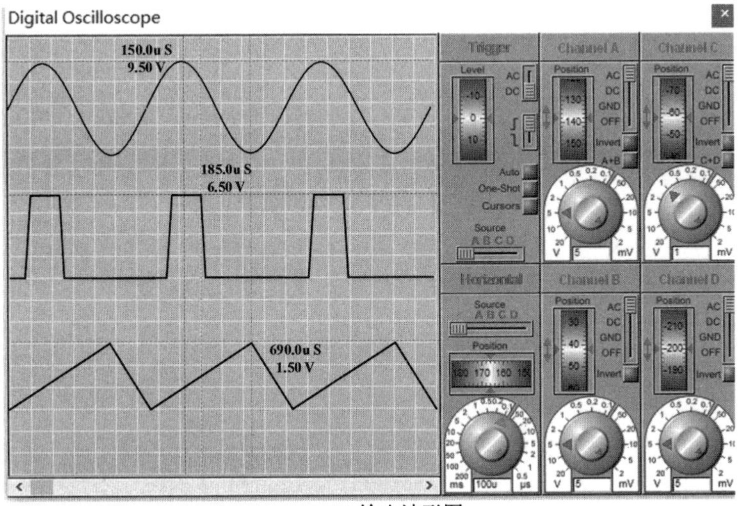

(b) 输出波形图

续图 5.4

5.1.2　基于 555 定时器的函数信号发生器电路设计仿真实例

1. 功能要求

以 555 定时器为核心芯片设计电路，能够输出脉冲波形、三角波和正弦波。

2. 电路设计与仿真

555 定时器是应用广泛的定时器集成芯片，使用灵活方便，只需接少量的阻容元件就可以构成多谐振荡器、单稳态触发器和施密特触发器，因此常用于脉冲信号的产生、变换和整形。同时 555 定时器也可以作为波形发生器。基于 555 定时器的波形发生器仿真电路及输出波形如图 5.5 所示。该电路可同时产生脉冲波形、三角波和正弦波。

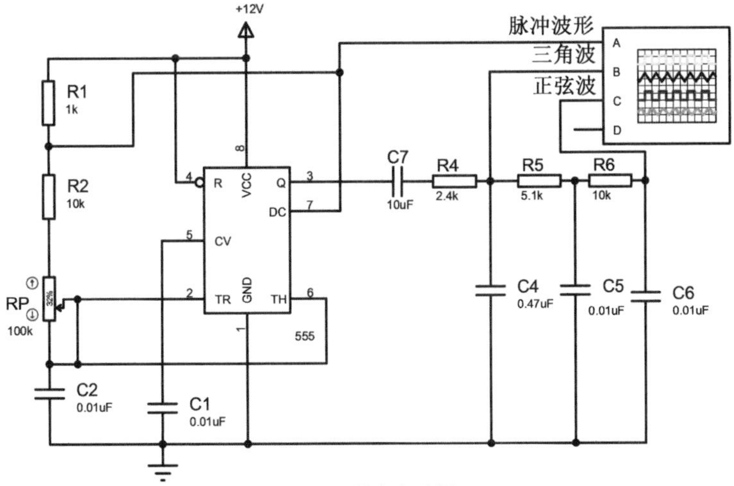

(a) 仿真电路图

图 5.5　基于 555 定时器的脉冲波形、三角波和正弦波发生器仿真电路及输出波形图

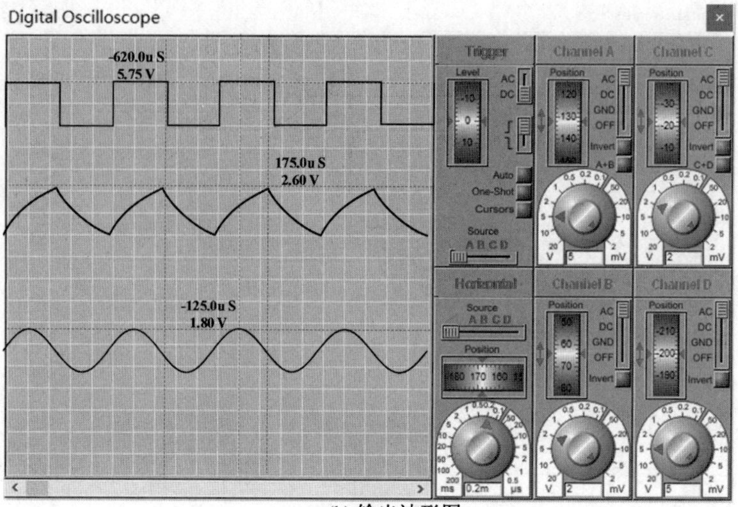

(b) 输出波形图

续图 5.5

由 555 定时器的 3 管脚输出接到示波器 A 路的信号为脉冲波形，是 555 定时器构成多谐振荡器的典型应用，可以用于数字电路的脉冲激励。输出脉冲信号的频率由电阻 R_1、R_2+R_P 和电容 C_2 决定。

输出脉冲信号的周期 T 为

$$T=[R_1+2(R_2+R_P)]C\ln 2 \tag{5.3}$$

输出脉冲占空比 q 为

$$q=\frac{1}{1+\dfrac{R_2+R_P}{R_1+R_2+R_P}} \tag{5.4}$$

根据图 5.5(a)计算可得脉冲信号的周期 $T\approx 1$ ms，占空比 $q\approx 50\%$。图 5.5(b)中，仿真结果脉冲信号周期为 1 ms，占空比为 49%。

输出的脉冲信号经过一级 RC 积分电路后将方波转化成三角波，由图 5.5(b)可见，三角波的线性度没有由集成运放组成的有源积分电路的线性度好。

三角波再经过两级积分电路运算后得到正弦波。调整积分电路的参数可以在一定范围内改变输出波形的形状和幅值。由图 5.5(b)可见，输出正弦波波形的平滑度也不尽如人意。

5.1.3 基于 ICL8038 的函数信号发生器电路设计仿真实例

1. 功能要求

以 ICL8038 为核心芯片设计电路，能够输出正弦波、方波和三角波。输出信号的频率可以选择，幅值可以在一定范围内调节。

2. ICL8038 芯片简介

ICL8038 是采用 DIP14 封装的函数信号发生器集成芯片。其管脚图及 Proteus 逻辑符号如图 5.6 所示。

(1)输入管脚和调节管脚。

管脚 1 和管脚 12(sine wave adjust)：正弦波失真度调节，外接电阻调节输出正弦波的失

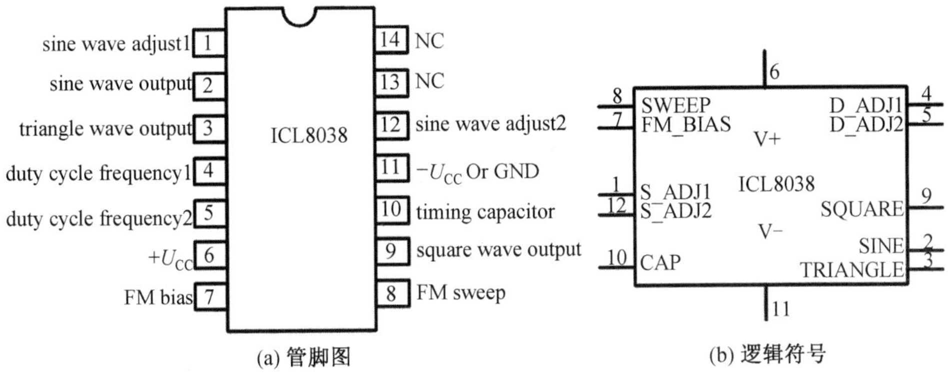

图 5.6　ICL8038 管脚图及 Proteus 逻辑符号

真度；

管脚 4 和管脚 5(duty cycle frequency)：恒流源调节，调节方波的占空比、正弦波和三角波的对称度及电路的频率；

管脚 7(FM bias)：内部频率调节偏置电压输入，可以直接接管脚 8，为电路输入偏置电压；

管脚 8(FM sweep)：外部扫描频率电压输入，用于频率调节，电路的振荡频率与调节电压成正比；

管脚 10(timing capacitor)：外接振荡电容产生振荡，改变电容值可以改变充放电时间，进而改变输出波形的频率。

(2)电源管脚。

管脚 6(V+)：接正电源 10～18 V；

管脚 11(V− or GND)：接负电源或地。

(3)输出管脚。

管脚 2(sine wave output)：正弦波输出；

管脚 3(triangle wave output)：三角波输出；

管脚 9(square wave output)：方波输出。

(4)空管脚。

管脚 13、14(NC)：空管脚。

8038 芯片是一种有多种波形输出的精密振荡集成电路，只需要配一些阻容元件就能产生 0.001 Hz～300 kHz 的低失真正弦波、三角波和矩形波等波形信号。输出波形的频率和占空比还可以通过电容或电阻调节。

3. 电路设计与仿真

基于 ICL8038 的函数信号发生器仿真电路及输出波形如图 5.7 所示。

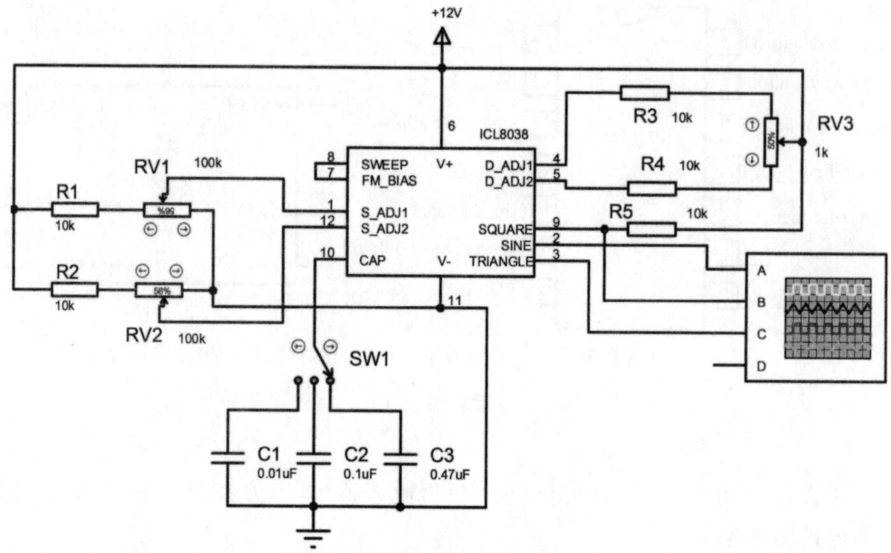

(a) 仿真电路图

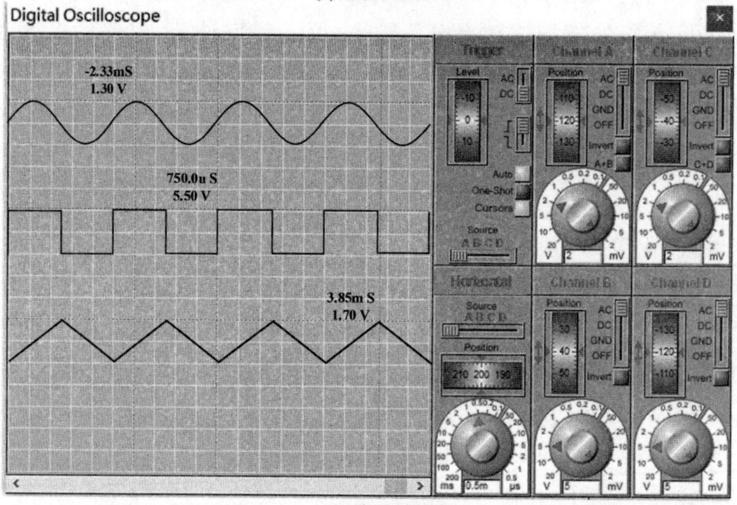

(b) 输出波形图

图 5.7　基于 ICL8038 的正弦波、方波和三角波发生器仿真电路及输出波形图

方波输出的幅度可以达到电源电压的幅值；三角波输出的幅值等于电源电压幅值的 0.33 倍；正弦波输出的幅值等于电源电压幅值的 0.22 倍。调节可变电阻 R_{V3} 可以使方波改变为任意占空比的脉冲波形。

5.2　基于 μA741 的稳压电源电路设计仿真实例

5.2.1　功能要求

以 μA741 为核心芯片设计稳压电源电路，电路功能满足如下要求：

(1)输出电压具有一定可调范围，最大电压和最小电压差值范围不小于 5 V；

(2)当负载变化和输入电压发生变化时，稳压系数不大于 0.1%。

5.2.2　电路组成

根据设计要求，基于 μA741 的稳压电源电路由五部分组成，组成框图如图 5.8 所示。

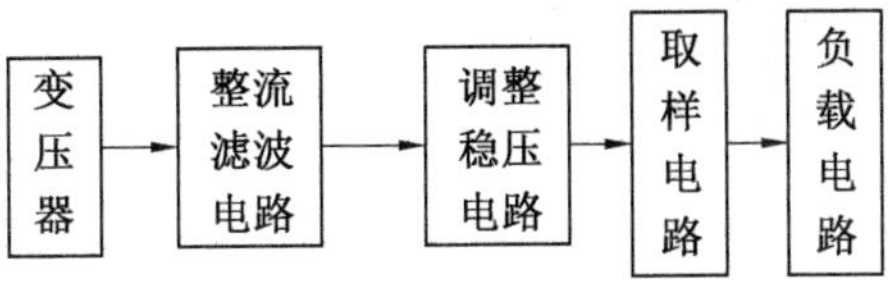

图 5.8　基于 μA741 的稳压电源电路组成框图

5.2.3　电路设计

基于 μA741 的稳压电源电路图如图 5.9 所示。

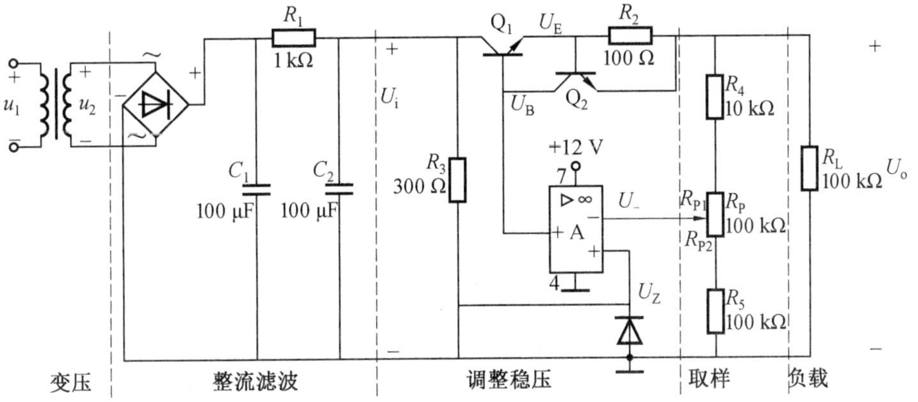

图 5.9　基于 μA741 的稳压电源电路图

1. 变压、整流滤波电路设计

变压、整流和滤波电路的设计原理请读者参见 3.5 节相关内容。本设计拟采用 $RC\pi$ 型滤波。

2. 调整稳压电路设计

调整电路的作用是当电路中负载变化或电源波动时，通过串联电压负反馈的作用使负载两端的输出电压稳定。调整电路主要由集成运算放大器和调整管组成。调整电路是稳压电源电路的核心部分。

① 当输出电压U_o因负载变化减小时，调整管Q_1发射极电位降低，引入下列负反馈过程：

$$U_o\downarrow\rightarrow U_-\downarrow\rightarrow V_B\uparrow\rightarrow U_{BE}\uparrow\rightarrow I_B\uparrow\rightarrow I_E\uparrow\rightarrow U_o\uparrow$$

输入电压更多地加到负载上，使输出电压快速回升，达到稳定输出电压的目的。

② 当输入电压U_i因电源波动增加时，U_o也随之增大，引入下列负反馈过程：

$$U_o\uparrow\rightarrow V_E\uparrow\rightarrow U_{BE}\downarrow\rightarrow I_B\downarrow\rightarrow I_E\downarrow\rightarrow U_o\downarrow$$

如此使输出电压快速回升，达到稳定输出电压的目的。

3. 保护电路设计

保护电路的作用是在稳压电路输出电流超过额定值时，图 5.9 中的限流晶体管Q_2由截止状态变为饱和导通状态。晶体管Q_2发射极电流增大，调整管Q_1的电流减小，从而保护调整管Q_1不会因电流过大而烧坏。输出电流在正常范围时，晶体管Q_2工作在截止区。

4. 基准电压电路设计

基准电压电路为稳压电源电路提供基准电压。电路如图 5.9 所示，基准电压电路主要由

μA741、稳压管和限流电阻组成。电路的基准电压值取决于稳压管的稳压值。

5. 取样电路设计

取样电路由两个固定电阻和一个可变电阻组成，如图 5.9 中的电阻 R_4、R_5 和 R_P，通过调整可变电阻 R_P 的阻值可以改变输出电压的数值。基准电压和输出电压之间的关系为

$$U_o=\left(1+\frac{R_4+R_{P1}}{R_5+R_{P2}}\right)U_Z \tag{5.5}$$

只要稳压管和集成运放能正常工作，则 U_Z 保持不变。输出电压的数值只取决于三个电阻的分压结果。

如果选择稳压管稳压值 $U_Z=4.7$ V，参照图 5.9 取电阻值，根据式(5.5)得到输出电压理论计算范围为

$$\begin{cases} U_{\text{omin}}=\left(\dfrac{R_4+R_5+R_P}{R_5+R_P}\right)U_Z=\dfrac{10+100+100}{100+100}\times 4.7=4.935\ (\text{V}) \\ U_{\text{omax}}=\left(\dfrac{R_4+R_5+R_P}{R_5}\right)U_Z=\dfrac{10+100+100}{100}\times 4.7=9.78\ (\text{V}) \end{cases}$$

5.2.4 综合仿真

将各部分电路连接在一起构成完整的基于 μA741 的串联稳压电源仿真电路图，如图 5.10 所示。

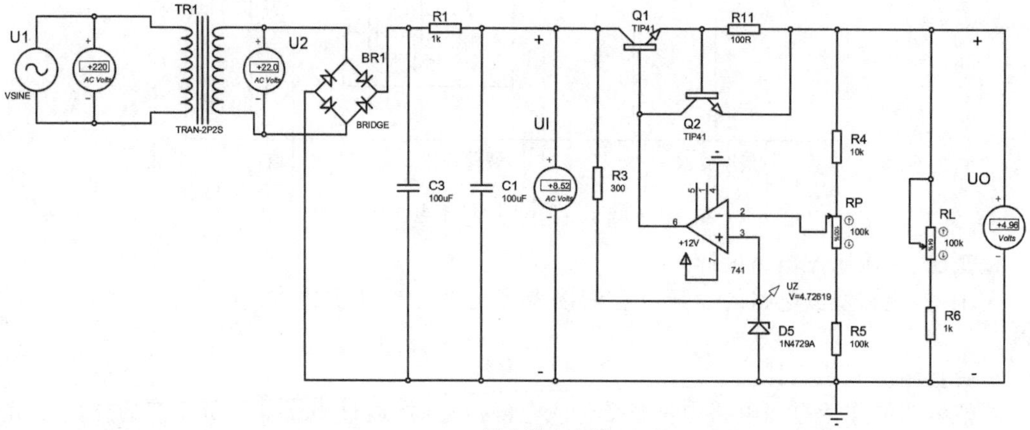

(a) 最小输出电压

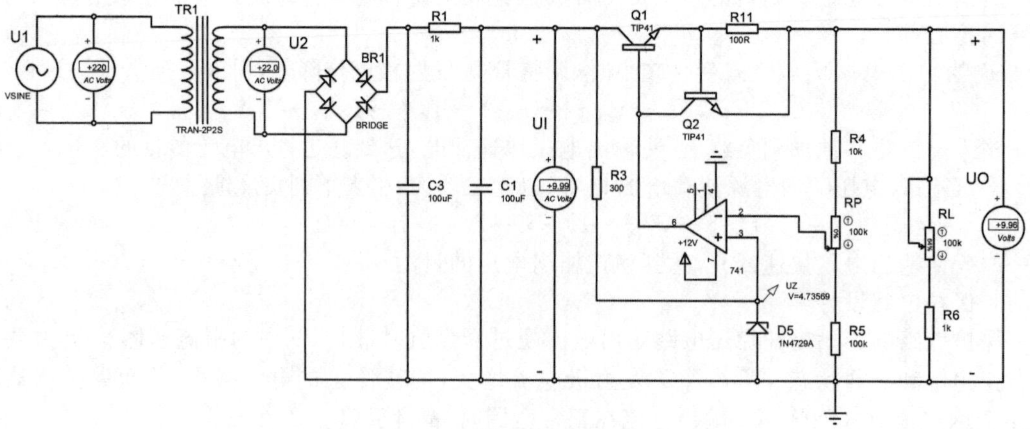

(b) 最大输出电压

图 5.10　基于 μA741 的稳压电源仿真电路图

由仿真结果可见，输出电压的调整范围为 4.96～9.96 V，与计算结果基本相同。

5.3　出租车计价器控制电路设计仿真实例

5.3.1　功能要求

出租车计价器控制电路实现以下功能：

(1)出租车起步价为 3 元，起步距离为 3 km，小于 3 km 按 3 km 收费；

(2)3 km 后行程每增加 1 km 加价 0.6 元；

(3)价格用三位数码管显示，最大计价上限为 99.9 元；

(4)到达目的地后，按下停车按钮，价格停止变化；

(5)再次计价时需要初始化计价器，然后起车。

5.3.2　电路组成

电路组成框图如图 5.11 所示。

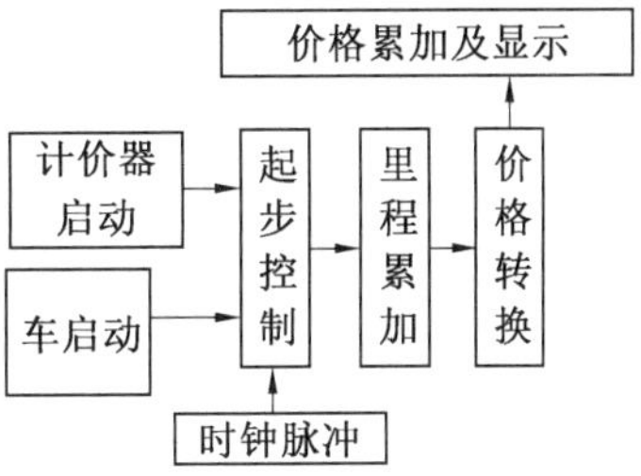

图 5.11　出租车计价器电路组成框图

5.3.3　电路设计

1. 时钟脉冲发生电路设计

仿真过程中时钟脉冲可以直接采用 Proteus 激励源模式中的 DCLOCK，如果需要连接实际电路，可以采用 555 定时器构成多谐振荡器，请读者参阅 5.1.2 节相关内容。

为了简化电路，本设计的时钟脉冲和里程脉冲采用同一时钟脉冲源，然后将时钟脉冲分频后作为里程脉冲使用。

2. 起步控制和里程累加电路设计

根据设计要求，出租车启动时计价器即显示 3.0 元价格，3 km之内价格不变，如果行程不足 3 km 以 3 元计价。行车过程中将里程转换为时钟脉冲信号，里程时钟脉冲信号采用系统时钟脉冲信号转换得到，里程转换设计为每 16 个脉冲为 3 km，超过 3 km 每增加 1 km(4 个脉冲信号)价格增加 0.6 元。选用 1 片 74161 作为里程累加计数器，起步控制和里程累加电路如图 5.12 所示。

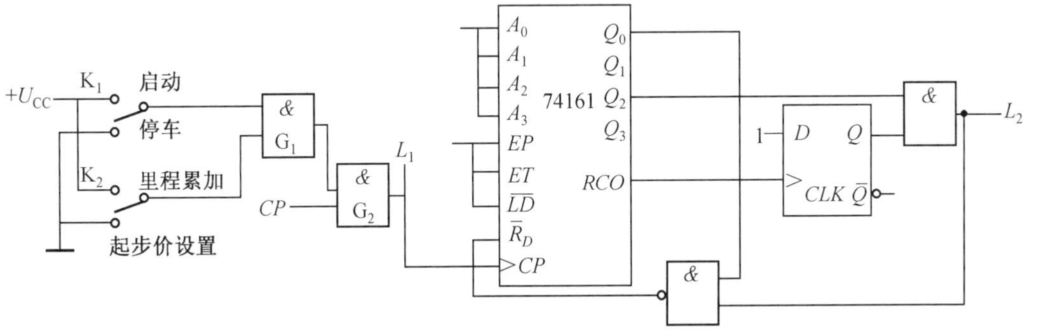

图 5.12　起步控制和里程累加电路图

(1)起步里程脉冲信号 L_1。

出租车起步时，图 5.12 中的启动开关 K_1 接入高电平，起步价设置和里程累加开关 K_2 接低电平时设置起步价为 3 元，然后开关 K_2 接入高电平，G_1 门输出为“1”，G_1 门开启，起步里程脉冲信号 L_1 有效。

(2)74161 在 L_1 的激励下开始计时，第一个计数周期，D 触发器输出为“0”，所以里程累加信号 L_2 一直为“0”，直到 16 个脉冲到来时 $RCO=1$，触发 D 触发器，触发器输出变为“1”，第一个循环即为起步的 3 km。

(3)第二个计数周期当计数器 $Q_2=1$ 时，$L_2=1$。下一个脉冲到来时计数器输出 0101，“与非”门输出“0”，74161 清零，输出 1 个脉冲，里程增加 1 km。

(4)此后计数器一直以五进制方式运行，RCO 不再变化，D 触发器一直输出“1”，L_2 的状态由 Q_2 决定，每 5 个周期变化一次，即为 1 km 里程累加。

3. 价格累加电路设计

当车辆行驶 3 km 后，行程每增加 1 km，计价增加 0.6 元(6 角)。采用加法器 74283 完成价格累加，定义为 74283(1)，L_2 每输出一个脉冲，将 74283(1)的 $A_3\ A_2\ A_1\ A_0$ 置数 0110，然后立即归零。74283(1)的 $B_3\ B_2\ B_1\ B_0$ 接到计价输出“角”的数据输出端。即 74283(1)实现的是每行驶 1 km 加 0.6 元的计算。由于 74161 的输出随脉冲变化，所以对图 5.12 所示电路中的 L_2 采用 D 触发器进行锁存。价格累加电路如图 5.13 所示。图中 $Q_{J3}\ Q_{J2}\ Q_{J1}\ Q_{J0}$ 来自于出租车计价器最后价格“角”的输出端，74283(1)就实现每行驶 1 km 总价加 6 角的价格累加操作。

4. 价格转换电路设计

由于 74283 是十六进制加法计数器，而价格的累加是十进制，因此需要对 74283(1)输出的结果进行转换。如果计算结果小于 9，直接输出；计算结果大于 9，则向“元”进位。“元”+1，“角”−10。将减法运算变成补码加法运算$(-10)_{10}=(0110)_{补}$。采用 7485 进行数值比较，比较结果送 74283(2)运算的同时，采用 D 触发器将信号锁存，并作为“元”计数器的时钟脉冲信号 L_3，“元”计数器加 1，74283(2)实现十六进制到十进制转换的减法运算。价格转换电路如图 5.14 所示。

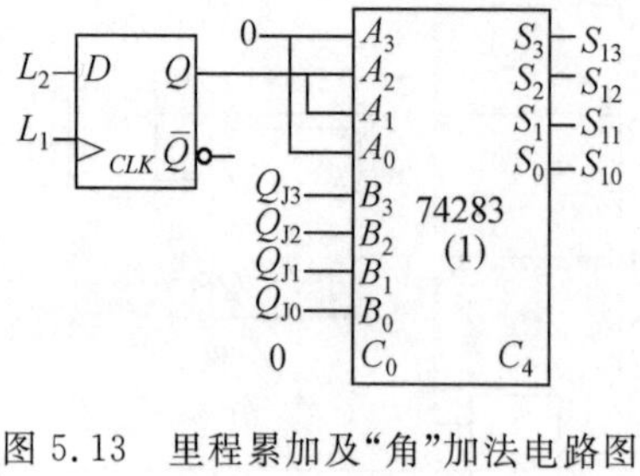

图 5.13　里程累加及“角”加法电路图

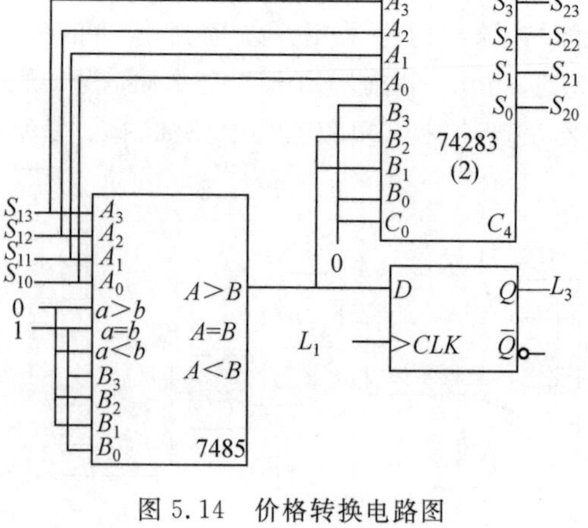

图 5.14　价格转换电路图

图 5.14 中，$S_{13}\ S_{12}\ S_{11}\ S_{10}$是“角”累加运算结果，与 1001(9)进行比较。如果比较结果小于 9，比较器 7485 的 $A>B$ 端输出为“0”，累加结果直接经 74283(2)输出；如果比较结果大于 9，比较器 7485 的 $A>B$ 端输出为“1”，74283(2)进行 $S_{13}\ S_{12}\ S_{11}\ S_{10}+0110$ 加法操作，将十六进制数转换为十进制数输出，同时，D 触发器的输入端置“1”，在起步里程脉冲信号 L_1的作用下，产生“元”价格累加脉冲信号 L_3。

5. 价格计数及显示电路设计

图 5.13 和图 5.14 完成了“角”的价格计算和转换后，输出到 74194 置数寄存，同时将 74194 输出端$Q_{J3}Q_{J2}Q_{J1}Q_{J0}$存储的数值反馈给图 5.13 所示“角”加法器 74283(1)的$B_3B_2B_1B_0$。“角”存储和显示电路原理图如图 5.15 所示。价格累加计数器“元”的部分采用两片 74192 构成一百进制计数器，如图 5.16 所示。

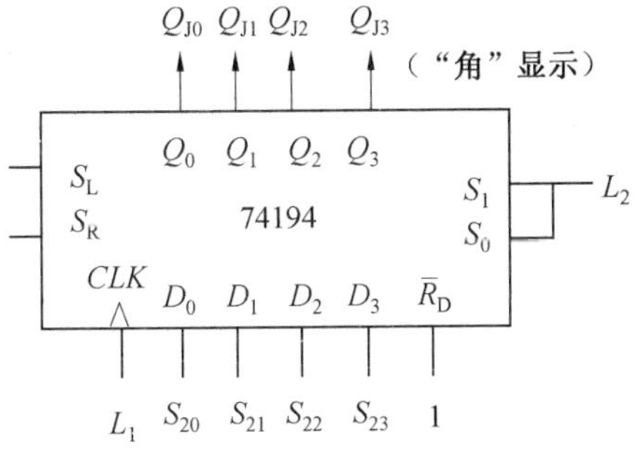

图 5.15　74194 构成的“角”计数器寄存和显示原理图

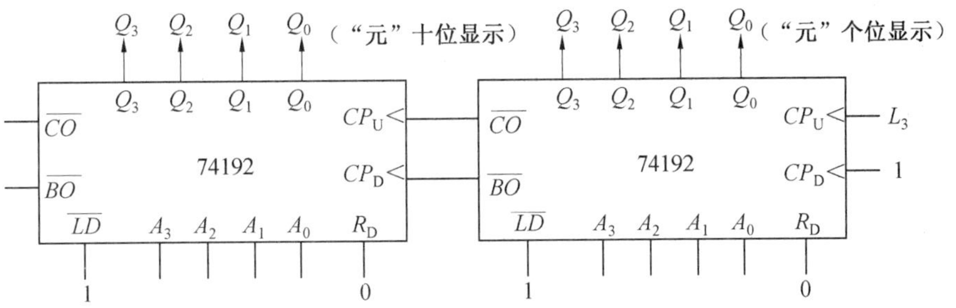

图 5.16　74192 构成的一百进制“元”计数器原理图

5.3.4　综合仿真

将各部分电路连接在一起，构成出租车计价器总体仿真图，如图 5.17 所示。

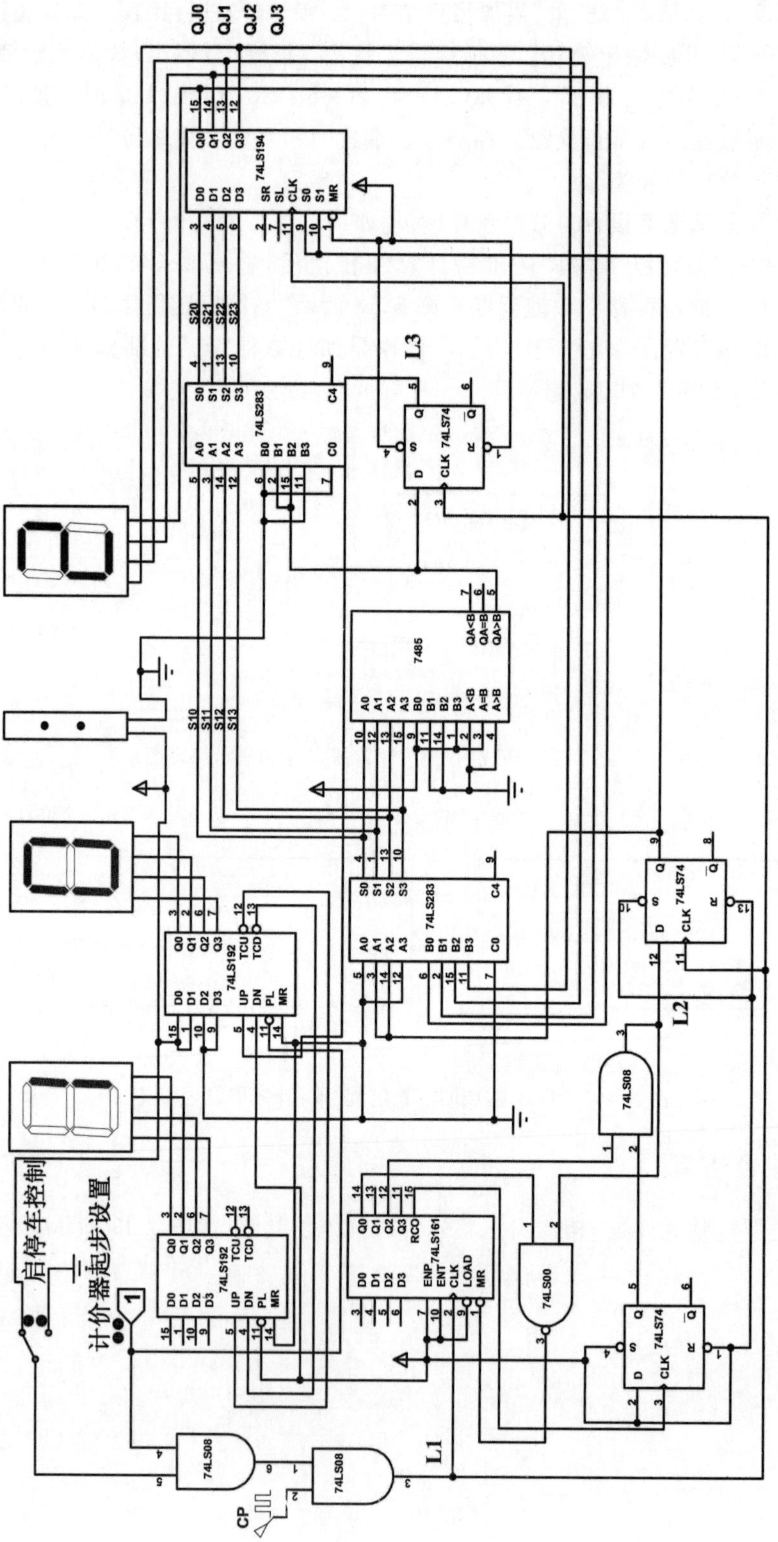

图 5.17 出租车计价器控制仿真电路图

5.4　公园流量监控电路设计仿真实例

5.4.1　功能要求

设计一个公园入园流量控制监控系统，实现如下功能：

(1)门票销售计数系统：每售出一张门票，售票计数系统加 1；

(2)入园/出园检测系统：每入园 1 人，入园计数系统加 1；每出园 1 人，出园计数系统加 1；

(3)控制报警系统：设置安全警示限制，当购票人数和入园人数之差大于规定数值时，系统将无法售票；当公园中人数和出园人数之差大于规定数值时，发出警示，并停止售票和入园。

5.4.2　电路组成

根据电路的功能要求，公园流量监控系统组成结构框图如图 5.18 所示。

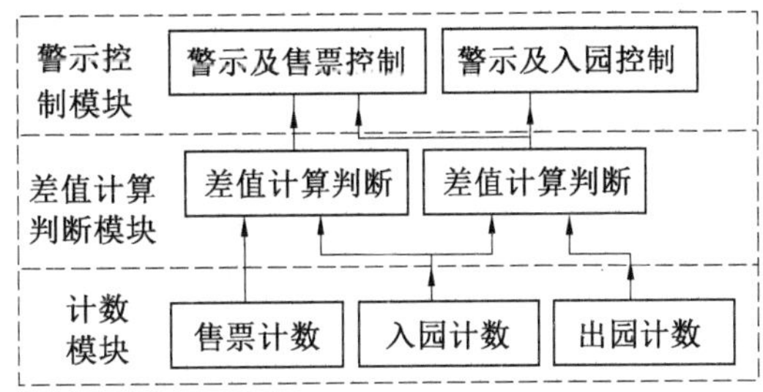

图 5.18　公园流量监控系统组成结构框图

由图 5.18 可见，电路由三部分构成：

(1)售票、入园和出园计数模块；

(2)差值计算判断模块；

(3)警示控制模块。

5.4.3　电路设计

1. 计数模块电路设计

本设计的计数模块包括三部分：

(1)售票计数；

(2)入园计数；

(3)出园计数。

计数模块实际上就是三个计数器，计数器的脉冲就是有售票、入园或出园数量变化时的触发。每售出 1 张票，产生 1 个触发脉冲，售票计数器加 1；每入园 1 人，产生 1 个触发脉冲，入园计数器加 1；每出园 1 人，产生 1 个触发脉冲，出园计数器加 1。采用 74192 实现十进制计数，最大可计数到 9。如果需要增大计数值，可以采用多片 74192 级联实现。

2. 差值计算判断模块电路设计

插值计算和判断分为两个部分：

(1)入园人数和出园人数的差值：计算得到此差值后，判断大于某一数值时，说明园区人员太多，发出报警信号；

(2)售票数量与入园人数的差值：计算得到此差值后，判断大于某一数值时，说明有很多持票人员未入园，如果这些人员入园，会造成园区人数过多，因此发出报警信号。

两个差值计算和判断模块结构大体相同，拟采用并行加法计数器 74283 进行减法运算实现。实现的方法参照 5.3 节相关内容。

以售票计数和入园计数的差值计算和判断为例，首先判断售出门票数量是否大于等于入园数量，如果售出门票数少于入园人数则说明有假票，提出警示，但是持票人员可以继续入场；如果售出门票数量与入园人数的差大于设定，则发出警示信号，同时停止售票。售票计数与入园计数差值计算和判断电路如图 5.19 所示。

同理，如果出园人数大于入园人数，说明有无票或持假票人员混入园区，则发出警示信号，但是仍可以在满足限值的条件下入园和出园；如果入园人数和出园人数之差大于设定极限值，说明园区人员太多，发出警示同时禁止入园，图略。

3. 警示控制模块电路设计

从前面的分析可知，需要设计四个警示信号：

(1)当购票人数和入园人数之差大于规定数值时，发出警示信号，停止售票；

(2)当公园中人数和出园人数之差大于规定数值时，发出警示，停止入园；

(3)当入园人数大于售出票数时，发出警示，提示有假票，但持票人员可以继续入园；

(4)当出园人数大于入园人数时，提示可能有未购票进入的或持假票进入的，发出警示，但可以正常入园和出园。

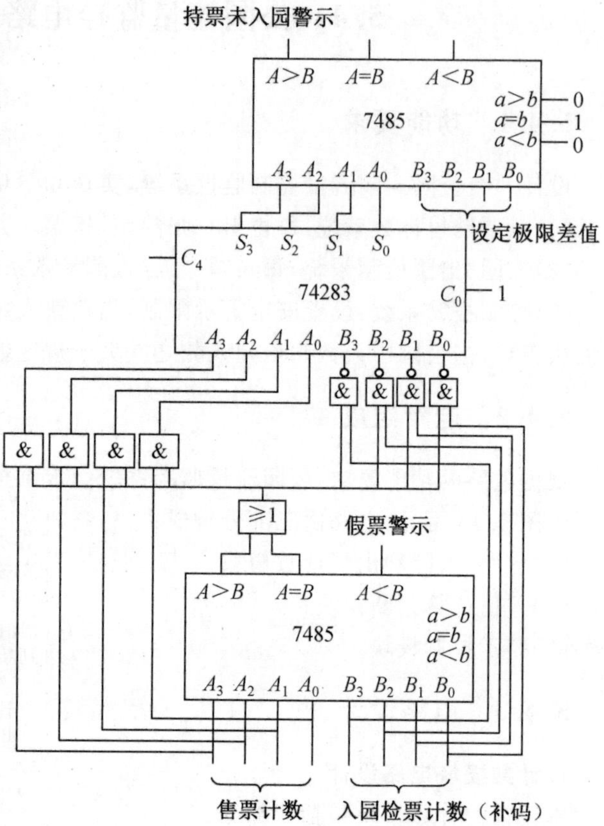

图 5.19　售票计数和入园计数差值计算和判断电路图

警示信号(3)(4)只是提醒工作人员，没有控制功能，因此用一个指示灯表示即可；警示信号(1)(2)则在发出警示的同时，禁止售票或入园。警示信号有效时产生高电平，因此采用“或”运算实现。例如，用 LOGICSTATE 由“0”变为“1”表示售出 1 张票，将此信号和警示信号相“或”后，如果警示信号为“1”，则“或”门输出为“1”，此时改变 LOGICSTATE 的状态不能改变“或”门的输出，计数器没有脉冲，售票不能进行。

5.3.4　综合仿真

将各部分电路连接在一起，构成公园流量监控系统仿真电路图，如图 5.20 所示。

图 5.20 所示的电路中，卖出门票 7 张，入园人数 3 人，二者之差为 4，超过了差值的门限值 3，说明持票未入园人数太多，发出警示信号，图中售票超卖警示灯亮起，同时此信号通过“或”门将售票信号锁住，无法再售出门票。同时刷票入园人数为 3 人，出园人数已达到 5 人，说明有假票或无票入园者，假票无票警示信号灯亮起发出警示，但此时并不关闭入园检票系统，有票者可以继续进入，也可以正常出园。当入园人数和出园人数之差大于门限差值时，园区人多警示信号灯会亮起，此时则将无法入园。

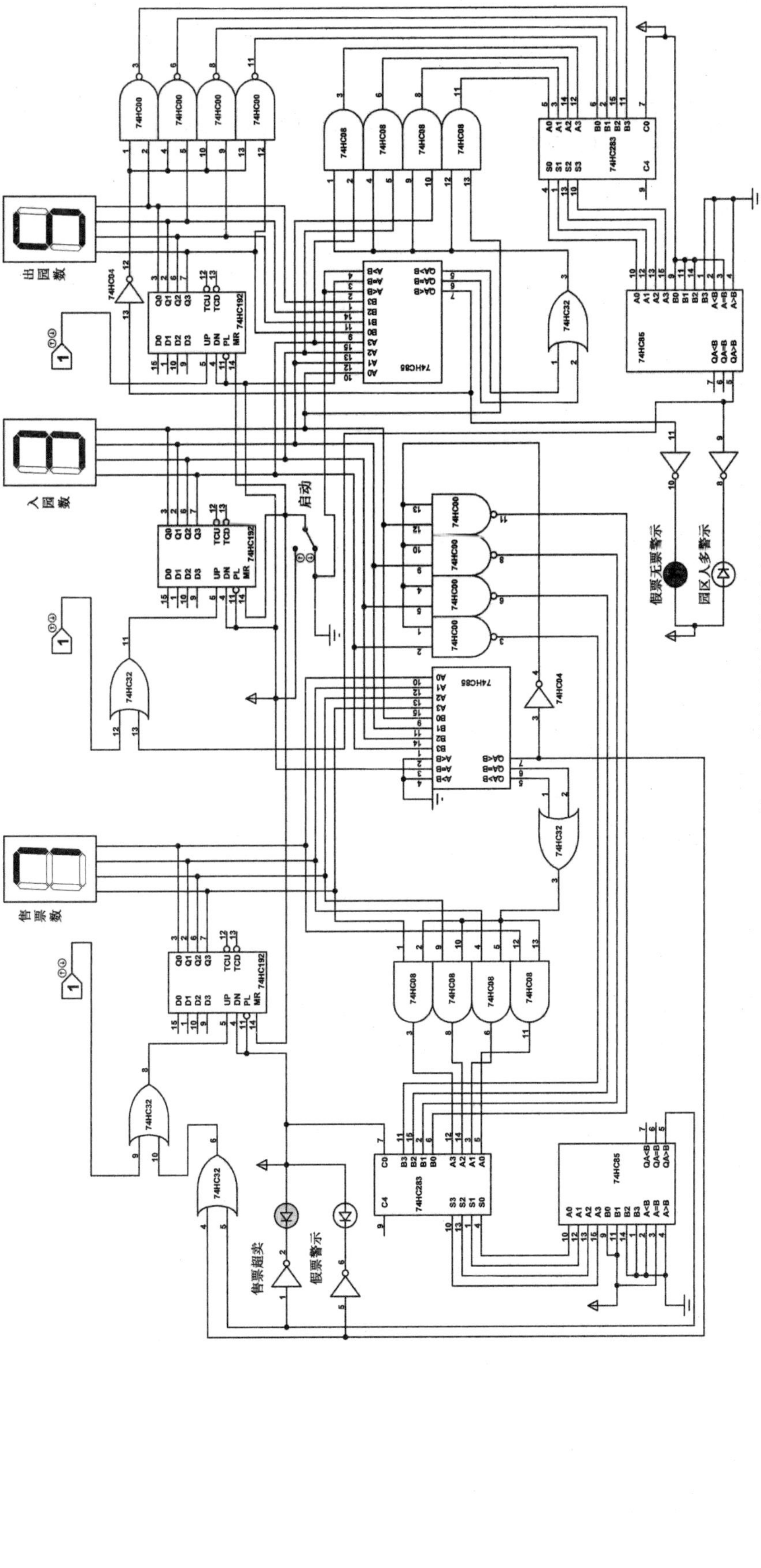

图 5.20　公园流量监控系统仿真电路图

附录　电工电子学综合仿真实验报告样例

哈爾濱商業大學

计算机与信息工程学院

电工电子实验报告

课 程 名 称：　　　　电工电子学

实 验 题 目：　　　　综合仿真实验

专业、班级：　202X 级机器人工程 1 班

姓　　　名：　　　　李四

学　　　号：　　　202X12345678

日　　　期：　　　202X. 3. 13

一、实验目的

(1)熟悉 Proteus 软件在交直流电路分析和实验中的应用。

(2)利用 Proteus 软件仿真研究直流电路和正弦交流电路的工作过程及电路特性。

(3)通过仿真分析加深对电路基本原理的理解,并为实际操作实验做好准备。

二、实验原理

1. 基尔霍夫定律仿真实例

电路如图 1 所示。电路中的电源及元器件参数为:$E_1=42$ V,$I_S=7$ A,$R_1=12\ \Omega$,$R_2=6\ \Omega$,$R_L=3\ \Omega$。求负载电阻 R_L 两端电压 U_L 和流过 R_L 的电流 I_L。

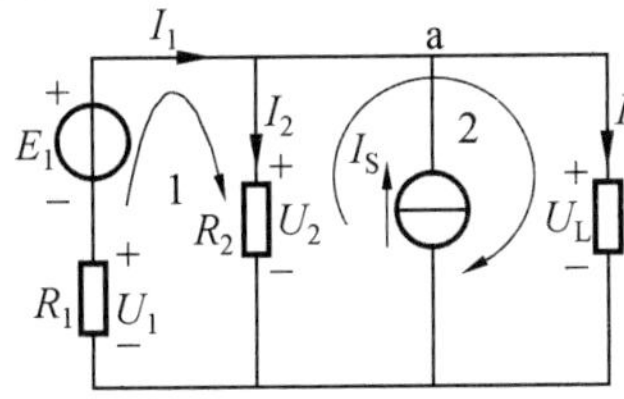

图 1　基尔霍夫定律实例电路图

根据基尔霍夫电流定律和基尔霍夫电压定律列方程。如图 1 所示,选择节点 a 列写基尔霍夫电流定律方程,选择回路 1 和回路 2 列写基尔霍夫电压定律方程,得到方程组

$$\begin{cases} I_1+I_S=I_2+I_L \\ E_1=R_1I_1+R_2I_2 \\ R_2I_2-R_LI_L=0 \end{cases} \tag{1}$$

代入元器件参数,解得:$I_1=2$ A,$I_2=3$ A,$I_L=6$ A。

进而求得三个电阻两端的电压:$U_1=-24$ V,$U_2=18$ V,$U_L=18$ V。

2. 叠加定理仿真实例

电路如图 2 所示,电路中的电源及元器件参数为:$E=10$ V,$I_S=1$ A,$R_1=10\ \Omega$,$R_2=R_3=5\ \Omega$。用叠加定理求电流源两端的电压 U_{IS} 和电压源流过的电流 I_E。

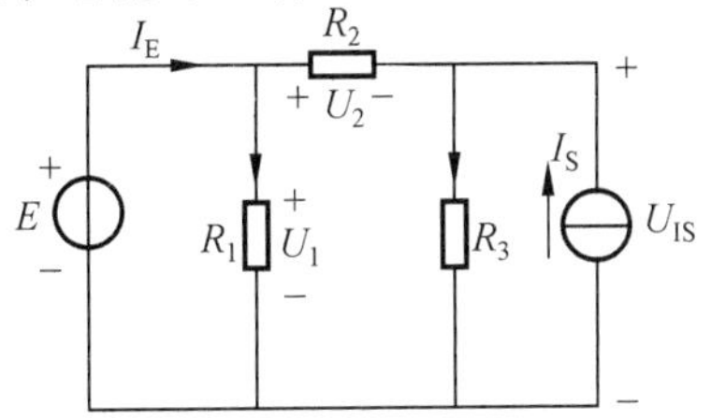

图 2　叠加定理实例电路图

根据叠加定理,分别画出电压源 E 和电流源 I_S 单独作用的电路图,如图 3(b)和图 3(c)所示。

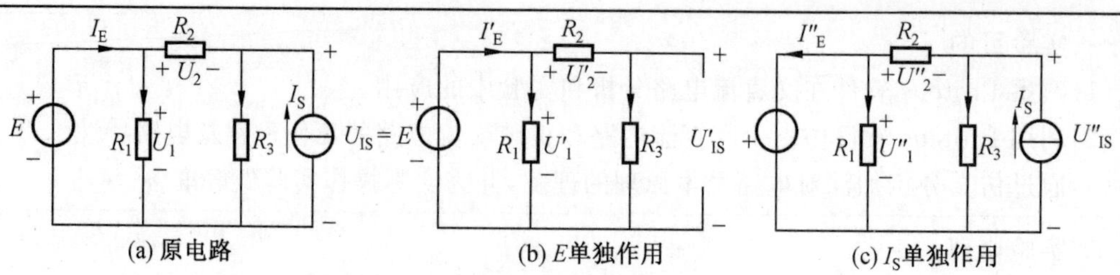

图 3　叠加定理实例分解电路图

由图 3(b)可得

$$\begin{cases} I'_E=\dfrac{E}{R_1 /\!/ (R_2+R_3)}=2\ \text{A} \\ U'_{IS}=\dfrac{E}{2}=5\ \text{V} \end{cases} \tag{2}$$

由图 3(c)可得

$$\begin{cases} I''_E=\dfrac{R_3}{R_2+R_3}\cdot I_S=0.5\ \text{A} \\ U''_{IS}=(R_2 /\!/ R_3)I_S=2.5\ \text{V} \end{cases} \tag{3}$$

根据叠加计算后得

$$\begin{cases} I_E=I'_E-I''_E=2-0.5=1.5\ (\text{A}) \\ U_{IS}=U'_{IS}+U''_{IS}=5+2.5=7.5\ (\text{V}) \end{cases} \tag{4}$$

3. 戴维宁定理仿真实例

电路如图 4 所示，电路中的电源及元器件参数为：$E=10$ V，$I_S=10$ A，$R_1=2\ \Omega$，$R_2=1\ \Omega$，$R_3=5\ \Omega$，$R_4=4\ \Omega$。用戴维宁定理求负载R_2流过的电流 I_2 和消耗的功率P_{R2}。

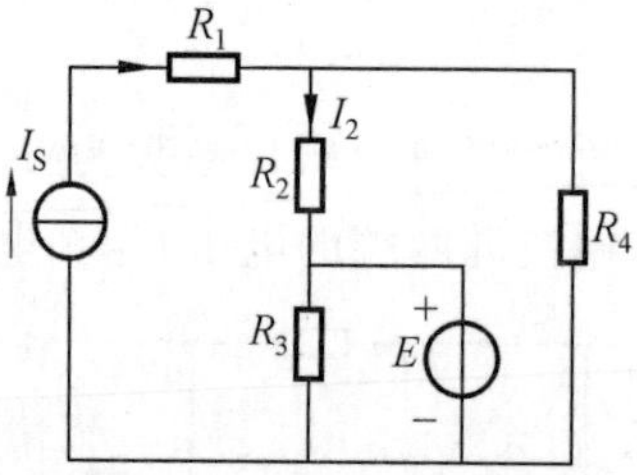

图 4　戴维宁定理实例电路图

(1)采用开路短路法计算开路电压、短路电流和等效电阻，开路电压计算电路如图 5 所示，短路电流计算电路如图 6 所示。

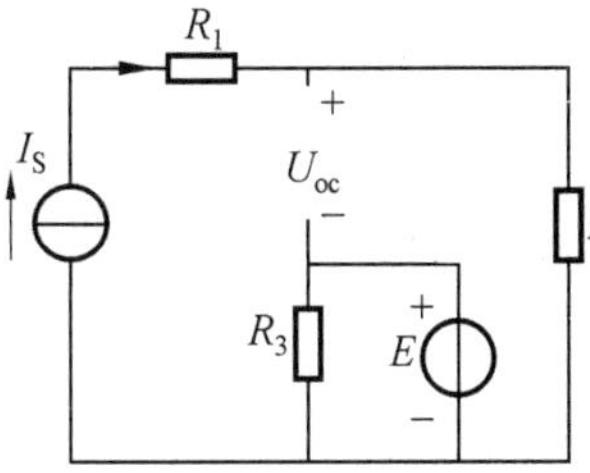

图 5 开路电压理论计算电路图

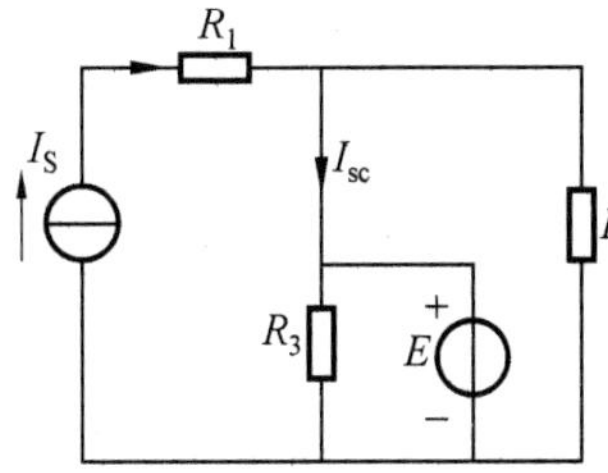

图 6 短路电流理论计算电路图

由图 5 可得

$$U_{oc}=I_SR_4-E=10\times4-10=30\ (\mathrm{V}) \tag{5}$$

由图 6 可得

$$I_{sc}=I_S-\frac{E}{R_4}=10-\frac{10}{4}=7.5\ (\mathrm{A}) \tag{6}$$

计算等效电阻得

$$R_{eq}-\frac{U_{oc}}{I_{sc}}=4\ \Omega \tag{7}$$

画出等效电路，如图 7 所示。

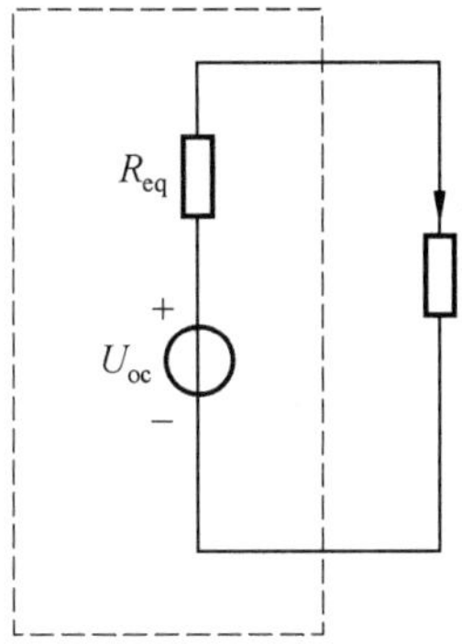

图 7 戴维宁定理等效电路图

(2)外特性计算。根据等效电路，计算负载R_2流过的电流和R_2消耗的功率为

$$\begin{cases}I_2=\dfrac{U_{oc}}{R_2+R_{eq}}=\dfrac{30}{4+1}=6\ (\mathrm{A})\\ P_{R2}=I_2^2R_2=6\times6\times1=36\ (\mathrm{W})\end{cases} \tag{8}$$

4. 复杂正弦交流电路仿真实例

电路如图 8 所示，已知 $R_1=R_2=R_3=10\ \Omega$，$L=31.8\ \mathrm{mH}$，$C=318\ \mu\mathrm{F}$，$f=50\ \mathrm{Hz}$，$U=10\ \mathrm{V}$，试求各支路电流、并联支路端电压 U_{ab} 以及电路的有功功率 P 和无功功率 Q。

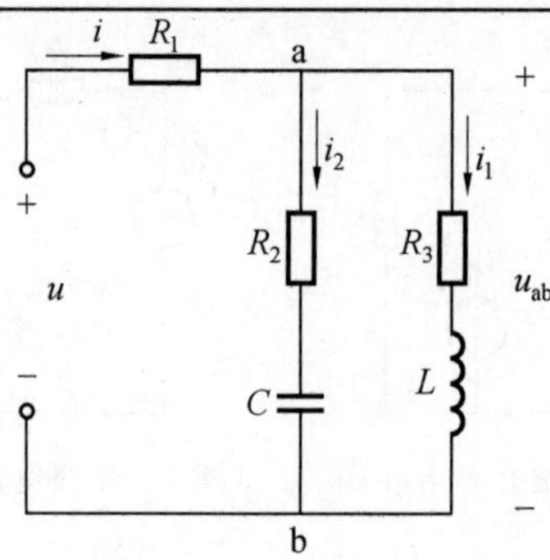

图 8 复杂正弦交流电路实例电路图

由题设知 $\omega=2\pi f=2\pi\times50=314$ rad/s，则

感抗为：

$$X_L=\omega L=314\times31.8\times10^{-3}\,\Omega=10\ \Omega \tag{9}$$

容抗为：

$$X_C=\frac{1}{\omega C}=\frac{1}{314\times318\times10^{-6}}\Omega=10\ \Omega \tag{10}$$

则两并联支路的等效阻抗为

$$Z_{ab}=\frac{(R_1+\mathrm{j}\,X_L)(R_2-\mathrm{j}\,X_C)}{(R_1+\mathrm{j}\,X_L)+(R_2-\mathrm{j}\,X_C)}=\frac{(10+\mathrm{j}10)(10-\mathrm{j}10)}{(10+\mathrm{j}10)+(10-\mathrm{j}10)}=10\angle0^\circ\ (\Omega) \tag{11}$$

设 $\dot{U}=U\angle0^\circ=10\angle0^\circ\mathrm{V}$，则

$$\begin{cases}\dot{I}=\dfrac{\dot{U}}{Z_{ab}+R_1}=\dfrac{10\angle0^\circ}{20\angle0^\circ}=0.5\angle0^\circ(\mathrm{A})\\ U_{ab}=|Z_{ab}|\cdot I=10\times0.5=5\ (\mathrm{V})\\ I_1=\dfrac{U_{ab}}{10\sqrt{2}}=\dfrac{5}{14.14}\approx0.35\ (\mathrm{A})\\ I_2=\dfrac{U_{ab}}{10\sqrt{2}}=\dfrac{5}{14.14}\approx0.35\ (\mathrm{A})\end{cases} \tag{12}$$

电路的有功功率为三个电阻消耗的功率，即

$$P=I^2R_1+I_1^2R_3+I_2^2R_2=10\times(0.35^2+0.35^2+0.5^2)=4.95\ (\mathrm{W}) \tag{13}$$

由于电路中 $\dot{U}$ 和 $\dot{I}$ 同相，所以 $Q=0$。

三、仿真结果

1.基尔霍夫定律实例仿真结果

仿真结果如图 9 所示。

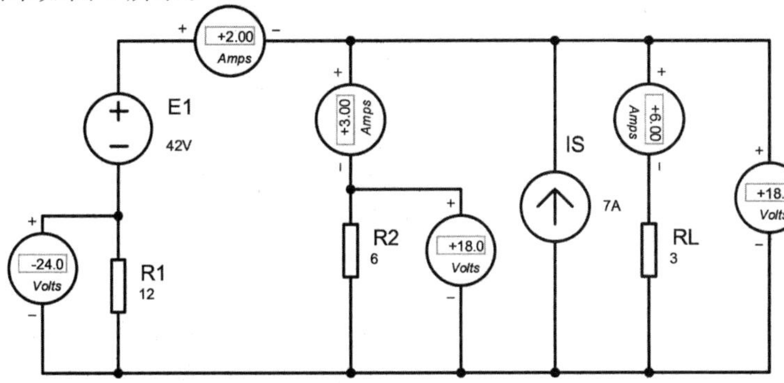

图 9　基尔霍夫定律实例仿真电路图

2.叠加定理实例仿真结果

(1)E 和 I_S共同作用的仿真结果如图 10 所示。

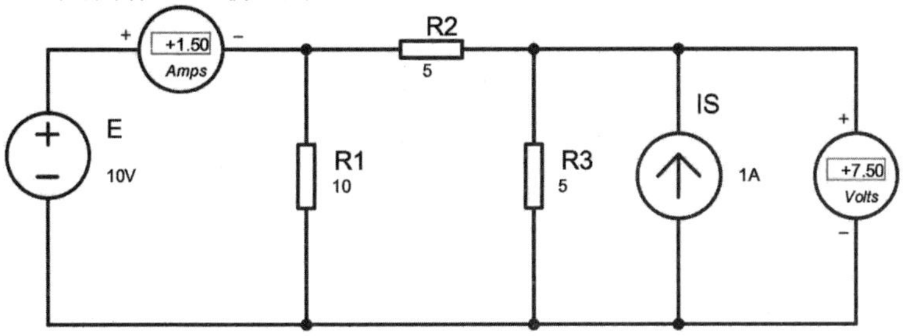

图 10　E 和 I_S共同作用仿真电路图

(2)E 单独作用的仿真结果如图 11 所示。

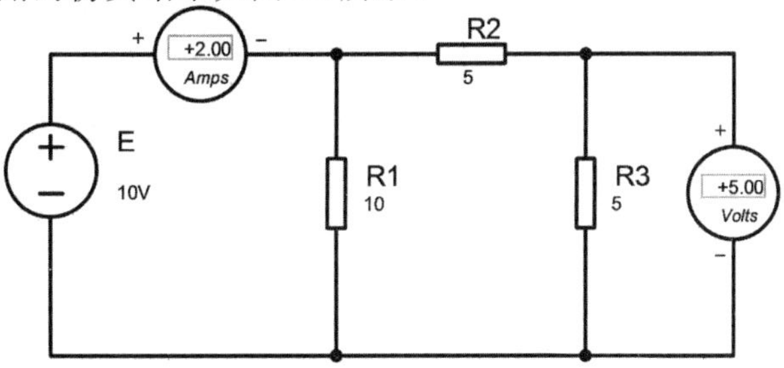

图 11　E 单独作用仿真电路图

(3)I_S单独作用的仿真结果如图 12 所示。

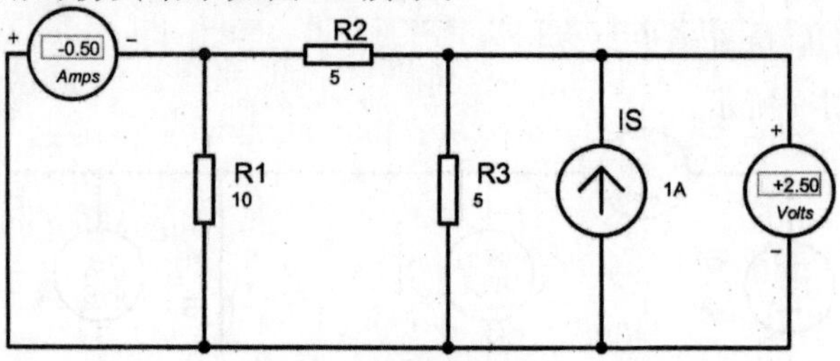

图 12　I_S单独作用仿真电路图

3. 戴维宁定理实例仿真结果

测量开路电压的仿真电路图如图 13 所示,开路电压的仿真结果为 30 V。

测量短路电流的仿真电路图如图 14 所示,短路电流的仿真结果为 7.46 mA。

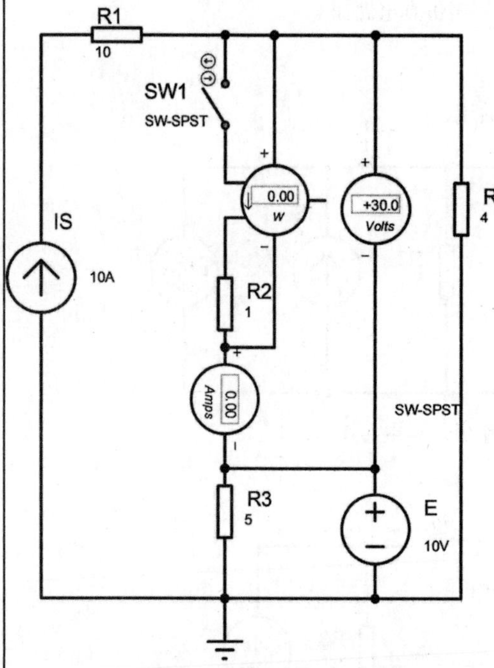

图 13　测量开路电压仿真电路图

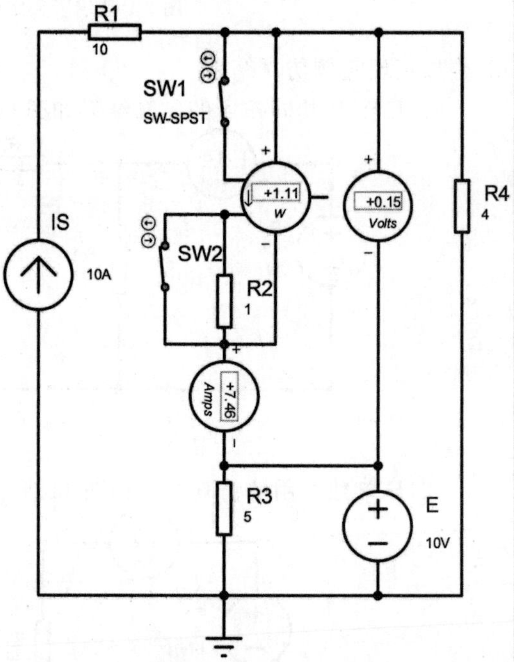

图 14　测量短路电流仿真电路图

根据仿真结果计算等效电阻得$R_{eq}=\frac{U_{oc}}{I_{sc}}=\frac{30}{7.46}\approx 4.02\ (\Omega)$。

戴维宁定理原电路 Proteus 仿真结果如图 15 所示。戴维宁定理等效电路 Proteus 仿真结果如图 16 所示。

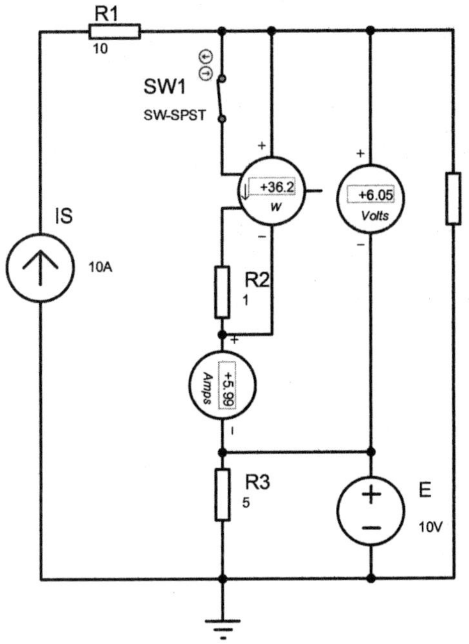

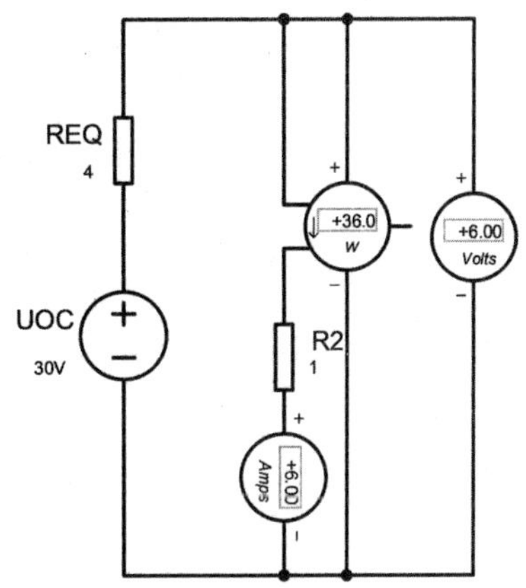

图 15　戴维宁定理原电路 Proteus 仿真图　图 16　戴维宁定理等效电路 Proteus 仿真图

4. 复杂正弦交流电路实例仿真结果

有功功率测量仿真结果如图 17 所示。

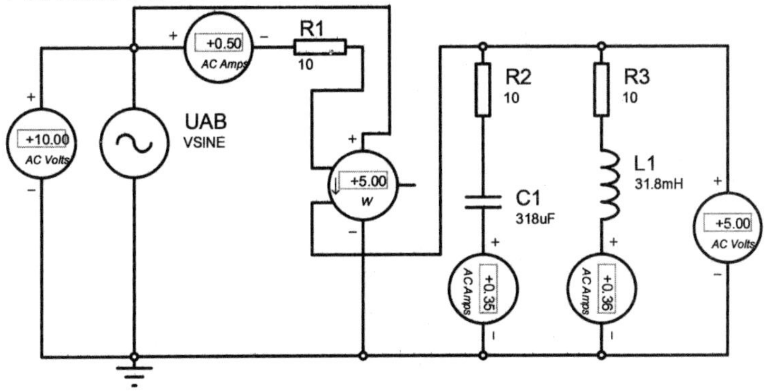

图 17　复杂正弦交流电路实例测量有功功率仿真电路图

无功功率测量仿真结果如图 18 所示。

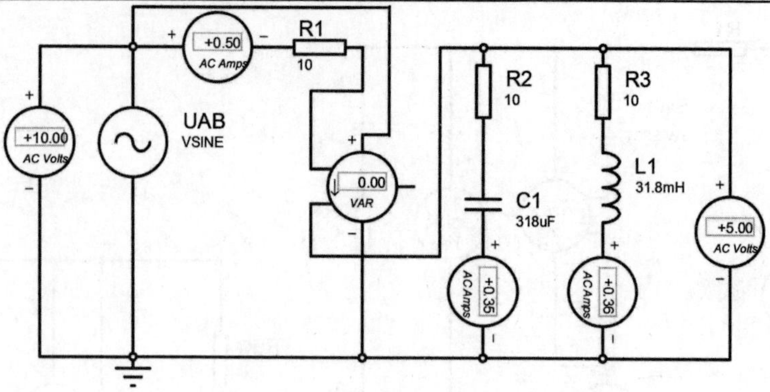

图 18　复杂正弦交流电路实例测量无功功率仿真电路图

四、误差分析

(1)计算结果的有效数字取舍存在计算误差。

(2)由于电路中接入较多导线、开关和仪表等原因,测量结果有误差。

五、对本实验的学习心得、意见和建议

通过本次综合仿真实验,我加深了对基尔霍夫定律、叠加定理、戴维宁定理、正弦交流电路理论的理解,了解了电路的工作过程和电路特性,进一步理解了实际电路运行结果与理论计算之间的关系,通过学习电路仿真软件掌握了仿真分析的技巧,激发了学习的兴趣。

六、成绩评定

考核项目	实验态度及出勤情况	实验操作情况	实验报告	成绩评定
得分				

指导教师签字:

参 考 文 献

[1] 周润景. 基于 Proteus 的电路设计、仿真与制板[M]. 2 版. 北京:电子工业出版社,2018.

[2] 王博，姜义. 精通 Proteus 电路设计与仿真 [M]. 北京:清华大学出版社,2018.

[3] 许维蓥，郑荣焕. Proteus 电子电路设计及仿真[M]. 2 版. 北京:电子工业出版社,2014.

[4] 秦曾煌. 电工学:上、下册[M]. 7 版. 北京:高等教育出版社,2021.

[5] 刘陈. 电路分析基础[M]. 5 版. 北京:高等教育出版社,2021.

[6] 童诗白. 模拟电子技术基础[M]. 5 版. 北京:高等教育出版社,2020.

[7] 张玉茹. 数字逻辑电路设计[M]. 2 版. 哈尔滨:哈尔滨工业大学出版社,2020.

[8] 李晖,金浩,赵明. 电工电子技术基础实验教程 [M]. 北京:中国铁道出版社,2021.

[9] 赵明. Proteus 电工电子仿真技术实践[M]. 2 版. 哈尔滨:哈尔滨工业大学出版社,2017.

[10] 赵明. 电工学实验教程[M]. 2 版. 哈尔滨:哈尔滨工业大学出版社,2017.

参考文献

[illegible]